21世纪高等学校计算机规划教材

21st Century University Planned Textbooks of Computer Science

Internet与网页制作

Internet and Web Page Designing

胡强 万玉 王富强 马先珍 等 编著

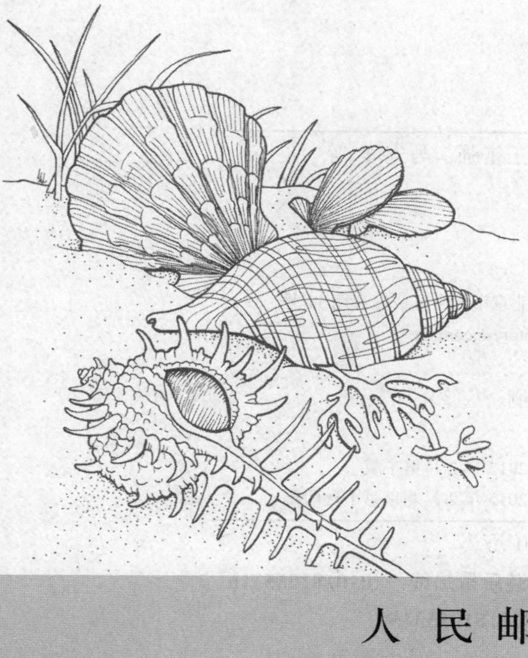

高校系列

人 民 邮 电 出 版 社

北 京

图书在版编目（CIP）数据

Internet与网页制作 / 胡强等编著. -- 北京 : 人民邮电出版社, 2015.2
21世纪高等学校计算机规划教材
ISBN 978-7-115-37929-0

Ⅰ. ①I… Ⅱ. ①胡… Ⅲ. ①互联网络－高等学校－教材②网页制作工具－高等学校－教材 Ⅳ. ①TP393

中国版本图书馆CIP数据核字(2015)第014725号

内 容 提 要

本书主要讲述 Internet 和网页制作的相关知识，从内容上划分为理论篇和应用篇。在理论篇安排了计算机概述、计算机网络基础、Internet 及其发展新技术等知识；在应用篇首先介绍网页制作的基础知识，然后详细讲解如何用 Dreamweaver CS5、Flash CS5 以及 Photoshop CS5 三个软件完成静态页面、动画以及图形图像的设计与处理。

本书内容翔实、图文并茂，在理论篇以浅显易懂和高度概括的语言讲述计算机网络和 Internet 的相关知识，在应用篇通过大量的应用实例说明了 Dreamweaver CS5、Flash CS5 以及 Photoshop CS5 三个软件在网页制作过程中的使用方法和功能，全书在编写过程中采用了知识与技能并重，理论与实践互补的编写方法。

本书可以作为高等学校和高职院校相关专业或课程的教材，也可作为计算机网络或网页学习爱好者的自学参考书籍。

◆ 编　著　胡　强　万　玉　王富强　马先珍　等
责任编辑　邹文波
执行编辑　吴　婷
责任印制　沈　蓉　彭志环

◆ 人民邮电出版社出版发行　　北京市丰台区成寿寺路 11 号
邮编　100164　　电子邮件　315@ptpress.com.cn
网址　http://www.ptpress.com.cn
北京圣夫亚美印刷有限公司印刷

◆ 开本：787×1092　1/16
印张：19.25　　2015 年 2 月第 1 版
字数：507 千字　　2015 年 2 月北京第 1 次印刷

定价：42.00 元

读者服务热线：(010)81055256　印装质量热线：(010)81055316
反盗版热线：(010)81055315

前言

Internet 作为全球最大的互联网正在深刻地改变着人们的生活和工作方式。电子商务、电子社区、电子政务等为我们组建了一个缤纷多彩而又快捷迅速的网络世界。作为21世纪的大学生，不仅需要掌握“上网”这一项技能，更需要掌握一些有关 Internet 的知识，理解计算机网络和 Internet 的架构与工作原理，了解当前 Internet 发展过程中出现的新技术，并能够掌握基本的网页制作知识。

为了配合各类大、中专院校实行面向21世纪的教学改革，培养一批既懂专业基础理论知识，又具备较强计算机应用能力的高层次人才，我们组织编写了《Internet 与网页制作》，力求为读者提供一个了解计算机网络基础和 Internet 相关知识的平台，并引导和培养读者初步建立起基本的网页制作能力，进而全面提高读者的信息素养。

本书按照教育部高等学校非计算机专业计算机基础课程教学指导分委员会最新提出的《关于进一步加强高校计算机基础教学的几点意见》中的课程体系和教学基本要求组织编写。编者先后在不同院校、不同专业、不同层次的学生中展开了约四千份有关“网络技术和网页制作”课程教学的问卷调查，在充分考虑了学生需求和现实需要的基础上，充分尊重调查问卷结果，并结合全国计算机等级考试——网络技术（三级）中的部分要求对书稿中的内容进行安排与取舍，力求书中内容经典化、新颖化以及实用化，知识体系贯穿校内教育和校外需求，使得本书适合不同专业、不同地区院校的教学。

全书共分为2篇14章。第1篇为理论篇，包括第1章计算机基础、第2章计算机网络基础、第3章网络通信设备与互连技术、第4章局域网与广域网和第5章 Internet 及其应用。理论篇主要讲述计算机的发展史、特征、用途、工作原理与体系结构，介绍计算机网络的功能、分类、体系结构、网络安全、常用网络通信设备、网络互连技术、局域网与广域网的工作原理，并讲解 Internet 的组成、工作机制以及当前流行的新技术。

第2篇为应用篇，包括第6章网页制作基础，第7章 Dreamweaver CS5 基础，第8章页面布局，第9章 CSS 与行为，第10章表单、模板与库，第11章 Flash CS5 基础，第12章 Flash 动画制作，第13章 Photoshop CS5 基础以及第14章图像调整与合成。应用篇重点介绍如何进行网页制作以及在网页制作过程中对动画和图形图像进行处理的方法。在 Dreamweaver CS5 中讲述如何利用 Dreamweaver CS5 进行网站管理、页面编辑和页面布局，及利用 CSS 对页面进行格式化、构建常用页面行为和表单页面，并给出了模板和库的使用方法；在 Flash CS5 中介绍工具箱中各类工具的使用方法，以实例的形式讲解逐帧动画、渐变动画、元件动画以及交互动画的制作方法；在 Photoshop CS5 中给出了网页制作过程中最常用的图像调整与合成方法。

本书由胡强担任主编，负责书稿的设计、修改和统稿。全书由多年从事计算机网络和网页制作教学的 5 位一线教师编写而成，其中，第 1 章由王富强编写，第 2 章由万玉编写，第 3 章和第 4 章由马先珍编写，第 5 章～第 14 章由胡强编写，第 14 章文字资料由高林提供。刘国柱和孔锐睿老师主审并提出了很多宝贵的修改建议，刘萍、李朝玲和刘明华老师负责收集了大量资料与素材，参与了本书大量实例的制作，并对文稿做了校对。书稿在编写过程中参阅了大量经典教材、期刊论文以及网络资料，在参考文献中未能一一提及，在此表示感谢！同时，本书在编写过程中得到了青岛科技大学信息与科学技术学院众多老师的支持，在此深表谢意！

由于时间仓促，编者学识有限，书中难免存在不妥与错误之处，敬请读者批评指正。

编　者

2014 年 11 月

目 录

第1篇 理论篇

第 2 篇 应用篇

第 1 篇 理论篇

第 1 章 计算机基础

本章讲解计算机的基础知识，包括计算机的发展历程、特点、趋势，数据在计算机中的表示方法，介绍计算机系统的工作原理，微型计算机系统的组成等内容。

1.1 计算机概述

1.1.1 计算机发展史

1. 第一台计算机的诞生

1946 年 2 月 15 日，由美国宾夕法尼亚大学的 John W. Mauchly 和 J. Presper Eckert 负责的电子积分计算机（Electronic Numerical Integrator And Calculator，ENIAC）研制成功，标志着第一代电子计算机的诞生，中文简称为“埃尼阿克”。

ENIAC 是为了解决新武器弹道问题中的许多复杂计算而研制的，采用电子管作为计算机的基本元件，由 18 000 多个电子管，1 500 多个继电器，10 000 多只电容器和 7 000 多只电阻构成，耗资 40 万美元，占地 170m^2，重量 30t，每小时耗电 30 万 kw，是一个庞然大物，每秒能进行 5 000 次加法运算，300 多次乘法运算，比当时最快的计算工具快 300 倍。由于它使用电子器件来代替机械齿轮或电动机械进行运算，并且能在运算过程中不断进行判断，做出选择，过去需要 100 多名工程师花 1 年时间才能解决的计算问题，它只需要 2 个小时就能给出答案。图 1-1 所示为世界上第一台计算机 ENIAC。

2. 计算机发展历程

根据计算机所采用的物理器件，一般把电子计算机的发展分成几个时期，大体上可以划分为以下几代。

第一代计算机（1946—1957）是采用电子管作为逻辑元件，用阴极射线管或汞延迟线作为主存储器，外存主要使用纸带、卡片等，程序设计主要使用机器指令或符号指令，应用领域主要是科学计算。典型的计算机有：1946 年完成的第一台电子数字积分计算器（ENIAC，美国）、1949 年完成的“延迟存储电子自动计算器”（EDSAC，英国）、1951 年根据冯若依曼设计思想完成的 EDVAC 开始运行、1952 年第一台大型计算机系统 IBM701、1954 年第一台通用数据处理机 IBM650 和 1956 年 IBM 公司推出科学 704 计算机等。

图 1-1　第一台计算机 ENIAC

第二代计算机（1958—1964）用晶体管代替了电子管，主存储器均采用磁芯存储器，磁鼓和磁盘开始用作主要的外存储器，程序设计使用了更接近于人类自然语言的高级程序设计语言，计算机的应用领域也从科学计算扩展到了事务处理、工程设计等多个方面。典型的计算机有：1959 年第一台小型科学计算机 IBM620 和 1961 年麻省理工学院完成的第一台分系统计算机等。

第三代计算机（1965—1970）采用中小规模的集成电路块代替了晶体管等元件，半导体存储器逐步取代了磁芯存储器的主存储器地位，磁盘成了不可缺少的辅助存储器，计算机也进入了产品标准化、模块化、系列化的发展时期，计算机的管理、使用方式也由手工操作完全改变为自动管理，使计算机的使用效率显著提高。典型的计算机有 1970 年 IBM 1370 计算机系统等。

第四代计算机（1971 年至今）采用大规模和超大规模集成电路。20 世纪 70 年代以后，计算机使用的集成电路迅速从中、小规模发展到大规模、超大规模的水平，大规模、超大规模集成电路应用的一个直接结果就是诞生了微处理器和微型计算机。微处理器和微型计算机的出现不仅深刻地影响着计算机技术本身的发展，同时也使计算机技术渗透到了社会生活的各个方面，极大地推动了计算机的普及。早期典型的计算机有：1971 年英特尔公司的第一台微处理机 4004 和 1977 年苹果-Ⅱ型电脑等。表 1-1 所示为计算机发展阶段的主要特征。

表 1-1　计算机发展阶段的主要特征

年代 / 器件	第一代（1946—1957）	第二代（1958—1964）	第三代（1965—1970）	第四代（1971 年至今）
电子器件	电子管	晶体管	中、小规模集成电路	大规模和超大规模集成电路
主存储器	磁芯、磁鼓	磁芯、磁鼓	磁芯、磁鼓、半导体存储器	半导体存储器
外部辅助存储器	磁带、磁鼓	磁带、磁鼓、磁盘	磁带、磁鼓、磁盘	磁带、磁盘、光盘
处理方式	机器语言 汇编语言	监控程序 连续处理作业 高级语言编译	多道程序 实时处理	实时、分时处理 网络操作系统
运算速度	5 千～3 万次/秒	几十万～百万次/秒	百万～几百万次/秒	几百万～千亿次/秒

续表

器件 \ 年代	第一代（1946—1957）	第二代（1958—1964）	第三代（1965—1970）	第四代（1971 年至今）
应用领域	科学计算	科学计算 数据处理 过程控制	科学技术 系统设计等 科技工程领域	各行各业
典型机种	ENIAC EDVAC IBM705	UNIVAC II IBM7094 CDC6600	IBM360 PDP 11 NOVA1200	ILLIAC-IV VAX 11 IBM PC

计算机从第一代发展到第四代，已由仅仅包含硬件的系统发展到包括硬件和软件两大部分的计算机系统。由于技术的更新和应用的推动，计算机一直处在飞速发展之中，著名的莫尔定律随之产生：计算机芯片的功能每 18 个月翻一番，而价格减一半。新一代计算机的发展将与人工智能、知识工程和专家系统等研究紧密相联，并为其发展提供新的基础。

1.1.2 计算机的特点与发展趋势

1. 计算机的特点

计算机不同于以往任何计算工具，其主要特点如下。

（1）运算速度快

计算机内部承担运算的部件是由一些数字逻辑电路构成的，其中电子流动扮演主要角色。由于电子速度是很快的，现在高性能计算机每秒能进行数万亿次运算，使得许多过去无法处理的问题都能得以解决。例如，气象预报需要分析大量的资料，若手工计算需十天半月才能完成，事过境迁，失去了预报的意义。现在利用计算机的快速运算能力，十几分钟就能算出一个地区内数天的气象预报。

（2）计算精度高

计算机采用二进制数字运算，其计算精度随着表示数字的设备增加而提高，再加上先进的算法，可得到很高的计算精度。实际上，计算机的计算精度在理论上不受限制，通过一定技术手段可以实现任何精度要求。例如，1949 年美国人 Reitwiesner 用 ENIAC 把圆周率 π 算到小数点后 2037 位，打破了意大利数学家 W.Shanks 花了 15 年的时间，于 1873 年创下的小数点后 707 位的记录，目前可计算到小数点后上亿位。

（3）存储能力强

计算机具有完善的存储系统，可以存储和“记忆”大量的信息。例如，一台计算机能将一个中等规模的图书馆的全部图书资料信息存储起来，而且不会“忘记”。当人们需要时，又能准确无误地取出来，使得从浩如烟海的文献中查找所需要的信息成为一件容易的事情。存储系统可根据需要无限扩充，从而满足了社会信息量急剧增长的需要。

（4）具有逻辑判断能力

计算机不仅能进行算术运算和逻辑运算，而且还能对文字和符号进行判断或比较，进行逻辑推理和定理证明。例如，著名的数学学科的四色问题，它是指任意复杂的地图，要使相邻区域的颜色不同，最多只用 4 种颜色。一百多年来不少数学家一直想去证明它或者推翻它，却一直没有结果。1976 年美国数学家使用计算机进行了非常复杂的逻辑推理，用了 1200 小时才解决了这一世界难题。

（5）具有自动执行能力

计算机是个自动化电子装置，在工作过程中无须人工干预，能自动执行存放在存储器中的程序。程序是通过仔细规划事先安排好的操作步骤，一旦将程序输入计算机并发出运行命令后，它将按照程序流程自动进行处理。

2. 计算机的发展趋势

当前计算机的发展趋势是向巨型化、微型化、网络化和智能化方向发展。

（1）巨型化

巨型化是指其高速运算、大存储容量和强功能的巨型计算机。其运算能力一般在每秒百亿次以上、内存容量在几百兆字节以上。巨型计算机主要用于尖端科学技术和军事国防系统的研究开发。

（2）微型化

20 世纪 70 年代以来，由于大规模和超大规模集成电路的飞速发展，微处理器芯片连续更新换代，微型计算机连年降价，加上丰富的软件和外部设备，使微型计算机很快普及到社会各个领域并走进了千家万户。随着微电子技术的进一步发展，微型计算机将发展得更加迅速，其中笔记本型、掌上型等微型计算机将以更优的性能价格比受到人们的欢迎。

（3）网络化

网络化是指利用通信技术和计算机技术，把分布在不同地点的计算机互连起来，按照网络协议相互通信，以达到所有用户都可共享软件、硬件和数据资源的目的。现在，计算机网络在交通、金融、企业管理、教育、邮电、商业等各行各业中得到广泛的应用。

目前各国都在开发三网合一的系统工程，即将计算机网、电信网、有线电视网合为一体。将来通过网络能更好的传送数据、文本资料、声音、图形和图象，用户可随时随地在全世界范围拨打可视电话或收看任意国家的电视和电影。

（4）智能化

智能化就是要求计算机能模拟人的感觉和思维能力，也是第五代计算机要实现的目标。智能化的研究领域很多，其中最有代表性的领域是专家系统和机器人。目前已研制出的机器人可以代替人从事危险环境的劳动，运算速度为每秒约十亿次的“深蓝”计算机在 1997 年战胜了国际象棋世界冠军卡斯帕罗夫。

3. 未来的新型计算机

从目前的发展趋势来看，计算机的发展必然要经历很多新的突破，未来的计算机将是微电子技术、光学技术、超导技术和电子仿生技术相互结合的产物。

第一台超高速全光数字计算机，已由欧盟的英国、法国、德国、意大利、比利时等国的 70 多名科学家和工程师合作研制成功，光子计算机的运算速度比电子计算机快 1000 倍。

分子计算机：分子计算机具有体积小、耗电少、运算快、存储量大等典型特点。分子计算机的运行是吸收分子晶体上以电荷形式存在的信息，并以更有效的方式进行组织排列。生物分子组成的计算机具备能在生化环境下，甚至在生物有机体中运行，并能以其他分子形式与外部环境交换。因此它将在医疗诊治、遗传追踪和仿生工程中发挥无法替代的作用。分子计算机消耗的能量非常小，只有电子计算机的十亿分之一。由于分子芯片的原材料是蛋白质分子，所以分子计算机既有自我修复的功能，又可直接与分子活体相联。

光子计算机：光子计算机是一种由光信号进行数字运算、逻辑操作、信息存储和处理的新型计算机。光子计算机的基本组成部件是集成光路，要有激光器、透镜和核镜。由于光子比电子速度快，光子计算机的运行速度可高达一万亿次，其存储量是现代计算机的几万倍，超高速的运算速度，超大规模的信息存储容量和能量消耗小、散发热量低、节能环保是光子计算机的典型特点。

纳米计算机：纳米计算机是用纳米技术研发的新型高性能计算机。纳米管元件尺寸在几纳米到几十纳米范围，质地坚固，有着极强的导电性，能代替硅芯片制造计算机。应用纳米技术研制的计算机内存芯片，其体积只有数百个原子大小，相当于人的头发丝直径的千分之一。纳米计算机几乎不需要耗费任何能源，而且其性能要比今天的计算机强大许多倍。

生物计算机：20 世纪 80 年代以来，生物工程学家对人脑、神经元和感受器的研究倾注了很大精力，以期研制出可以模拟人脑思维、低耗、高效的计算机——生物计算机。用蛋白质制造的电脑芯片，存储量可以达到普通电脑的 10 亿倍。生物电脑元件的密度比大脑神经元的密度高 100 万倍，传递信息的速度也比人脑思维的速度快 100 万倍。

神经网络计算机：其特点是可以实现分布式联想记忆，并能在一定程度上模拟人和动物的学习功能。它是一种有知识、会学习、能推理的计算机，具有能理解自然语言、声音、文字和图像的能力，并且具有说话的能力，使人—机能够用自然语言直接对话，它可以利用已有的和不断学习到的知识，进行思维、联想、推理，并得出结论，能解决复杂问题，具有汇集、记忆、检索有关知识的能力。

1.1.3 计算机的分类与应用

1．计算机的分类

计算机发展到今天，已是琳琅满目、种类繁多，并表现出各自不同的特点，下面从用途和性能两个角度对计算机进行分类。

（1）按照计算机用途分类

按计算机的用途不同分为通用计算机和专用计算机两类。

① 通用计算机。通用计算机是为能解决各种问题，具有较强的通用性而设计的计算机。它具有一定的运算速度，有一定的存储容量，带有通用的外部设备，配备各种系统软件、应用软件。通用计算机广泛适用于一般科学运算、学术研究、工程设计和数据处理等，具有功能多、配置全、用途广、通用性强的特点，市场上销售的计算机多属于通用计算机。

② 专用计算机。专用计算机是为解决一个或一类特定问题而设计的计算机，通常增强了某些特定功能，忽略一些次要要求。它的硬件和软件的配置依据解决特定问题的需要而定，并不求全。专用机配有解决特定问题的固定程序，能高速、可靠地解决特定问题，但有功能单纯、使用面窄甚至专机专用的特点，一般在过程控制中使用此类。模拟计算机通常都是专用计算机，在军事控制系统中被广泛地使用，如飞机的自动驾驶仪和坦克上的兵器控制计算机。

（2）按照计算机性能分类

计算机按其运算速度快慢、存储数据量的大小、功能的强弱，以及软硬件的配套规模等不同又分为巨型机、大中型机、小型机、微型机、工作站等。

① 巨型机。巨型机又称超级计算机，是指运算速度超过每秒 1 亿次的高性能计算机，它是目前功能最强、速度最快、价格最贵的计算机，主要用于解决气象、太空、能源、医药等尖端科学研究和战略武器研制中的复杂计算。

运算速度快是巨型机最突出的特点，随着科技的日益进步，其运算速度已经达到了惊人的千万亿次。2011 年，日本富士通/日本理化研究所的“京（K Computer）”以 8.16 万亿次跃居第一；2012 年，哈萨克斯坦/阿里·法拉比国立大学的 T-blade1.1 以每秒 70.4 万亿次高举榜首。

2014 年，中国的天河- 1A 是天河一号的改进型排名第一。天河-1A 采用了 CPU+GPU 的混合架构，系统效率有很大提升。配有 14336 颗 Intel Xeon X5670 2.93GHz 六核心处理器、7168 块 NVIDIA Tesla M2050 高性能计算卡，以及 2048 颗我国自主研发的飞腾 FT-1000 八核心处理器，总计 20 多万颗处理器核心，同时还配有专有互联网络。它的实测运算速度高达 2.57PFlop/s。（每秒 2.57 千万亿次）

由国防科大研制的天河二号超级计算机系统，以峰值计算速度每秒 5.49 亿亿次、持续计算速度每秒 3.39 亿亿次双精度浮点运算的优异性能位居榜首，成为全球最快超级计算机。2010 年 11 月，天河一号曾以每秒 4.7 千万亿次的峰值速度，首次将五星红旗插上超级计算领域的世界之巅。此次是继天河一号之后，中国超级计算机再次夺冠。

2013 年 11 月 18 日，国际 TOP500 组织公布了最新全球超级计算机 500 强排行榜榜单，中国国防科学技术大学研制的“天河二号”以比第二名——美国的“泰坦”快近一倍的速度再度登上榜首。美国专家预测，在一年时间内，“天河二号”还会是全球最快的超级计算机。

在 2014 年 6 月 23 日公布的全球超级计算机 500 强榜单中，中国“天河二号”以比第二名美国“泰坦”快近一倍的速度连续第三次获得冠军。

② 大中型计算机。大中型计算机也有很高的运算速度和很大的存储量并允许相当多的用户同时使用。其结构上也较巨型机简单些，价格相对巨型机便宜，因此使用的范围较巨型机普遍，是事务处理、商业处理、信息管理、大型数据库和数据通信的主要支柱。

③ 小型机。小型机的规模和运算速度及处理能力比大中型机要逊色，但具有体积小、价格低、性价比高等优点，适合中小企业、事业单位用于工业控制、数据采集、分析计算、企业管理以及科学计算等，也可作为巨型机或大中型机的辅助机。典型的小型机是美国 DEC 公司的 PDP 系列计算机、IBM 公司的 AS/400 系列计算机，我国的 DJS-130 计算机等。

④ 微型计算机。微型计算机简称微机，是当今使用最普及、产量最大的一类计算机，其体积小、功耗低、成本少、灵活性大，性能价格比明显地优于其他类型计算机，因而得到了广泛应用。微型计算机可以按结构和性能划分为单片机、单板机、个人计算机等几种类型。

- 单片机：把微处理器、一定容量的存储器以及输入/输出接口电路等集成在一个芯片上，就构成了单片机。可见单片机仅是一片特殊的、具有计算机功能的集成电路芯片。单片机体积小、功耗低、使用方便，但存储容量较小，一般用作专用机或用来控制高级仪表、家用电器等。
- 单板机：把微处理器、存储器、输入/输出接口电路安装在一块印制电路板上，就成为单板计算机。一般在这块板上还有简易键盘、液晶和数码管显示器以及外存储器接口等。单板机价格低廉且易于扩展，广泛用于工业控制、微型机教学和实验，或作为计算机控制网络的前端执行机。
- 个人计算机：供单个用户使用的微型机一般称为个人计算机或 PC，是目前用得最多的一种微型计算机。PC 配置有一个紧凑的机箱、显示器、键盘、打印机以及各种接口，可分为台式微机和便携式微机。

⑤ 工作站。工作站是介于 PC 和小型机之间的高档微型计算机，通常配备有大屏幕显示器和大容量存储器，具有较高的运算速度和较强的网络通信能力，有大型机或小型机的多任务和多用户功能，同时兼有微型计算机操作便利和人机界面友好的特点。

2. 计算机应用

计算机的应用领域已渗透到社会的各行各业，正在改变着传统的工作、学习和生活方式，推动着社会的发展。计算机的主要应用领域如下。

（1）科学计算

科学计算是指利用计算机来完成科学研究和工程技术中提出的数学问题的计算。在现代科学技术工作中，科学计算问题是大量的和复杂的。利用计算机的高速计算、大存储容量和连续运算的能力，可以实现人工无法解决的各种科学计算问题。

（2）数据处理

数据处理是指对各种数据进行收集、存储、整理、分类、统计、加工、利用、传播等一系列活动的统称。据统计，80%以上的计算机主要用于数据处理，这类工作量大面宽，决定了计算机应用的主导方向。数据处理从简单到复杂经历了以下 3 个发展阶段。

- 电子数据处理（Electronic Data Processing，EDP）：以文件系统为手段，实现一个部门内的单项管理。
- 管理信息系统（Management Information System，MIS）：以数据库技术为工具，实现一个部门的全面管理，以提高工作效率。
- 决策支持系统（Decision Support System，DSS）：以数据库、模型库和方法库为基础，帮助管理决策者提高决策水平，改善运营策略的正确性与有效性。

（3）辅助技术

计算机辅助技术是指计算机在人们的日常生活、工作、生产以及教育等方面所提供的辅助和支撑等方面的应用，主要包括以下 4 个方面。

① 计算机辅助设计（Computer Aided Design，CAD）：是利用计算机系统辅助设计人员进行工程或产品设计，以实现最佳设计效果的一种技术。它已广泛地应用于飞机、汽车、机械、电子、建筑和轻工等领域。例如，在电子计算机的设计过程中，利用 CAD 技术进行体系结构模拟、逻辑模拟、插件划分、自动布线等，从而大大提高了设计工作的自动化程度。

② 计算机辅助制造（Computer Aided Manufacturing，CAM）：是利用计算机系统进行生产设备的管理、控制和操作的过程。例如，在产品的制造过程中，用计算机控制机器的运行，处理生产过程中所需的数据，控制和处理材料的流动以及对产品进行检测等。使用 CAM 技术可以提高产品质量，降低成本，缩短生产周期，提高生产率和改善劳动条件。

③ 计算机辅助教育（Computer Based Education，CBE）：主要包括计算机辅助教学（Computer Aided Instruction，CAI）、计算机辅助测试（Computer Aided Test，CAT）和计算机管理教学（Computer Management Instructions，CMI）等。

④ 电子设计自动化（Electronic Design Automation，EDA）：是利用计算机中安装的专用软件和接口设备，用硬件描述语言开发可编程芯片，将软件进行固化，从而扩充硬件系统的功能，提高系统的可靠性和运行速度。

（4）过程控制

过程控制是利用计算机及时采集检测数据，按最优值迅速地对控制对象进行自动调节或自动控制。采用计算机进行过程控制，不仅可以大大提高控制的自动化水平，而且可以提高控制的及时性和准确性，从而改善劳动条件，提高产品质量及合格率。计算机过程控制已在机械、冶金、石油、化工、纺织、水电、航天等部门得到广泛的应用。

（5）人工智能

人工智能（Artificial Intelligence）是计算机模拟人类的智能活动，诸如感知、判断、理解、学习、问题求解和图像识别等。现在人工智能的研究已取得不少成果，有些已开始走向实用阶段。例如，能模拟高水平医学专家进行疾病诊疗的专家系统，具有一定思维能力的智能机器人（视频片断）等。

（6）网络应用

计算机技术与现代通信技术的结合构成了计算机网络。计算机网络的建立，不仅解决了一个单位、一个地区、一个国家中计算机与计算机之间的通信，各种软、硬件资源的共享，也大大促进了国际间的文字、图像、视频、声音等各类数据的传输与处理，如电子商务与电子政务、远程教育、娱乐等。

1.2 计算机的信息表示

1.2.1 数制及其转换

1. 数制的概念

数制就是用一组固定的数字和一套统一的规则来表示数目的方法。按照进位方式计数的数制叫进位计数制，如生活中最常见的就是十进制，即逢十进一。而生活中也常常遇到其他进制，如六十进制（每分钟 60 秒、每小时 60 分钟，即逢 60 进 1）、二十四进制（每天 24 小时，即逢 24 进 1）、十二进制，十六进制等。

进位计数涉及基数与各数位的位权（也称为权值）。

基数：指该进制中允许选用的基本数码的个数，每一种进制都有固定数目的计数符号。

十进制：基数为 10，有 10 个计数符号，即 0，1，2，3，4，5，6，7，8，9。每个数码符号根据它在这个数中所在的位置（数位），按“逢十进一”来决定其实际数值。

二进制：基数为 2，有 2 个计数符号，即 0 和 1。每个数码符号根据它在这个数中的数位，按“逢二进一”来决定其实际数值。

八进制：基数为 8，有 8 个计数符号，即 0，1，2，3，4，5，6，7。每个数码符号根据它在这个数中的数位，按“逢八进一”来决定其实际的数值。

十六进制：基数为 16，有 16 个计数符号，即 0，1，2，3，4，5，6，7，8，9，A，B，C，D，E，F。其中 A～F 对应十进制的 10～15。每个数码符号根据它在这个数中的数位，按“逢十六进一”来决定其实际的数值。

在任何进制中，一个数的每个位置都有一个权值。在十进制数据中，一个数码处在不同位置上所代表的值不同，如数字 1 在个位数位置上表示 1，在百位数上表示 100，而在小数点后 1 位表示 0.1。位权的大小是以基数为底、数码所在位置的序号为指数的整数次幂。

例如，十进制的个位数位置的位权是 10^0，十位数位置上的位权为 10^1，小数点后 1 位的位权为 10^{-1}，依此类推。下面以十进制数和二进制数为例说明位权与数值之间的关系。

十进制数 76543.21 的值为：

$(76543.21)_{10}=7\times10^4+6\times10^3+5\times10^2+4\times10^1+3\times10^0+2\times10^{-1}+1\times10^{-2}$

小数点左边：从右向左，每一位对应权值分别为 10^0、10^1、10^2、10^3、10^4。

小数点右边：从左向右，每一位对应的权值分别为 10^{-1}、10^{-2}。

二进制数$(101001.01)_2=1\times2^5+0\times2^4+1\times2^3+0\times2^2+0\times2^1+1\times2^0+0\times2^{-1}+1\times2^{-2}$

小数点左边：从右向左，每一位对应的权值分别为 2^0、2^1、2^2、2^3、2^4。

小数点右边：从左向右，每一位对应的权值分别为 2^{-1}、2^{-2}。

由于不同进制的进位基数不同，其权值是不同的。

2. 二进制的特点

十进制是人类最为方便的进制表示，但十进制应用在计算机中表示时遇到了表示上的困难，10 个不同符号表示和运算很复杂。而德国数学家莱布尼茨 18 世纪发明的二进制在计算机中表示时具有很大的方便性，在计算机中采用二进制的原因如下。

（1）实现技术简单计算机是由逻辑电路组成的，逻辑电路通常只有两个状态——开关的接通与断开，这两种状态正好可以用“1”和“0”表示。除此之外，其他需要表示 0、1 两种状态的电子器件还有很多，如晶体管的导通和截止，磁元件的正负剩磁，电位电平的高与低等。使用二进制，电子器件具有实现的可行性。

（2）简化运算规则二进制数的运算法则少，运算简单，有利于简化计算机运算器的硬件结构，提高运算速度，如二进制和、积运算只有 4 条规则，而十进制的乘法九九口诀表就有 55 条公式之多。

（3）适合逻辑运算逻辑代数是逻辑运算的理论依据，二进制只有两个数码 0 和 1，正好与逻辑代数中的真（True）和假（False）相吻合，所以用二进制表示二值逻辑很自然。

（4）易于进行转换二进制与十进制数易于互相转换，容易实现人—机的转变。

（5）可靠性高、抗干扰能力强用二进制表示数据具有抗干扰能力强，可靠性高等优点。因为每位数据只有高低两个状态，当受到一定程度的干扰时，仍能可靠地分辨出它是高还是低。

3. 数制转换

（1）十进制与 R 进制之间的转换

十进制数与 R（二、八以及十六）进制数之间的转换遵循以下原则。

整数部分：除以 R 取余法，即整数部分不断除以 R 取余数，直到商为 0 为止，最先得到的余数为最低位，最后得到的余数为最高位，简称为“除以 R 取余，逆序排列”。

小数部分：乘 R 取整法，即小数部分不断乘以 R 取整数，直到小数为 0 或达到有效精度为止，最先得到的整数为最高位（最靠近小数点），最后得到的整数为最低位，简称为“乘以 R 取整，顺序排列”。

在进行数制转换时，需要对整数部分和小数部分分开计算，然后再组合为一个整体。下面以十进制转换为二进制和八进制为例说明上述转换原则的使用方法。

【例 1.1】将（27.125）$_{10}$ 转换成二进制数。

整数部分：

2	27	取余数	↑低
2	13	1	
2	6	1	
2	3	0	
2	1	1	
2	0	1	高

注意：第一次得到的余数是二进制数的最低位，最后一次得到的余数是二进制数的最高位。

故：（27）$_{10}$ =（11011）$_2$

小数部分：

0.125	取整数	高
× 2		
0.25	0	
× 2		
0.50	0	
× 2		
1.00	1	低↓

注意：小数部分的转换，第一次得到的是最高位，而最后一次得到的整数是二进制数的最低位。

故（.125）$_{10}$=（.001）$_2$

所以组合后（27.125）$_{10}$=（11011.001）$_2$

当然，并非是任何一个十进制小数都能完全准确地转换成二进制小数，如若有小数部分无论执行多少次×2 运算，仍不能得到确定结果时，可根据精度要求只转换到小数点后某一位为止即可，如（27.225）$_{10}$ 在完成整数部分转换后，可以将小数部分保留为 5 位为（.00111）$_2$，则（27.225）$_{10}$ =（11011.00111）$_2$。

【例 1.2】将（27.125）$_{10}$ 转换成八进制数。

整数部分：

8	27	取余数	低 ↑
8	3	3	
	0	3	高

注意：第一次得到的余数是八进制数的最低位，最后一次得到的余数是八进制数的最高位。

故：（27）$_{10}$ =（33）$_8$

小数部分：

0.125	取整数	高 ↓
× 8		
1.00	1	低

注意：小数部分的转换，第一次得到的是最高位，而最后一次得到的是八进制数的最低位。

故（.125）$_{10}$=（.1）$_8$

所以组合后（27.125）$_{10}$=（33.1）$_8$

同上，（27.225）$_{10}$ 在完成整数部分转换后，可以将小数部分保留为 4 位为（.1546）$_8$，则（27.225）$_{10}$=（33.1546）$_8$。

（2）*R* 进制与十进制之间的转换

R 进制数与十进制数之间转换时按权展开求和即可，具体规则如下。

任意一个 n 位整数和 m 位小数的二进制数 B 可表示为：

$B=B_{n-1}\times2^{n-1}+B_{n-2}\times2^{n-2}+\cdots+B_0\times2^0+B_{-1}\times2^{-1}+\cdots+B_{-m}\times2^{-m}$

任意一个 n 位整数和 m 位小数的八进制数 Q 可表示为：

$Q=Q_{n-1}\times8^{n-1}+Q_{n-2}\times8^{n-2}+\cdots+Q_0\times8^0+Q_{-1}\times8^{-1}+\cdots+Q_{-m}\times8^{-m}$

任意一个 n 位整数和 m 位小数的十六进制数 H 可表示为：

$H=H_{n-1}\times16^{n-1}+H_{n-2}\times16^{n-2}+\cdots+H_0\times16^0+H_{-1}\times16^{-1}+\cdots+H_{-m}\times16^{-m}$

例如，（10101.0101）$_2$= $1\times2^4+0\times2^3+1\times2^2+0\times2^1+1\times2^0+0\times2^{-1}+1\times2^{-2}+0\times2^{-3}+1\times2^{-4}$ =（21.3125）$_{10}$

（125.01）$_8$= $1\times8^2+2\times8^1+5\times2^0+0\times8^{-1}+1\times8^{-2}$=（85.015625）$_{10}$

（7A6.4）$_{16}$= $7\times16^2+10\times16^1+6\times16^0+4\times16^{-1}$=（1958.25）$_{10}$

（3）二进制、八进制与十六进制之间的相互转换

① 二进制数与八进制数的互换。

因二进制数基数是 2，八进制数基数是 8，而 2^3=8，8^1=8，可见二进制三位数对应于八进制一位数，所以二进制与八进制互换是十分简便的。

- 二进制数转换为八进制数。

二进制数转换为八进制数可概括为“三位并一位”，即以小数点为基准，整数部分从右至左，

每三位一组，最高位不足三位时，添0补足三位；小数部分从左至右，每三位一组，最低有效位不足三位时，添0补足三位。然后将各组的三位二进制数按权展开后相加，得到一位八进制数码，再按权的顺序连接起来即得到相应的八进制数。

【例1.3】将（1011100.00111）$_2$转换为八进制数。

（001,011,100.001,110）$_2$=（134.16）$_8$

1　3　4．1　6

- 八进制数转换为二进制数。

八进制数转换为二进制数可概括为“一位拆三位”，即把一位八进制数写成对应的三位二进制数，然后按权连接即可。

【例1.4】将（163.54）$_8$转换成二进制数。

（1　6　3．5　4）$_8$=（1110011.1011）$_2$

001,110,011.101,100

② 二进制数与十六进制数的互换。

二进制数与十六进制数之间也存在二进制数与八进制数之间相似的关系。由于2^4=16，16^1=16，即二进制四位数对应于十六进制一位数。

- 二进制数转换为十六进制数。

二进制数转换为十六进制数可概括为“四位并一位”，即以小数点为基准，整数部分从右至左，小数部分从左至右，每四位一组，不足四位添0补足。然后将每组的四位二进制数按权展开后相加，得到一位十六进制数码，再按权的顺序连接起来即得到相应的十六进制数。

【例1.5】将（1011100.00111）$_2$转换为十六进制数。

（0101,1100.0011,1000）$_2$=（5C.38）$_{16}$

5　C．　3　8

- 十六进制数转换为二进制数。

十六进制数转换为二进制数可概括为“一位拆四位”，即把一位十六进制数写成对应的四位二进制数，然后按权连接即可。

【例1.6】将（16E.5F）$_{16}$转换成二进制数。

（1　6　E．　5　F）$_{16}$=（101101110.01011111）$_2$

0001,0110,1110.0101,1111

1.2.2　数据与编码

1．数据的单位

数据（data）是表征客观事物的、可以被记录的、能够被识别的各种符号，包括字符、符号、表格、声音和图形、图像等。简而言之，一切可以被计算机加工、处理的对象都可以被称之为数据。

计算机采用二进制，运算器运算的是二进制数，控制器发出的各种指令也表示成二进制数，存储器中存放的数据和程序也是二进制数。计算机所能识别、执行、处理的数据全部是由二进制数组成的。无论是数值数据还是非数值数据，在计算机内均表现为二进制形式。二进制数据的常用单位有位、字节和字。

（1）位

位（英文名称为bit，读音为比特）是计算机存储数据的最小单位，计算机中最直接、最基本的操作就是对二进制位的操作。一个二进制位只能表示2^1=2种状态，要想表示更多的信息，就得把多个位组合起来作为一个整体，每增加一位，所能表示的信息量就增加一倍。例如，ASCII 码用七位二进制组合编码，能表示 2^7=128 个信息。

（2）字节

字节简写为 B（英文名称为 Byte，为与 bit 区别，常用大写字母 B），1 个字节由 8 个二进制数位组成，即 1B=8bit。字节是计算机中用来表示存储空间大小的基本容量单位。例如，计算机内存的存储容量，磁盘的存储容量等都是以字节为单位表示的，所以字节是数据处理的基本单位。除用字节为单位表示存储容量外，还可以用千字节（KB）、兆字节（MB）以及十亿字节（GB）等表示存储容量。它们之间存在下列换算关系：

1B=8bit

1KB=1024B=2^{10} B　　1KB=1024 字节，“K”的意思是“千”。

1MB=1024KB=2^{10}KB=2^{20} B=1024×1024B　　1MB=1024KB 字节，“M”读“兆”。

1GB=1024MB=2^{10}MB=2^{30} B=1024×1024KB　　1GB=1024MB 字节，“G”读“吉”。

1TB=1024GB=2^{10}GB=2^{40} B=1024×1024MB　　1TB=1024GB 字节，“T”读“太”。

位与字节的区别：位是计算机中最小的数据单位，字节是计算机进行存取的基本单位。

（3）字

计算机处理数据时，CPU 通过数据总线一次存取、加工和传送的数据长度称为字。一个字通常由一个字节或若干字节组成。由于字长是计算机一次所能处理的实际位数长度，所以字长是衡量计算机性能的一个重要标志，字长越长，性能越强。不同的计算机字长是不相同的，常用的字长有 8 位、16 位、32 位、64 位等。

2. 常用的数据编码

数据以规定好的二进制形式表示才能被计算机加以处理，这些规定的形式就是数据的编码。计算机不能直接处理英文字母、汉字、图形、声音，需要对这些对象进行编码，编码过程就是实现将信息在计算机中转化为 0 和 1 二进制串的过程。编码时需要考虑数据的特性以及便于计算机的存储和处理。下面介绍几种常用的数据编码。

（1）二—十进制编码

在一些数字系统中，如电子计算机和数字式仪器中，往往采用二进制码表示十进制数。通常，把用一组 4 位二进制码来表示一位十进制数的编码方法称作二—十进制码，亦称 BCD 码（Binary Code Decimal）。

4 位二进制码共有 16 种组合，可从中任取 10 种组合来表示 0~9 这 10 个数。根据不同的选取方法，可以编制出很多种 BCD 码，如 8421 码，5421 码，2421 码，5211 码和余 3 码，其中的 8421 码最为常用。各种常用 BCD 编码如表 1-2 所示。

表 1–2　　常用 BCD 编码表

编码类型 / 十进制数	8421 码	5421 码	2421 码	5211 码	余 3 码
0	0000	0000	0000	0000	0000
1	0001	0001	0001	0001	0100
2	0010	0010	0010	0100	0101
3	0011	0011	0011	0101	0110
4	0100	0100	0100	0111	0111
5	0101	1000	0101	1000	1000
6	0110	1001	0110	1001	1001

续表

十进制数 \ 编码类型	8421 码	5421 码	2421 码	5211 码	余 3 码
7	0111	1010	0111	1100	1010
8	1000	1011	1110	1101	1011
9	1001	1100	1111	1111	1100
权	8421	5421	2421	5211	

【例 1.7】把十进制数 369.74 编成 8421 BCD 码。

分析：3→0011

6→0110

9→1001

7→0111

4→0100

故：$(369.74)_{10}=(0011\ 0110\ 1001.\ 0111\ 0100)_{BCD}$

（2）ASCII 编码

字符是计算机中最多的信息形式之一，是人与计算机进行通信、交互的重要媒介。在计算机中，要为每个字符指定一个确定的编码，作为识别与使用这些字符的依据。

字符信息包括字母和各种符号，它们必须按规定好的二进制码来表示，计算机才能处理。字母数字字符共 62 个，包括 26 个大写英文字母、26 个小写英文字母和 0～9 这 10 个数字，还有其他类型的符号（诸如%、#等），用 127 位符号足以表示字符符号的范围。

在西文领域的符号处理普遍采用的是 ASCII 码（American Standard Code for Information Interchange，美国标准信息交换码），虽然 ASCII 码是美国国家标准，但它已被国际标准化组织（ISO）认定为国际标准。

从 ASCII 码表（见表 1-3）中看出，十进制码值 0～32 和 127（即 NUL～US 和 DEL）共 34 个字符称为非图形字符（又称为控制字符）；其余 94 个字符称为图形字符（又称为普通字符）。在这些字符中，从“0”～“9”、从“A”～“Z”、从“a”～“z”都是顺序排列的，且小写字母比大写字母码值大 32，即位值 d_5 为 0 或 1，这有利于大、小写字母之间的编码转换。

表 1-3　ACSII 码表

$d_3d_2d_1d_0$ \ $d_6d_5d_4$	000	001	010	011	100	101	110	111
0000	NUL	DEL	SP	0	@	P	、	p
0001	SOH	DC1	!	1	A	Q	a	q
0010	STX	DC2	”	2	B	R	b	r
0011	EXT	DC3	#	3	C	S	c	s
0100	EOT	DC4	$	4	D	T	d	t
0101	ENQ	NAK	%	5	E	U	e	u
0110	ACK	SYN	&	6	F	V	f	v
0111	BEL	ETB	,	T	0	W	g	w
1000	BS	CAN	(	8	H	X	h	x
1001	HT	EM	)	9	I	Y	i	y

续表

$d_3d_2d_1d_0$ \ $d_6d_5d_4$	000	001	010	011	100	101	110	111
1010	LF	SUB	*	:	J	Z	j	z
1011	VT	ESC	+	;	K	[	k	{
1100	FF	FS	.	<	L	\	l	|
1101	CR	GS	–	=	M	]	m	}
1110	SO	RS	。	>	H	↑	n	~
1111	SI	US	/	?	O	↓	o	DEL

当从键盘输入字符“A”，计算机首先在内存存入“A”的 ASCII 码（01000001），然后在 BIOS（只读存储器）中查找 01000001 对应的字形（英文字符的字形固化在 BIOS 中），最后在输出设备（如显示器）输出“A”的字形。

（3）汉字编码

汉字字符要在计算机中处理，需要解决汉字的输入、输出以及汉字在计算机中的表示问题，因此面临着以下问题：

① 键盘上无汉字，不可能直接与键盘对应，需要输入码来对应。

② 在计算机中存放，需要机内码来表示，以便查找。

③ 汉字量大，字型变化复杂。需要用对应的字库查找来存储。

由于汉字具有特殊性，计算机处理汉字信息时，汉字的输入、存储、处理及输出过程中所使用的汉字代码不相同，其中有用于汉字输入的输入码，用于机内存储和处理的机内码，用于输出显示和打印的字模点阵码（或称字形码），即在汉字处理中需要经过汉字输入码、汉字机内码、汉字字形码的三码转换，具体转换过程如图 1-2 所示。

图 1-2　汉字编码转换过程

① 汉字的输入码。

汉字输入码，又称为外码，是利用现有的计算机键盘，将汉字输入计算机而编制的代码。目前在我国推出的汉字输入编码方案很多，其表示形式大多用字母、数字或符号。编码方案大致可以分为：以汉字发音进行编码的音码，如全拼码、简拼码、双拼码等；按汉字书写的形式进行编码的形码，如五笔字型码；也有音形结合的编码，如自然码。

② 信息交换用汉字编码字符集。

《信息交换用汉字编码字符集 · 基本集》是我国于 1980 年制定的国家标准 GB2312—80，代号为国标码，是国家规定的用于汉字信息处理使用的代码的依据。GB2312—80 中规定了信息交换用的 6763 个汉字和 682 个非汉字图形符号（包括几种外文字母、数字和符号）的代码，即共有 7445 个代码。由于汉字要与西文符号表示区别，在每个字节表示中最高位必须为 1，只能用后 7 位表示汉字集，一个 7 位二进制符号只能表示 2^7=128 个汉字，2^{14}=16 384 个，足以表示常用的 7445 个汉字，因此一个汉字应当用两个字节表示。

汉字的区位码：每个汉字（图形符号）采用 2 个字节表示，每个字节只用低 7 位。由于低 7 位中有 34 种状态用于控制字符，因此，只用 94（128−34=94）种状态可用于汉字编码。这样，双字节的低 7 位只能表示 94×94=8836 种状态。此标准的汉字编码表有 94 行、94 列。其行号称为区号，列号称为位号。双字节中，用高字节表示区号，低字节表示位号。非汉字图形符号置于第 1～11 区，国标汉字集中有 6763 个汉字又按其使用频度、组词能力以及用途大小分成一级常用汉字 3755 个，二级常用汉字 3008 个。一级汉字 3755 个置于第 16～55 区，二级汉字 3008 个置于第 56～87 区。

除了 GB2312—80 外，我国已公布的汉字信息交换码标准以及与此有关的字符集标准还有：GB1988《信息处理交换用七位编码字符集》、GB2311—80《信息处理交换用七位编码字符集的扩充方法》、GB13000.1/ISO10646.1《通用多八位编码字符集》。

③ 汉字的机内码。

汉字的机内码是供计算机系统内部进行存储、加工处理、传输统一使用的代码，又称为汉字内部码或汉字内码。不同的系统使用的汉字机内码有可能不同。目前使用最广泛的一种为 2Byte 的机内码，俗称变形的国标码。这种格式的机内码是将国标 GB2312—80 交换码的 2Byte 的最高位分别置为 1 而得到的。其最大优点是机内码表示简单，且与交换码之间有明显的对应关系，同时也解决了中西文机内码存在二义性的问题。

下面给出“西”字由区位码到机内码的转换过程示例。“西”的区位码是 4687，为十进制表示。转换为机器内码的方法为：每字节化为十六进制；每字节高位置 1；每字节加（20）$_{16}$ 得机内码。汉字“西”的机内码则为（CEF7）$_{16}$。转换过程如图 1-3 所示。

图 1-3 “西”字由区位码到机内码的转换过程

④ 汉字的字形码。

汉字字形码是汉字字库中存储的汉字字形的数字化信息，用于汉字的显示和打印。常用的输出设备是显示器与打印机。汉字字形库可以用点阵与矢量来表示。目前汉字字形的产生方式大多是以点阵方式形成汉字，因此汉字字形码主要是指汉字字形点阵的代码。

汉字字形点阵有 16×16 点阵、24×24 点阵、32×32 点阵、64×64 点阵、96×96 点阵、128×128 点阵、256×256 点阵等。一个汉字方块中行数、列数分得越多，描绘的汉字也就越细微，但占用的存储空间也就越多。汉字字形点阵中每个点的信息要用一位二进制码来表示。对 16×16 点阵的字形码，需要用 32Byte（16×16÷8=32）表示；24×24 点阵的字形码需要用 72Byte（24×24÷8=72）表示。

汉字字库是汉字字形数字化后，以二进制文件形式存储在存储器中而形成的汉字字模库，也称汉字字形库，简称汉字字库。

注意：国标码用 2 个字节表示 1 个汉字，每个字节只用后 7 位。计算机处理汉字时，不能直接使用国标码，而要将最高位置成 1，变换成汉字机内码，其原因是为了区别汉字码和 ASCII 码，当最高位是 0 时，表示为字符的 ASCII 码，当最高位是 1 时，表示为汉字码。

1.3 计算机系统与微型机

1.3.1 计算机系统

1. 计算机系统的工作原理

当前计算机系统采用冯・诺依曼所提出的设计原理和体系结构。1946 年，冯・诺依曼提出了现代计算机设计思想，认为程序可以和数据一样进行存储，然后一条一条地取出，经过分析后自动地完成规定的操作。在上述思想的基础上，冯·诺依曼原理可以表述如下。

① 计算机的指令和数据均采用二进制表示。

② 由指令组成的程序和需要处理的数据一起存放在存储器中。机器一启动，控制器按照程序中指令的逻辑顺序，把指令从存储器中读出来，逐条执行。

③ 计算机的硬件系统由输入设备、输出设备、存储器、运算器和控制器 5 个基本部件组成，在控制器的统一控制下，协调一致地完成由程序所描述的处理工作。

冯·诺依曼原理中规定了计算机系统的逻辑结构由 5 大部分组成，各个部分之间的关系如图 1-4 所示，各个组成部分的功能如下。

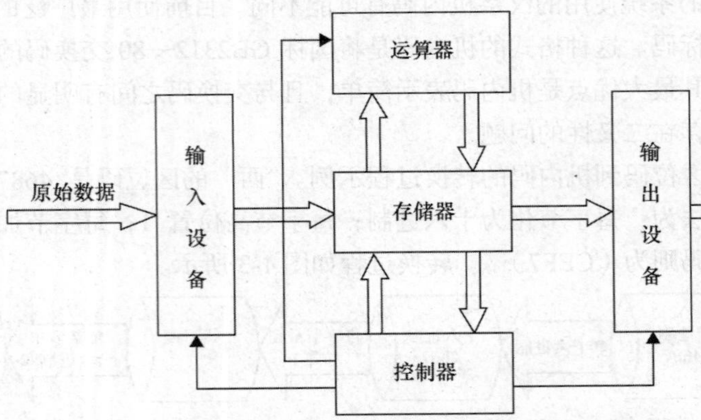

图 1-4　计算机系统的体系结构及工作原理

① 运算器：实现算术运算和逻辑运算功能。

② 控制器：负责从存储器中读取程序指令并进行分析和执行。

③ 存储器：分为主存储器（内存）和辅助存储器（外存），负责数据的存储。

④ 输入设备：负责将数据从外部输入到计算机的存储器中，常用输入设备有键盘、鼠标、光笔、扫描仪等。

⑤ 输出设备：负责将存储器中的数据进行输出，常用的输出设备有显示器、打印机等。

图 1-4 中的原始数据主要是指程序、命令以及需要处理的数据信息，在数据输入之前，控制器会向输入设备发出输入指令，这些原始数据通过输入设备提交到计算机系统中。在进行运算时，控制器向运算器发送指令，运算器从内存中读取数据执行运算，运算结束后控制器发送指令，运算结果存储到存储器。在输出端，控制器发送输出指令，从存储器中读取计算结果输出到输出设备。

2. 计算机系统的组成

一个完整的计算机系统通常包含硬件系统和软件系统两部分。硬件系统是计算机物理设备的总称，主要包括输入设备、输出设备、存储器、运算器和控制器。软件系统则是运行于硬件系统之上、能够实现各种功能的程序集合，是计算机的灵魂。图 1-5 所示为计算机系统组成结构图。

在计算机中，硬件和软件二者缺一不可，协同工作。硬件是计算机系统快速、可靠、自动工作的物质基础，没有硬件就没有计算机，计算机软件也不会产生任何作用。然而，一台计算机之所以能够处理各种问题，具有很大的通用性，能够代替人们进行一定的脑力劳动，是因为人们把要处理这些问题的方法，分解成为计算机可以识别和执行的步骤，并以计算机可以识别的形式存储到了计算机中，即在计算机中存储了解决这些问题的程序，也就是通常意义上说的软件。

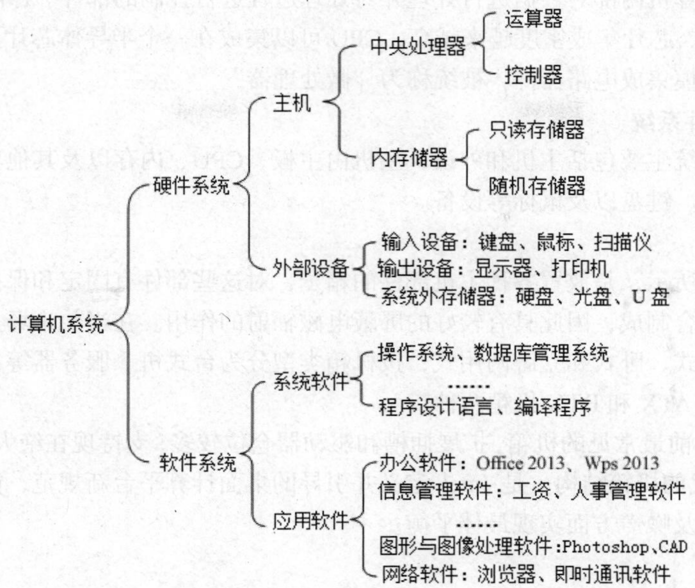

图 1-5　计算机系统组成

在计算机硬件系统中，通常把 CPU 和内存称为主机。CPU 和内存以及其他硬件设备互连是通过主板实现的，在主板中设置了各种类型的插槽，相关硬件可以插入对应接口的插槽，然后通过主板内部的通信线路进行连接。外部设备包括输入设备、输出设备以及外存储器等也是通过主板与 CPU 和内存进行信息交换的。

软件是指计算机程序及其有关文档，程序是指为了得到某种结果可以由计算机等具有信息处理能力的装置执行的代码化指令序列，文档则指的是用自然语言或者形式化语言所编写的程序使用说明的文字资料。计算机的软件系统通常划分为系统软件和应用软件两类，系统软件主要包含操作系统、数据库管理系统以及程序编译系统等，应用软件则是安装在计算机中用于处理不同事务和问题的软件，其范围非常广泛，包括办公软件、信息管理软件、图形图像处理软件以及网络软件等。

值得注意的是，在有些分类中仅将操作系统作为系统软件，数据库管理系统以及程序设计语言、编译系统作为支撑软件单独列出，也有些分类将这些支撑软件列入应用软件的范畴。在计算机系统中，硬件和软件系统是按照一定的层次关系进行组织的，硬件系统位于最内层，系统软件位于中间层，最外层是应用软件。在系统软件中最为重要的软件是操作系统，操作系统向下控制和操纵计算机硬件系统，向上支持其他软件的运行，为用户操作计算机提供了相应的接口，对计算机的所有操作最终都要转换为对操作系统某些特定功能的调用。

1.3.2　微型机简介

1．微型机的概念

微型计算机简称“微型机”、“微机”，也称“微电脑”，由大规模集成电路组成的体积较小的电子计算机，特点是体积小、灵活性大、价格便宜、使用方便。它以微处理器为基础，配以内存储器及输入/输出（I/0）接口电路和相应的辅助电路而构成的裸机。通常把微型计算机集成在一个芯片上即构成单片微型计算机（Single Chip Microcomputer）。

微处理器指计算机内部对数据进行处理并对处理过程进行控制的部件。伴随着大规模集成电路技术的迅速发展，芯片集成密度越来越高，CPU 可以集成在一个半导体芯片上，这种具有中央处理器功能的大规模集成电路器件，被统称为“微处理器”。

2. 微型机硬件系统

微型机硬件系统主要包括主机和外设，主机由主板、CPU、内存以及其他功能插卡组成，外设主要是指显示器、键盘以及鼠标等设备。

（1）机箱

机箱如图 1-6 所示，是放置各种主机部件的箱子，对这些部件有固定和保护作用。由于其外壳用钢板和塑料结合制成，因此具有较好的屏蔽电磁辐射的作用。在当前市场上销售的机箱，按照机箱样式分为立式、卧式和立卧两用式；按机箱类型分为台式机、服务器等；按主板和电源的规格分类，主要有 ATX 和 BTX 机箱两种。

ATX 机箱是目前最常见的机箱，扩展插槽和驱动器仓位较多，支持现在绝大部分类型的主板。BTX 机箱是下一代的机箱结构，是 Intel 定义并引导的桌面计算平台新规范，能够在散热管理、系统尺寸和形状以及噪声方面实现最佳平衡。

（2）主板

主板又叫母板，如图 1-7 所示。主板一般为矩形电路板，它安装在机箱内，是各种设备（如各种 I/O 控制芯片、扩展插槽、扩展接口、电源插座等元器件）的连接载体，能够协调相关设备工作，是微型机最基本、最重要的部件之一。

图 1-6 机箱

图 1-7 主板

芯片组（Chipset）是主板的核心组成部分，它决定了这块主板的功能，主要部件为北桥芯片和南桥芯片，其中南桥主要负责 I/O，北桥用于 CPU 和内存、显卡、PCI 交换数据。

（3）CPU

CPU 是 Central Processing Unit（中央处理单元）的缩写，如图 1-8 所示，它是一台计算机的运算核心和控制核心。CPU 是计算机的“大脑”，它负责读取指令，对指令译码并执行指令，并运算计算机内部的所有数据，主要由控制器和运算器构成。

控制器，又称 CU（Control Unit），是计算机控制指挥的中心，主要功能是对输入的指令进行分析，根据分析结果，对需控制的部件进行控制操作，使计算机能自动地、协调一致地工作，一般由指令寄存器、状态寄存器、指令译码器、时序电路和控制电路组成。

运算器，又称 ALU（Arithmetic Logic Unit），主要功能是对数据进行算术和逻辑运算。运算器的核心部件是加法器和寄存器，加法器用于运算，寄存器用来存放参加运算的操作数与运算结果。

CPU 的主要性能指标有以下几个。

① 主频：主频也叫时钟频率，单位是 GHz，是 CPU 内核工作的时钟频率。CPU 的主频与 CPU 实际运算能力是没有直接关系的，主频表示在 CPU 内数字脉冲信号振荡的速度，CPU 的运算速度还要看 CPU 的流水线、总线等各方面的性能指标，因此只能说主频仅仅是 CPU 性能表现的一个方面，而不代表 CPU 的整体性能，在同等条件下，主频越高则 CPU 运算越快。

② 外频：外频是 CPU 的基准频率，具体是指 CPU 到芯片组之间的总线速度，单位是 MHz。CPU 的外频决定着整个主板的运行速度。外频是 CPU 与主板之间同步运行的速度，而且目前的绝大部分微型机系统中，外频也是内存与主板之间的同步运行速度。

③ 字长：字长是 CPU 一次所能处理的二进制数的位数。当前市场上销售的 CPU 大多都已支持 64 位规则，64 位的含义就是 CPU 一次可以存取 64 位的二进制数据。

④ 缓存：CPU 缓存（Cache Memory）是为了解决 CPU 与内存之间速度相差太大的矛盾而添加的容量较小的高速存取器。缓存大小是 CPU 的重要指标之一，缓存的结构和大小对 CPU 速度的影响非常大，但是出于 CPU 芯片面积和成本的因素来考虑，缓存通常设置较小。

（4）内存储器

内存储器简称内存，如图 1-9 所示。内存安装在主板上，能与 CPU 直接交换信息，是用于暂时存放 CPU 中的运算数据，以及与硬盘等外部存储器交换的数据，其存取速度极快。内存一般由半导体存储器构成，半导体存储器可分为两类：随机存储器（Random Access Memory，RAM）和只读存储器（Read Only Memory，ROM）。内存的性能指标主要有以下几个。

图 1-8　CPU

图 1-9　内存

① 存储容量：可以容纳的二进制信息量，如目前常用的 DDR3 普遍为 1～8GB。

② 存取速度：两次独立的存取操作之间所需的最短时间，又称为存储周期，半导体存储器的存取周期一般为 60～100ns。

③ 可靠性：用平均故障间隔时间来衡量，可以理解为两次故障之间的平均时间间隔。

（5）硬盘

硬盘分为固态硬盘（SSD）、机械硬盘（HDD）和混合硬盘（HHD，一块基于传统机械硬盘诞生出来的新硬盘）。SSD 采用闪存颗粒来存储，HDD 采用磁性碟片来存储，混合硬盘是把磁性硬盘和闪存集成到一起的一种硬盘。图 1-10 所示为 HDD 型硬盘。

微型机的硬盘接口有 IDE、SCSI 和 SATA 3 种类型。IDE 称为集成磁盘电子接口，是现有 ATA 规格的通称，是当前在 PC 上应用最多的类型；SCSI 称为小型计算机系统接口，具有应用范围广、任务多、带宽大、CPU 占用率低以及热插拔等优点，但因其较高的价格使得它很难如 IDE 硬盘一样普及，所以主要应用于中、高端服务器和高档工作站中；SATA 称为串行高级技术附件，具有结构简单、支持热插拔和更好的数据传输可靠性等特点，随着应用的普及，逐渐成为当前 PC 硬盘的趋势。

图 1-10　硬盘

固态硬盘（Solid State Disk）是用固态电子存储芯片阵列而制成的硬盘，由控制单元和存储单元（FLASH 芯片、DRAM 芯片）组成，固态硬盘的接口规范和定义、功能及使用方法与普通硬盘相同，在产品外形和尺寸上也与普通硬盘一致。但新一代的固态硬盘普遍采用 SATA-3 接口，启动快、快速随机读取而不用磁头、无噪声、工作温度（−40℃～85℃）范围更大以及低容量的固态硬盘比同容量硬盘体积小、重量轻等都是显著的特点。

硬盘性能评价的参数包括容量、转速、寻址时间、传输速率以及缓存等。

（6）声卡

声卡是计算机进行声音处理的适配器，是计算机的一种输入/输出设备，它的主要作用是提供音频信号的输入/输出功能并可以对其进行处理，如图 1-11 所示。声卡主要分为集成声卡和独立声卡两类，独立声卡具有比集成声卡更好的音质，主要针对音质要求较高的用户和配置有较高品质音箱的情况；现在的集成声卡也已经非常成熟，应付一般使用已经游刃有余，而且其功能也越来越丰富。

（7）显卡

显卡又称为显示适配器（Video Adapter），是连接主机与显示器的接口卡。显卡的用途是将主机的输出信息转换成字符、图形和图像颜色等信息，传送到显示器上显示。显卡分为集成显卡和独立显卡两类。由于显卡在计算机日常使用过程中涉及大量的数据处理，因此发热量比较高，所以显卡上通常都配有风扇，如图 1-12 所示。

图 1-11　声卡

图 1-12　显卡

集成显卡集成在主板上，一般与内存共享存储空间，称之为动态显存，多数中低端品牌机采用此种显卡形式。集成显卡技术已经比较成熟，随着内存容量的不断增大，在不要求显示特效和高清晰度的情况下，集成显卡是一种不错的选择。独立显卡是指具有独立的板卡，需要插在主板的相应插槽上的显卡，它带有显存，一般不占用内存容量，能够提供更好的显示效果和运行性能。

（8）网卡

网卡的全称为网络适配器（Network Interface Card，NIC），是局域网中连接计算机和传输介质的接口，它主要实现按照通信协议将数据分解为数据包通过网络向外发送给接收方。为了使网卡具有唯一性，每块网卡都有一个唯一的网络节点地址叫作 MAC 地址（物理地址）。

网卡分为集成网卡和独立网卡，集成网卡被内置在主板中，独立网卡则是一块单独的集成电路板，如图 1-13 左图所示，在使用时需要插入主板对应插口。

随着无线上网技术的成熟，无线网卡得到广泛使用，无线网卡是终端无线网络的设备，是不通过有线连接，采用无线信号进行数据传输的终端，如图 1-13 右图所示。从技术上来看，主要有 WiFi、蓝牙以及 HomeRF 三大无线技术。其中 WiFi 传输速率达到 11～108Mbit/s，而且有效传输范围很大，较适于办公室中的企业无线网络；HomeRF 专门为家庭用户设计，可应用于家庭中的移动数据和语音设备与主机之间的通信；而蓝牙技术低成本、低功耗，可以应用于任何可以用无线方式替代线缆的场合。

（9）光驱

光驱是用来读/写光盘内容的设备，是计算机中比较常见的配件。目前，光驱可分为 CD-ROM 驱动器、DVD 驱动器 （DVD-ROM）、康宝（COMBO）、DVD 刻录机等。与硬盘不同，光驱只是一个读/写设备，真正存储内容的是光盘，光盘主要分为 CD 和 DVD 两种。CD 光盘的标准容量是 650MB，DVD 的标准容量为 4.7GB。

目前 CD-ROM 所能达到的最大 CD 读取速度是 56 倍速；DVD-ROM 读取 CD 速度方面要略低一点，大多是 48 倍速和 52 倍速；COMBO 产品基本都达到了 52 倍速。康宝（COMBO）和 DVD 刻录机是组装计算机时经常选择的标准配件，如图 1-14 所示，它们可以方便快捷地将数据刻录到光盘上，使光驱既有数据输出功能，同时也具有了数据存储功能。

图 1-13　网卡

图 1-14　DVD 刻录机

作为数据存储的载体光盘，它的保养需要注意以下问题。

① 平衡放置，防止光盘变形。

② 保护光盘印刷层。光盘的数据读取是通过激光反射原理实现的，光盘印刷层如被破坏，将会使光盘无法正常读取数据。

③ 光盘表面保持清洁，不要有污渍。污渍的出现一方面不利于数据读取，另一方面也会造成光驱读取错误，或对其造成损伤。

（10）显示器

显示器是用于把输入的程序、数据或程序的运行结果，用数字、字符、图形、图像等形式显示出来，是微型机系统基本的输出设备。常见的显示器按其工作原理主要有阴极射线管显示器（CRT）和液晶显示器（LCD），如图 1-15 所示。LCD 显示器具有机身薄、占地小、辐射小的优点，随着 LCD 显示器与 CRT 显示器的价格差距越来越小，显示器主要有下列性能指标。

图 1-15　显示器

① 屏幕尺寸:屏幕尺寸指的是显示器屏幕对角线的长度，以英寸为单位。市场上常见的显示器尺寸有 22 英寸、23 英寸、24 英寸、27 英寸等。22～24 英寸的显示器是市场的主流产品，价格适中；27 英寸或更大尺寸的显示器的价格相对高些。

② 可视角度：LCD 显示器的显示是通过光线反射原理实现的，当背光源的入射光通过偏光板、液晶及取向膜后，大多数从屏幕射出的光具备了垂直方向，因此从一个非常斜的角度观看一个全白的画面，能够清晰地看到屏幕图像最大的左右角度就是可视角度，随着新技术的应用，当前可视角度已经增加到 170°，甚至更大。

③ 分辨率:分辨率就是屏幕图像的精密度，是指显示器所能显示的像素的多少。屏幕上的点、线和面都是由像素组成的，显示器可显示的像素越多，画面就越精细，屏幕区域内能显示的信息也越多，所以分辨率是个非常重要的性能指标之一。

（11）打印机

打印机是在计算机主机的控制下，将计算机的运算结果以用户能识别的数字、字母、符号和图形等，快速准确地完成输出的设备。按照打印原理，打印机可分为针式打印机、喷墨打印机和激光打印机，如图 1-16 所示。随着打印技术的发展，彩色喷墨打印机和黑白激光打印机已成为打印机中的主流产品，打印机正逐渐向轻、薄、短、小、低功耗、高速度和智能化方向发展。

图 1-16　不同类型的打印机

针式打印机一般有 9 针和 24 针两种，可以打印字符、汉字和图形。针式打印机使用的耗材是色带，一条名牌色带大约几十元，价格非常便宜。针式打印机的优点是对纸张要求不高，并可以连页打印，非常适合打印特殊纸张文档和大型表格，如银行打印存折多采用此种打印机。但这种打印机的缺点也比较多，比如速度慢、噪声大、打印分辨率低、只能进行黑白打印等，因此随着激光打印机价格逐渐降低，应用范围逐渐增加，针式打印机逐渐退出了商务领域，目前只有银行和财务部门仍在使用针式打印机打印账目凭单等。

激光打印机是集光、电、机械技术为一体的高级打印机，可以分为黑白激光打印机和彩色激光打印机两类。激光打印机所使用的耗材是硒鼓，使用寿命一般能打印 20 000 张纸左右。虽然黑白激光打印机的价格要略高于喷墨打印机，但是从单页打印成本和打印速度上都要比喷墨打印机好，因此这种打印机成为了商务办公领域的首选产品。而彩色激光打印机由于设备和耗材价格过高，因此使用的并不多。

彩色喷墨打印机是家庭用户应用的首选，它具有噪声低、体积小、重量轻、价格低等优点，其打印质量远远优于针式打印机，但其耗材墨盒的价格较高，打印成本也较高，因此适合一般应用的场合。

近期出现的 3D 打印机是使用三维打印技术设计的打印机。三维打印技术（3D printing）以一种数字模型文件为基础，运用粉末状金属或塑料等可黏合材料，通过逐层打印的方式来构造物体的技术。3D 打印机既不需要用纸，也不需要用墨，而是通过电子制图、远程数据传输、激光扫描、材料熔化等一系列技术，使特定金属粉或者记忆材料熔化，并按照电子模型图的指示一层层重新叠加起来，最终把电子模型图变成实物。其优点是大大节省工业样品制作时间，且可以“打印”造型复杂的产品。

打印机的性能主要是由其打印分辨率和打印速度来决定的，这两个主要因素直接影响到打印机的打印效果。

① 打印分辨率：打印分辨率一般是用打印输出时的分辨率来衡量的，即每英寸打印的点数，以 dpi（点/英寸）表示，分辨率越高，打印效果越好。对于文本，一般 600dpi 就能达到很好的打印质量，但照片则需要 1200dpi 以上才能达到较为理想的效果。目前，激光打印机的分辨率一般为 600dpi×600dpi 以上，因此用激光打印机来打印照片的效果是不理想的。

② 打印速度：打印机的打印速度是以 A4 纸为准，每分钟打印输出的纸张页数，通常以 ppm（页/分钟）表示。打印机打印速度的快慢直接影响工作效率，所以它也是用户选购打印机的一个主要性能指标。

3. 微型机系统的性能指标

微型机是否符合用户的使用需要，其功能是否强大，性能是否优越，这些不是某项指标能够体现的，而是由它的系统结构、硬件组成、软件配置等多方面的因素综合决定的。通常可以采用以下几个指标来评价微型计算机的性能情况。

（1）主频

主频通常是指 CPU 内核工作的时钟频率（CPU Clock Speed），即每秒钟所平均执行的指令条数，是衡量微型机性能的一项重要指标。一般来说，主频越高，运算速度就越快。例如，当前的主流 CPU——Intel 酷睿 I7 4790K 的主频是 4GHz。

（2）字长

字长是指微型机的 CPU 一次直接处理的二进制数据的位数，它直接关系到微型机的计算精度、速度和功能。字长越大，则微型机处理数据的能力越强。当前微型机的字长一般为 64 位。

（3）存储器的容量

存储器的容量即存储器能够存储的总字节数，包括内存容量和外存容量。通常情况下，存储器的容量越大，微型机的性能越好。

（4）扩展能力

扩展能力指计算机系统配置各种外设的可能性和适应性，如一台计算机允许配接多少种外设，对计算机的功能有重大影响。

（5）软件配置情况

软件是计算机系统不可缺少的重要组成部分。一台计算机软件是否配置齐全，是关系到计算机性能的重要标志。

习　题

一、选择题

1. 世界上首先实现存储程序的电子数字计算机是（　　）。

A. ENIAC　B. UNIVAC　C. EDVAC　D. EDSAC

2. 世界上首次提出存储程序计算机体系结构的是（　　）。

A. 艾仑·图灵　B. 冯·诺依曼　C. 莫奇莱　D. 比尔·盖茨

3. 1946年第一台计算机问世以来，计算机的发展经历了4个时代，它们是（　　）。

A. 低档计算机、中档计算机、高档计算机、手提计算机

B. 微型计算机、小型计算机、中型计算机、大型计算机

C. 组装机、兼容机、品牌机、原装机

D. 电子管计算机、晶体管计算机、小规模集成电路计算机、大规模及超大规模集成电路计算机

4. 计算机软件系统应包括（　　）。

A. 编译软件和连接程序　B. 数据软件和管理软件

C. 程序和数据　D. 系统软件和应用软件

5. 在微机中，bit的中文含义是（　　）。

A. 二进制位　B. 双字　C. 字节　D. 字

6. “64位微型计算机”中的64是指（　　）。

A. 微机型号　B. 内存容量　C. 存储单位　D. 机器字长

7. 微型计算机的性能指标主要取决于（　　）。

A. RAM　B. CPU　C. 显示器　D. 硬盘

8. 下列设备中，属于输出设备的是（　　）。

A. 显示器　B. 键盘　C. 鼠标　D. 手写板

9. 完整的计算机系统由（　　）组成。

A. 运算器、控制器、存储器、输入设备和输出设备

B. 主机和外部设备

C. 硬件系统和软件系统

D. 主机箱、显示器、键盘、鼠标和打印机

10. 用计算机进行资料检索工作，是属于计算机应用中的（　　）。

A. 科学计算　B. 数据处理　C. 实时控制　D. 人工智能

二、填空题

1. 计算计的软件系统通常分为________软件和________软件。

2. 计算机能够直接识别和处理的语言是________。

3. 在微机中，信息的最小单位是________，存储容量的基本单位是________。

4. 打印机的性能主要是由其________和________来决定的，这两个主要因素直接影响到打印机的打印效果。

5. 计算机的硬件系统是由________、________、________、________和________五部分组成的。

6. 内存是由只读存储器（英文简写为________）和随机存储器（英文简写为________）这两部分组成的。

7. 在微型计算机的汉字系统中，一个汉字的内码占________个字节。

8. 十进制数 58 转换成二进制数是________，十进制小数 0.6875 转换成二进制小数是________。

9. 计算机中主机的核心部件是________和________。

三、判断题

1. 显示器是计算机的一种输出设备。 ( )
2. 在计算机内部信息表示的方式是二进制数。 ( )
3. 计算机只要硬件不出问题，就能正常工作。 ( )
4. 在计算机的存储器中，内存的存取速度比外存储器要快。 ( )
5. Windows 是一种常见的应用软件。 ( )
6. 字节是计算机存储单位中的基本单位。 ( )
7. 计算机能直接识别汇编语言。 ( )
8. 通常硬盘安装在主机箱内，因此它属于主存储器。 ( )
9. CPU 的时钟频率是专门用来记忆时间的。 ( )
10. 文字信息处理时，各种文字符号都是以二进制数的形式存储在计算机中。 ( )

四、简答题

1. 计算机当前的发展趋势是什么？
2. 计算机有哪些应用领域？
3. 计算机的硬件系统由哪几部分组成？每部分的功能是什么？
4. 微型机系统的主要性能指标有哪些？

第2章 计算机网络基础

本章主要讲述计算机网络基础知识，包括计算机网络的发展历程、定义与功能、分类、组成结构，常见的网络拓扑结构、OSI/RM 和 TCP/IP 协议等，并简要介绍计算机网络安全的相关知识。

2.1 计算机网络概述

计算机网络是通信技术与计算机技术相结合的产物。一方面，通信技术为计算机之间的数据传送和交换提供了必要的手段；另一方面，计算机技术的发展又渗透到通信技术中，促进了通信技术的大发展。网络的产生和发展，从时空上改变了人们的工作、生活、学习和思维方式，对社会经济的进步起了巨大的推动作用。

2.1.1 计算机网络的发展历程

计算机网络的发展最早可以追溯到 20 世纪中期，网络技术不断发展，功能不断强大，整个发展历程可以划分为以下 4 代。

（1）以数据通信为主的第一代计算机网络

第一代计算机网络只能算作计算机网络的雏形，产生于 20 世纪 50 年代，它并不是真正意义上的计算机网络，主要表现形式为通过一台计算机与若干种终端设备互连，终端设备只是负责数据的输入和输出，具体的数据处理和通信工作由处于主控地位的计算机完成。网络系统中除主计算机具有独立的数据处理能力外，系统中所连接的终端设备均无独立处理数据的能力，网络功能以数据通信为主。

虽然从严格意义上讲还不能算作计算机网络，但是在这个阶段人们已经开始了将通信技术和计算机技术结合起来进行研究和利用，为计算机网络的出现做好了技术准备，奠定了理论基础。

这个阶段是计算机网络技术与理论的准备阶段，数据通信技术日趋成熟，同时提出了分组交换概念，分组交换概念的提出为计算机网络的研究奠定了理论基础。

（2）以资源共享为主的第二代计算机网络

美国国防部高级研究计划署（Advanced Research Project Agency，ARPA）在 1969 年将分散在不同地区的计算机组建成 ARPA 网，最初的 ARPA 网只连接了 4 台计算机。到 1972 年，有 50 余家大学和研究所与 ARPA 网连接，到 1983 年已有 100 多台不同体系结构的计算机连接到 ARPA 网上。ARPA 网在网络的概念、结构、实现和设计方面奠定了计算机网络的基础，它标志着计算机网络的发展进入了第二代。

第二代计算机网络是以分组交换网为中心的计算机网络。在网络内各用户之间的连接必须经过交换机。分组交换是一种存储—转发交换方式，它将到达交换机的数据先送到交换机存储器内暂时存储和处理，等到相应的输出电路空闲时再送出。

第二代计算机网络与第一代计算机网络的区别主要表现在两个方面：其一是网络中的通信双方都是具有自主处理能力的计算机，而不是由终端到计算机；其二是计算机网络功能以资源共享为主，而不是以数据通信为主。

（3）体系结构标准化的第三代计算机网络

20 世纪 70 年代，许多大型的公司推出了自己的网络，这些网络都具备各自的体系结构，其中比较著名的是 IBM 公司推出的 SNA（System NetWork Architecture）和 DEC 公司推出的 DNA（Digital NetWork Architecture）。

这种各家公司在网络体系机构上百花齐放的局面一定程度上推动了计算机网络的快速发展，但是也带来了一定的问题：同种体系结构的网络可以方便地进行互连，但是不同公司推出的不同体系结构的网络就很难或者完全不能进行互连，这在一定程度上又阻碍了计算机网络的发展。

为了解决不同体系结构之间的网络不方便互连的问题，国际标准化组织（ISO）于 1984 年公布了开放系统互连参考模型（OSI-RM），为网络的发展提供了一个共同遵守的规则和标准，计算机网络体系结构的发展也走向了标准化。

（4）以 Internet 为核心的第四代计算机网络

当前计算机网络已经进入了以 Internet 为标志的第四代计算机网络，Internet 是全球最大的互连网络，这个阶段的计算机网络体现出了全球互连、高速传输和智能化应用的特点。

随着信息高速公路计划的提出和实施，Internet 在地域、用户、功能和应用等方面不断拓展，当今的世界已进入了一个以网络为中心的时代，网上传输的信息已不仅仅限于文字、数字等文本信息，越来越多的包括声音、图形、视频在内的多媒体信息在网上交流。网络服务层出不穷并急剧增长，其重要性和对人类生活的影响与日俱增。

2.1.2　计算机网络的定义与功能

1. 计算机网络的定义

计算机网络是指利用通信设备和传输介质，将分布在不同地理位置上且具备独立功能的计算机及专用外部设备互连起来，在网络管理软件和网络协议的控制下，实现资源共享和信息传递的系统。

建立计算机网络的主要目的是实现资源共享，打破时空范围，为接入网络中的用户方便地提供对网络中的硬件、软件和数据等各种资源的共享。各种不同类型的网络系统或者网络设备之间通信需要在网络协议和网络软件的管理和协调下统一进行。

2. 计算机网络的功能

计算机网络的功能伴随着网络技术和网络硬件设备的发展而不断的扩充和强大，目前计算机网络提供的功能主要可以归纳为资源共享、数据通信、提高计算机的可靠性和可用性以及分布式处理。

（1）资源共享

资源共享是计算机网络的主要功能，也是最初组建计算机网络的目的之一，这里的资源包括计算机硬件资源、软件资源和数据资源。例如，通过计算机网络，可以轻松实现多台计算机共享使用同一台打印机，而不是为每一台计算机均配备一台打印机，这样即为每台计算机实现了打印功能，又节约了购买多台打印机的开支，同时提高了打印机设备的利用率。

（2）数据通信

数据通信是指位于计算机网络中的两个结点之间进行信息交换，是网络的最基本的功能。数据通信是实现资源共享的基础，如果位于网络中的计算机之间无法实现通信，资源共享也就无法谈起。人们进行的邮件收发、网上购物以及即时聊天等都是数据通信的一种形式。

（3）提高计算机系统的可靠性和利用性

网络中的每台计算机都可通过网络相互成为后备机。一旦某台计算机出现故障，它的任务就可由其他的计算机代为完成，这样可以避免在单机情况下，一台计算机发生故障引起整个系统瘫痪的现象，从而提高系统的可靠性。而当网络中的某台计算机负担过重时，网络又可以将新的任务交给较空闲的计算机完成，均衡负载，从而提高了每台计算机的利用性。

（4）分布式处理

近几年出现的分布式处理也是网络的一个典型功能应用体现，分布式处理是将一个大型复杂的应用或者计算任务，按照一定的算法分配给网络中的不同计算机，各个计算机之间协同处理，这样可以有效均衡负载，提高计算处理能力。

通过计算机网络，重要的计算任务可以通过网络多台计算机协调处理，重要的数据可以通过网络实现异地备份，因此提高了计算机系统的可靠性和可用性。

2.1.3 计算机网络的组成

尽管各种计算机网络的规模、组网技术以及表现形式会有所不同，但从组成结构上看它们还是一致的，下面就从物理和逻辑两个角度谈一下计算机网络的组成。

1. 物理组成

从物理角度看，计算机网络可以由计算机系统、通信链路、网络协议以及网络软件 4 部分组成。

（1）计算机系统

计算机系统在网络中主要负责数据处理和提供共享资源，这里的计算机系统是广义的计算机系统，可以为大型机、小型机、微型机，也可以是具备特定数据处理功能的终端设备。

（2）通信链路

通信链路是指在网络中相互连接的两个网络结点（计算机或者网络设备）之间的通信信道，由通信线路和通信设备构成。通信线路可以由有线介质构成，如双绞线、光纤等，也可以由无线介质构成，如微波、红外线等；通信设备主要是指网络互连设备，如集线器、路由器等。

（3）网络协议

网络协议是网络中为数据交换而建立起的通信双方都遵循的规则、标准或约定的集合。网络协议规定了通信中交换数据的格式、控制信息的格式、控制功能以及通信过程中事件的执行顺序等。

（4）网络软件

网络软件主要是指运行于网络环境下，对网络应用起管理和承载作用的软件，可以分为网络系统软件和网络应用软件。

网络系统软件是指网络操作系统，它对网络资源的共享和通信起管理和支撑功能，并为用户提供和协调各种网络服务，如 Windows 2003 Server 以及各类 UNIX 和 Linux 操作系统。

网络应用软件是运行于网络环境下的各类应用软件，如我们平时上网的 IE 浏览器、各种网络游戏、各类聊天工具，以及各种网上管理系统和办公系统。

2. 逻辑组成

从逻辑组成上看，计算机网络可以划分为通信子网和资源子网两部分。

（1）通信子网

通信子网是由负责数据通信处理的通信控制处理机和通信链路组成的独立的数据通信系统，它承担着全网的数据传输、加工和变换等通信处理工作。

（2）资源子网

资源子网是由计算机系统、各种智能终端、各种软件资源和信息资源等组成，它承担着本地和全网数据处理，向网络用户提供资源及网络服务。

从整个网络组成来说，通信子网位于网络的内层，资源子网在外层，资源子网通过通信子网实现网络资源和服务的共享，其结构关系如图 2-1 所示。

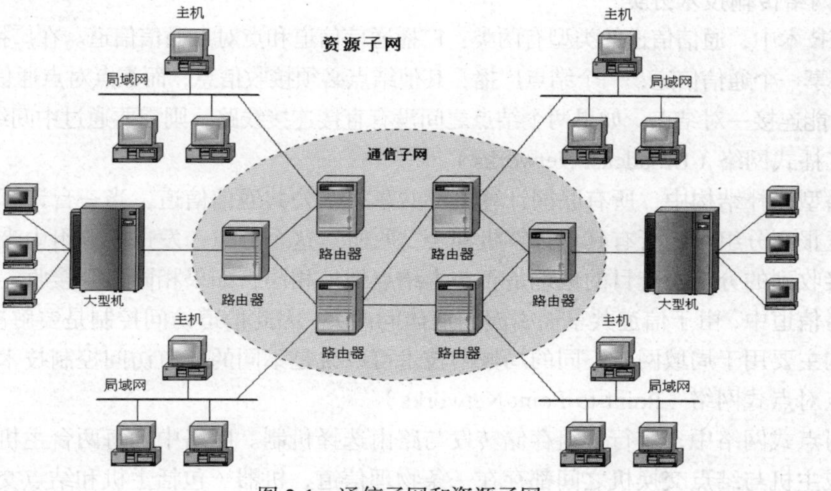

图 2-1　通信子网和资源子网

2.1.4　计算机网络的分类

按照不同的分类标准，计算机网络有不同的划分方法，下面简单介绍几种常见的分类方法。

1. 按照网络覆盖的地理范围

从网络覆盖的地理区域范围大小的角度进行划分，可以将计算机网络划分为局域网、城域网以及广域网。

（1）局域网（Local Area Network，LAN）

局域网简称 LAN，是指在某一区域内由多台计算机互连形成的计算机网络。这里的“区域”可以为同一房间、同一建筑物或者同一学校等，其区域覆盖范围一般在几千米以内。局域网提供高数据传输速率（10Mbit/s～10Gbit/s）、低误码率的高质量数据传输环境，从介质访问控制方法的角度，局域网可以分为两类：共享介质式局域网与交换式局域网。

（2）城域网（Metropolitan Area Network，MAN）

城域网简称 MAN，是指在一座城市内建立起的计算机网络，一般是将一个城市里的许多大型局域网集合而成，其区域覆盖范围一般为几百平方千米。通常使用与局域网相似的技术，传输媒介主要采用光缆，传输速率在 100 Mbit/s 以上。所有联网设备均通过专用连接装置与媒介相连，但在网络结构和媒介访问控制上要比局域网复杂很多。

城域网的一个重要用途是用作骨干网，通过它将位于同一城市内不同地点的主机、数据库，以及 LAN 等互相连接起来，主要为一个城市的政府机构、公司企业、学校以及个人用户提供服务。

（3）广域网（Wide Area Network，WAN）

广域网简称 WAN，是指连接多个城市或国家的大型计算机网络，其区域覆盖范围一般为数百或数千平方千米以上。广域网一般是将不同城市之间的 LAN 或者 MAN 网络互连，它的通信传输装置和媒介一般由电信部门提供。

广域网是由众多的局域网和城域网互连而成的，初期的广域网一般采用电话网进行互连，网速较低，随着一些主干光纤网络的建设，广域网的速度已经有了巨大的提高。

最大的广域网是 Internet，它将世界各地的广域网、城域网和局域网互连，实现了全球范围内的资源共享和数据通信。

2. 按网络传输技术分类

在通信技术中，通信信道的类型有两类：广播通信信道和点对点通信信道。在广播通信信道中，多个结点共享一个通信信道，一个结点广播，其他结点必须接收信息；而在点对点通信信道中，一条通信线路只能连接一对结点，如果两个结点之间没有直接连接线路，则需要通过中间结点转接。

（1）广播式网络（Broadcast Networks）

在广播型拓扑结构中，所有联网计算机都共享一个公共通信信道，当一台计算机利用共享通信信道发送报文分组时，所有其他计算机都会“收听”这个分组，发送的分组中带有目的地址与源地址，接收到的分组检查目的地址是否与本结点地址相同，如果相同，则接收，否则丢弃。

在广播信道中，由于信道共享而引起信道访问冲突，因此信道访问控制是要解决的关键问题。广播型结构主要用于局域网，不同的局域网技术可以说是不同的信道访问控制技术。

（2）点对点式网络（Point-to-Point Networks）

在点对点式网络中，实行分组存储转发与路由选择机制。网络中的每两台主机、两台结点交换机之间或主机与结点交换机之间都存在一条物理信道，机器（包括主机和结点交换机）沿某信道发送的数据确定无疑的只有信道另一端的唯一一台机器能收到。

在这种点到点的拓扑结构中，没有信道竞争，几乎不存在访问控制问题。绝大多数广域网都采用点到点的拓扑结构，网状结构是典型的点到点拓扑。

3. 按照传输介质

按照传输介质的不同，可以将计算机网络划分为有线网络和无线网络两种类型。

（1）有线网络

有线网络一般采用双绞线、同轴电缆或光纤作为传输介质。双绞线、同轴电缆作为传输媒介成本较低且易于安装，但是传输距离较短；光纤作为传输介质具有传输距离长、抗干扰能力强、传输效果好的特点，但成本较高，一般用于远距离传输。

（2）无线网络

采用无线介质连接的网络称为无线网，目前无线网主要采用 3 种方式进行通信，即微波、红外线和激光。无线网在组建网络时不受物理位置限制，非常灵活，目前已经取得了广泛的应用。

4. 按使用范围分类

（1）公用网

公用网又称为公众网，为全社会所有的人提供服务的网络。

（2）专用网

专用网为一个部门或几个部门所共有，是不对外部人开放的网络。

5. 按网络控制方式分类

按网络采用的控制方式，通常分为集中式和分布式两种。

（1）集中式计算机网络

这类网络的处理控制功能高度集中在一个或少数几个结点上，所有的信息流必须经过这些结点之一，故此类结点是其数据处理控制中心，比较典型的是星形网络和树形网络。

（2）分布式计算机网络

在该类网络中，不存在一个处理控制中心，网络中的任一结点都至少和另外两个结点相连，数据流可以有多条路径。分组交换、网状网络属于分布式网络。

6. 按网络配置分类

在计算机网络中，服务器是指向其他计算机提供服务的计算机，工作站则是接收服务器提供服务的计算机，按照网络中计算机的功能关系可以划分为对等网、单服务器网以及混合网 3 种。

（1）对等网

如果在网络系统中，每台计算机既是服务器，又是工作站，那么这个网络系统就是对等网络（Peer-to-Peer Network）。在对等网中，每台计算机都可以访问其他计算机并且可以共享其他计算机的资源。

（2）单服务器网

单服务器网是指只有一台计算机作为整个网络的服务器，其他机器全部都是工作站的网络。在这种类型的网络中，所有工作站在网中的地位是一样的，并且都可以通过服务器共享网络资源。

（3）混合网

如果网络中的服务器超过一个，同时又不是每个工作站都可以当作服务器来使用，那么这个网就是混合网。是否只存在一个服务器仅仅是混合网与单服务器网的差别之一，而混合网与对等网络的本质差别在于每台计算机不能既是服务器又是工作站。

由于混合网中的服务器不只一个，因此它避免了在单服务器网中各工作站都完全依赖于一个服务器的局面。因此，当某一个服务器发生故障时，不会出现全网瘫痪的状态，一些大型和重要的网络系统都采用混合网的形式。

7. 按拓扑结构分类

计算机网络的另一种重要分类方法是按计算机网络的拓扑结构来划分网络的类形，主要分成总线形结构、星形结构、环形结构、树形结构、网状结构和蜂窝结构，下一节内容将会对网络拓扑结构进行详细介绍。

2.1.5 计算机网络的拓扑结构

抛开网络中的具体设备，把网络中的计算机等设备抽象为点，把网络中的通信介质抽象为线，这样从拓扑学的观点去看计算机网络，就形成了由点和线组成的几何图形，从而抽象出计算机网络系统的具体结构。这种采用拓扑学方法描述各个结点设备之间的连接方式称为网络的拓扑结构。

网络的基本拓扑结构有总线形结构、星形结构、环形结构、树形结构、网状结构和蜂窝结构（见图 2-2），在实际构造网络时，大量的网络是这些基本拓扑形状的结合。

（1）总线形结构

网络中所有的计算机或者终端设备通过一根公用总线连接在一起。信息从发送结点开始向两端扩散，各结点在接收信息时都进行地址检查，看是否与自己的结点地址相符，相符则接收网上的信息。

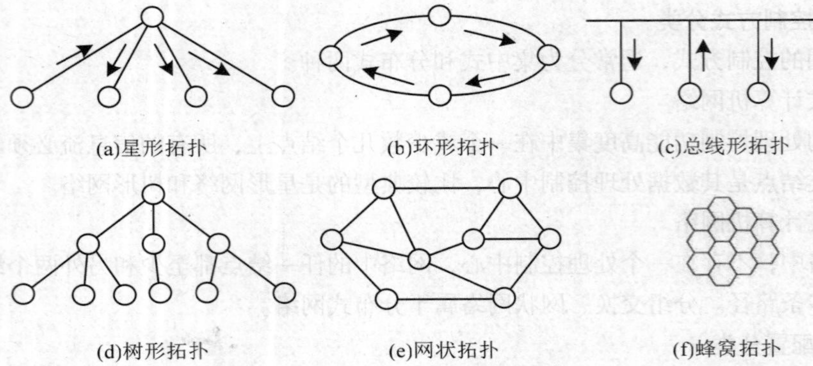

图 2-2 网络拓扑结构

总线形结构的优点是组网结构简单，易于结点的增加和删除，缺点是一次只能一个结点发送信息，容易发生冲突且发生故障时诊断困难。

（2）星形结构

星形结构中有一个位于中心的结点，其他结点与该中心结点直接相连。中心结点可以方便的同与其直连的结点通信，其他结点之间的通信要通过中心结点转发。

星形结构的优点是结构简单、便于集中控制，方便故障检测，缺点是一旦中心结点出现故障，整个网络将瘫痪。星形结构的中心结点一般都要进行系统双备份以保证整个网络的稳定性。

（3）环形结构

在环形结构中，所有的结点通过通信介质互连成为一个闭合的环，信息在环中沿着固定方向流动。环形结构的优点是传输路径固定，路由控制简单，缺点是当网络中结点较多时网络延时会较大，另外由于网络环路封闭，不便于扩充，同时可靠性低，一个结点故障将会造成全网瘫痪。

（4）树形结构

树形结构是一种类似于倒置的树的一种结构，其本质是一种分了层次的星形结构。

树形结构的优点是易于扩充、路由选择相对简单以及故障易于隔离，缺点是对树根依赖过重，树根结点故障，树根所在的结点树通信都会出现瘫痪。

（5）网状结构

网状结构中每个结点至少有两条链路与其他结点相关联。该结构利用结点之间冗余的连接，实现高速传输和高容错性能，主要用在网络结构复杂、对可靠性和传输速率要求较高的大型网络中。

（6）蜂窝结构

蜂窝结构是当前在无线网络中广泛使用的拓扑结构，它以无线传输介质（微波、卫星、红外等）点到点和多点传输为特征，是一种无线网，适用于城市网、校园网和企业网。

2.2 计算机网络体系结构

2.2.1 计算机网络协议与体系结构

1. 网络协议

不同厂商生产的计算机和网络设备，组建成了不同结构的网络，这些网络之间要进行通信，就必须遵循一些共同的约定和规则，这就是我们所说的网络协议。

网络协议是为计算机网络中进行数据交换而建立的规则、标准或约定的集合。网络协议规定了交换数据的格式，如何发送和接收数据信息。

一个网络协议包括以下 3 个要素。

① 语法：用来规定信息格式，如数据及控制信息的格式、编码及信号电平等。

② 语义：用来说明通信双方应当怎么做，用于协调与差错处理的控制信息。

③ 时序：用来说明事件的先后执行顺序和速度匹配。

计算机网络在通信时涉及大量的复杂问题，为了简化这些问题的处理，网络协议在设计时进行了分层，将协议划分为若干层，每个层次的协议设计了特定的功能，各个层次之间相对独立，每一层都建立在它的下层之上，向它的上一层提供一定的服务。

由于网络协议包含的内容相当多，为了减少设计上的复杂性，近代计算机网络都采用分层的层次结构，把一个复杂的问题分解成若干个较简单又易于处理的问题，使之容易实现。

计算机网络的各个层和在各层上使用的全部协议统称为网络系统的体系结构。体系结构是比较抽象的概念，可以用不同的硬件和软件来实现这样的结构。世界上著名的体系结构有前文所述 IBM 公司的 SNA，DEC 公司的 DNA。

2. 网络体系结构

计算机网络协议是按照层次结构进行划分的，计算机网络体系结构就是计算机网络层次模型和各层协议的集合。网络体系结构从层次和功能上对计算机网络的结构进行描述，并不涉及具体的软、硬件实现。

20 世纪 70 年代中后期，随着大量公司建立起来自己的网络，一系列的网络体系结构相应而生，其中比较著名的有 IBM 公司推出的“系统网络体系结构 SNA”，DEC 公司的“数字网络体系结构 DNA”，Honeywell 公司的“分布式系统体系结构 DSA”。

为了方便采取不同网络体系结构的网络互连，国际标准化组织（ISO）于 1977 年提出开放系统互连参考模型（Open System Interconnection，OSI/RM），于 1984 年正式发布了整套 OSI 国际标准，它是开发人员设计网络通信协议时应遵循的架构。

2.2.2 OSI/RM 模型

国际标准化组织（ISO）制定了开放式系统互联模型，简称 OSI/RM，这是一个计算机互连的国际标准。所谓开放，就是指任何不同的计算机系统，只要遵循 OSI/RM 标准，就可以和同样遵循这一标准的任何计算机系统通信。

OSI/RM 模型分为 7 层，从最底层到最高层依次为：物理层（Physical Layer）、数据链路层（Data Link Layer）、网络层（Network Layer）、传输层（Transport Layer）、会话层（Session Layer）、表示层（Presentation Layer）以及应用层（Application Layer），其结构如图 2-3 所示。模型中低三层归于通信子网范畴，高三层归于资源子网范畴，传输层起着衔接上三层和下三层的作用。

1. 物理层

物理层的主要功能是利用物理传输介质为数据链路层提供物理连接，以便实现信号比特流的传递。该层位于 OSI/RM 模型的最底层，为数据链路提供直接服务；在数据链路层，不论通信的物理介质是双绞线、光纤，或者是微波，都被看作比特流通道。

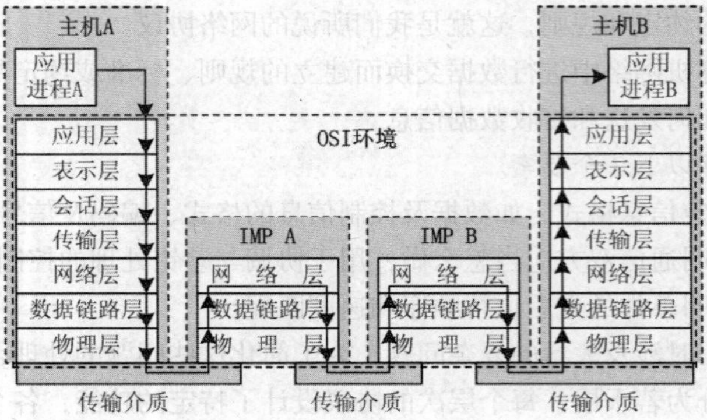

图 2-3 OSI 参考模型

2. 数据链路层

数据链路层的功能是建立数据链路连接，进行信息帧的传送，采用差错和数据流量控制方法使可能存在差错的物理线路变成无差错的数据链路。

该层为网络层提供无差错数据传输服务，网络层将数据交给数据链路层后，就不再关心数据能否正确传输，正确传输数据的工作交给了数据链路层来处理。帧（Frame） 是该层数据传输的基本单位。

3. 网络层

网络层为两个通信端点的数据交换提供服务，实现路由选择和拥塞控制；它为传输层提供源—目的结点之间的报文分组的传输服务。该层基本传输单位是报文分组或包（Packet），报文分组就是将长的报文信息进行分段，并为每段加上相关控制信息。

4. 传输层

传输层的功能是实现主机到主机间的连接，为主机间通信提供透明的数据传输服务，其基本传输单位是报文（Message）。

两个端点间的网络互连可能是一条点到点的直线线路，也可能是需要通过多个子网周转。传输层的目的是屏蔽不同的网络结点之间的差异，使源主机与目标主机之间的通信就像点对点连接一样。当报文太长时，先把它分割成多个分组，再交给网络层，实现传输层数据的传送。

5. 会话层

会话层为不同系统之间的应用建立起会话进程，并控制和管理会话进程，使其按照正确的顺序完成数据交换，即维护两个通信计算机之间的传输链接，以确保点到点传输不中断。

6. 表示层

表示层主要处理通信系统交换信息的表示方式，对用户数据进行格式转换、数据加密与解密、数据压缩和恢复等。

7. 应用层

应用层直接为用户通信提供服务，在用户进程之间交互信息，提供各种服务软件，如电子邮件、文件传输等。应用层位于 OSI/RM 模型的最高层。

在 OSI/RM 模型中，网络的功能可以分为 3 组：最下两层解决网络信道问题，第三层和第四层解决传输服务问题，上三层解决应用进程访问问题。

在使用 OSI/RM 协议通信时，若某主机 A 上的进程 X 向 B 主机的进程 Y 传送数据，X 先将数据交给应用层，应用层在数据上加上必要的控制信息变成下一层的数据，表示层收到应用层提交的数据后，加上本层的控制信息，再交给会话层，依此类推。到达物理层后由于是比特流的传送，所以不再加上控制信息。当这一串比特流经过网络的物理媒质传送到 B 时，就从物理层开始依次上升到应用层。每一层根据对应的控制信息进行必要的操作，在剥去控制信息后，将该层剩余的数据提交给上一层。最后，把 X 进程发送的数据交给 Y 进程。虽然进程 X 的数据要经过复杂的过程才能传送到进程 Y，但这些复杂的过程对用户来说是透明的，整个信息传递过程都是觉察不到的。

然而，OSI/RM 在设计和实现时面临着诸多问题，如设计过程中缺少商业驱动力，部分功能在多个层次中重复出现，网络协议复杂实现效率较低，同时设计周期较长，造成按照 OSI/RM 标准生产的设备无法及时占领市场，因此 OSI/RM 也未能成为事实上的国际标准。同时，伴随着同期 Internet 的迅速发展，TCP/IP 协议成为了网络互连的事实上的国际标准，下面介绍 TCP/IP 协议模型。

2.2.3　TCP /IP 协议

TCP/IP 是 Transmission Control Protocol/Internet Protocol 的简写，译为传输控制协议/因特网互联协议。TCP/IP 是一组协议构成的协议簇，是一个完整的体系结构，在设计和实现的最初就考虑了异构网络互连问题。与 OSI/RM 类似，TCP/IP 协议也采用了分层结构，共分为 4 个层次，从上到下依次为应用层、传输层、网际层和网络接口层，如图 2-4 所示。

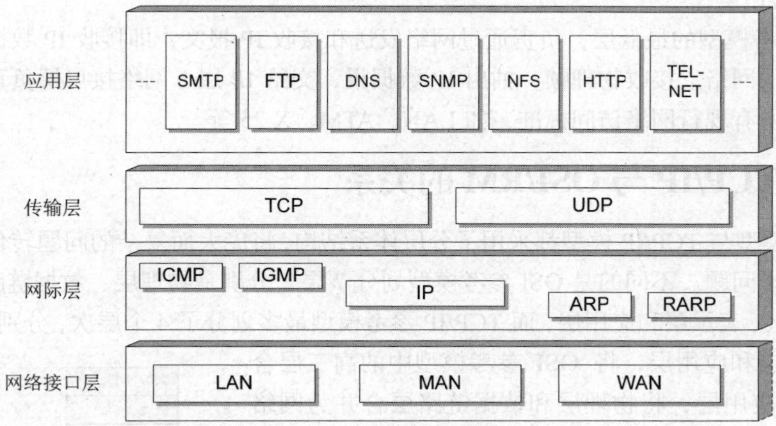

图 2-4　TCP/IP 协议模型

1. 应用层

应用层向用户提供一组常用的应用程序，如电子邮件、文件传输访问、远程登录等。应用层规定了主机应用程序进程在通信时所遵守的协议，这些协议和 Internet 提供的服务密切相关，常用协议如下。

① HTTP：超文本传输协议。

② FTP：文件传输协议。

③ SMTP：简单邮件传输协议。

④ DNS：域名解析协议。

⑤ Telnet：远程登录协议。

2. 传输层

传输层在计算机之间提供通信会话，负责在源主机与目的主机之间建立用于会话的端—端连接，主要由传输控制协议（TCP）和用户数据报协议（UDP）组成。

TCP 协议：是面向连接、可靠的传输层协议。在两个端点之间进行数据交换前，必须先在双方之间建立一个 TCP 连接，之后才能传输数据。TCP 提供报文分组、超时重发、丢弃重复数据、检验数据以及流量控制等功能，保证数据能从一端传到另一端。

UDP 协议：提供的是不可靠的无连接数据报服务。它只是把应用程序传给 IP 层的数据报发送出去，但是并不能保证它们能到达目的地。由于 UDP 在传输数据报前不在两个通信端点之间建立一个连接，且无超时重发等机制，因此传输速度很快。

3. 网际层

网际层负责网络互连的路由选择、流量控制与拥塞问题。主要处理来自传输层的分组，将分组形成数据包（IP 数据包），并为该数据包进行路径选择，最终将数据包从源主机发送到目的主机。在网际层中，最常用是网际协议 IP，还有一些其他协议用来协助 IP 的操作，常用协议如下。

① IP：网际协议。

② ARP：地址解析协议。

③ ICMP/ICMPv6：Internet 消息控制协议。

④ IPCP and IPv6CP：IP 控制协议和 IPv6 控制协议。

⑤ IGMP：Internet 组管理协议。

4. 网络接口层

TCP/IP 参考模型的最低层，负责通过网络发送和接收 IP 报文，即接收 IP 数据包并通过网络发送之，或者从网络上接收物理帧，抽出 IP 数据报，交给 IP 层。网络接口层负责与物理网络的连接，它包含所有现行网络访问标准，如 LAN、ATM、X.25 等。

2.2.4 TCP/IP 与 OSI/RM 的关系

OSI 参考模型与 TCP/IP 模型都采用了分层体系结构，将庞大而复杂的问题转化为若干个较小且易于处理的子问题。不同的是 OSI 参考模型划分 7 层，分别是物理层、数据链路层、网络层、传输层、会话层、表示层和应用层，而 TCP/IP 参考模型最多划分了 4 个层次，分别是网络接口层、网际层、传输层和应用层，将 OSI 参考模型中的高三层合并为一层统称应用层，将物理层和数据链路层合并为网络接口层。图 2-5 所示为 OSI 参考模型与 TCP/IP 模型的层次对应关系。

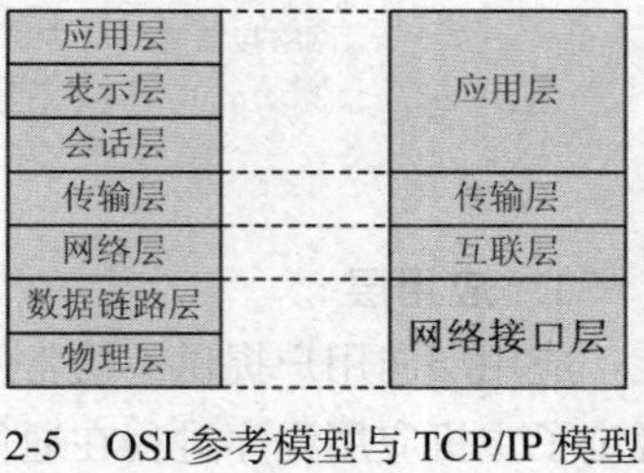

图 2-5 OSI 参考模型与 TCP/IP 模型的对应关系

在 OSI 参考模型中数据的传输和 TCP/IP 模型原理是一样的，只不过 OSI 参考模型多了表示层和会话层数据单元的封装。实际上，不管是 OSI 参考模型还是 TCP/IP 模型，数据发送方的各层均是将各自的控制信息添加到上层传来的数据上，然后一起打包继续向下传递，而数据接收方的各层则是将接到的数据包进行解压，去掉发送方对等层添加在数据上的控制信息，然后传递给上层，最终实现数据的传输。

OSI 参考模型与 TCP/IP 模型的主要差别在于 TCP/IP 一开始就考虑到多种异构网的互连问题，并将网际协议 IP 作为 TCP/IP 的重要组成部分，而 ISO 最初只考虑到使用一种标准的公用数据网将各种不同的系统互连在一起。TCP/IP 一开始就对面向连接和无连接并重，而 OSI 在开始时只强调面向连接服务。TCP/IP 有较好的网络管理功能，而这方面 OSI 到后来才开始这个问题，两者有所不同。

OSI 模型是对发生在网络设备间的信息传输过程的一种理论化的描述，它仅仅是一种模型，并没有定义如何通过硬件和软件实现每一层功能，但可以很有效地帮助我们理解数据传输的过程，而 TCP/IP 参考模型的协议簇是实现这个传输过程的真正劳动者。

2.3 网络安全

2.3.1 网络安全的概念

信息资源的共享与信息安全历来是一对相互冲突的矛盾。在计算机没有联入网络而只是作为单机运行的时代，人们对信息安全的注意力主要集中在是否存在通过破译用户口令而篡改或盗窃同一计算机中另一用户的程序和数据信息等方面的问题。

然而，计算机网络的发展使信息安全的概念发生了根本性的变化。人们不再把信息安全局限于单机范围，而扩展到由计算机网络连接的世界范围。网络安全是指网络系统的硬件、软件及其系统中的数据受到保护，不因偶然的或者恶意的原因而遭受到破坏、更改、泄露，系统连续可靠正常地运行，网络服务不中断。

1. 网络安全的基本问题

组建计算机网络的目的是为提供、传输和处理各类信息的计算机系统提供一个良好的共享平台。网络安全技术就是通过解决网络安全存在的问题，来达到保护在网络环境中存储、处理与传输的信息安全的目的。

研究网络安全技术，首先要研究构成对网络安全威胁的主要因素，根据对网络安全构成威胁的因素、类型分类，大致可以归纳为以下几方面。

（1）网络防攻击问题

网络安全技术研究的第一个问题是网络防攻击技术。要保证运行在网络环境中的信息系统的安全，首要问题是保证网络自身能够正常工作。也就是说首先要解决如何防止网络被攻击；或者网络虽然被攻击了，但是由于预先采取了攻击防范措施，仍然能够保持正常工作状态。如果一个网络一旦被攻击，就会出现网络瘫痪或严重问题，那么这个网络中信息的安全也就无从说起。

网络攻击分为主动攻击和被动攻击。主动攻击是以破坏对方的网络和信息为主要目的，通常采用修改、删除、伪造、欺骗、病毒、逻辑炸弹等手段，一旦获得成功可破坏对方网络系统的正常运行，甚至导致整个系统的瘫痪。主动性攻击造成的损失很大，往往以“宕机”（Shutdown，死机的意思）、网络阻塞、数据丢失、数据替换等为代价。

被动攻击以获取对方信息为目的，通常信息的合法用户察觉不到这种活动的发生。虽然不破坏系统的正常运行，但通过窥伺系统缺陷，利用窃听的手段获取击键记录、进行网络监听、非法访问数据、获取密码文件等，进而获取商贸秘密、工程计划、投标标底、个人资料等。

不论是主动攻击，还是被动攻击都可能对计算机网络造成极大的危害，并导致一些机密数据的泄漏，从而造成不可弥补的损失。因此，必须采取一些必要的防范措施，使从事网络安全工作的技术人员都懂得：“知道自己被攻击就赢了一半”。网络安全防护的关键是如何检测到网络被攻击，检测到网络被攻击之后采取哪些办法处理，将网络被攻击后产生的损失控制到最小程度。因此，研究网络可能遭到哪些人的攻击，攻击类型与手段可能有哪些，如何及时检测并报告网络被攻击，以及建立相应的网络安全策略与防护体系，是网络防攻击技术要解决的主要问题。

（2）网络安全漏洞与对策问题

各种计算机的硬件与操作系统、应用软件都会存在一定的安全问题，它们不可能百分之百没有缺陷或漏洞。软件漏洞分为两种：一种是蓄意制造的漏洞，是系统设计者为日后控制系统或窃取信息而故意设计的漏洞，虽然一般不为外人所知，但一旦泄漏出去或被他人发现，极有可能带来危害更是极大的损失；另一种是无意制造的漏洞，是系统设计者由于疏忽或其它技术原因而留下的漏洞，因为这些漏洞的存在从而给网路带来了一定的安全隐患。

网络攻击者研究这些安全漏洞，并且把这些安全漏洞作为攻击网络的目标。这就要求网络管理人员也必须主动地了解计算机软、硬件系统可能存在的安全问题，利用各种软件与测试工具主动地检测网络可能存在的各种安全漏洞，并及时提出解决对策与措施。

（3）网络中的信息安全保密问题

网络中的信息安全保密主要包括两个方面：信息存储安全与信息传输安全。

信息存储安全是指如何保证存储在联网计算机中的信息不会被未授权的网络用户非法使用的问题。非法用户可以通过猜测用户口令或窃取口令的办法，或者是设法绕过网络安全认证系统，冒充合法用户，非法查看、下载、修改、删除未授权访问的信息，使用未授权的网络服务。信息存储安全一般是由计算机操作系统、应用软件系统和防火墙等共同完成。一般采用用户访问权限设置、用户口令加密、用户身份认证、数据加密与结点地址过滤等方法。

信息传输的安全是指如何保证信息在网络传输的过程中不被泄露与不被攻击的问题。图 2-6（a）所示为信息被截获的攻击过程。在这种情况下，信息从信息源结点传输出来，中途被攻击者非法截获，信息目的结点没有接收到应该接收的信息，因而造成了信息的中途丢失。图 2-6（b）所示为信息被窃听的攻击过程。在这种情况下，信息从信息源结点传输到信息目的结点，但中途被攻击者非法窃听。尽管信息目的结点接收到了信息，信息并没有丢失，但如果被窃听到的是重要的政治、军事、经济信息，那么也有可能造成严重的问题。

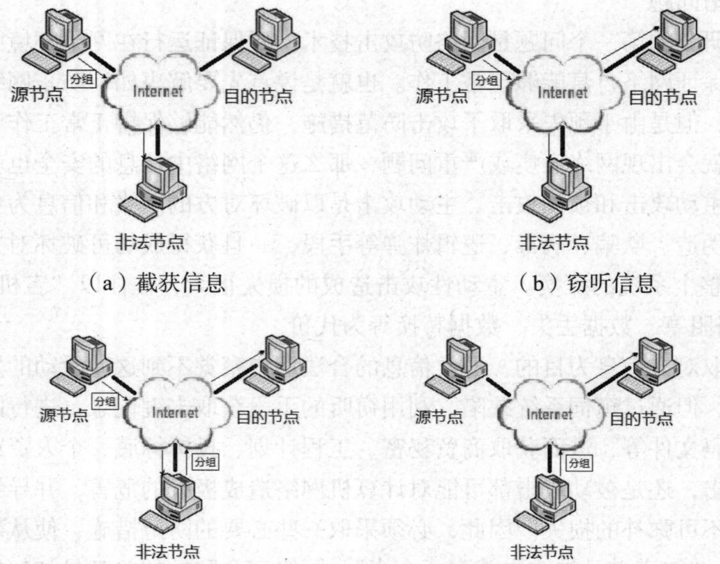

图 2-6　信息被攻击的四种基本类型

图 2-6（c）所示为信息被篡改的攻击过程。在这种情况下，信息从信息源结点传输到信息目的结点的中途被攻击者非法截获，攻击者在截获的信息中进行修改或插入欺骗性的信息，然后将篡改后的错误信息发送给信息目的结点。尽管信息目的结点也会接收到信息，好像信息没有丢失，但是接收的信息却是错误的。图 2-6（d）所示为信息被伪造的攻击过程。在这种情况下，信息源结点并没有信息要传送到信息目的结点。攻击者冒充信息源结点用户，将伪造的信息发送给了信息目的结点，信息目的结点接收到的是伪造的信息。如果信息目的结点没有办法发现伪造的信息，那么就可能出现严重的问题。

保证网络系统中的信息安全的主要技术是数据加密与解密算法。数据加密与解密算法是密码学研究的主要问题。在密码学中，将源信息称之为明文。为了保护明文，可以将明文通过某种算法进行变换，使之成为无法识别的密文。对于需要保护的重要信息，可以在存储或传输过程中用密文表示。将明文变换成密文的过程称为加密；将密文经过逆变换恢复成明文的过程称为解密。数据加密与解密的过程如图 2-7 所示。目前，人们通过加密与解密算法、身份确认、数字签名等方法，来实现信息存储与传输的安全等问题。

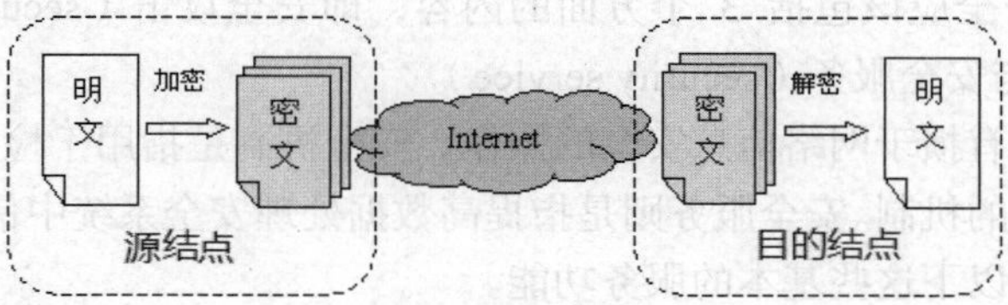

图 2-7　数据加密与解密的过程

（4）网络内部安全防范问题

网络安全技术研究的第 4 个问题是如何从网络系统内部来保证信息安全的问题。除了以上列出的几种可能对网络安全构成威胁的因素外，还存在一些来自网络内部的威胁问题。

一个问题是如何防止信息源结点用户对所发送的信息事后不承认，或者是信息目的结点接收到信息之后不认账，即出现抵赖问题。“防抵赖”是网络对信息传输安全保障的重要内容之一。如何防抵赖也是在电子商务应用中必须解决的一个重要问题。电子商务会涉及商业洽谈、签订商业合同，以及大量资金在网上划拨等重大问题。因此，网络安全技术研究还需要通过数字签名、身份确认、第三方确认等方法，确保网络信息传输的合法性问题，防止出现“抵赖”等现象产生。

另一个问题是如何防止内部具有合法身份的用户有意或无意地做出对网络与信息安全有害的行为。对网络与信息安全有害的行为包括：有意或无意地泄露网络用户或网络管理员口令；违反网络安全规定，绕过防火墙和外部网络私自连接，造成系统安全漏洞；违反网络使用规定，越权查看、修改或删除系统文件、应用程序及数据；违反网络使用规定，越权修改网络系统配置，造成网络工作不正常；违反网络使用规定，私自将带有病毒的个人磁盘或游戏盘拿到公司的网络中使用。这类问题经常会出现，并且危害性极大。

解决来自网络内部的不安全因素必须从技术与管理两个方面入手，一是通过网络管理软件随时监控网络运行状态与用户工作状态，二是对重要资源（如主机、数据库、磁盘等）使用状态进行记录与审计。同时，还要制定和不断完善网络使用和管理制度，加强用户培训和管理。

（5）网络防病毒问题

计算机病毒也是数据安全的大敌，它是一种特殊编制的计算机程序，可以通过存储介质（磁盘、优盘、光盘等）、计算机网络等各种途径进行复制传播，随着 Internet 的迅猛发展，其隐蔽性、传染性、破坏性都在进一步的发展。计算机病毒借助网络上的枢纽结点，扩散速度大大加快，而且破坏性也加大，受感染的范围也越来越广，造成的危害也越来越严重。

网络病毒的危害是人们不可忽视的现实。据统计，目前 70%的病毒发生在网络上。联网微型机病毒的传播速度是单机的 20 倍，而网络服务器消除病毒处理所花的时间是单机的 40 倍。如果忽视了网络防病毒问题，也许某一天，一个用户使用了带有病毒的磁盘或运行了一个带有病毒的程序前没有查毒，那么网络很可能就会在这之后的某一时刻瘫痪。

（6）网络数据备份与恢复、灾难恢复问题

计算机作为电子设备，容易受所处环境的影响，如温度、湿度、振动、噪声、电磁辐射等都可能使网络信噪比下降，误码率增加，信息的安全性、完整性和可用性受到威胁；日常工作中因断电而造成设备损坏、数据丢失的现象时有发生。因此，一个实用的网络信息系统的设计中必须有网络数据备份、恢复手段和灾难恢复策略与实现方法的内容，这也是网络安全研究的一个重要内容。

2. 网络安全服务的主要内容

完整的考虑网络安全应该包括 3 个方面的内容，即安全攻击（security attack）、安全机制（security mechanism）与安全服务（security service）。

安全攻击是指所有有损于网络信息安全的操作。安全机制是指用于检测、预防攻击，以及在受到攻击之后进行恢复的机制。安全服务则是指提高数据处理安全系统中信息传输安全性的服务。网络安全服务应该提供以下这些基本的服务功能。

（1）保密性（confidentiality）

保密性服务是为了防止被攻击而对网络传输的信息进行保护。对于所传送的信息的安全要求不同，选择不同的保密级别。最广泛的服务是保护两个用户之间在一段时间内传送的所有用户数据。同时也可以对某个信息中的特定域进行保护。

保密性的另一个方面是防止信息在传输中，数据流被截获与分析。这就要求采取必要的措施，使攻击者无法检测到在网络中传输信息的源地址、目的地址、长度及其他特征。

（2）认证（authentication）

认证服务是用来确定网络中信息传送的源结点用户与目的结点用户的身份是真实的，不出现假冒、伪装等现象，保证信息的真实性。在网络中两个用户开始通信时，要确认对方是合法用户，还应保证不会有第三方在通信过程中干扰与攻击信息交换的过程，以保证网络中信息传输的安全性。

（3）数据完整性（data integrity）

数据完整性服务可以保证信息流、单个信息或信息中指定的字段，保证接收方所接收的信息与发送方所发送的信息是一致的。在传送过程中没有出现复制、插入、删除等对信息进行破坏的行为。

数据完整性服务又可以分为有恢复与无恢复服务两类。因为数据完整性服务与信息受到主动攻击相关，因此数据完整性服务与预防攻击相比更注重信息一致性的检测。如果安全系统检测到数据完整性遭到破坏，可以只报告攻击事件发生，也可以通过软件或人工干预的方式进行恢复。

（4）防抵赖（non repudiation）

防抵赖服务是用来保证收发双方不能对已发送或已接收的信息予以否认。一旦出现发送方对发送信息的过程予以否认，或接收方对已接收的信息进行否认时，防抵赖服务可以提供记录，说明否认方是错误的。防抵赖服务对多目的地址的通信机制与电子商务活动是非常有用的。

（5）访问控制（access control）

访问控制服务是控制与限定网络用户对主机、应用与网络服务的访问。攻击者要网络首先要欺骗或绕过网络访问控制机制。常用的访问控制服务是通过对用户的身份确认与访问权限设置来确定用户身份的合法性，以及对主机、应用或服务访问类型的合法性。更高安全级别的访问控制服务，可以通过用户口令的加密存储与传输，以及使用一次性口令、智能卡、个人特殊性标识（例如指纹、视网膜、声音）等方法提高身份认证的可靠性。

2.3.2 网络安全标准

1. 主要的网络安全标准

网络安全单凭技术来解决是远远不够的，还必须依靠政府与立法机构，制定与不断完善法律与法规来进行制约。目前，我国与世界各国都非常重视计算机、网络与信息安全的立法问题。从1987 年开始，我国政府就相继制定与颁布了一系列行政法规，主要包括：《电子计算机系统安全规范》（1987 年 10 月）、《计算机软件保护条例》（1991 年 5 月）、《计算机软件著作权登记办法》（1992 年 4 月）、《中华人民共和国计算机信息与系统安全保护条例》（1994 年 2 月）、《计算机信息系统保密管理暂行规定》（1998 年 2 月）、全国人民代表大会常务委员会通过的《关于维护互联网安全决定》（2000 年 12 月）等。

国外关于网络与信息安全技术与法规的研究起步较早，比较重要的组织有美国国家标准与技术协会（NIST）、美国国家安全局（NSA）、美国国防部（ARPA），以及很多国家与国际性的组织（例如 IEEE-CS 安全与政策工作组、故障处理与安全论坛等）。它们的工作重点各有侧重，主要集中在计算机、网络与信息系统的安全政策、标准、安全工具、防火墙、网络防攻击技术研究，以及计算机与网络紧急情况处理与援助等方面。

用于评估计算机、网络与信息系统安全性的标准已有多个，但是最先颁布，并且比较有影响的是美国国防部的黄皮书（可信计算机系统 TCSEC-NCSC）评估准则。相应的欧洲信息安全评估标准（ITSEC）最初是用来协调法国、德国、英国、荷兰等国的指导标准，目前已经被欧洲各国所接受。

2. 安全级别的分类

可信计算机系统评估准则 TCSEC-NCSC 是 1983 年公布的，1985 年公布了可信网络说明（TNI）。可信计算机系统评估准则将计算机系统安全等级分为 4 类 7 个等级，即 D、C1、C2、B1、B2、B3 与 A1。

D 类系统的安全要求最低，属于非安全保护类，它不能用于多用户环境下的重要信息处理。D 类只有一个级别。

C 类系统为用户能定义访问控制要求的自主型保护类，它分为两个级别。C1 级系统具有一定的自主型访问控制机制，它只要求用户与数据应该分离。大部分 UNIX 系统可以满足 C1 级标准的要求。

C2 级系统要求用户定义访问控制，通过注册认证、对用户启动系统、打开文件的权限检查，防止非法用户与越权访问信息资源的安全保护。UNIX 系统通常能满足 C2 标准的大部分要求，有一些厂商的最新版本可以全部满足 C2 级系统要求。

B 类系统属于强制型安全保护类，即用户不能分配权限，只有网络管理员可以为用户分配访问权限。B 类系统分为 3 个级别。如果将信息保密级定为非保密、保密、秘密与机密四级，则 B1 级系统要求能够达到“秘密”一级。B1 级系统要求能满足强制型保护类，它要求系统的安全模型符合标准，对保密数据打印需要经过认定，系统管理员的权限要很明确。一些满足 C2 级的 UNIX 系统，可能只满足某些 B1 级标准的要求；也有一些软件公司的 UNIX 系统可以达到 B1 级标准的要求。

B2 级系统对安全性的要求更高，它属于结构保护级。B2 级系统除了满足 C1 级系统的要求之外，还需要满足：对所有与信息系统直接或间接连接的计算机与外设均要由系统管理员分配访问权限；用户及信息系统的通信线路与设备都要可靠，并能够防御外界的电磁干扰；系统管理员与操作员的职能与权限明确。除了个别的操作系统之外，大部分商用操作系统不能达到 B2 级系统的要求。

B3 级系统又称为安全域级系统，它要求系统通过硬件的方法去保护某个域的安全，例如通过内存管理的硬件去限制非授权用户对文件系统的访问企图。B3 级要求系统在出现故障后能够自动恢复到原状态。现在的操作系统如不重新进行系统结构设计，是很难通过 B3 级系统安全要求测试的。

A1 级系统的安全要求最高。A1 级系统要求提供的安全服务功能与 B3 级系统基本一致。A1 级系统在安全审计、安全测试、配置管理等方面提出了更高的要求。A1 级系统在系统安全模型设计与软、硬件实现上要通过认证，要求达到更高的安全可信度。

3. 网络安全策略的设计

设计网络安全体系的首要任务是制定网络安全策略。网络安全策略应该包括：应该保护网络中的哪些资源？怎么保护？谁负责执行保护的任务？出现问题如何处理？网络安全策略应该包括各个方面的具体内容。

首先需要确定：哪些内网资源与服务向外网提供？内网用户有哪些访问外网资源与服务的要求？对内网资源与服务构成安全威胁的因素有哪些？如何保护重点资源？这一系列问题都是在设计时必须要解决的。以防火墙为例，在网络安全策略设计中应该注意以下几个问题。

（1）网络安全策略与网络用户的关系

要设计一个有效的、实用的防火墙，首先必须要提出正确的网络安全策略。网络安全策略包括技术与制度两个方面，同时还需要制定网络用户相应要遵守的网络使用制度与方法。只有将二者结合起来，才能有效地保护网络资源不受破坏。

对于一个已经在使用 Internet 的企业在制定网络安全策略时，一定要注意限制的范围。网络安全策略首先要保证用户能有效地完成各自的任务，而不能造成网络使用价值的下降。一个好的网络安全策略应能很好地解决网络使用与网络安全的矛盾，应该使网络管理员与网络用户都乐于接受与执行。

（2）制定网络安全策略的思想

在制定网络安全策略时有以下两种思想方法。

① 凡是没有明确表示允许的就要被禁止。

② 凡是没有明确表示禁止的就要被允许。

按照第一种方法，如果决定某一台机器可以提供匿名 FTP 服务，那么可以理解为除了匿名 FTP 服务之外的所有服务都是禁止的。

按照第二种方法，如果决定某一台机器禁止提供匿名 FTP 服务，那么可以理解为除了匿名 FTP 服务之外的所有服务都是允许的。

这两种思想方法所导致的结果是不相同的。采用第一种思想方法所表示的策略只规定了允许用户做什么，而第二种思想方法所表示的策略只规定了用户不能做什么。网络服务类型很多，新的网络服务功能将逐渐出现。因此，在一种新的网络应用出现时，对于第一种方法，如允许用户使用，就将明确地在安全策略中表述出来；而按照第二种思想方法，如果不明确表示禁止，就意味着允许用户使用。

需要注意的是，在网络安全策略上，一般采用第一种方法，即明确地限定用户在网络中访问的权限与能够使用的服务。这符合于规定用户在网络访问的“最小权限”的原则，即给予用户能完成他的任务所“必要”的访问权限与可以使用的服务类型，这样将会便于网络的管理。

（3）网络资源的定义

在完成网络安全策略制定的过程中，首先要对所有网络资源从安全性的角度去定义它所存在的风险。需要定义的网络资源有硬件类资源、软件类资源、数据类资源、用户等。

在设计网络安全策略时，第一步要分析在所要管理的网络中有哪些资源，其中哪些资源是重要的，什么人可以使用这些资源，哪些人可能会对资源构成威胁，以及如何保护这些资源。要求被保护的网络资源被定义之后，就需要对可能对网络资源构成威胁的因素下定义，以确定可能造成信息丢失和破坏的潜在因素，确定威胁的类型。

（4）网络使用与责任的定义

网络安全策略的制定涉及两方面的内容，一是网络使用与管理制度，二是网络防火墙的设计原则。如果不能制定正确的网络使用与管理制度，并且网络管理员与网络用户不承担对网络正常使用与管理的责任，那么再好的防火墙技术也是没有用的。

要解决网络使用与责任定义之前，我们需要回答以下几个问题：允许哪些用户使用网络资源？允许用户对网络资源进行哪些操作？谁来批准用户的访问权限？谁具有系统用户的访问权限？网络用户与网络管理员的权利、责任是什么？

在确定“谁可以使用网络资源”之前，需要做两件事：一是确定用户类型，如对于校园网来说，用户分为网络管理人员、应用软件开发人员、教师、学生以及外部用户，对每一类用户应该分别对待；二是确定哪些资源对哪一类用户可以使用及如何使用，如只读、读写、删除、更名、复制与打印等操作权限。

确定哪一类资源可供哪一类用户使用，并且在使用方法上应受到什么限制，这些控制规定属于网络使用制度。网络使用制度应该明确规定用户对某类资源是允许使用，还是不允许使用，如果允许使用，那么是否要限定他进行哪一类操作。实际上，它规定了某类用户对某类资源使用的“权利”。从严格控制网络安全的角度看，只要是明确规定的权利，用户才能享有对某类资源使用的权利；只要不是明确规定的权利，用户一律不应享有对这类资源使用的权利。这就是说，我们应该规定用户“能做什么”，不应该规定用户“不能做什么”。

（5）网络安全受到威胁时的行动方案

网络安全与网络使用是一对矛盾，网络安全策略就是要在两者之间寻求一种折中的方案，网络安全要依靠网络使用和网络安全技术的结合来实现。如果网络使用与管理制度限制太多，就会损害网络的使用价值；如果网络使用与管理制度限制太少，就会导致网络安全容易受到威胁。作为网络管理员，要随时监视网络的运行情况与安全状况。一旦发现网络安全受到破坏，首先要做的工作是采取紧急措施，按照网络安全策略设计中制定的行动方案，对网络进行保护。

在网络安全遭到破坏时采取什么样的反应，主要取决于破坏的性质与类型。对网络安全造成危害的类型主要有以下 4 种：由于疏忽而造成的危害、由于偶然的错误操作而造成的危害、由于对网络安全制度无知而造成的危害、由于有人故意破坏而造成的危害。对网络安全造成危害的用户可能是内部用户，也可能是外部用户。内部用户既可能对本地网络安全造成危害，也可能对外部网络安全造成危害。第一种情况是由于内部用户违反网络安全制度，而对本地网络安全造成了破坏；第二种情况是我们所管理的内部用户违反了外部网络的安全制度，对外部网络的安全造成了危害。

发现网络安全遭到破坏时，所能采取的行动方案有两种：保护方式和跟踪方式。

保护方式的特点是：当网络管理员发现网络安全遭到破坏时，应立即制止非法闯入者的活动，恢复网络的正常工作状态，并进一步分析这次安全事故性质与原因，尽量减少这次安全事故造成的损害。如果不能马上恢复正常运行，网络管理员应隔离发生故障的网段或关闭系统，以制止非法闯入者的活动进一步的发展，同时采取措施恢复网络的正常工作。如果不采取跟踪行动，所有闯入者就还有可能采用同样手段再次闯入网内。保护方式适合于以下这些情况：闯入者的活动将要造成很大危险；跟踪闯入者活动的代价太大；从技术上跟踪闯入者的活动很难实现。

跟踪方式的特点是：在网络管理员发现网络存在非法闯入者的活动时，不是立即制止闯入者的活动，而是采取措施跟踪非法闯入者的活动，检测非法闯入者的来源、目的、非法访问的网络资源，判断非法闯入的危害，确定处理此类非法闯入活动的方法。选择跟踪方式的前提是能确定此类非法闯入者活动的性质与危害，具有跟踪非法闯入活动的能力与软件，并且能控制此类非法闯入活动的进一步发展，进一步查出非法闯入者，以便对非法闯入者做出处理。跟踪方式适合于以下这些情况：被攻击的网络资源目标十分明确；已经存在一个多次入侵某种网络资源的闯入者；已经找到一种可以控制闯入者的方法；闯入者的短期活动不至于立即造成网络资源与系统遭到重大损失。

2.3.3 网络防火墙技术

1. 防火墙的概念

计算机网络最本质的活动是不同计算机系统之间通过相互间交换报文分组的分布式进程通信。因此，从网络安全角度看，对网络资源的非法使用和对网络系统的破坏都要以一种“合法”的网络用户身份，通过伪造正常的网络服务请求分组的方式来进行。这样的话，设置网络防火墙实质上就是要在企业内部网与外部网之间检查网络服务请求分组是否合法，网络中传送的数据是否会对网络安全构成威胁。

防火墙的概念起源于中世纪的城堡防卫系统。那时人们为了保护城堡的安全，在城堡的周围挖一条护城河，每一个进入城堡的人都要经过一个吊桥，接受城门守卫的检查。在网络中，人们借鉴了这种思想，设计了一种网络安全防护系统（即网络防火墙）。防火墙用来检查所有通过企业内部网与外部网的分组，典型的防火墙结构如图 2-8 所示。

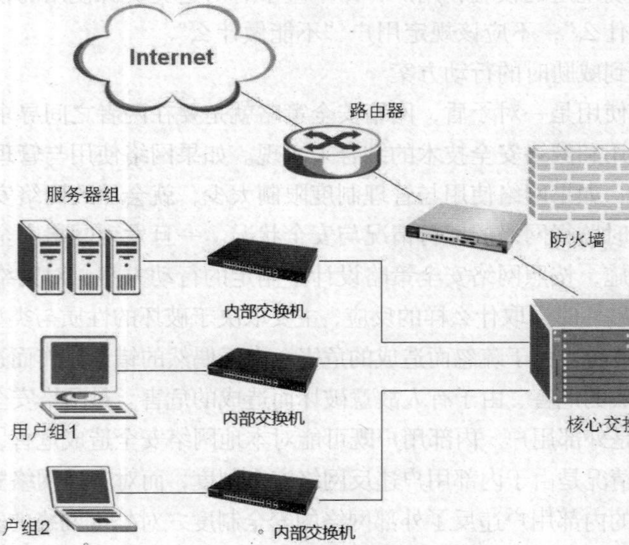

图 2-8　典型的防火墙结构

一般来说，防火墙由两部分组成：分组过滤路由器（packet filtering router）与应用网关（application gateway）。

防火墙的基本功能是：根据一定的安全规定检查、过滤网络之间传送的报文分组，以确定它们的合法性。这项功能一般是通过具有分组过滤功能的路由器来实现的。通常把这种路由器称为分组过滤路由器，也可以称为筛选路由器（screening router）。分组过滤路由器一般是作为系统的第一级保护，它与普通的路由器在工作机理上有较大的不同。

普通的路由器工作在网络层，可以根据网络层分组的 IP 地址决定分组的路由；而分组过滤路由器要对 IP 地址、TCP 或 UDP 分组头进行检查与过滤。通过分组过滤路由器检查过的报文，还要进一步接受应用网关的检查。因此，从协议层次模型的角度看，防火墙应覆盖网络层、传输层与应用层。

2. 防火墙的作用

防火墙的结构可以有很多形式，但无论采取什么样的物理结构，从基本工作原理上来说，如果外部网络的用户要访问内部网的 WWW 服务器，那么它首先是由分组过滤路由器来判断外部网用户的 IP 地址是不是内部网所禁止使用的。如果是禁止进入结点的 IP 地址，那么分组过滤路由器将会丢弃该 IP 包；如果不是禁止进入结点的 IP 地址，那么这个 IP 包不是直接送到企业内部网的 WWW 服务器，而是被传送到应用网关。应用网关判断发出这个 IP 包的用户是不是合法用户。如果该用户是合法用户，该 IP 包被发送给企业内部网的 WWW 服务器去处理；如果该用户不是合法用户，则该 IP 包将会被应用网关丢弃。这样，人们就可以通过设置不同的安全规则的防火墙来实现不同的网络安全策略。

最初的防火墙主要用于 Internet 服务控制，但随着研究工作的深入，已经扩展为提供以下 4 种基本服务。

（1）服务控制

防火墙可以控制外部网络与内部网络用户相互访问的 Internet 服务类型。防火墙可以根据 IP 地址与 TCP 端口号过滤数据包，来确定是否是合法用户，以及能否访问网络服务。

（2）方向控制

出于某种安全考虑，通过防火墙的设置来限制允许内部网的用户访问外部 Internet，而不允许外部 Internet 用户访问内部网，反之亦然。

（3）用户控制

出于某种安全考虑，通过防火墙的设置，来确定只允许内部网的某些用户访问外部 Internet 的服务，而其他用户不能访问外部 Internet 的服务；同样也可以限制外部 Internet 的特定用户访问内部网的服务。

（4）行为控制

通过防火墙的设置，可以控制如何使用某种特定的服务。例如，可以通过防火墙将电子邮件中的一些垃圾邮件过滤掉，也可以限制外部网的用户，使他们只能访问内部网的 WWW 服务器中的某一部分信息。

企业内部网通过将防火墙技术与用户授权、操作系统安全机制、数据加密等多种方法的结合，可以保护网络资源不被非法使用，网络系统不被破坏，从而全面执行网络安全策略，增强系统的安全性。

2.3.4 网络防病毒技术

网络病毒的危害是不可忽视的现实。从统计数据中可以看出，由网络病毒引起的安全事件占了很大的比例。解决网络病毒问题必须从技术、法律法规和管理制度几方面入手。

1．计算机病毒的分类

网络病毒的传播是以“客户机—服务器—客户机”的方式进行循环的传播，根据不同的标准可以有以下分类。

① 根据病毒的传染性可以分为：引导性病毒、文件型病毒、复合型病毒。

② 根据病毒的连接方式可以分为：源码性病毒、入侵型病毒、操作系统型病毒。

③ 根据病毒的破坏性可以分为：良性病毒、恶性病毒。

目前网络病毒中最为流行的是木马病毒和蠕虫病毒，木马病毒又叫作特洛伊木马（Trojan horse），是一种非自身复制程序。它伪装成一种程序，但是程序是个什么用户并不知道。例如，用户从网络上下载并运行了一个游戏程序，但游戏程序的制造者是将一个木马程序装进了用户的计算机，以便黑客进入并控制该计算机。木马程序不改变或感染其他的文件。后门（backdoor）程序是恶意程序中的子程序，它使黑客可以访问到本来安全的计算机系统，而不会让用户或管理员知道。很多木马程序就是后门程序。

蠕虫（worm）病毒是一种复杂的自身复制代码，它完全依靠自身来传播。蠕虫病毒典型的传播方式是利用广泛使用的应用程序，如电子邮件、聊天室等。蠕虫病毒可以将自己附在一封要发送出的邮件上，或者在两个互相信任的系统之间，通过一条简单的 FTP 命令来传播。蠕虫病毒一般不寄生在其他文件或引导区中。

蠕虫病毒与木马程序有很多的共同点，它们之间的主要区别在：木马程序总是假扮成其他的程序，而蠕虫病毒是在后台暗中破坏；木马程序依靠用户的信任去激活它，而蠕虫病毒从一个系统传播到另一个系统，而不需要用户的介入；木马程序不对自身进行复制，而蠕虫病毒大量对自身进行复制。

2．典型网络防病毒软件的应用

网络防病毒可以从两方面入手，一是服务器，二是工作站。

（1）网络服务器防病毒

目前，用于网络的防病毒软件很多，其中多数是运行在文件服务器上的，可以同时检查服务器和工作站病毒。由于实际局域网中可能有多个服务器，网络防病毒软件为了方便多服务器的网络管理工作，可以将多个服务器组织在一个“域”中，网络管理员只需要在域中的主服务器上设置扫描方式与扫描选项，就可以检查域中多个服务器或工作站是否带有病毒。

网络防病毒软件的基本功能是：对服务器和工作站进行查毒扫描、检查、隔离与警，当发现病毒时，由网络管理员负责清除病毒。

实时扫描方式要求连续不断地扫描从文件服务器读写的文件是否带毒；预置扫描方式可以在预先设置的日期时间扫描服务器，扫描频度可以是每天一次、每周一次或每月一次，时间应选在网络不繁忙的时候；人工扫描可以在任何时间扫描指定的卷、目录和文件。

当网络防病毒软件在服务器上发现有病毒时，扫描结果可以保存在查毒记录文件中，并通过两种方法处理染毒文件：一种方法是用扩展名去更改染毒文件名，使用户无法找到染毒文件，同时提示网络管理员对染毒文件进行消毒，然后将消毒后的文件移回到原目录下；另一种方法是将染毒文件移到特殊的目录下，然后对染毒文件进行消毒处理。

一个完整的网络防病毒系统通常有客户端防毒软件、服务器端防毒软件、针对群件的防毒软件、针对黑客的防毒软件。服务器端防毒软件的主要作用是保护服务器，并防止病毒在用户局域网内部传播；针对黑客的防毒软件可以通过 MAC 地址与权限列表中的严格匹配，控制可能出现的用户超越权限的行为。

目前，各种网络反病毒产品都有自己的特点，有的技术领先、误报率低、清除病彻底，有的界面友好、软件及病毒库升级及时方便，有的软件兼容性好。用户在选择网络防病毒软件时，应该考虑以下几个主要因素：

① 提供网络防毒软件厂商的服务水平；

② 防毒技术的先进性与稳定性；

③ 防病毒软件应有友好与易于使用的用户界面；

④ 对病毒的识别率、误报率、兼容性、升级的及时性、可管理性等进行综合评估。

常用的网络版杀毒软件有：金山毒霸（企业网络版）、瑞星（网络企业版）、江民杀毒软件 KV（网络版）、趋势科技防毒墙（企业版）、赛门铁克（网络版）等。

（2）网络工作站防病毒

作为工作站的计算机数量多、分布广、用户杂，因此工作站防病毒的问题必须要高度重视。目前工作站防病毒主要方法是采用无盘工作站、使用防病毒卡、使用硬盘保护卡。

无盘工作站就是工作站不装软硬盘，所有软件都在服务器端，通过网卡上的远程启动芯片导入服务器上的系统，这样就能容易地控制用户端的病毒入侵问题，但是用户在软件使用上会受到一些限制。

装有防病毒卡的工作站对病毒的扫描无须用户介入，使用起来比较方便。但是随着病毒类型的变化，防病毒卡可能无法检查或清除新型病毒。

硬盘保护卡能阻止病毒对硬盘的读写操作，从而达到防病毒的作用，但是安装了硬盘保护卡后的计算机在程序安装和数据存储上面都存在弊端，为了解决上述问题，可以仅利用硬盘保护卡来保护硬盘的某些分区。

习 题

一、选择题

1. 不属于计算机网络应用的是（　　）。

A. 电子邮件的收发　　B. 用“写字板”写文章

C. 用计算机传真软件远程收发传真　　D. 用浏览器浏览“上海热线”网站

2. TCP/IP 协议模型划分为（　　）个层次。

A. 2　　B. 5　　C. 4　　D. 7

3. TCP/IP 层的网络接口层对应 OSI 的（　　）。

A. 物理层　　B. 链路层　　C. 网络层　　D. 物理层和链路层

4. 在 OSI/RM 参考模型中，（　　）处于模型的最底层。

A. 物理层　　B. 网络层　　C. 传输层　　D. 应用层

5. 计算机网络中，所有的计算机都连接到一个中心结点上，一个网络结点需要传输数据，首先传输到中心结点上，然后由中心结点转发到目的结点，这种连接结构被称为（　　）。

A. 总线结构　　B. 环形结构　　C. 星形结构　　D. 网状结构

6. 星形拓扑结构网络的特点是（　　）。

A. 所有结点都通过独立的线路连接到同一条线路上

B. 所有结点都通过独立的线路连接到同一个中心交汇点上

C. 其连接线构成星形形状

D. 每一台计算机都直接连通

7. 强调网络中的计算机是独立的，这是指（　　）。

A. 网络中每台计算机都能够独立使用网络中的各种资源

B. 网络中每台计算机都有一个单独的代号

C. 拆掉网络后，原有网络中的每台计算机都能够独立运行

D. 网络中每台计算机都有不受限制的权限

8. 在计算机网络发展的 4 个阶段中，（　　）阶段是第 2 个发展阶段。

A. 网络互连　　B. 技术准备　　C. 网络标准化　　D. Internet 发展

9. 在 OSI 参考模型中能实现路由选择、拥塞控制与互连功能的层是（　　）。

A. 传输层　　B. 应用层　　C. 网络层　　D. 物理层

10. 按网络的地理覆盖范围进行分类，可将网络分为（　　）。

A. 局域网、城域网、广域网

B. 总线网、环形网、星形网、树形网、网状网

C. 电路交换网、分组交换网、综合交换网

D. 双绞线网、同轴电缆网、光纤网、卫星网

二、填空题

1. 计算机网络提供的功能主要可以归纳为________、________、________以及________。

2. 计算机网络从逻辑上可以分为________子网和________子网两个部分。

3. 在通信技术中，通信信道的类型有两类：________式通信信道和________式通信信道。

4. 在 TCP/IP 模型中，________负责网络互连的路由选择、流量控制与拥塞问题。

5. 按照传输介质的不同，可以将计算机网络划分为________网络和________网络两种类型。

6. 网络协议规定了交换数据的格式，如何发送和接收数据信息。一个网络协议包括以下 3 个要素：________、________、________。

7. TCP/IP 协议也采用了分层结构，分为 4 个层次，从上到下依次为________、________、网际层和网络接口层

8. 一般来说，防火墙可以由两部分组成：________与应用网关。

9. ________是为计算机网络中进行数据交换而建立的规则、标准或约定的集合。

10. 最大的广域网是________，它将世界各地的广域网、城域网和局域网互连，实现了全球范围内的资源共享和数据通信。

三、简答题

1. 计算机网络的发展可以划分为几个阶段？每个阶段都有什么特点？

2. 计算机网络的定义是什么？按照资源共享的观点计算机网络应具备哪些主要特征？

3. 网络的拓扑结构有哪些类型？

4. TCP/IP 参考模型由哪几层构成？它们各有什么主要功能？

5. 什么是 ISO-OSI/RM 参考模型？它由哪些层构成？

6. 防火墙的定义是什么？防火墙主要有哪些类型？

第 3 章 网络通信设备与互连技术

本章介绍组建网络时所需要的通信介质和互连设备，以及这些通信设备的物理特性和工作原理，并阐述网络互连的概念和层次。

3.1 网络通信设备

3.1.1 网络通信介质

通信介质又称为传输介质或者传输媒介，是数据通信系统中发送方和接收方之间的物理通路。按照其可见性通信介质可分为导引型（有线）和非导引型（无线）两大类。常用的导引型通信介质有双绞线、同轴电缆和光纤，非导引型通信介质有无线电、微波、红外线以及激光等。

1. 导引型通信介质

（1）双绞线

双绞线（Twisted Pair）是一种应用最为广泛的通信介质。双绞线由两根互相绝缘的铜导线并排排列，用规则的方法绞合在一起构成。在网络组建的过程中，常把若干对双绞线（两对或四对）捆成一条电缆并以坚韧的护套包裹着，以减少相邻导线之间的电磁信号干扰。

相对于其他导引型物理传输介质（同轴电缆和光纤）来说，双绞线价格便宜，易于安装使用；但在传输距离、信道宽度和数据传输速度等方面均受到一定限制，通信距离通常为几百米。当使用双绞线远距离传输模拟信号或者数字信号时，每相隔一定距离需要添加放大器或中继器，对信号进行放大或整形。

在局域网中使用的双绞线有非屏蔽双绞线（Unshielded Twisted Pair，UTP）和屏蔽双绞线（Shielded Twisted Pair，STP）两种，如图 3-1 所示。

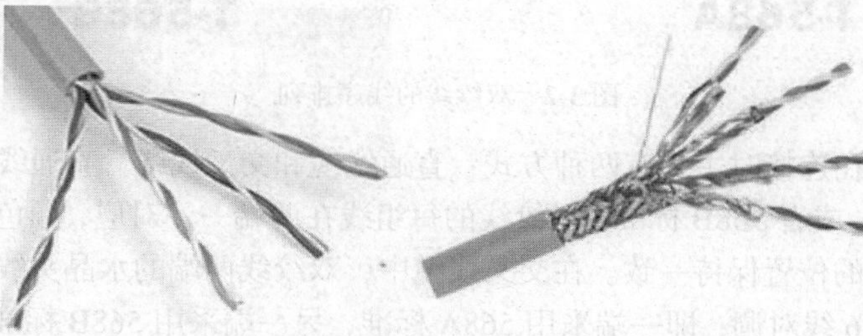

图 3-1 非屏蔽双绞线和屏蔽双绞线

常用的非屏蔽双绞线（UTP）根据通信质量通常分为 5 类，其中市面上常见的有 3、4、5 和超 5 类 4 种双绞线，它们的主要特性参数如表 3-1 所示。

表 3–1　常用的绞合线的类别、带宽和典型应用

UTP 类别	带宽	最高数据率（Mbit/s）	典型应用
3	16MHz	10	低速网络；模拟电话
4	20MHz	16	短距离的 10Base-T 以太网
5	100MHz	100	某些 100Base-T 和 10Base-T 以太网
5E（超 5 类）	100MHz	155	100Base-T 快速以太网；某些 1000Base-T 吉比特以太网
6	250MHz	>155	1000Base-T 吉比特以太网；ATM 网络

非屏蔽双绞线的保护层较薄，套层上通常标有类别号码，如 5 类 UTP 标有“CAT5”或“CATEGERY5”字样，适用于语音和多媒体等大容量数据以 100Mbit/s 的高速传输。非屏蔽双绞线制作成本低，易于安装，传输容量大。与其他传输介质相比，虽然非屏蔽双绞线在传输距离（高衰减）和数据传输速度方面均有一定限制，但是由于其价格便宜、易于安装，所以被广泛地应用于近距离局域网的数据传输中。

屏蔽双绞线与非屏蔽双绞线不同，在双绞线和套层中间加上一层用金属丝编织成的屏蔽层，用以减少信号传送时所产生的电磁干扰，并具有减小辐射、防止信息被窃听的功能。屏蔽双绞线相对非屏蔽双绞线价格较贵，用在某些特殊场合，如电磁干扰和辐射严重、对传输质量有较高要求等。目前常用的 5 类屏蔽双绞线在 100m 内的数据传输速率为 155Mbit/s。

双绞线在制作过程中的线序排列有两种国际标准：EIA/TIA568A 和 EIA/TIA568B。其线序排列分别为标准 568A：白绿、绿、白橙、蓝、白蓝、橙、白棕、棕；标准 568B：白橙、橙、白绿、蓝、白蓝、绿、白棕、棕，如图 3-2 所示。

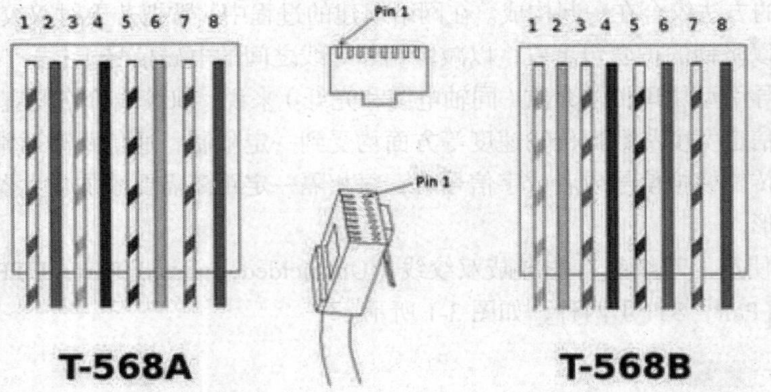

图 3-2　双绞线的线序排列

制作好的双绞线在连接时主要有两种方式：直通线缆和交叉线缆。直通线缆水晶头两端线序一样，都是遵循 568A 或者 568B 标准。双绞线的每组线在两端一一对应，颜色相同的双绞线在两端水晶头的相应槽中的位置保持一致。在交叉线缆中，双绞线两端的水晶头线序不一致，一端为另一端的 1、3 和 2、6 线对调，即一端采用 568A 标准，另一端采用 568B 标准。一般情况下同种设备相连使用交叉线缆，不同种设备相连用直通线缆，具体如下：

① 计算机—计算机（计算机—计算机）　交叉线缆
② 计算机—集线器　直通线缆
③ 集线器—集线器（普通口）　交叉线缆
④ 集线器—集线器（级连口-级连口）　交叉线缆
⑤ 集线器—集线器（普通口-级连口）　直通线缆
⑥ 集线器—交换机　交叉线缆
⑦ 集线器（级连口）—交换机　直通线缆
⑧ 交换机—交换机　交叉线缆
⑨ 交换机—路由器　直通线缆
⑩ 路由器—路由器　交叉线缆

（2）同轴电缆

同轴电缆（Coaxial Cable）是网络中常用的传输介质。一般的同轴电缆共有 4 层。最内层的导体通常是铜质的，该铜线可以是实心的，也可以是绞合线。在内导体的外面依次为绝缘层、外导体屏蔽层和绝缘保护套层，如图 3-3 所示。绝缘层一般为类似塑料的白色绝缘材料，用于将内导体和屏蔽层隔开，外导体屏蔽层为铜质的网状编织物，用来屏蔽电磁干扰。

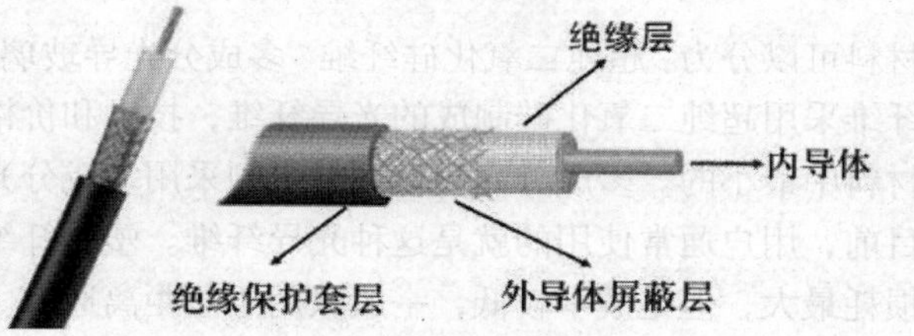

图 3-3　同轴电缆

实际使用中，网络的数据通过同轴电缆中心的内导体进行传输；电磁干扰被外导体屏蔽层屏蔽。为了消除电磁干扰，同轴电缆的屏蔽层应当接地。

同轴电缆可分为两种基本类型：基带同轴电缆和宽带同轴电缆。基带同轴电缆的特征阻抗为 50Ω（如 RG-8、RG-58 等），传输带宽为 1～10Mbit/s，屏蔽层是用铜做成的网状物，多用于计算机局域网；宽带同轴电缆常用的电缆的特征阻抗为 75Ω（如 RG-59 等），屏蔽层通常是用铝冲压成的，用于高带宽数据通信，支持多路复用，常用于有线电视系统的信号传输。同轴电缆根据其直径大小又可以分为粗同轴电缆与细同轴电缆两种。

由于外导体屏蔽层的作用，同轴电缆具有较好的抗干扰特性（特别是高频段），能够保证数据在电缆中准确无误地传输，适合高速数据传输。同轴电缆安装简单，具有较好的扩展性。在局域网中常用的基带同轴电缆的最大传输距离为 185m；宽带同轴电缆的最大传输距离为几千米。局域网发展初期曾广泛地使用同轴电缆作为传输介质，但是随着技术的进步，在局域网领域基本上都采用更便宜的双绞线作为传输介质。

（3）光纤与光缆

光纤（Fiber）是光导纤维的简称，是一种由玻璃或塑料制成的纤维，可作为光传导工具。多数光纤在使用前必须由几层保护结构包覆，包覆后的缆线即被称为光缆。光纤外层的保护层和绝缘层可防止周围环境对光纤的伤害，如水、火、电击等。随着对数据传输速度要求的不断增高，光纤通信的使用日益普遍。在计算机网络的组建过程中，光缆具有无可比拟的优势，是未来发展的方向。

通常情况下，光缆由缆皮、芳纶丝、缓冲层和光纤组成，而单个的光纤则由纤芯、包层和护套层组成，如图 3-4 所示。其中纤芯由非常透明的石英玻璃或塑料拉成细丝做成，包层由玻璃制成，保护层由塑料制成。光纤依靠光波承载信息，用有光脉冲表示“1”，没有光脉冲表示“0”。发射端使用发光二极管或一束激光将光脉冲传送至光纤，光纤的接收端使用光敏元件来检测光脉冲。

光波利用光的全反射原理，通过纤芯进行传导。当光从高折射率的介质射向低折射率的介质时，只要入射角足够大，就会产生全反射，如图 3-5 所示，光信号传播的过程就是光不断发生全反射的过程。

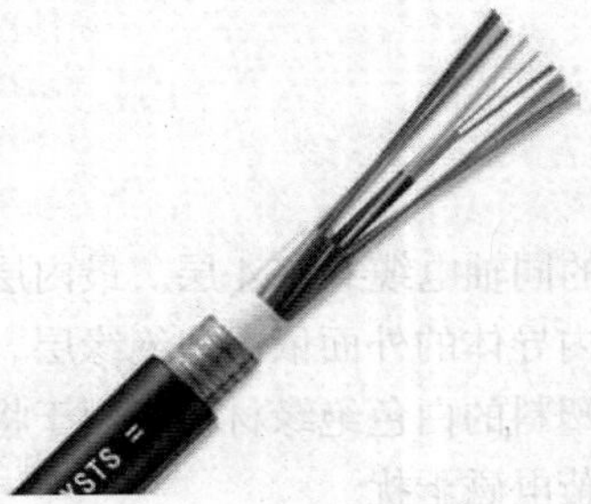

图 3-4　光缆

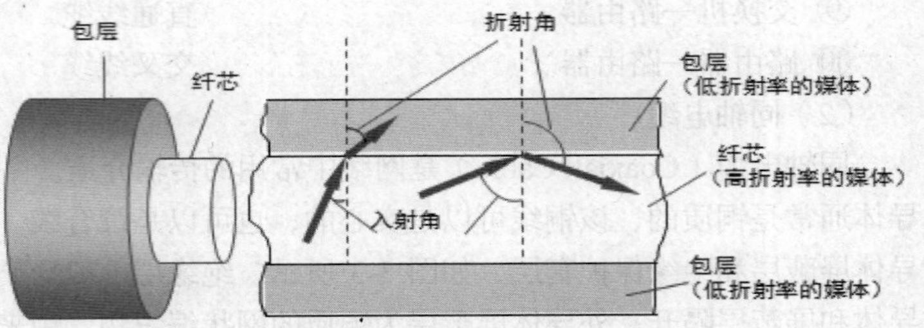

图 3-5　光纤通信的工作原理

光纤根据纤芯的材料可以分为：超纯二氧化硅纤维、多成分光导玻璃纤维以及塑料纤维三种。其中，超纯二氧化硅纤维采用超纯二氧化硅制成的光导纤维，技术和价格成本都非常高，但是其传输损耗是所有光纤材料中最小的。多成分光导玻璃纤维则采用多成分光导玻璃纤维材质制作的光纤，性价比最高。目前，用户通常使用的就是这种光导纤维。塑料纤维是采用塑料纤维制造的光纤，该种光纤传输损耗最大，但是成本较低，一般只用于短距离通信。

根据光波的传输模式，光纤主要分为两种：多模光纤和单模光纤，如图 3-6 所示。多模光纤以发光二极管作为光源，同时允许多条不同角度入射的光线在一条光纤中传输。由于多模光纤中光线传输的路径以及通过光纤的时间不同，导致光信号在时间上会出现失真和扩散，从而限制了多模光纤的传输距离和传输速率。故多模光纤只适合用于近距离传输，多应用在局域网中。

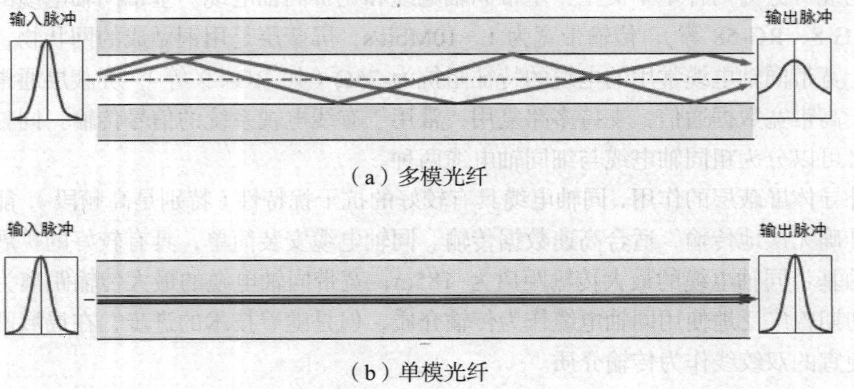

图 3-6　单模光纤和多模光纤

单模光纤以激光作为光源。单模光纤的直径减小到只有一个光的波长，光在这种光纤中传输，光纤就像一根波导一样，使光线沿着轴向无反射地直线传输。由于同时传输的只有一个传输路径，使用单模光纤传输信号不会出现传输失真现象，所以，在同等传输速率的情况下，单模光纤比多模光纤的传输距离长很多，即单模光纤的传输性能优于多模光纤，故常用于长距离、大容量的主干光缆传输系统中。但是，单模光纤的纤芯很细，其直径只有几个微米左右，制造成本较高，并且单模光纤的光源要使用昂贵的半导体激光器，不能使用一般的发光二极管。

光纤作为一种广泛使用的远距离高速的通信介质，主要具有以下优点。

① 传输信号的频带宽，通信容量大。可见光的频率非常高，因此一个光纤通信系统的传输带宽远大于其他各种传输媒体的带宽，其度量单位通常为 Mbit/s、Gbit/s。

② 传输过程中信号衰减小。如在计算机网络中使用多模光纤传输时，最大传输通常为 2km；使用单模光纤进行数据传输时，不使用中继器的最高传输距离为 6～8km。

③ 误码率低，传输可靠性高。一般误码率低于 10^{-9}。

④ 抗干扰能力强。光纤的基本成分是石英，只传光，不导电，不受电磁场的作用，在其中传输的光信号不受电磁场的影响，故光纤传输对电磁干扰、工业干扰有很强的抵御能力，因此在光纤中传输的信号不易被窃听或截取数据，因而利于保密。

⑤ 重量轻，体积小。光纤非常细，单模光纤芯线直径一般为 4～10μm，外径也只有 125μm，加上防水层、加强筋、护套等，用 4～48 根光纤组成的光缆直径还不到 13mm，比标准同轴电缆的直径 47mm 要小得多，加上光纤是玻璃纤维，比重小，使它具有直径小、重量轻的特点。

光纤也存在一些缺点，如价格相对其他传输媒介来说较贵；安装比较困难，需要专业的技术人员，并且光纤的连接需要专用设备；质地较脆，机械强度低。虽然存在上述缺点，但光纤的电磁绝缘性能好，信号衰减小，频带宽，传输距离长，抗干扰能力强，随着对数据传输速度的要求不断提高，光纤的使用日益普遍。

2. 非导引型通信介质

当通信线路通过一些交通不便、施工不便的地方（高山、岛屿），使用无线传输方式可以减少成本。同时，随着信息技术的发展，人们需要在移动中进行电话通信或计算机通信。因此，非导引型通信介质得以快速发展。非导引型介质即无线传输介质，主要应用形式有短波通信、红外通信、蓝牙通信和微波通信等。

（1）短波通信

短波通信即高频通信，频率范围在 3～30MHz，波长为 10～100m。发射电波要经电离层的反射才能到达接收设备，通信距离较远，是远程通信的主要手段。由于电离层的高度和密度容易受昼夜、季节、气候等因素的影响以及电离层反射所产生的多径效应，使得短波通信质量较差，因此当使用短波无线电台传输数据时，一般都是低速传输。目前，它广泛应用于电报、电话、低速传真通信和广播等方面。

短波是唯一不受网络枢钮和有源中继体制约的远程通信手段，一旦发生战争或灾害，各种通信网络都可能受到破坏，卫星也可能受到攻击。无论哪种通信方式，其抗毁能力和自主通信能力与短波无可相比。

（2）红外通信

红外通信是以红外线作为传输媒介的一种近距离、低功耗、保密性强的通信方式。它以红外二极管或红外激光管作为发射源，以光电二极管作为接收设备。红外通信成本较低，传输距离短，具有直线传输、不能投射不透明物的特点，主要应用于近距离进行“点对点”的直线数据传输，因此在小型的移动设备中获得了广泛的应用。

（3）蓝牙通信

蓝牙技术由爱立信、IBM、Intel、Nokia 和 Toshiba 等共 5 家公司在 1998 年联合推出的一项无线网络技术。蓝牙（Bluetooth）是一种低功率短距离的无线连接技术标准的代称。使用与微波相同的 2.4GHz 附近免付费、免申请的无线电频段。传输范围大约为 10m。应用最广的蓝牙技术版本为 1.1，带宽约 1Mbit/s（有效传输速度为 721kbit/s），蓝牙 2.0 版速率约为 3Mbit/s。

（4）微波通信

无线电微波通信在数据通信中占有重要地位。微波在空间主要是直线传播，由于微波会穿透电离层进入宇宙空间，因此它不像短波通信那样，可以经电离层反射和传播到地面上很远的地方。传统的微波通信主要有两种：地面微波接力通信和卫星通信。

① 地面微波通信

地面微波的工作频率范围一般为 1～20 GHz，与通常的无线电波不同，微波沿直线传播，各个相邻站点之间必须形成无障碍的视距传播。由于地球平面是个曲面，微波在地面的传播距离受到限制，一般为 30～50km。通常采用架设天线塔的方法增大其传播距离。如若采用 100m 高的天线塔，微波的传输距离增大到 100km。为实现远距离通信，在一条微波通信信道的两个端点间需建立多个中继站，用来放大信号及转发，故亦被称为地面微波接力通信，如图 3-7 所示。

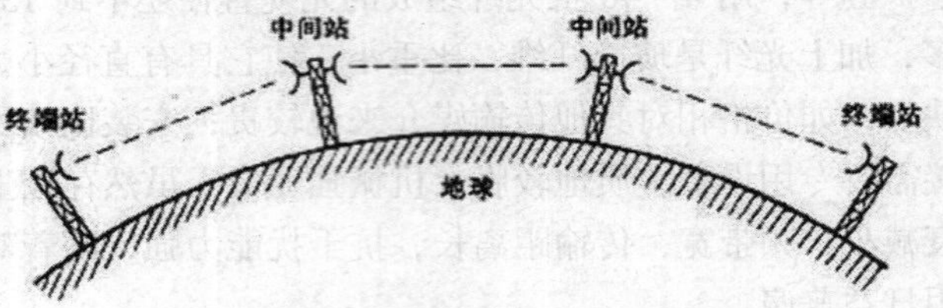

图 3-7　地面微波接力通信示意图

微波波段的频率高，频段范围宽，因此地面微波通信的信道容量大。相对于短波通信微波传输质量较高且投资低。但是地面微波通信相邻站之间必须直视，易受恶劣气候的影响。与电缆通信系统相比，微波通信的隐蔽性和保密性差，且存在大量中继站，需要大量的人力和物力来维持，维护成本高。

② 卫星通信

卫星通信是以人造同步地球卫星作为中继器的一种微波接力通信。通信系统由卫星和地面站构成。卫星通信具有通信频带宽、容量大、信号所受干扰小、通信比较稳定、传输距离远、覆盖范围广等优点，且卫星通信费用与通信距离无关，理论上只要在地球赤道上空的同步轨道上，等距离地放置 3 颗相隔 120° 的卫星，就能基本上实现全球通信。因此，适用于全球通信、电视广播通信以及地理环境恶劣的地区使用，

相对于其他无线通信方式来说，卫星通信具有较大的传播时延。从安全方面考虑，其系统的保密性较差。

3.1.2　网络互连设备

网络互连是指将不同的网络连接起来，以构成更大规模的网络系统。网络互连设备直接影响网络的传输效率。常用的网络互连设备有适配器、调制解调器、中继器、集线器、网桥、交换机、路由器等。

1. 网络适配器

网络适配器（Network Adapter），又称为网络接口卡（Network Interface Card，NIC）或网卡，如图 3-8 所示。

网络适配器是计算机与外界网络连接的接口。适配器上面装有处理器和存储器，具体实现的主要功能有以下几个方面。

（1）实现串行/并行转换

适配器和计算机之间的通信是通过计算机主板上的 I/O 总线以并行传输方式进行，而适配器和局域网之间的通信是通过电缆或双绞线以串行传输方式进行的。因此，计算机与外界网络通信时，适配器需要实现信号的串行传输和并行传输间的转换，如图 3-9 所示。

图 3-8　网络适配器

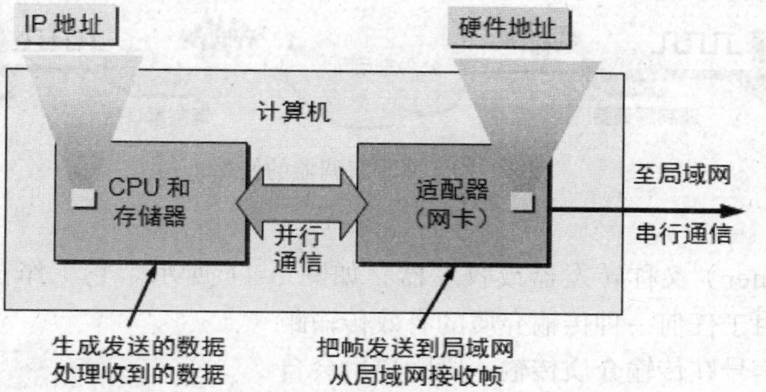

图 3-9　计算机通过适配器和局域网进行通信

（2）缓存数据

由于网络上的数据率和计算机总线上的数据率不同，因此在适配器中必须装有对数据进行缓存的存储芯片。

（3）提供固定网络地址

每个适配器都有一个固定的全球范围唯一的物理地址。当适配器收到局域网上传输的数据帧时，需要核对目的主机是否为本主机，如果该数据帧中包含的目的地址与本机物理地址一致则接收该帧，否则直接丢弃该帧。当计算机要发送一个 IP 数据包时，适配器将 IP 数据包组装成帧（添加该主机的物理地址等信息）后发送到局域网。

按照不同的分类方式，适配器的种类不同。

① 根据网络种类划分，可以分为 ATM 网卡、令牌环网网卡、以太网网卡。

以太网的连接比较简单，使用和维护起来比较容易，我们日常使用的网卡都是以太网网卡。

② 根据传输速率（支持的带宽）划分，可以分为 10Mbit/s 网卡、100Mbit/s 网卡、10/100Mbit/s 自适应网卡、1000Mbit/s 网卡（应用于服务器等产品领域）。

③ 根据工作对象来划分，可以分为服务器专用网卡、PC 网卡、笔记本电脑专用网卡、无线局域网网卡。

④ 根据主板总线类型划分，可以分为以下 3 种。

- ISA 网卡，早期的总线类型，ISA 总线不支持 100MHz 的数据传输，因此 ISA 总线的网卡几乎已经被淘汰。
- PCI 网卡，是一种 32 位或 64 位的总线结构，它已经成为几乎所有个人计算机所采用的总线结构之一。

● USB 网卡，是新近推出的产品，这种网卡是外置式的，具有不占用计算机扩展槽的优点，因而安装更为方便，主要是为了满足没有内置网卡的笔记本电脑用户。

⑤ 根据网卡接口划分，可以分为 RJ-45 接口、BNC 接口、混合接口（RJ-45 接口、BNC 接口、AUI 接口）。

2. 调制解调器

调制解调器（Modem），是 Modulator（调制器）与 Demodulator（解调器）的简称。根据 Modem 的谐音，常昵称为“猫”。调制解调器是一个将数字信号与模拟信号进行互相转换的网络设备。调制是把数字信号转换为模拟信号的过程；解调则是把模拟信号转换为数字信号的过程。图 3-10 所示为调制解调器的工作过程。

图 3-10　调制解调器的使用

3. 中继器

中继器（Repeater）又称转发器或收发器，如图 3-11 所示。它工作在 OSI 参考模型的最低层——物理层。由于任何一种传输介质的有效传输距离都是有限的，电信号在传输介质传输一段距离后会自然衰减或受到干扰，当信号衰减到一定程度时，将导致信号失真，从而发生接收错误。中继器的作用就是放大信号，提供电流以驱动长距离电缆，增加信号的有效传输距离。从本质上看中继器就是一种信号放大器设备，承担信号的放大和传送任务。

图 3-11　中继器

中继器安装简单，使用方便，可以很容易实现网络扩展，是最便宜的扩展网络覆盖范围的设备。中继器还可以将不同传输介质的网络连接在一起。但是中继器不能提供网段间的隔离功能，通过中继器连接起来的网络在逻辑上仍是同一个网络，即多个网段使用中继器互连后将增加网络的信息量，易发生阻塞。

中继器在放大信号时，对任何来自数据帧的信息不作分析，只是简单的放大再生信号，不能过滤信息，故不能控制广播风暴的发生。

4. 集线器

集线器的英文称为 Hub，连接时把所有结点集中在以它为中心的结点上，如图 3-12 所示。集线器的主要功能是对接收到的信号进行再生整形放大，从而扩大网络的传输距离。集线器工作于 OSI（开放系统互联参考模型）参考模型的最低层，即“物理层”。集线器属于局域网中的基础设备，采用 CSMA/CD（一种检测协议）介质访问控制机制。集线器每个接口简单地收发比特，收到 1 就转发 1，收到 0 就转发 0，不进行碰撞检测。

（1）集线器类型

① 按端口数量分为 8 口、16 口、24 口、32 口等种类。集线器上每个端口的真实速度除了与集线器的带宽有关外，与同时工作的设备数量也有关。各个用户会平分总带宽，却又不能同时通信。例如，一个带宽为 10Mbit/s 的集线器上连接了 8 台计算机，当这 8 台计算机同时工作时，则每台计算机真正所拥有的带宽是 10/8=1.25Mbit/s。

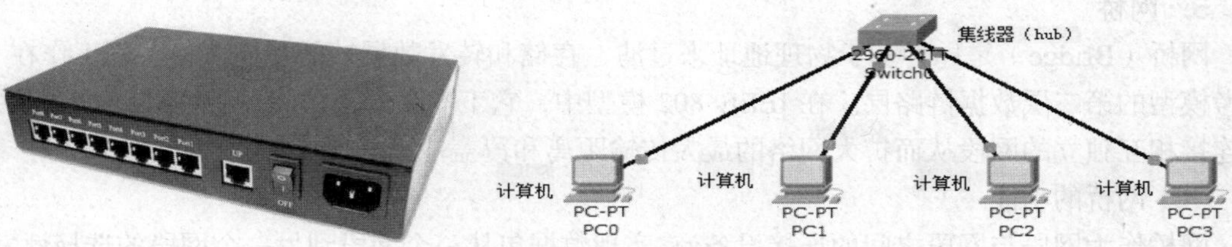

图 3-12　集线器和连接情况

② 按带宽划分。通常可分为 l0Mbit/s，100Mbit/s，10/100Mbit/s 自适应 3 种。10Mbit/s 带宽的集线器的传输速度最大为 10Mbit/s，即使与它连接的计算机使用的是 100Mbit/s 网卡，在传输数据时速度仍然只有 10Mbit/s。10/100Mbit/s 自适应集线器能够根据与端口相连的网卡速度自动调整带宽，当与 10Mbit/s 的网卡相连时，其带宽为 10Mbit/s；当与 100Mbit/s 的网卡相连时，其带宽为 100Mbit/s，因此，这种集线器也叫作“双速集线器”。

（2）集线器的特点

集线器属于数据通信系统中的基础设备，具有流量监控功能。它和双绞线等传输介质一样，是一种不需任何软件支持或只需很少管理软件管理的硬件设备。集线器内部采用了电器互连，当局域网（LAN）的环境是逻辑总线或环形结构时，完全可以用集线器建立一个物理上的星形或树形网络结构。在这方面，集线器所起的作用相当于多端口的中继器。其实，集线器实际上就是中继器的一种，其区别仅在于集线器能够提供更多的端口服务，所以集线器又称为多口中继器。

使用集线器可扩充网络的规模，即延伸网络的距离和增加网络的结点数。集线器安装简单，几乎不需要配置，且可以同时连接多个物理层相同或不同、但高层协议相同或兼容的网络。例如，可以连接两个使用不同传输介质和连接器的以太网，也可将不同速率的以太网连接在一起。在使用集线器转发信息时也存在一些不足之处。

① 用户的数据包向所有结点发送，很容易遭到网络中其他计算机的非法截获，导致数据通信不安全。

② 集线器采用共享带宽方式，如果一台集线器连接的机器数目较多，并且多台机器经常需要同时通信时，将导致集线器的工作效率很差，如发生信息堵塞、碰撞等。

③ 半双工传输，网络通信效率低。集线器的同一时刻每一个端口只能进行一个方向的数据通信，而不能像交换机那样进行双向双工传输，网络执行效率低，不能满足较大型网络通信需求。

④ 集线器限制了传输介质的极限距离，即终端设备与集线器之间的距离不能太远，如 10BASE 以太网中限制距离为 100m。

图 3-13 所示为多集线器级联的网络。

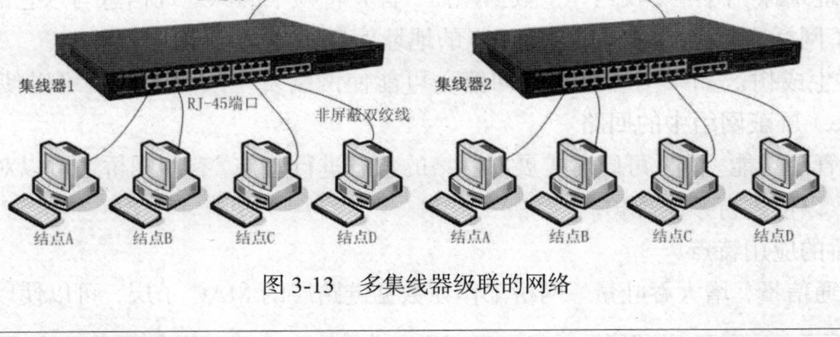

图 3-13　多集线器级联的网络

5. 网桥

网桥（Bridge）是一种基于物理地址来过滤、存储和转发数据帧的互连设备。它工作在 OSI 参考模型的第二层数据链路层。在 IEEE 802 模型中，它工作在介质访问控制（MAC）子层。网桥连接相互独立的网段从而扩大网络的最大传输距离和覆盖范围。

（1）网桥的功能

网桥作为网段与网段之间的连接设备，它实现数据包从一个网段到另一个网段的选择性发送，即只让需要通过的数据包通过而将不必通过的数据包过滤掉，来平衡各网段之间的负载，从而实现网络间数据传输的稳定和高效。其工作原理如图 3-14 所示，主要有以下功能。

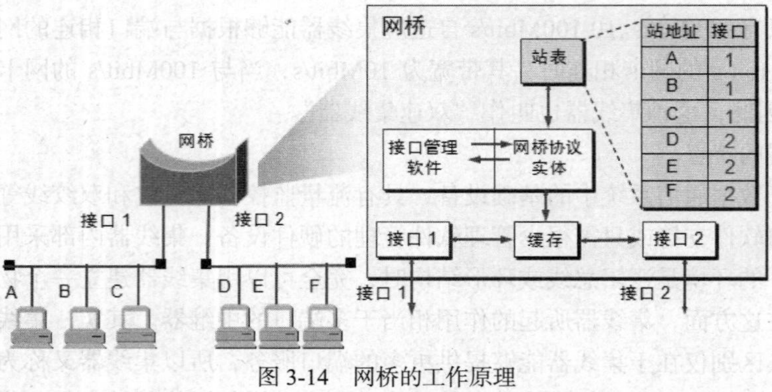

图 3-14　网桥的工作原理

① 构建站表。通过网桥的自动学习功能，网桥可以自动生成站表。站表指出信息到达该网桥后如何到达目的地，网桥收到数据帧后在站表中记录以下信息。

- 站地址：网桥自动登记收到的数据帧的发送端的物理地址。
- 端口：网桥自动登记所收到的数据帧进入该网桥的端口号。
- 时间：网桥自动登记所收到的数据帧进入该网桥的时间。

② 自学习与站表的管理。网桥开始工作时站表为空，每收到一个数据帧，记录下源地址、端口和时间信息后向除了源端口的其他所有端口转发该帧，收到该帧的网桥会将源地址与网桥站表中的各项对比，若有该源地址记录则更新；若有该源地址记录且端口为进入端口则直接将该帧丢弃（不通过网桥转发接收端即可收到数据帧）；若没有该源地址记录，则从除了源端口的其他所有端口转发该帧，依此类推，逐步生成站表。为了使得站表能够反映网络的目前的真实情况，网桥中的端口管理软件会自动周期性的扫描端口，并更新站表中的项目。

③ 帧存储转发和过滤功能。网桥接收到一个数据帧时，并不是直接转发，而是查找站表，根据数据帧的目的地址有选择的转发该帧。

④ 源地址跟踪。网桥接收到一个数据帧后，首先将帧中的源地址信息写入它的转发表中。转发表中记录了网桥所能达到的所有连接站点的地址信息。

⑤ 构建生成树。如果网络中存在回路，可能使网络发生故障，网桥可以使用生成树算法（spanning tree）屏蔽网络中的回路。

⑥ 监控管理功能。网桥可以对扩展的网络的状态进行监控，有些网桥还可以对转发和丢失的帧进行统计，以便进行系统维护。

（2）网桥的应用特点

① 过滤通信量，增大吞吐量。网桥工作在数据链路层的 MAC 子层，可以使以太网各网段成

为隔离开的碰撞域（冲突域）。如图 3-15 所示，网桥 B1 和网桥 B2 把 3 个网段连接成一个以太网。由于加入了网桥，它们是隔离开的碰撞域，不同网段上的通信不会相互干扰。

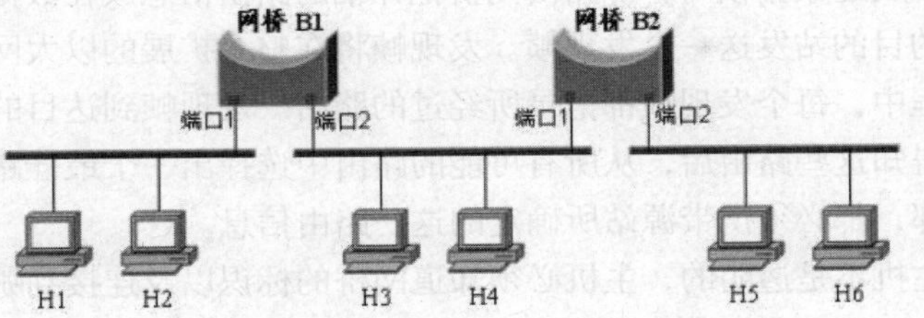

图 3-15　网桥使各网段成为隔离开的碰撞域

假如 H1 和 H2 正在通信，其他网段上的 H3 和 H4 以及 H5 和 H6 都可以同时通信。如果 H1 和 H3 正在通信，H5 和 H6 还可以同时通信，互不干扰。因此，若每个网段的数据率都是 10Mbit/s，三个网段合起来吞吐量就变为 30Mbit/s。如果连接设备更换为集线器或中继器，那么整个网络仍然为一个碰撞域，其中任两个用户在通信时，其他用户均不能通信。整个碰撞域的吞吐量不变，仍为 10Mbit/s。

② 互连多个网络，扩大网络覆盖范围和机器数。只要是高层协议相同或兼容的同构的网络，即便传输介质不同，介质访问控制不同，也可以用网桥进行互连。

③ 提高了网络的可靠性。由于网桥的过滤功能，隔离了不需要传播或出错的数据帧。当网络出现故障时，一般只影响故障网段，从而提高了整个网络的可靠性。

在复杂的网络环境中使用网桥存在以下限制。

① 网桥工作在数据链路层，因此要求互连的网络在数据链路层以上的各层采用相同或兼容的协议。

② 网桥对接收的帧要先存储和查找转发表，然后转发，转发前还要执行相应的碰撞解决算法，因此增加了时延。

③ 在 MAC 子层没有流量控制功能，当网络上有大量数据帧传输时，网桥中的缓存空间可能发生溢出，导致帧丢失。

④ 网桥只适应于用户数不多和通信量不大的网络，否则会因为传播过多的广播信息而产生网络拥塞，即广播风暴。

随着技术的进步，网桥的功能已经逐步被称为“多接口网桥”的交换机所取代。另外，原本独立的网桥和路由器朝着结合在一起的方向发展，功能上互相补充，如网桥和路由器的混合体网桥路由器、路由器交换机等。因此，许多新型的网络互连设备具有比传统意义上的网桥更先进的功能。

（3）网桥的种类

目前使用得最多的网桥是透明网桥（transparent bridge）。透明指以太网上的站点并不知道所发送的数据帧将经过哪几个网桥，以太网上的站点看不见以太网上的网桥。透明网桥是一种即插即用设备，只要把网桥接入局域网，不用人工配置转发表即可工作。网桥刚连接到以太网时，其转发表为空，若收到一个数据帧，就采用自学习算法处理收到的帧，并且按照转发表把数据帧转发出去。透明网桥收到一个数据帧后，查找转发表将该帧转发出去有 3 种情况。

① 如果源 LAN（发送端）和目的 LAN（目的端）相同，则丢弃该帧。

② 如果源 LAN（发送端）和目的 LAN（目的端）不同，则转发该帧。

③ 如果目的 LAN（目的端）未知，则进行扩散。

透明网桥的最大优点是容易安装，但是它不能充分利用网络资源，于是产生了另一种网桥——源路由网桥。在发送数据帧时，源路由网桥把详细的路由信息放在数据帧的首部中。源站以广播方式向欲通信的目的站发送一个发现帧。发现帧将在整个扩展的以太网中沿着所有可能的路由传送。在传送过程中，每个发现帧都记录所经过的路由。发现帧到达目的站时就沿各自的路由返回源站。源站在得知这些路由后，从所有可能的路由中选择出一个最佳路由。从该源站向该目的站发送的帧的首部，都必须携带源站所确定的这一路由信息。

源路由网桥对主机不是透明的，主机必须知道网桥的标识以及连接到哪一个网段上。透明网桥一般用于连接以太网段，而源路由选择网桥则一般用于连接令牌环网段。

6. 交换机

交换机（switch），又称交换式集线器，是一种在通信系统中完成信息交换功能的设备，它应用在数据链路层。交换机有多个端口，每个端口都具有桥接功能，可以连接一个局域网或一台高性能服务器或工作站，有时又被称为多端口网桥。交换机通过对信息进行重新生成，并经过内部处理后转发至指定端口，具备自动寻址能力和交换作用。交换机的外观和集线器类似，如图 3-16 所示。

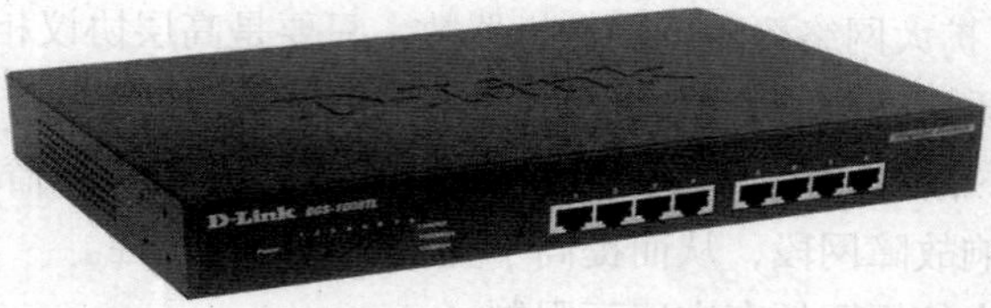

图 3-16 交换机

交换机拥有一条很高带宽的背部总线和内部交换矩阵。交换机的所有端口都挂接在这条背部总线上。当交换机从某一结点收到一个数据包后，处理端口会查找内存中的 MAC 地址（网卡的硬件地址）映射表（端口号-MAC 地址）以确定下一步将数据包转发到哪个端口上，通过内部交换矩阵直接将数据包迅速传送到目的结点，而不是所有结点。若 MAC 地址对照表中没有该 MAC 地址记录，则将数据包广播发送到所有的端口。这种方式转发数据包效率高，不会浪费网络资源，只是对目的地址发送数据，不易产生网络拥塞；另一方面，因为不是对所有结点同时发送数据包，数据传输相对安全。

由于交换机根据所传递分组的目的地址，将每一分组独立地从源端口送至目的端口，避免了和其他端口发生碰撞。当主机通信时，交换机能同时连通许多对的接口，实现每一对相互通信的主机都能独占传输媒介无碰撞地传输数据，即相互通信的双方独自享有全部带宽。

对于普通的 10Mbit/s 的共享式以太网，若有 n 个用户，每个用户占有平均带宽的 n 分之一。若采用交换机连接这些用户，交换机的总容量为 $n \times$ 10Mbit/s。交换机发展迅猛，基本取代了集线器和网桥，并增强了路由选择功能。交换机的主要功能包括物理编址、错误校验、帧序列以及流控制等。目前有些交换机还具有对虚拟局域网（VLAN）的支持、对链路汇聚的支持，有的甚至具有防火墙功能。

（1）交换机与集线器的区别

① 工作层面不同。交换机是在多端口网桥的基础上发展起来的，因此，常被看作是改进了的网桥，工作在数据链路层，具有第二层的功能，如识别 MAC 地址、差错校验等功能。集线器属于第一层物理层的网络连接设备，只有第一层的功能，如信号再生、放大和转换等功能。

② 工作原理不同。集线器检测到某个端口收到数据帧时，直接将该数据帧发往其他所有端口，即广播方式发送。由每一台终端通过验证数据包头的地址信息来确定是否接收，当网络规模较大时性能会受到很大的影响，很容易产生“广播风暴”。

交换机的工作方式同网桥相似，是按照存储转发原理工作的设备，当交换机检测到某个端口收到数据帧时，首先通过数据帧中的 MAC 地址来查找交换机的站表，结果有以下 3 种情况：

- 若站表中有该目的地址项，且输入端口与进入端口不同，则根据表中相应的输出端口转发该帧；
- 若站表中存在该目的地址项，且输出端口与进入端口相同，则直接将该帧丢弃；
- 若站表中不存在该项，则通过其他端口转发该帧。

交换机传输的数据只对目的结点发送，并且只有发出请求的端口和目的端口之间相互响应而不影响其他端口。

③ 带宽占用方式不同。集线器不管有多少个端口，所有端口都是共享带宽，在同一时刻只能有两个端口传送数据。当多个用户需要同时传递信息时，就只能采用争用的规则来争取信道的使用权，大量用户经常处于等待状态。而交换机每个端口都有一条独占的带宽，并允许多对节点用户同时按端口多对带宽传递信息。

④ 传输模式不同。集线器传输模式为半双工通信，而交换机既可以工作在半双工模式下，还可以工作在全双工通信模式。

（2）交换机的种类

① 根据网络覆盖范围划分，可分为广域网交换机和局域网交换机。广域网交换机主要应用于电信领域，提供通信用的基础平台，而局域网交换机则应用于局域网络，用于连接终端设备，如计算机及网络打印机等。

② 根据传输介质和传输速度划分，可分为以太网交换机、快速以太网交换机、吉比特以太网交换机、10 吉比特以太网交换机、ATM 文换机、FDDI 交换机、令牌环交换机等。图 3-17 所示为用交换机扩展网络的示意图。

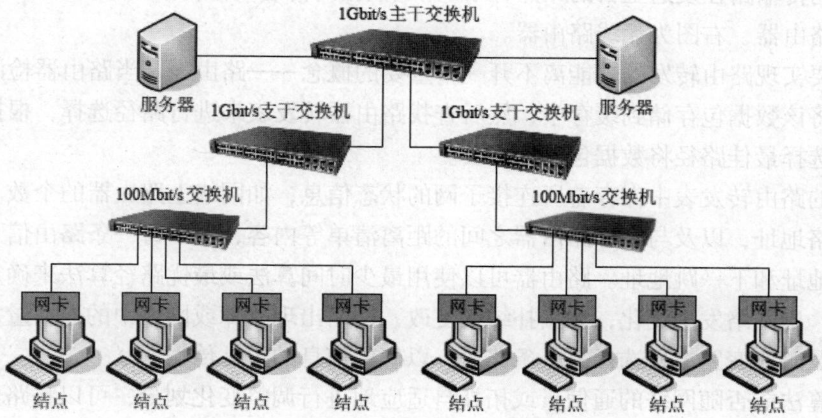

图 3-17　用交换机扩展的网络示例

③ 从应用规模来分，可分为企业级交换机、部门级交换机和工作组级交换机。

④ 根据交换机工作的协议层划分，可分为第二层交换机、第三层交换机。

第二层交换机对应于 OSI/RM 的数据链路层。第二层交换机依赖于链路层中的信息（MAC

地址）完成不同端口数据间的交换。目前第二层交换机应用最为普遍，价格便宜，功能符合中小企业实际应用需求。

第三层交换机对应于 OSI/RM 的网络层，即这类交换机可以工作在网络层。第三层交换机具有路由功能，可以将 IP 地址信息提供给网络路径选择，并实现不同网段间数据的转发。当网络规模较大时，可以根据特殊应用需求划分 VLAN（虚拟局域网），以减小广播所造成的影响，在大中型网络中，第三层交换机已经成为基本配置设备。

（3）交换机的实现技术

交换机的实现技术主要由两种：传统的存储转发（Store and Forward）技术和直通（Cut Through）技术。

存储转发技术是计算机网络领域应用最为广泛的方式。它将收到的数据帧先存储在缓冲器中，然后进行差错检查，检查无误后取出数据帧的目的地址，通过查找表找到输出端口将数据帧转发出去。这种技术可以在转发过程中对数据帧进行增值处理，如速率匹配、差错检验、协议转换等，但是存储转发有转发延迟。

直通技术在交换机的输入端口检测到一个数据帧时，检查该帧的首部，获取帧的目的地址，然后查找表找出相应的输出端口，把数据帧直通到相应的端口，实现交换功能，即交换机接收数据帧的同时立即按该帧目的地址确定其输出端口并转发出去。由于不需要存储，延迟较小，转发速度较快。直通技术的数据帧并没有被以太网交换机保存下来，所以无法检查所传送的数据帧是否有误，不能提供错误检测能力，并且由于没有缓存，不能将具有不同速率的输入/输出端口直接接通，而且容易丢失数据帧。

7. 路由器

（1）路由器的基本概念

路由器（Router）是一种具有多个输入端口和多个输出端口的智能型设备，其主要任务是转发收到的分组。它工作在 OSI 参考模型中的网络层，是一个软件和硬件结合的综合系统。路由器是连接多个网络或网段的网络设备，它能够在复杂的网络环境中，为经过该路由器的所有数据选择一条最优的传输路径发送至目的站点，从而完成数据的传送工作，图 3-18 所示为常见的路由器，左图为普通路由器，右图为无线路由器。

路由器要实现路由转发的功能离不开一个重要的概念——路由表。当路由器检测到收到数据包后，首先将该数据包存储到缓存中，然后查找路由器转发表来进行路径选择，根据路由器转发表中的信息选择最佳路径将数据包发送出去。

路由器的路由转发表中保存着所连接子网的状态信息，如网络上路由器的个数、相邻路由器的名字、网络地址，以及与相邻路由器之间的距离清单等内容，对于每一条路由信息，最重要的是目的网络地址和下一跳地址。路由器可以使用最少时间算法或最优路径算法来确定或调整信息传递的路径，当网络发生变化，如拓扑结构更改、网络出现故障或网络中的通信量发生变化，路由器还可以及时改变路由，选择另一条路径，以确保信息的正常传输。

从路由算法能否随网络的通信量或拓扑自适应地进行调整变化划分，可以将路由表分为两大类：静态路由表和动态路由表。

① 静态路由表：又称为非自适应路由选择表，是指由系统管理员实现设置好的、固定不变的路由表。静态路由表实现简单、开销小，但是不能及时适应网络状态的变化，适用于简单的小网络。使用静态路由表的路由器被称为静态路由器。

② 动态路由表：是一种可以根据网络的运行情况自动调整的路由表，它能较好地适应网络状

态的变化，但实现起来较为复杂，开销也比较大，适用于较复杂的大网络。使用动态路由表的路由器称为动态路由器。

图 3-18　路由器

（2）路由器转发分组的流程

路由器的主要任务是转发分组，要使得连接在网络上的任意两个主机实现资源共享和数据通信，那么连接到网络上的任一路由器中应该包含所有主机的目的地址信息。假设有 4 个 A 类网络通过 3 个路由器连接在一起，如图 3-19 所示。每一个网络上都可能有成千上万个主机。若按目的主机号来制作路由表，则所得出的路由表就会过于庞大；但若按主机所在的网络地址来制作路由表，那么每一个路由器中的路由表就只包含 4 个项目，从而可使路由表大幅度简化。

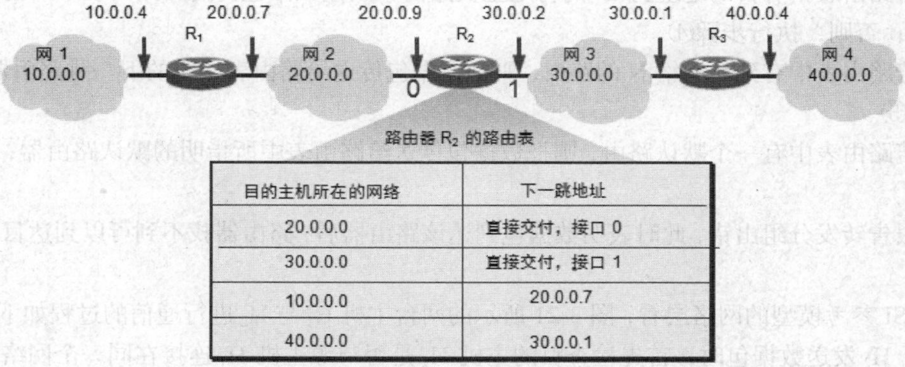

目的主机所在的网络	下一跳地址
20.0.0.0	直接交付，接口 0
30.0.0.0	直接交付，接口 1
10.0.0.0	20.0.0.7
40.0.0.0	30.0.0.1

图 3-19　路由器 R2 的路由表

以路由器 R_2 的路由表为例，R_2 同时与网络 2 和网络 3 相连，故当数据包发送到路由器 R_2 时，假如目的网络是网络 2 或网络 3，则路由器 R_2 可直接通过相应的端口 0 或端口 1 将数据包直接交付；若目的网络是网络 1，则下一跳路由器为 R_1，其 IP 地址为 20.0.0.7，即 R2 需将数据包转发该路由器 R_1，下一步由 R_1 进行转发或直接交付；同样，若目的主机是网络 4，路由器 R_2 需要将数据包首先转发到路由器 R_3，其 IP 地址为 30.0.0.1，下一步操作由路由器 R_3 完成。

虽然 Internet 所有的分组转发都是基于目的主机所在的网络，但在大多数情况下都允许根据需要指定特殊的路由，即对特定的目的主机指明一个路由，这种路由叫作特定主机路由。网络管理人员使用特定主机路由可以方便地控制网络和测试网络。

为了减少路由表所占用的空间和搜索路由表所用的时间，路由器还可采用默认路由（default router），对于很少对外连接的网络，默认路由器很有用，如图 3-20 所示。

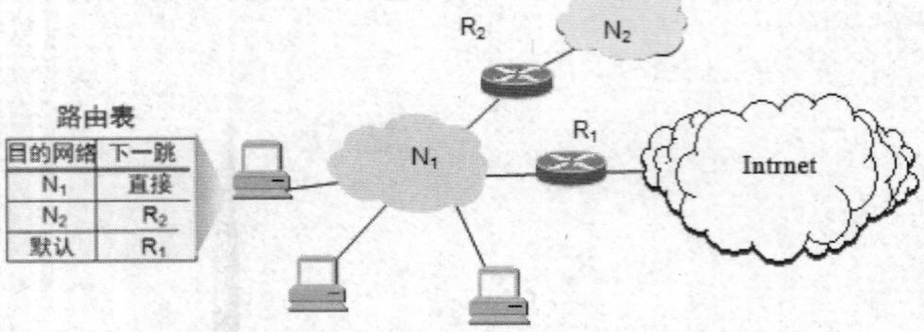

图 3-20 路由器 R_1 充当网络 N_1 的默认路由器

在图 3-20 中，网络 N_1 的任一主机中的路由表只需要 3 条记录即可。第 1 条是目的主机位于本网络，不需要路由器转发，直接交付即可。第 2 条记录是到网络 N_2 的路由，网络 N_1 的主机向目的网络 N_2 的主机发送数据包，对应下一跳的路由器是 R_2。第 3 条记录就是默认路由。只要目的网络不是网络 N_1 和 N_2，就一律选择默认路由，把数据包先间接交付给路由器 R_1，让 R_1 再继续转发，一直转发到目的网络上的路由器，最后进行直接交付。即只有到达最后一个路由器时，才试图向目的主机进行直接交付。

路由器分组转发的过程可归结为以下几个步骤。

① 从数据包的首部提取目的主机的 IP 地址 D，得出目的网络地址为 N。

② 若网络 N 与此路由器直接相连，则把数据包直接交付目的主机 D；否则是间接交付，执行步骤③。

③ 若路由表中有目的地址为 D 的特定主机路由，则把数据包传送给路由表中所指明的下一跳路由器；否则，执行步骤④。

④ 若路由表中有到达网络 N 的路由，则把数据包传送给路由表指明的下一跳路由器；否则，执行步骤⑤。

⑤ 若路由表中有一个默认路由，则把数据包传送给路由表中所指明的默认路由器；否则，执行步骤⑥)。

⑥ 报告转发分组出错，此时表明数据包到达该路由器后，路由器找不到可以到达目的网络的路径。

从 OSI 参考模型的网络层看，图 3-21 所示的两台主机 H_1 与 H_2 进行通信的过程如下：当主机 H_1 向主机 H_2 发送数据包时，首先检查目的主机 H_2 是否与源主机 H_1 连接在同一个网络上。如果是，就将数据包直接交付给目的主机 H_2 而不需要通过路由器转发。

若目的主机 H_2 与源主机 H_1 不属于同一个网络，则源主机 H_1 将数据包发送给本网络上的某个路由器，由该路由器按照转发表指出的下一步路由将数据包转发给下一个路由器，下一个路由器执行相同的操作，依此类推，最终将数据包传送至目的主机 H_2。在整个转发过程中 H_1—R_1—R_2—R_3—R_4—R_5 都为间接交付，只有数据包传送到路由器 R_5 时，直接交付给目的主机 H_2。

路由器按照其路由转发表转发收到的分组，路由转发表由专门的路由选择协议给出。理想的路由选择算法应该具有计算上简单、稳定、公平、正确、完整等特点，但是路由选择是个非常复杂的问题，它是网络中的所有结点共同协调工作的结果。路由选择的环境往往是不断变化的，而这种变化有时无法事先知道，因此，不存在一种绝对的最佳路由算法。所谓“最佳”，只能是相对于某一种特定要求下得出的较为合理的选择而已。实际的路由选择算法，应尽可能接近于理想的算法。网络中的每个路由器都会根据合适的路由算法，定时地更新路由表中的信息或在网络拓扑发生变化时更新其路由表。

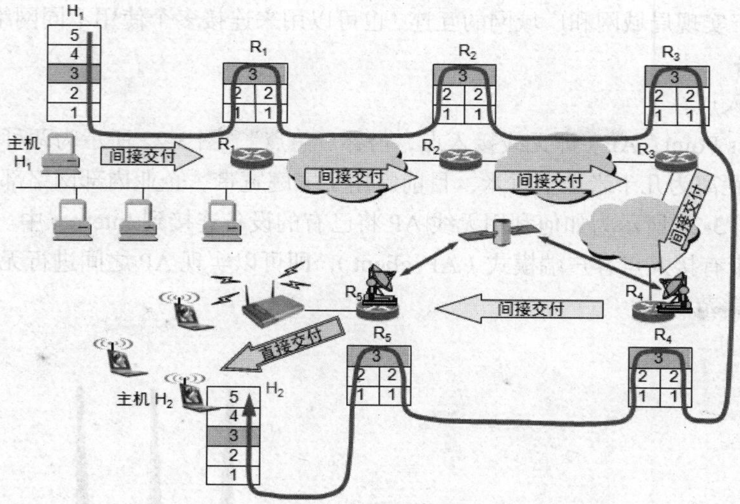

图 3-21　路由器分组转发过程

（3）路由器的分类

依据不同的分类标准，路由器可以有不同的分类情形，下面从路由器的位置、路由转发表以及支持协议的数量等角度对路由器进行分类。

① 近程路由器和远程路由器。按照路由器硬件位置的远近划分，路由器可分为近程路由器和远程路由器。近程路由器也称为本地路由器，主要用来连接本地网络的传输介质（光纤、同轴电缆和双绞线等），远程路由器用来连接远程介质和设备。

② 静态路由器和动态路由器。静态路由器的路由转发表需要管理员事先设定，一般只用于小型的网间互连，动态路由器能根据指定的路由选择协议自动调整路由表的信息，一般用于大型的网路。

③ 单协议路由器和多协议路由器。仅支持单一路由协议的路由器称为单协议路由器，它所连接的两个网络的网络层的路由协议必须相同。例如，仅支持 IP 协议的单协议路由器，只能连接使用 IP 协议的网络。这种路由器只转发 IP 数据包，当有采用其他协议的数据包发送到路由器时，路由器直接将该数据包丢弃。

若路由器支持多种协议，则称为多协议路由器。对于多协议路由器，它可以连接使用不同路由通信协议的网络。例如，连接一个 IP 协议的网络和一个使用 IPX 协议的网络，这种路由既可以发送 IP 数据包，也可以发送 IPX 数据包。

（4）路由器的应用特点

路由器最主要的功能是选择合适的路由，从而实现网络通信。使用路由器互连网络有以下特点。

① 路由器具有进行复杂路由选择计算的能力，能够合理地、智能化地选择最佳路径。因此，适用于连接两个以上的大规模和具有复杂网络拓扑结构的网络。

② 路由器实现第 1～2 层使用不同协议，但网络层及高层采用相同或兼容的协议的网络进行互连。即一台路由器可以连接使用不同类型传输介质或使用不同介质访问控制协议，但网络层使用相同的路由选择协议，高层协议相同或兼容的网络。

③ 路由器能够隔离网络通信量，自动丢弃广播数据包。此外，路由器还可以作为防火墙使用，限制局域网内部对外网，以及外部网络对局域网内部的访问，起到网络屏障的作用。

路由器属于存储转发设备，存储转发需要一定的时间，从而降低网络传输性能。基于以上特点，路由器常用于实现局域网和广域网的互连，也可以用来连接多个使用不同网络地址的局域网。

8. 无线设备

（1）无线接入点

无线（Access Point，AP）即无线接入点，俗称“热点”，图 3-22 所示为两种常见的无线 AP。无线 AP 覆盖的距离为几十米至上百米，目前常用于家庭宽带、企业内部网络部署，主要技术为 802.11X 系列。图 3-23 所示为如何利用无线 AP 将已有的设备连接到 Internet 中。通常情况下，普通的无线 AP 还带有接入点客户端模式（AP client），即可以实现 AP 之间进行无线连接，进而扩大无线网络的覆盖范围。

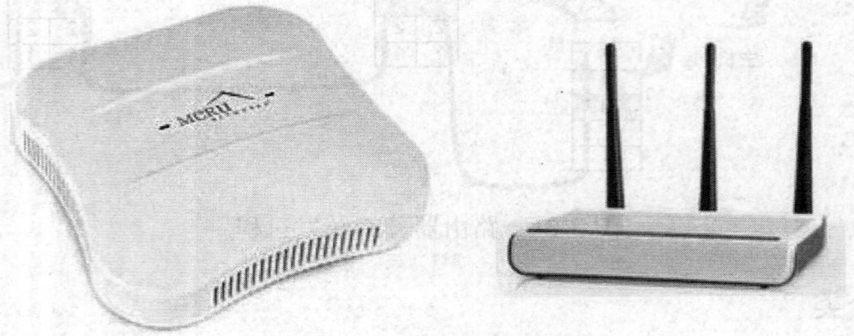

图 3-22　无线 AP

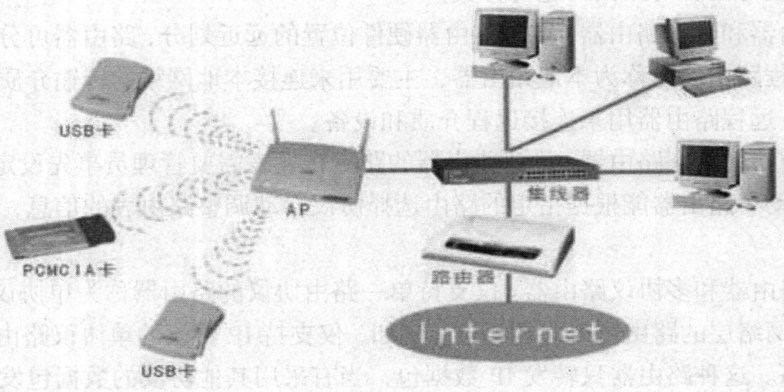

图 3-23　利用无线 AP 连接入 Internet

无线 AP 相当于无线交换机，具有无线信号发射的功能，是有线网和无线网连接的桥梁。其主要作用是将无线网络的用户连接到一起，然后接入以太网。具体工作原理是：编译双绞线传送过来的网络信号，将电信号转换成为无线电讯号发送出来，形成无线网络的覆盖。根据功率不同，网络覆盖程度不同，普通无线 AP 的最大覆盖距离可达 400m。

为了保证网络覆盖信号质量，提高无线网络的整体性能，在组建无线网络和使用无线 AP 时需注意以下几点。

① 安装位置选择得当。无线 AP 是无线网络的核心，是无线网络信号发射的“基站”，为了整个无线网络信号的稳定性，它的安装位置需要合理选择。一般无线 AP 的位置应当相对较高，且应当尽量居于房间的中央。由于无线通信信号沿直线传播，传播过程中尽量避免穿越太多的墙壁，尤其是浇注的钢筋混凝土墙体（实验表明在 10m 的距离，无线信号穿过两堵砖墙后，仍然可以达到标称的最高的传输速率，但穿过一层楼板后，传输速率将只有标称速率的一半）。

② 多无线 AP 的覆盖范围应当重叠。借助以太网，可以将多个无线 AP 有效地连接起来，从

而搭建一个无线漫游网络。不过在访问者从一个子网络移动到另外一个子网络的过程中，就会出现访问者与原无线 AP 的距离越来越远的现象，这样无线上网信号就会越来越弱，上网速度也越来越慢，直到中断与原网络的信号连接；如果另外一个子网的无线 AP 信号覆盖区域与原网络的无线 AP 信号覆盖区域之间，有少量的重叠部分时，那么访问者在即将与原网络断开连接的那一刻，又会自动进入到新的子网覆盖区域，这样一来就能确保访问者在不同网络之间漫游时始终处于在线状态，而不会发现连接断开现象。所以在组建无线漫游网络时，为保证无线网络有足够的带宽，就需要将每一个无线 AP 产生的各自无线信号覆盖区域进行少量交叉覆盖，确保每一个无线子网之间能够实现无缝连接。

③ 控制带宽，确保速度。在理论状态下，无线 AP 的带宽可以达到 11Mbit/s 或 54Mbit/s，但是其带宽为所有工作站共享，若无线 AP 同时与较多的无线工作站进行连接，那么每一台无线工作站所能分享到的网络带宽就会很小。因此，为了确保整个无线网络的通信速度不受到影响，一定要控制好无线工作站的接入数目，以便保证每一台工作站都能获得足够的上网带宽。那么一台无线 AP，到底可以同时连接多少台无线工作站，才不会降低整个网络的通信速度呢？一般来说，支持 IEEE 802.11b 标准的无线 AP 可以同时连接 20 台左右的工作站，如果工作站连接数目超过这个数字，无线网络的通信速度将会明显下降；然而，若一台无线 AP 同时连接的工作站数目较少时，会导致组网成本过高，因此需要综合考虑上网速度和成本来构建无线网络。

（2）无线网卡

无线网卡同有线网卡一样，用来将计算机等终端设备连接到局域网上。无线网卡提供丰富的系统接口，常用的有 PCI（台式机专用）、PCMCIA 无线网卡（笔记本专用）、USB 无线网卡等。有线网卡是计算机与网络传输媒介之间的接口，无线网卡是计算机与天线直接的接口，用来建立透明的网络连接。图 3-24 所示为两种形式的无线网卡。

图 3-24　无线网卡

3.2　网络互连技术

网络互连是指将分布在不同地理位置的网络、设备连接起来，以构成覆盖范围更大的网络，使得更多用户共享网络资源。互连网络的概念是随着对数据传输和资源共享要求的不断增长而出现的，其屏蔽了特定网络硬件的具体细节，提供了一种高层的通信环境，从而实现网络最大限度的互连。

3.2.1　网络互连的概念与分类

1. 网络互连的概念

网络互连（Interconnection）是指用相应的网络设备（如网桥、路由器等）将不同的子网连接起来，是子网和子网间实现数据交互的基本条件。有了网络互连，才能满足网络中数据交换的基本条件。

网络的互通（Intercommunication）是指在网络互连的基础上，网络间可以进行数据交换的方法。例如在 Internet 中，不同的子网上使用 TCP/IP 屏蔽各种不同物理网络间的差异，从而实现了各种不同网络上的计算机之间的数据交换。

网络的互操作（Interoperability）是指网络中计算机系统之间具有透明地访问对方资源的能力。

这种能力以互连和互通为基础，通过高层软件实现。例如，两个互连的网络中有两台计算机，一台计算机安装的操作系统为微软 Windows 操作系统，另一台计算机安装 Linux 操作系统，在网络互连和互通的基础上这两台计算机可以通过 TCP/IP 通信；但是在未解决两个操作系统之间的差异前，无法实现透明地互相访问对方资源，要实现这点就要用到更高层次的互连设备网关。

2. 网络互连的分类

根据网络的覆盖范围，计算机网络可以分为局域网（LAN）、城域网（MAN）、广域网（WAN）和因特网（Internet）几种类型，互连网络指这几种网络之间的连接。

（1）局域网与局域网互连

在局域网的网络组建的初期，连接到网络上的结点较少，相应的数据通信量较小，随着业务的发展，越来越多的结点连接到网络上，当一个网段上的通信量达到极限时，网络的通信效率会急剧下降。为了解决这种问题，可采取增设网段、划分子网的方法，各个网段或者子网需要通过互连设备互连在一起。

局域网互连分为同构网互连和异构网互连两类。若互连的两个局域网采用相同通信协议，这种互连称为同构网互连。例如，两个以太网互连或两个令牌环网互连都是同构网互连。同构网的互连比较简单，常用的互连设备有中继器、集线器、交换机、网桥等，如图 3-25（a）所示。

异构网互连是指采用两种不同协议的局域网互连。例如，一个令牌环网和一个以太网互连。异构网互连可以使用网桥、路由器等互连设备，如图 3-25（b）所示。

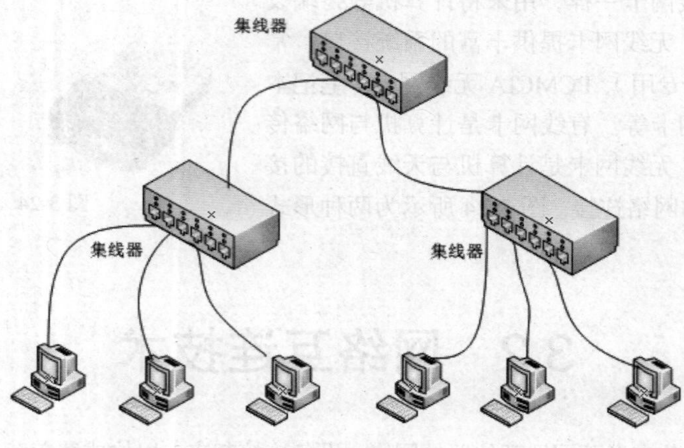

（a）同构网互连

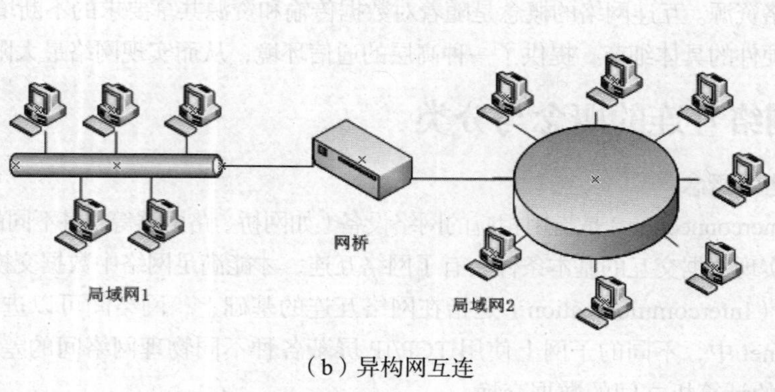

（b）异构网互连

图 3-25　局域网与局域网互连

（2）局域网与广域网互连

局域网与局域网互连主要解决相隔距离比较近的局域网间的网络互连，而局域网与广域网互连（见图 3-26），则是为了扩大通信网络的连通范围，可以使不同单位或机构的局域网连入更大的网络体系中，其范围可跨越城市与国界，从而形成世界范围的数据通信网络。通过局域网—广域网—局域网互联模式（见图 3-27），可以将分布在不同地理位置上的局域网进行互连。

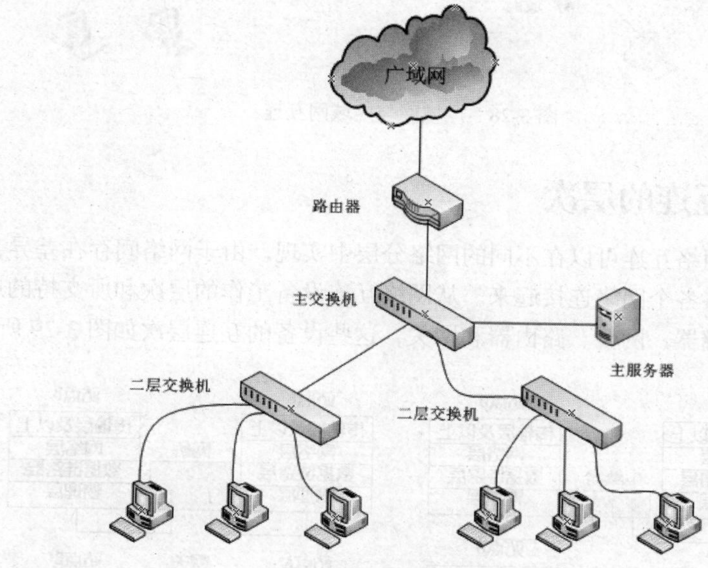

图 3-26　局域网与广域网互连

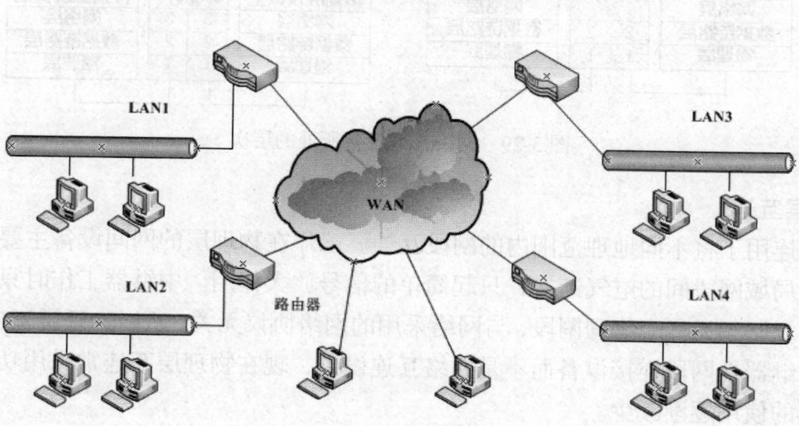

图 3-27　局域网—广域网—局域网

路由器和网关是局域网与广域网互连的设备，其中路由器最为常用，它提供若干个采用不同通信协议的端口，用来连接不同的局域网和广域网，如以太网、令牌环网、FDDI、DDN、X.25、帧中继等。

（3）广域网与广域网互连

广域网与广域网互连一般在政府的电信部门或国际组织之间进行。它主要是将不同地区的网络互连以构成更大规模的通信网络。广域网与广域网互连主要使用路由器和网关作为互连设备，如图 3-28 所示。

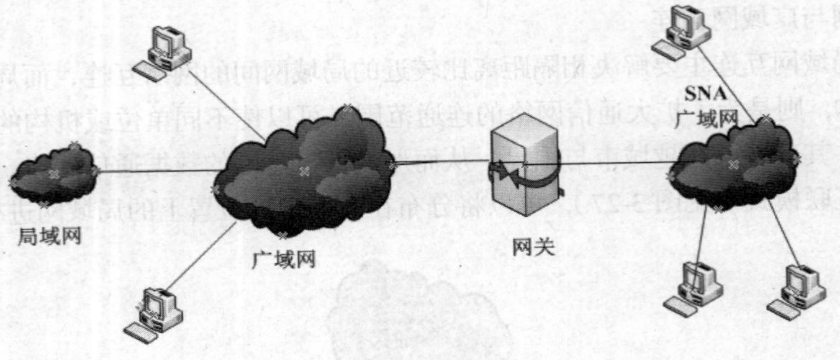

图 3-28　广域网与广域网互连

3.2.2　网络互连的层次

不同目的的主机的网络互连可以在不同的网络分层中实现。由于网络间存在差异，所以需要使用多种网络互连设备将各个网络连接起来。从网络互连设备工作的层次和所支持的通信协议，网络互连设备可分为中继器、网桥、路由器和网关，这些设备的互连层次如图 3-29 所示。

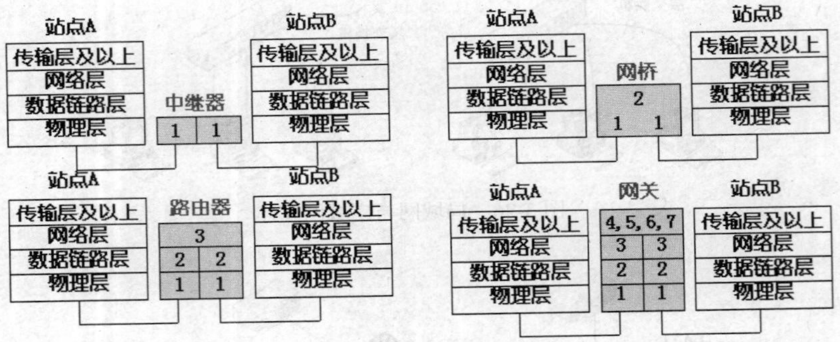

图 3-29　网络互连设备所处的层次

1. 物理层互连

物理层互连用于将不同地理范围内的网段互连。工作在物理层的网间设备主要是中继器，实现两个相同的局域网段间的电气连接，只起简单的信号放大作用。中继器工作时只是将比特流从一个物理网段复制到另一个物理网段，与网络采用的网络协议无关。所以物理层互连协议最简单。严格地说，中继器是网段连接设备而不是网络互连设备，现在物理层互连常采用功能更完善的集线器，中继器的使用逐渐减少。

2. 数据链路层互连

数据链路层互连用于互连两个或多个同一类型的局域网，主要解决网络间存储转发数据帧的问题。互连的主要设备是网桥，网桥在网络互连中起到数据接收、地址过滤和数据转发的作用。当网桥收到一个数据帧时，并不是像集线器那样向所有的接口转发该帧，而是先检查此帧的物理地址，然后确定将该帧转发到哪一个接口，或者丢弃。用网桥实现数据链路层互连时，允许互联网络的数据链路层与物理层协议相同，但也可以不同。

3. 网络层互连

网络层互连主要用于广域网的互连。网络层互连主要解决如何在不同的网络之间存储转发分组，其中包括路由选择、拥塞控制、差错处理、分段等问题。互连的主要设备是路由器。路由器是主动、智能的网络结点，参与网络管理，提供网间数据的路由选择，并动态控制网络的资源。路由器提供各种网络间的网络层接口，所以用路由器实现网络层互连时，允许互连网络的网络层及以下各层协议是相同的，也可以是不同的。

4. 高层互连

传输层及以上各层协议使用网关（Gateway）实现互连。采用不同的传输层及以上各层协议的网络之间互连时，一般它们的物理网络和高层协议都不同，网关完成对相应高层协议的转换。所以，网关常被称为“协议转换器”。高层互连中使用最多的网关是应用层网关，通常简称为应用网关（Application Gateway）。应用网关可以实现两个应用层及以下各层均不相同的网络的互连。

习　题

一、选择题

1. 常用的网络导引型传输介质有（　　）、同轴电缆和光纤。

A. 电话线　　B. 卫星　　C. 微波　　D. 双绞线

2. 常用的网络非导引型传输介质有短波通信、红外线、蓝牙和（　　）等。

A. 无线电　　B. 高频波　　C. 微波　　D. 工作站

3. 在常用的传输介质中，（　　）的带宽最宽，信号传输衰减最小，抗干扰能力最强。

A. 光纤　　B. 同轴电缆　　C. 双绞线　　D. 微波

4. IEEE802.3 物理层标准中的 10BASE-T 标准采用的传输介质为（　　）。

A. 双绞线　　B. 同轴电缆　　C. 光纤　　D. 短波

5. 用于实现网络物理层互连的设备是（　　）。

A. 网桥　　B. 集线器　　C. 路由器　　D. 网关

6. （　　）是计算机与外界网络连接的接口。

A. 网络适配器　　B. 集线器　　C. 交换机　　D. 路由器

7. 实现数字信号和模拟信号转换的设备是（　　）。

A. 网络适配器　　B. 中继器　　C. 调制解调器　　D. 路由器

8. 网桥是连接两个使用（　　）、传输介质和寻址方式的网络设备，是用于连接两个相同的网络。

A. 相同协议　　B. 不同协议　　C. 同一路由　　D. 相同网络

9. 路由器是用于将局域网与广域网连接的设备，它具有判断网络地址和选择传输路径及传输流量控制等功能，路由器位于 OSI 协议的（　　）。

A. 物理层　　B. 数据链路层　　C. 网络层　　D. 传输层

10. 交换机发展迅猛，基本取代了（　　），并增强了路由选择功能。

A. 集线器和网桥　　B. 网桥和路由器

C. 路由器和网关　　D. 网桥和网关

二、填空题

1. 双绞线可以分为________和________两类。
2. 双绞线制作标准 568A 线序为________，标准 568B 线序为________。
3. 某一速率为 100Mbit/s 的交换机有 20 个端口，则每个端口的传输速率为________。

4. 有线电视系统的信号传输常用________作为传输介质。

5. 根据光波的传输模式，光纤主要分为两种：________和________。

6. ________是以人造同步地球卫星作为中继器的一种微波接力通信。

7. 传输距离较短的非导引型传输介质有________和________。

8. 交换机的实现技术主要由两种：________技术和________技术。

9. 常见的无线连接设备有________和________。

10. 局域网与广域网互连的设备有________。

三、判断题

1. 双绞线是传输速度最快的导引型传输介质。 ( )
2. 光纤具有传输速度快、误码率低、抗干扰能力强等特点。 ( )
3. 调制解调器的主要功能是放大信号。 ( )
4. 在数据传输过程中，路由是在数据链路层实现。 ( )
5. 路由器最主要的功能是选择合适的路由，从而实现网络通信。 ( )
6. 根据交换机工作的协议层划分，可分为第二层交换机、第三层交换机。 ( )
7. 无线AP安装位置可以任意选取。 ( )
8. 集线器是物理层扩展网络的设备。 ( )
9. 广域网和广域网不能实现互连。 ( )
10. 交换机具有存储转发功能，从而过滤了通信量。 ( )

四、简答题

1. 说明网桥、中继器、交换机和路由器各自的主要功能，以及分别工作在网络体系结构的哪一层。

2. 在局域网的互连中，路由器有什么作用？

3. 按网络互连规模的大小分，网络互连分为哪几种类型？

第 4 章 局域网与广域网

本章讲述局域网和广域网的相关知识，主要包括局域网介质访问控制方法、高速局域网技术、小型局域网的构建方法，广域网中的分组交换技术以及典型的广域网等内容。

4.1 局域网

局域网（Local Area Network，LAN）的覆盖范围较小，如一间办公室、一幢楼、一个校园或是一个小公司，均可以使用通信线路和连接设备连接起来构成一个局域网。

4.1.1 局域网的特点

局域网是一种小范围内将各种通信设备和计算机按照某种网络结构连接起来以实现资源共享、数据通信的计算机网络，其主要特点有以下几个方面：

① 覆盖范围小，通常为某个单位或部门所有，站点数目有限，易于建立、维护、管理与扩展。适用于公司、机关、校园、工厂等有限范围内的计算机、终端与各类信息处理设备联网的需求。

② 高传输速率和低误码率。局域网具有较高的数据传输速率，通信线路所提供的带宽在10Mbit/s 以上，应用的最多的是 100～1000Mbit/s。局域网的传输距离短，经过的网络连接设备较少，故具有较好的传输质量，误码率为 10^{-7}～10^{-12}，可靠性高。

③ 具有广播功能。可以将多个计算机和网络设备连接到一条共享的传输介质上，用户从一个主机可很方便的访问全网。局域网上的主机可共享连接在局域网上的各种硬件和软件资源。

④ 采用简单的低层协议。局域网一般采用总线形、环形、星形等共享信道的拓扑结构，网内一般不需要中间转接、流量控制和路由选择等高层实现的功能，因此在局域网中通常不单独设立网络层。

总之，局域网是一种小范围内实现资源共享和高速数据传输的计算机网路。具有距离短、延迟小、结构简单、投资少、传输速率高和可靠性高等优点。近年来，局域网在我国飞速发展，许多工厂、机关、学校等都先后建立了自己的局域网。

以太网（Ethernet）是最典型的局域网。由于当前以太网的数据率已发展到每秒百兆比特、吉比特或 10 吉比特，因此通常就用“传统以太网”来表示最早流行的 10Mbit/s 速率的以太网。

传统的以太网是一种典型的总线结构，如图 4-1 所示。典型代表是 10BASE-T 标准以太网，它采用双绞线构建以太网，结构简单，造价低廉，维护方便，因而应用广泛。在采用非屏蔽双绞线组建 10BASE-T 标准以太网时，集线器（Hub）是以太网的中心连接设备，它的主要特点如下。

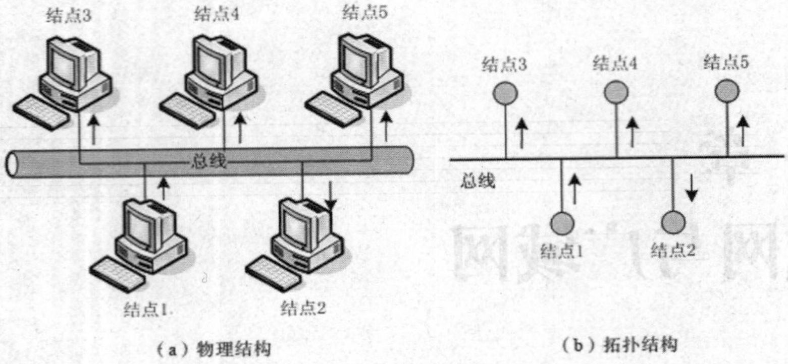

图 4-1　总线结构以太网

（1）所有的结点都通过网卡连接到作为公共传输介质的总线，总线通常采用双绞线或同轴电缆作为传输介质。

（2）所有结点都可通过总线发送或接收数据，但一段时间内只允许一个结点通过总线发送数据。当一个结点通过总线以“广播”方式发送数据时，其他结点只能以“收听”方式接收数据。

（3）公共传输介质为多个结点共享，可能会出现同一个时刻两个或多个结点同时发送数据，因此会出现冲突而造成传输失败，故必须解决多个结点访问总线介质的访问控制问题。

4.1.2　局域网介质访问控制方法

正如多辆汽车在公路上行驶，为了避免发生碰撞，需要制定一套交通规则一样，在含有两台以上的计算机网络中传送数据时也要制定相应的通信规则。网络上的计算机是通过传输介质相连的，因此，网络的访问控制规则也称为介质访问控制方式，具体定义为网络中各结点使用传输介质进行安全可靠数据传输的通信规则。

局域网介质访问控制方式主要解决介质使用权的问题，从而实现对网络传输信道的合理分配。局域网介质访问控制包括确定网络结点能够发送数据的时间以及解决如何对公用传输介质访问和利用并加以控制。传统的局域网介质访问控制方式有 3 种：带有冲突碰撞检测的载波监听多路访问（Carrier Sense Multiple Access with Collision Detection，CSMA/CD）、令牌环和令牌总线。

1. 载波监听多路访问/冲突检测法（CSMA/CD）

在以太网的总线局域网中，所有的结点都直接连到同一条物理信道上，并在该信道中发送和接收数据，因此对信道的访问是以多路访问方式进行的。任何一个结点都可以将数据发送到总线上，连接在同一根总线上的其他所有结点都能收到这个信息。每个结点收到数据后都会检测该数据是否发给本结点，若数据帧的目的地址（MAC 地址）为本结点，就继续接收该数据帧中包含的数据，同时给源结点（发送结点）返回一个响应。

当有多个结点在同一时间都发送了数据，在信道上就造成了数据的重叠，导致冲突出现。为了解决这种冲突问题，在总形型局域网中常采用 CSMA/CD 协议，即带有冲突检测的载波监听多路访问协议。它是 IEEE 802.3 的核心协议之一，是一种广泛应用于以太网的随机争用型介质访问控制方法。

CSMA/CD 采取载波监听、碰撞检测的方法解决多点接入介质访问的控制，其特点为：先听后发，边听边发，冲突停止，延迟重发。其工作过程分为如下两部分。

载波监听（先听后发），即用电子技术检测信道上有没有其他计算机在发送数据。使用

CSMA/CD 方式时，任何一个结点发送数据前，都需要监听信道，若信道空闲，即没有检测到有信号在传送，则以“广播”方式通过公用的传输介质发送数据。若监听到信道忙，即信道上有数据正在发送，则暂时不允许发送数据，必须要等到信道变为空闲时才能发送。在发送中继续监听信道，是为了及时发现有没有其他结点的发送和本结点发送的数据产生碰撞，这就称为碰撞检测。

碰撞检测（边发边听），即适配器边发送数据边检测信道的信号电压的变化情况，以便判断自己在发送数据时其他结点是否也在发送数据。若有两台以上的结点准备发送数据信息，分别监听到信道空闲，同时开始发送数据时，总线上的信号电压变化幅度将会增大。当网络适配器检测到信号电压变化幅度超过一定的门限值时，就认为总线上至少有两个结点同时在发送数据，表明产生了碰撞。所谓“碰撞”就是发生了冲突。因此，碰撞检测也称为“冲突检测”。碰撞造成总线上传输的信号产生了叠加，产生严重的失真，无法从中恢复出有用的信息来。当检测到总线上发生冲突时，适配器就立即停止发送数据，免得继续进行无效的发送，白白浪费网络资源，然后等待一段随机时间后再次发送。

检测到信道为空即开始发送数据为什么还会发生碰撞呢？这是因为电磁信号在总线上传输到各个结点需要一定的时延（传输时延），在这段时延内若有结点欲发送数据，首先检测信道为空闲则将数据发送到信道上，于是多个结点同时发送数据，在某个时刻一定会发生数据碰撞。

设局域网中有 A、B 两个结点，相距 1km。电磁波在 1km 电缆的传播时延约为 5μs，如图 4-2 所示，即 A 向 B 发送数据需要大约 5μs 后才能到达 B。若 B 在 A 发送的数据到达 B 前发送数据，则在某个时刻定会发生数据碰撞。

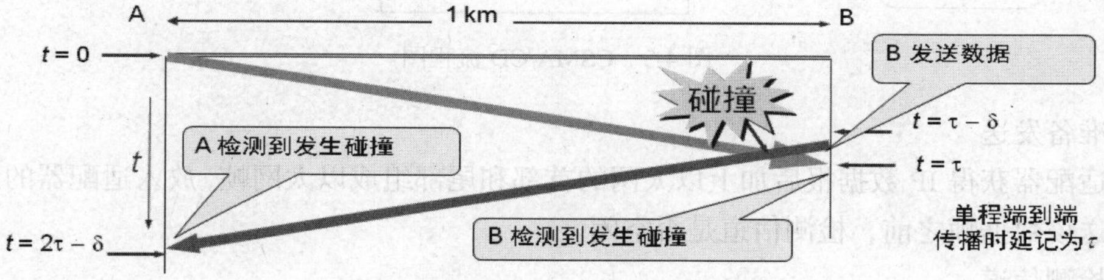

图 4-2　传播时延对载波监听的影响

t=0 时，A 发送数据，B 检测到信道空闲。

$t=\tau-\delta$时（$\tau>\delta>0$），A 发送的数据还没有到达 B，B 检测到信道空闲，发送数据。

经过$\delta/2$后，即 $t=\tau-\delta/2$ 时，A 和 B 发送的数据发生了碰撞，此时 A 和 B 都不知道已经发生了碰撞。

$t=\tau$ 时，A 发送的数据到达 B，B 检测到发生了碰撞，于是停止发送数据。

$t=2\tau-\delta$ 时，A 收到了 B 发送的数据，检测到发生了碰撞，立即停止发送数据。

每一个结点在检测信道为空闲时发送数据之后的一小段时间内存在着遭遇碰撞的可能性。这个时间是不确定的，它取决于同时发送数据的结点到本结点的距离，从而使得以太网存在发送不确定性，即不能保证在某一时间内一定能够把自己的数据成功地发送出去。因此，以太网每发送完一个数据帧，都要暂时保留该帧，如果在争用期内检测出发生了碰撞，还要在推迟一段时间后重传该帧。

以太网使用二进制指数退避算法来确定碰撞后重传的时间，这种算法让发生碰撞的结点推迟一个随机的时间之后再发送数据。具体算法如下。

① 基本退避时间为争用期 2τ（由上例可知发送数据后至多经过 2τ 时间就可知所发送数据是

否发生了碰撞，结点到结点往返时间 2τ称之为争用期），具体的争用期时间是 51.2μs。对于 10 Mb/s 以太网，在争用期内可发送 512 bit，即 64 字节。

② 从离散的整数集合［0，1，…，(2^k−1)］中随机取一个数 r。重传数据应推迟的时间就是 r 倍的争用期。其中 k=Min［重传次数，10］。

③ 当重传次数超过 16 次仍不能成功（表明同时欲发送数据的结点太多），则丢弃该数据，并向高层报告。

为了让所有用户知道目前已经发生碰撞，结点在检测到发生碰撞时，除了立即停止发送数据外，还要继续发送 32bit 或 48bit 的人为干扰信号。CSMA/CD 的流程图如图 4-3 所示，其工作流程归纳如下。

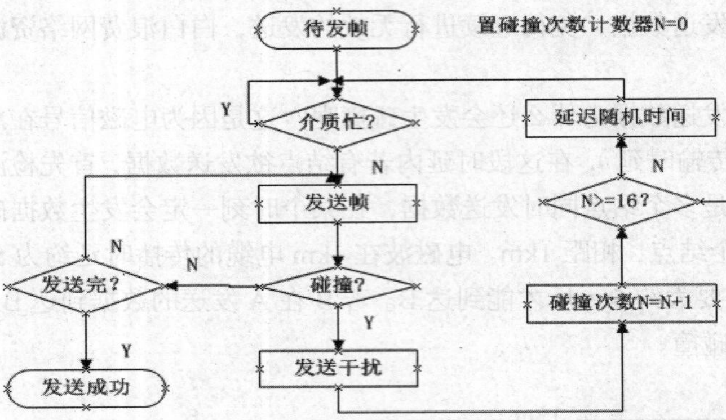

图 4-3　CSMA/CD 流程图

（1）准备发送

网络适配器获得 IP 数据报后加上以太网的首部和尾部组成以太网帧，放入适配器的发送缓存中，在发送该数据帧之前，检测信道是否空闲。

（2）检测信道

若检测到信道忙，则不停的重复检测，一直等待信道空闲。若信道空闲，将发送准备好的数据帧。

（3）在发送数据过程中边发送边检测信道

若争用期内未检测到碰撞，说明数据帧发送成功，发送完直接转到步骤（1）继续。若在争用期内检测到发生碰撞，则立即停止发送数据，并发送若干干扰信号。适配器执行指数退避算法，等待 r 倍的争用期时间后返回到步骤（2）。如果重传次数达到 16 次仍没有成功，则停止重传并向上层报错。

CSMA/CD 介质访问控制网络采用总线形拓扑结构，其结构简单、易于实现和维护，价格低廉，适用于广播通信方式。连接到同一根总线上的各结点地位平等，任一结点都可以将数据帧发送到总线上，所有连接到信道上的结点都能检测到该数据帧，所以无法设置介质访问的优先权。各节点共享信道，因此网络的节点数有一定的限制。节点数越多，发生冲突的可能性越高，结点传送一个数据帧所需要的时间就越长，从而降低网络性能。

2. 令牌环

令牌环（Token Ring）是一种确定型的介质访问控制方法，用于环形网络中，如图 4-4 所示。令牌环最初由美国 IBM 公司于 1984 年推出，后来由 IEEE 将其确定为 IEEE 802.5 国际标准，通过屏蔽或非屏蔽双绞线以 4Mbit/s 或 16Mbit/s 速率传输数据。

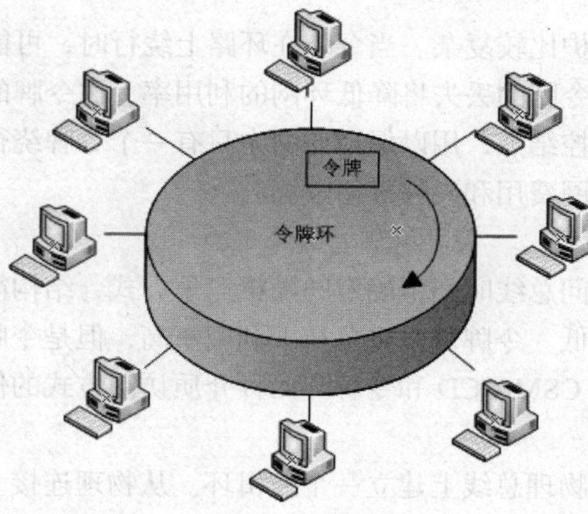

图 4-4 令牌环网

令牌环采用一种称为令牌（Token）的控制帧来解决网络中各个结点对传输介质有序访问的问题，只有持有令牌的结点才能发送数据，没有获取令牌的结点不能发送数据，保证环路上某一时刻只有一个结点发送数据。因此，使用令牌环的局域网中不会发生任何介质访问冲突。

令牌有“忙”和“空”两种状态。当环形网络正常工作时，令牌帧沿着环网单向循环，依次通过各个结点。当一个结点要发送数据时，必须等待状态为“空”的令牌帧通过本结点，然后获取令牌帧，将令牌状态设置为“忙”，并以数据帧为单位将数据发送至环形网上。当数据帧绕环通过每个结点时，这些结点比较数据帧的目的地址是否与本结点地址相匹配。

若匹配，说明该结点就是数据帧的目的结点，则该结点将数据帧存储到接收缓冲区，验证无误，在帧中回复确认帧 ACK，表明该帧已被正确接收和复制，否则，在帧中回复否认帧 NAK，同时将帧转发给下一结点。若地址不匹配，说明该结点不是目的结点，则只是简单地将数据帧转发给下一结点。数据帧在环上循环一周后再回到发送结点，由发送结点将该帧从环上取下，同时构造一个令牌帧（状态位置为“空”）发送给下一结点，使下一结点获得发送数据的机会。若收到的是 ACK，则在下次获得令牌时，传送下一数据帧；若收到的是 NAK，则保留发送缓冲区中的数据帧，在下次获得令牌时，再次传送该数据帧。

每个结点都有一个令牌持有计时器（Token Holding Timer，THT），当发送结点发送数据后，THT 开始计时。数据帧在环上循环一周返回到发送结点后，若 THT 未超时，则该结点可继续发送数据；若 THT 超时，则该结点即使有数据需要发送，也必须向下游结点发送令牌帧，要传送的数据必须等到再次获得令牌帧后才能进行数据的发送。通过 THT 可以控制各个结点占有传输介质的时间长度，且每个结点可以通过 THT 测算出需要等待多长时间才能获得令牌发送数据。

对于令牌环，由于每个结点不是随机的争用信道，不会出现冲突，每个结点访问介质的机会是均等的，并且访问介质的时间是可测算的。采用由发送结点从环网上回收数据帧的方法，环上的任一结点都能收到该数据帧，具有广播特性，并且令牌环还具有目的结点对发送结点捎带应答的功能。

令牌环还提供一种分布式的优先级调度机制来支持结点访问优先级调整和调度，以保证具有较高优先级的结点能够获得所需的传输带宽。在物理层，令牌环采用点到点的信号传输方式，传输距离要比采用广播式信号传输方式的总线型网络远得多。

无论网络负荷如何，令牌帧总是沿着环网依次通过各个结点来实现介质访问控制，因此，网络轻负荷时的传输效率较低；网络重负荷时，由于各结点访问机会均等，且不会发生任何冲突，传输效率比较高。

令牌环的缺点是令牌维护比较复杂。当令牌在环路上绕行时，可能会产生令牌丢失，此时应在环路上插入一个空令牌。令牌的丢失将降低环网的利用率，而令牌的重复也会破坏网络的正常运行，因此需要设置一个监控结点，用以保证环网中只有一个令牌绕行。为了保证令牌环网的可靠性，这就使得令牌环的组网费用和硬件价格较高。

3. 令牌总线

CSMA/CD 采用用户访问总线时间不确定的随机竞争方式，结构简单，但当网络通信负荷较大时，冲突增多，网络性能低。令牌环在重负荷下利用率高，但是令牌环网控制复杂。令牌总线（Token Bus）则是在集中了 CSMA/CD 和令牌环两种介质访问方式的优点的基础上提出的一种介质访问控制方式。

令牌总线访问控制是在物理总线上建立一个逻辑环。从物理连接上看，它是总线结构的局域网。从逻辑上看，它是环形拓扑结构，如图 4-5 所示。连接到总线上的所有结点组成了一个逻辑环，每个结点被赋予一个顺序的逻辑位置，环中令牌传递顺序与结点在总线上的物理位置无关。

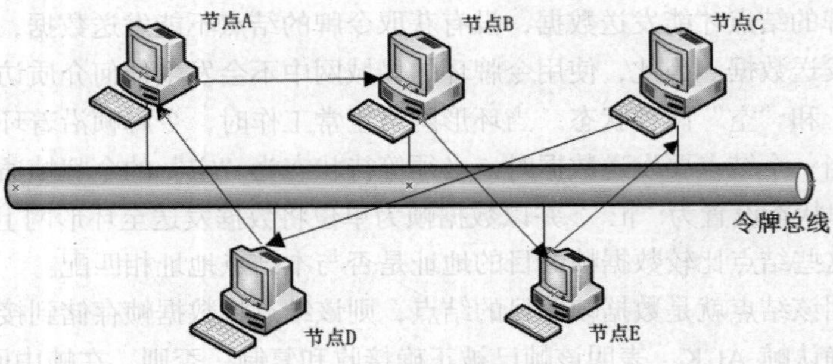

图 4-5　令牌总线物理结构

与令牌环网一样，只有获得令牌的结点才能发送数据。在正常工作时，当结点完成数据帧的发送后，将令牌传送给下一个结点。从逻辑上看，令牌是按照逻辑位置顺序传给下一个结点，从物理上看，令牌帧广播到总线上的所有结点，只有与其逻辑上相邻的结点才有权获得令牌。

结点获取令牌后即可发送数据帧，完成发送后将令牌传送给下一个结点；若获得令牌的结点没有数据要发送，则立即将令牌传送给下一个结点。由于总线上每一个结点接收令牌的过程是按逻辑顺序依次进行的，因此所有结点都有介质访问权。为了防止结点等待令牌的时间过长，需要限制每个结点发送数据帧的最大长度。若所有结点都有数据要发送，等待获取令牌的时间和发送数据的时间等于全部令牌传送时间和数据发送时间的总和。若只有一个结点发送数据，则等待时间最大为令牌传送时间的总和。实际等待时间在这一区间内。

令牌总线也提供了不同的优先级服务方式。将待发送的数据帧分成不同的访问类别，赋予不同的优先级，优先级别高的数据帧优先发送，优先级别低的数据帧只有等待优先级高的数据帧发送完毕才能发送。

令牌总线具有较好的吞吐能力、可调整性，适用于重负荷的网络中、数据发送的延迟时间确定，以及适合实时性的数据传输，如生产过程控制领域。但网络管理较为复杂，网络必须有初始化的功能，用以生成一个顺序访问的次序。另外，当负载较大，但是只有少量结点发送数据时，结点可能需要等待多次无效的令牌传送后才能获得令牌。

4. CSMA/CD 与令牌环、令牌总线的比较

CSMA/CD 与令牌环、令牌总线是最常用的共享介质访问控制方法。CSMA/CD 和令牌总线适用于总线形拓扑结构的局域网，令牌环适用于环形拓扑结构的局域网。从介质访问控制方法性质来看，CSMA/CD 属于随机介质访问控制方法，即所有用户结点可随机地发送信息。而令牌环和令牌总线属于确定型介质访问方法，即用户结点不能随机地发送信息而必须服从一定的控制。

CSMA/CD 介质访问控制方法算法简单，易于实现，是一种随机争用共享信道的方法，适用于办公自动化等对数据传输实时性要求不严格的环境。对于负荷较小的局域网，CSMA/CD 表现出较好的吞吐量和延时特性。但是，当网络负荷较大时，由于可能发生冲突，网络的吞吐量下降，传输延时增加，所以其适用于网络负荷较小的环境中。

令牌环和令牌总线网络中的结点两次获得令牌发送数据的时间间隔是确定的，因此对数据传输实时性要求较高的环境通常使用这两种介质访问控制方法。在通信负荷较大的网络中，令牌环和令牌总线有较高的吞吐量和较低的传输延时，因而适用于网络负荷较大的环境。但是，采用这两种介质访问控制方法的网络维护比较复杂，实现较困难。表 4-1 所示为 3 种介质访问控制网络的比较。

表 4–1　　3 种介质访问控制网络的比较

	CSMA/CD	令牌环	令牌总线
IEEE 802 标准	802.3	802.5	802.4
介质访问控制方法	简单	较复杂	较复杂
访问冲突	有	无	无
发送时延	不确定	确定	确定
优先级设置	无	有	有
网络效率	轻负荷效率高	重负荷效率高	重负荷效率高
传输介质	同轴电缆、双绞线	双绞线、光纤	高可靠的电视电缆
速率（Mbit/s）	1～20，通常为 10	1～4，通常为 4	1～10，通常为 10

4.1.3　高速局域网技术

以太网、令牌环网和令牌总线网都属于传统局域网，其传输速率最高为 10Mbit/s，随着计算机处理能力的增强，计算机网络应用的普及，用户对高速计算机网络的需求日益增加。传统的局域网技术是建立在“共享介质”的基础上的，当网络结点数增大时，会造成网络通信负荷加重，冲突和重发现象大量发生，网络效率急剧下降，网络传输时延增大，网络服务质量下降，已经不能很好地满足用户需求。

为了提高局域网的带宽，克服网络规模与网络性能之间的矛盾，改善局域网的性能以适应新的应用环境的要求，人们开展了对高速网络技术的研究，并提出了以下解决方案。

① 提高以太网的数据传输速率，从 10Mbit/s 提高到 100Mbit/s、1Gbit/s、甚至 10Gbit/s。

② 将大型局域网划分成多个用网桥或路由器互连的子网，通过增加子网个数减少子网内结点数量，以减少发送冲突或增加令牌持有时间，进而提高传输率。

③ 使用交换机代替集线器，将共享介质方式局域网改为交换式局域网，每个端口可独享带宽。

常见的高速局域网类型有：高速以太网、交换式高速以太网、虚拟局域网等。

1. 高速以太网

随着局域网应用的深入，用户对局域网带宽提出了更高的要求。用户面临两个选择：要么重

新设计一种新的局域网体系结构与介质访问控制方法以取代传统的局域网；要么保留传统的局域网体系结构与介质访问控制方法，设法提高局域网的传输速率。快速以太网就是符合后一种要求的高速局域网。

（1）快速以太网

快速以太网是在双绞线上传送 100Mbit/s 基带信号的星形拓扑以太网，又称为 100BASE-T 以太网。快速以太网保留着传统的 10Mbit/s 速率以太网的所有特征，即相同的数据格式、相同的介质访问控制方法（CSMA/CD）和相同的组网方法。用户只需要更换一个适配器，再安装一个 10/100Mbit/s 的集线器，就可以很方便地由 10BASE-T 以太网直接升级到 100Mbit/s，而不必改变网络的拓扑结构。快速以太网的适配器有很强的自适应性，能够自动识别 10Mbit/s 和 100Mbit/s。1995 年 IEEE 已把 100BASE-T 的快速以太网定为正式标准，代号为 IEEE 802.3u。

快速以太网可以支持多种传输介质，表 4-2 所示为 100Mbit/s 以太网的新标准规定的 3 种不同的物理层标准。

表 4-2　　100Mbit/s 以太网的物理层标准

名称	媒体	网段最大长度	特点
100BASE-TX	铜缆	100m	两对 5 类 UTP 或两对 1 类 STP，一对用于发送，一对用于接收
100BASE-T4	铜缆	100m	4 对 3 类 UTP，3 对用于数据传输，1 对用于冲突检测
100BASE-FX	光缆	2000m	两根光纤，发送和接收各用一根

（2）吉比特以太网

1996 年吉比特以太网产品研制成功，IEEE 在 1997 年通过了吉比特以太网的标准 802.3z，1998 年成为正式标准。目前市场上出售的各种计算机的以太网接口，基本上都是 1Gbit/s 的，传统的 10Mbit/s 以太网和 100Mbit/s 快速以太网已经很少使用。

吉比特以太网同样保留着传统的 100BASE-T 的所有特征，即相同的数据格式、相同的介质访问控制方法（CSMA/CD）和相同的组网方法，仅把以太网每个比特的发送时间由 100ns 降低到 1ns。另外，吉比特以太网允许在全双工和半双工方式工作。若工作在半双工方式下需要使用 CSMA/CD 进行介质访问控制。由于数据率提高了，为了保证信道的利用率，吉比特以太网采用了“载波延伸”和“分组突发”的方法。载波延伸是指将发送的最短数据帧的长度由传统以太网的 64 字节增大为 512 字节。分组突发是指当有很多短数据帧需要发送时，第一个帧采用载波延伸的方法进行填充，随后的一些短帧则一个接一个发送，形成一串分组的突发，直至达到最大传输单元 1500 字节为止。

吉比特以太网提供了一种高速主干网的解决方案，以改善交换机与交换机之间以及交换机与服务器之间的传输带宽，它已经成为构造主干网的主流技术。吉比特以太网的物理层的标准如表 4-3 所示。

表 4-3　　吉比特以太网的物理层的标准

名称	媒体	网段最大长度	特点
1000BASE-SX	光缆	550m	多模光纤（50μm 和 62.5μm）
1000BASE-LX	光缆	5000m	单模光纤（10μm）多模光纤（50μm 和 62.5μm）
1000BASE-CX	铜缆	25m	使用 2 对 STP
1000BASE-T	铜缆	100m	使用 4 对 5 类 UTP

吉比特以太网可用作现有网络的主干网，也可在高带宽的应用场合中（数据仓库、桌面电视会议、3D 图形、高清晰度图像等）用来连接工作站和服务器。图 4-6 所示为吉比特以太网的一种配置举例。

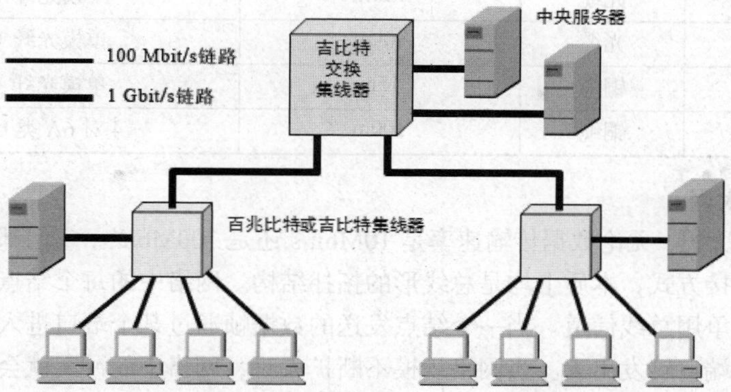

图 4-6　吉比特以太网的配置举例

（3）10 吉比特以太网

自 1998 年 IEEE 确立吉比特以太网标准以来，网络突破了工作瓶颈，许多公司将吉比特以太网交换机作为局域网的核心交换机使用。以太网交换机可以提供许多 100Mbit/s 的端口连接，这些端口汇集起来的流量有时会使吉比特以太网交换机过载。IEEE 802.3 专门成立了一个工作组研究 10 吉比特以太网，并于 2002 年 7 月通过了 10 吉比特以太网标准 IEEE 802.3ae。

10 吉比特以太网技术与吉比特以太网类似，仍然保留了以太网帧格式和 802.3 标准规定的以太网最小和最大帧长。因此，10 吉比特以太网仍是以太网的一种类型。10 吉比特以太网通过不同的编码方式或波分复用提供 10Gbit/s 的传输速度，不再使用铜线而只使用光纤作为传输媒体。它仅支持全双工方式，不存在冲突，不使用 CSMA/CD 介质访问控制方法，因此传输距离不受碰撞检测的限制而大大提高。

IEEE 802.3ae10 吉比特以太网标准定义两种物理层规范（PHY），串行局域网物理层（Serial LAN PHY）和串行广域网物理层（Serial WAN PHY），如表 4-4 所示。

表 4-4　IEEE 802.3ae 10 吉比特以太网物理层规范

	串行局域网物理层	串行广域网物理层
物理层	64/66B 编解码	64/66B 编解码
		广域网接口（WIS）
	串行/反串行（SerDes）	
物理介质相关接口（PMD）	Serial 850nm 1310nm 1550nm	

表 4-5 所示为 10 吉比特以太网的物理层标准。10 吉比特以太网的出现，以太网的工作范围已经从局域网扩大到城域网和广域网，从而实现了端到端的以太网传输。10 吉比特以太网可以应用于企业网和校园骨干网、宽带 IP 城域网、数据中心和 Internet 交换中心以及超级计算中心的建设中。

表 4-5　　是 10 吉比特以太网的物理层标准

名称	媒体	网段最大长度	特点
10GBASE-SR	光缆	300m	多模光纤（0.85μm）
10GBASE-LR	光缆	10km	单模光纤（1.3μm）
10GBASE-ER	光缆	40km	单模光纤（1.5μm）
10GBASE-CX4	铜缆	15m	单模光纤（1.5μm）
10GBASE-T	铜缆	100m	4 对 6A 类 UTP 双绞线

2. 交换式以太网

对于双绞线以太网，无论数据传输速率是 10Mbit/s 还是 100Mbit/s，它们都采用了以共享集线器为中心的星形连接方式，本质上均是总线形的拓扑结构。网络中的每个结点都采用 CSMA/CD 介质访问控制方法争用总线信道。当一个结点发送的数据帧通过某个端口进入集线器，集线器将数据帧从其他所有端口转发出去。当网络规模不断扩大时，网络中的冲突就会大大增加，而数据经过多次重发后，延时也相当大，造成网络整体性能下降。

为提高网络的性能和通信效率，将传统以太网的中心结点集线器置换成以太网交换机，构成交换式以太网。交换式以太网的核心设备是交换机，与共享式网络某一时刻只能有一对用户进行通信不同，交换机提供了多个通道，可以允许多个用户同时进行数据传输。

以太网交换机可以提供多个接口，在交换机内部拥有一个共享内存交换矩阵，数据帧直接从一个物理端口被转发到另一个物理端口。若交换机的每个端口的传输速率为 10Mbit/s，则称之为 10Mbit/s 交换机；若每个端口的速率为 100Mbit/s，则称为 100Mbit/s 交换机；若每个端口的速率为 1000Mbit/s，则称为吉比特交换机。交换机的端口可以与计算机相连，也可以与一个共享式的以太网集线器连接。典型的交换式以太网连接如图 4-7 所示。

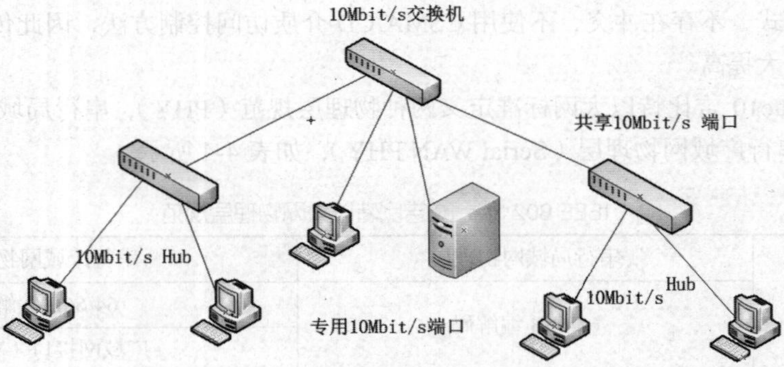

图 4-7　交换式以太网连接示意图

交换机对数据的转发是以网络结点计算机的 MAC 地址为基础的。交换机会检测发送到每个端口的数据帧，通过数据帧中的有关信息（源结点的 MAC 地址、目的结点的 MAC 地址）就会得到与每个端口相连接的结点 MAC 地址，并在交换机的内部建立一个“端口-MAC 地址”映射记录表。连接在交换式以太网上的结点只要曾经发送过数据帧，交换机就记录了该节点的 MAC 地址和进入端口信息。交换机建立完毕映射表后，当某个端口接收到数据帧后，读取出该帧中的目的结点 MAC 地址，并通过“端口-MAC 地址”的对照关系，迅速地将数据帧转发到相应的端口，如图 4-8 所示。这种交换机是工作在第二层上的设备，常被称为第二层交换机。

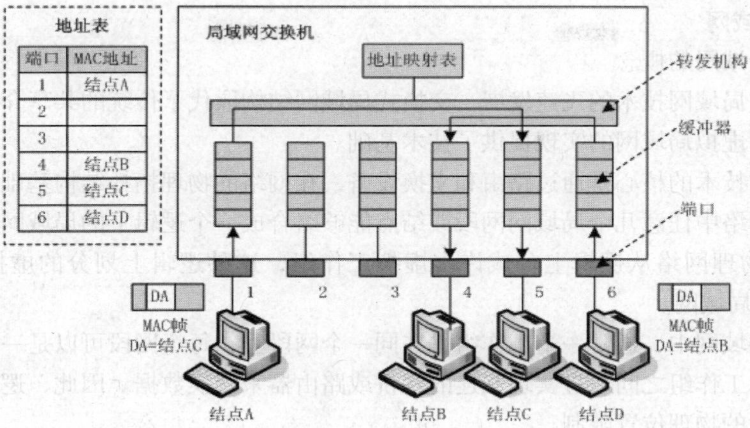

图 4-8　交换式以太网工作原理

第二层交换机主要依靠 MAC 地址来传送数据帧，将每个数据帧从正确的端口转发出去。但是，当有一个广播数据帧进入某个端口后，交换机同样会将它从其他所有端口转发出去。第二层交换机对组建一个大规模的局域网来说并不完善，还需要使用路由器来完成相应的路由选择功能。在交换机不断发展的过程中，就有了将第二层交换机和第三层路由器结合的设备，第三层交换机，也被称为“路由交换机”。

三层交换技术是在 OSI 参考模型中的第三层网络层实现了数据包的高速转发。具体连接示意图如图 4-9 所示，设有两个以太网网络 1 和网络 2，计算机 A 和 C 在网络 1 中，计算机 B 在网络 2 中。当 A 和 C 通信时，A 和 C 处于同一网络中，则按照与之相连的二层交换机内的 MAC-端口表进行转发。当计算机 A 要发送数据给 B 时，A 先比较 A 的 IP 地址和 B 的 IP 地址，判断目的计算机 B 是否和 A 属于同一个网络，由于不在同一个网络，A 要使用 ARP 地址解析协议解析出与其所在网络直接连接的三层交换机的 MAC 地址，然后将数据发送给三层交换机。三层交换机收到数据后同样采用 ARP 协议解析出目的主机 B 的 MAC 地址，然后将数据转发给 B。

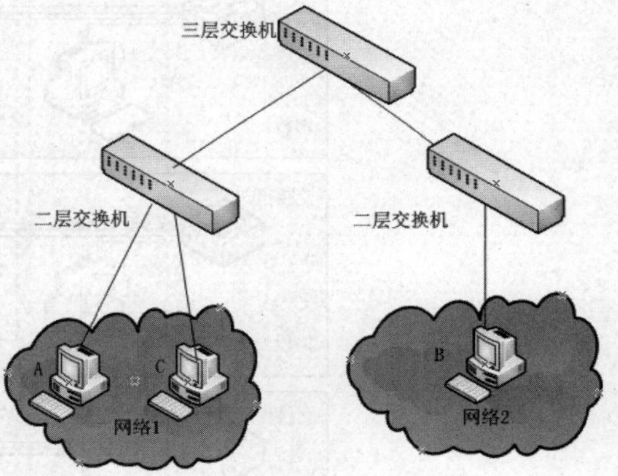

图 4-9　三层交换机以太网连接示意图

交换式以太网具有以下几个特点。

① 交换式以太网保留了现有以太网的基础设施。例如，使用交换机不需要改变网络其他硬件（包括电缆和网络节点计算机中的网卡），只需要将共享式集线器更换为交换机，而更换了的集线器也可以连接新的节点，然后再连接到交换机上。

② 以太网交换机可以与现有的以太网集线器相结合，实现各类广泛的应用。交换机对数据有过滤作用，可以用来将超载的网络分段或者通过交换机的高速端口建立服务器群或者网络的主干，所有这些应用都维持现有的设备不变。

③ 以太网交换机技术是一种基于以太网的技术，且以太网交换机可以支持虚拟局域网应用。交换式以太网可以使用各种传输介质，支持 3 类/5 类 UTP。光缆以及同轴电缆，尤其是使用光缆，可以使交换式以太网作为网络的主干网络。

3. 虚拟局域网

（1）虚拟局域网的概念

随着交换式局域网技术的飞速发展，交换式局域网结构取代了传统的共享介质局域网。交换技术的发展又为虚拟局域网的实现提供了技术基础。

虚拟局域网技术的核心是通过路由和交换设备，在网络的物理拓扑结构基础上建立一个逻辑网络，以使得网络中任意几个局域网网段或结点能够组合成一个逻辑上的局域网。局域网交换设备能够将整个物理网络从逻辑上分成许多虚拟工作组，这种逻辑上划分的虚拟工作组被称为VLAN，即虚拟局域网。

在传统的局域网中，通常一个工作组是在同一个网段上，每个网段可以是一个逻辑工作组或子网。多个逻辑工作组之间通过实现互连的网桥或路由器来交换数据。因此，逻辑工作组的组成受结点所在网段的物理位置限制。

虚拟局域网建立在局域网交换机之上，它以软件方式来实现逻辑工作组的划分与管理，逻辑工作组的结点组成不受物理位置的限制。同一逻辑工作组的成员不一定要连接在同一个物理网段上，它们可以连接在同一个局域网交换机上，也可以连接在不同的局域网交换机上，只要这些交换机是互连的。当一个结点从一个逻辑工作组转移到另一个逻辑工作组时，只需要简单地通过软件设定，而不需要改变它在网络中的物理位置，它们之间的通信就像在同一个物理网段上一样。VLAN 可以跟踪结点位置的变化，当结点物理位置改变时，无须人工重新配置。因此，VLAN 组网方法十分灵活。图 4-10 所示为典型的 VLAN 的物理结构和逻辑结构示意图。

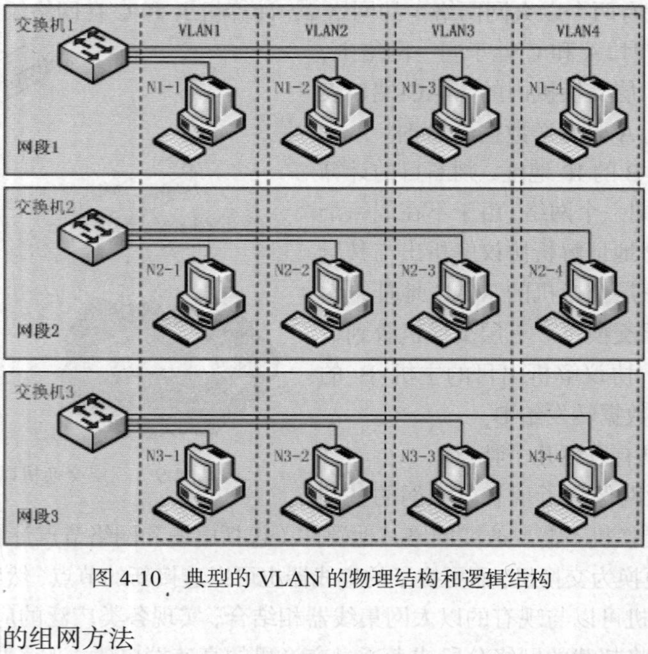

图 4-10　典型的 VLAN 的物理结构和逻辑结构

（2）虚拟局域网的组网方法

交换技术涉及网络的多个层次，因此虚拟网络也可以在网络的不同层次上实现。不同虚拟局域网组网方法的区别主要表现在对虚拟局域网成员的定义方法上，虚拟局域网的组网方法通常有以下4种。

① 基于交换机端口号的虚拟局域网。

基于交换机端口号的虚拟局域网又称为端口 LAN，这种组网方法是从逻辑上把局域网交换机的端口划分开来，即把同一个交换机的各个端口分成若干组，每组构成一个 VLAN，被设定的端口都在同一个广播域内，各组相对独立。基于交换机端口号的 VLAN 又分为单交换机端口定义 VLAN 和多交换机端口定义 VLAN 两种。

图 4-11（a）所示为单交换机端口定义 VLAN，端口号 1、2、3、7、8 组成 VLAN1，端口 4、5、6 组成了 VLAN2，这种 VLAN 只支持一个交换机。

图 4-11（b）所示为多交换机端口定义 VLAN，交换机 1 中的端口 1、2 和交换机 2 中的端口 4、5、6、7 组成 VLAN1，交换机 1 中的 3、4、5、6、7、8 和交换机 2 中的 1、2、3、8 端口组成 VLAN2。多交换机端口定义的 VLAN 的特点是：一个 VLAN 可以跨越多个交换机，而且同一个交换机上的端口可能属于不同的 VLAN。

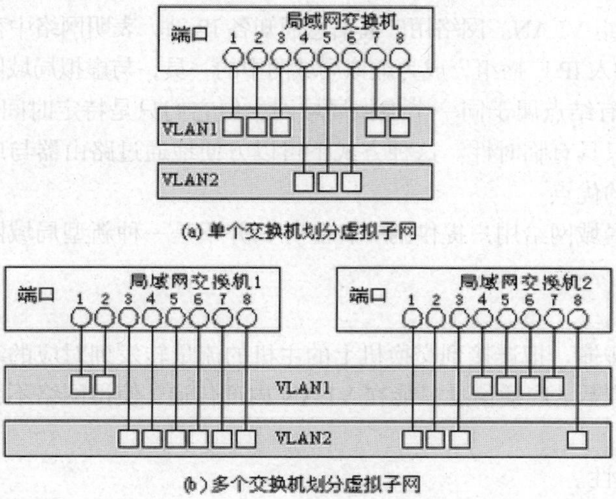

图 4-11　基于交换机端口号的虚拟局域网

用端口定义虚拟局域网，配置直截了当，便于理解和实现，是目前最便宜和最常用的一种组网方式。但是它不允许不同的虚拟局域网包含相同的物理网段或交换端口。例如，交换机 1 的 1 端口属于 VLAN1 后，就不能再属于 VLAN2。并且当用户从一个端口移动到另一个端口时，网络管理者必须对虚拟局域网成员进行重新配置。

② 基于 MAC 地址的虚拟局域网。

基于 MAC 地址的虚拟局域网是根据网络设备的 MAC 地址确定 VLAN 成员。MAC 地址是与硬件相关的地址，它固定于结点的网络适配器内，所以用 MAC 地址定义的虚拟局域网，允许结点移动到网络的其他物理网段。由于它的 MAC 地址不变所以该结点将自动保持原来的虚拟局域网成员的地位。从这个角度来看，基于 MAC 地址定义的虚拟局域网可以看作是基于用户的 VLAN。

基于 MAC 地址的 VLAN 存在一些缺点。如更换网卡后，需要重新配置 VLAN。由于 VLAN 成员与设备绑定，因此用户的主机不能随意接入网络，每个用户至少都要设定在某个 VLAN 上，在这种初始化工作完成后，才能实现对用户的自动跟踪。对于较大的网络，前期配合较为困难。因此，在一个拥有成千上万用户的大型网络中，很难要求管理员将每个用户都划分到一个虚拟局域网中，而且日后的虚拟局域网管理也非常复杂。

③ 基于网络层地址的虚拟局域网。

基于网络层地址划分的 VLAN 就是根据网络设备的网络层地址来确定 VLAN 成员，即按照交换机所连接设备的网络层地址（IP 地址）来划分 VLAN，从而确定交换机端口所属的广播域。这种

VLAN 的广播域的控制与路由器类似，因此可以用交换机的 VLAN 来取代路由器的子网。基于网络层地址的虚拟局域网允许按照协议类型来组网，有利于建立基于某种服务或应用的 VLAN。同时，用户可以随意移动结点而无须重新配置网络地址，这对于 TCP/IP 协议的用户是特别有利的。

与基于 MAC 地址的 VLAN 相比，检查网络层地址比检查 MAC 地址的延迟大，从而影响了交换机的交换时间以及整个网络的性能。对于不同的 VLAN 之间的连接，仍需使用路由器来实现，且第三层交换机比第二层交换机价格贵、速度慢。

④ 基于 IP 广播组的虚拟局域网。

这种虚拟局域网的建立是动态的，它代表了一组 IP 地址。在 VLAN 中，利用代理设备对 VLAN 中的成员进行管理。当 IP 广播包要送达多个目的结点时，就动态地建立 VLAN 代理，这个代理和多个 IP 结点组成 IP 广播组 VLAN。网络用广播信息通知各 IP 站，表明网络中存在 IP 广播组，结点如果响应信息，就可以加入 IP 广播组，成为虚拟局域网中的一员，与虚拟局域网中的其他成员通信。

IP 广播组中的所有结点属于同一个虚拟局域网，但它们只是特定时间段内特定 IP 广播组的成员，即各个成员都只具有临时性。这种方式下可以方便地通过路由器与广域网的互连。

（3）虚拟局域网的优点

虚拟局域网只是局域网给用户提供的一种服务，并不是一种新型局域网。总体来说，虚拟局域网有以下优点。

① 控制广播风暴。

交换机可以隔离碰撞，把连接到交换机上的主机的流量转发到对应的端口，虚拟局域网限制了接收广播信息的结点数，广播信息只能在 VLAN 内部传递，使得网络不会因传播过多的广播信息而引起性能恶化。

② 提高网络安全性。

对于保密要求高的用户，可以分在一个 VLAN 中，尽管其他人在同一个物理网段，也不能访问保密信息。因为 VLAN 是一个逻辑分组，与物理位置无关，所以 VLAN 间的通信需要经过路由器或网桥，这两种设备都具有过滤功能，从而实现对通信信息的控制管理。

③ 利于网络资源再组合。

由于虚拟局域网是用户和网络资源的逻辑结合，因此可按照需要将有关设备和资源非常方便地重新组合，使用户从不同的服务器或数据库中存取所需的资源。

④ 简化网络管理。

VLAN 是一个逻辑工作组，与地理位置无关，所以易于网络管理。如果将一个用户移动到另一个新的地点，不需要重新布线，只要在网管上把它移动到另一个虚拟网络中即可。这样既节省了时间，又十分便于网络结构的增改、扩展。

4. 无线局域网

20 世纪 90 年代末以来，由于人们的对网络的需求不断提高，希望不论何时何地都能够进行数据通信，随着移动通信技术的飞速发展，无线局域网（Wireless Local Area Network，WLAN）开始进入市场。

无线局域网与传统局域网的主要的不同之处就是传输介质不同，传统局域网都是通过有形的传输介质进行连接的，如同轴电缆、双绞线、光纤等，而无线局域网则是采用红外（IR）或者射频（RF）作为传输介质。正因为它摆脱了有形的传输介质的束缚，所以无线局域网的最大特点就是自由，只要在网络的覆盖范围内，可以在任何一个地方与服务器及其他工作站连接，而不需要重新铺设电缆。无线局域网可提供的移动接入的功能，给许多需要发送数据但又不能够坐在办公室的工作人员提供了方便。只要无线网络能够覆盖到的地方，都可以随时随地连接无线网络。

（1）无线局域网的组成

无线局域网可分为有固定基础设施的和无固定基础设施的两大类，“固定基础设施”是指预先建立起来的、能够覆盖一定地理范围的一批固定基站。

① IEEE 802.11。

1998 年 IEEE 制定出无线局域网的协议标准 802.11。无线局域网由基本服务集 BSS（Basic Service Set）组成，基本服务集是无线局域网的最小构件，类似于无线移动通信的蜂窝小区，它包括一个基站和若干个移动站，所有的站在本 BSS 以内都可以直接通信，但在和本 BSS 以外的站通信时都必须经过本 BSS 的基站。

上一章提到的无线接入点（AP）就是基本服务集内的基站（Base Station）。一个基本服务集可以是孤立的，也可通过接入点连接到一个分配系统（Distribution System，DS），然后再连接到另一个基本服务集构成一个扩展的服务集（Extended Service Set，ESS）。分配系统可以使用以太网、点对点链路或其他无线网络。扩展服务集还可为无线用户提供到 802.x 局域网的接入，这种接入是通过等价于网桥的 portal 设备来实现的。一个扩展服务集内的几个不同的基本服务集也可能有相交的部分。802.11 标准还定义了 3 种类型连接在网络上的站。一种是仅在一个 BSS 内移动的站，一种是在不同 BSS 之间但仍在一个 ESS 内移动的站，另外一种是在不同 ESS 之间移动的站。

在有固定基础设施的无线网络中，所有站点对网络的访问均有 AP 控制。每个站点只需在 AP 覆盖范围之内就可与其他站点通信，因此，网络中站点的布局受环境限制较小。但是，若无线接入点发生故障容易导致整个网络（基本服务集 BSS）瘫痪。图 4-12 所示为 IEEE 802.11 的基本服务集（BSS）和扩展服务集（ESS）。

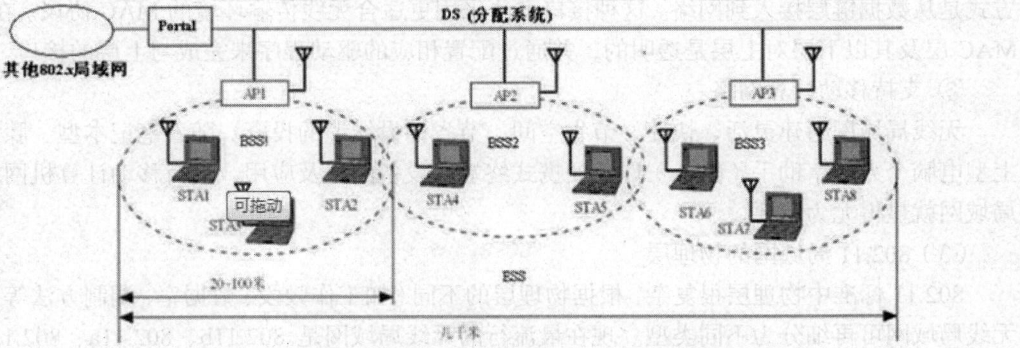

图 4-12　IEEE 802.11 的基本服务集（BSS）和扩展服务集（ESS）

② 移动自组网络。

另一种无线局域网是无固定基础设施的无线局域网，称为自组网络（ad hoc network）。这种自组网络没有基本服务集中的接入点 AP，而是由一些处于平等状态的移动站之间相互通信组成的临时网络，如图 4-13 所示。当移动站 A 和 E 通信过程由 A→B，B→C，C→D 和 D→E 这样一串存储转发过程组成。因此，在从源结点 A 到目的结点 E 的路径中的移动站 B，C 和 D 都是转发结点，这些结点都具有路由器的功能。

由于自组网络没有预先建好固定的网络基础设施（基站），因此自组网的服务范围是有限的，一般不和外界的其他网络相连接。自组网络属于一个孤立的基本服务集，是一个全连通的结构，采用这种结构的网络一般使用公用广播信道，各站点都可竞争公用信道，而信道接入控制协议大多采用 CSMA。由于每个移动设备都具有路由选择、转发分组的功能，分布式的移动自组网络的生存性非常好，在军用和民用领域有很好的应用前景。

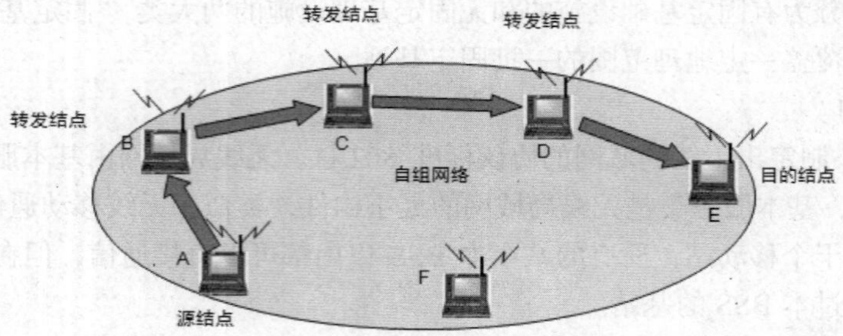

图 4-13　移动自组网络

（2）无线局域网的特点

① 传输方式方面。

传输方式是指无线局域网采用的传输媒体、选择频段及调制方式。目前，无线局域网采用的传输媒体主要有两种，即无线电波与红外线。其中无线电波按国家规定使用某些特定频段，如我国一般使用 2.4～2.4835GHz 的频率范围。采用无线电波的无线局域网调制方式又可分为两种，即扩展频谱方式和窄带调制方式。

② 网络接口方面。

网络接口确定无线局域网中结点从哪一层接入网络。一般情况下，网络接口可以选择在 OSI 模型的物理层或数据链路层连接至网络。物理层接口指使用无线信道替代有线信道，物理层以上各层不变。这种方式最大优点是上层的网络操作系统及相应的驱动程序可不做任何修改。另一种方式是从数据链层接入到网络。这种接口方法采用更适合无线传输环境的 MAC 协议。在实现时，MAC 层及其以下层对上层是透明的，并通过配置相应的驱动程序来完成与上层的接口。

③ 支持移动计算网络。

无线局域网组建灵活、快捷、节省空间，节省铺设线缆的投资。随着笔记本型、膝上型、掌上型电脑个人数字助手（PDA）以及便携式终端等设备的普及应用，支持移动计算机网络的无线局域网就显得尤为重要。

（3）802.11 局域网的物理层

802.11 标准中物理层很复杂，根据物理层的不同（如工作频段、数据率、调制方法等），802.11 无线局域网可再细分为不同类型。现在最流行的无线局域网是 802.11b、802.11a、802.11g，以及 2009 年颁布的 802.11n 标准，表 4-6 所示为这 4 种无线局域网标准的简单比较。

表 4–6　　几种常用的 802.11 无线局域网

标准	频段	数据率	物理层	优缺点
802.11b（1999 年）	2.4GHz	最高 11Mbit/s	扩频	最高数据率较低，价格最低，信号传播距离最远，且不易受阻碍
802.11a（1999 年）	5GHz	最高 54Mbit/s	OFDM	最高数据率较高，支持更多用户同时上网，价格最高，信号传播距离较短，且易受阻碍
802.11g（2003 年）	2.4GHz	最高 54Mbit/s	OFDM	最高数据率较高，支持更多用户同时上网，信号传播距离最远，且不易受阻碍，价格比 802.11b 贵
802.11n（2009 年）	2.4GHz 5GHz	最高 600Mbit/s	MIMO OFDM	使用多个发射和接收天线以允许更高的数据传输率，当时用双倍带宽（40MHz）时速率可达 600Mbit/s

以上 4 种标准都使用共同的媒体接入控制协议，都可以用于有固定基础设施的和无固定基础设施的无线局域网。

（4）802.11 局域网的 MAC 层协议

IEEE 802.11 采用带冲突避免的载波监听多路访问（Carrier Sense Multiple Access with Collision Avoidance，CSMA/CA）方法，如图 4-14 所示。其中：

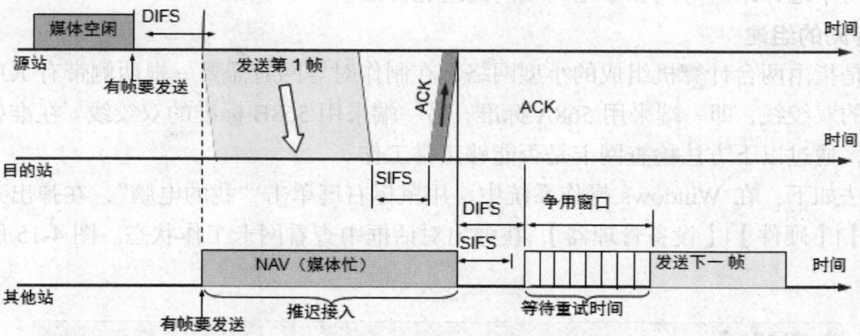

图 4-14　CSMA/CA 协议的工作原理

SIFS 为短（Short）帧间间隔，长度为 28μs 是最短的帧间间隔，用来分隔开属于一次对话的各帧。一个站应当能够在这段时间内从发送方式切换到接收方式。

DIFS 为分布协调功能帧间间隔，它比 SIFS 的帧间间隔要长得多，长度为 128μs。

① 欲发送数据的站先检测信道。若信道空闲，则等待一段时间 DIFS 后发送数据帧。若信道忙，则推迟发送数据。

② 目的站若正确收到此帧，则经过时间间隔 SIFS 后，向信息发送站发送确认帧 ACK。若信息发送站在规定时间内没有收到确认帧 ACK 就必须重传此帧，直到收到确认为止或者经过若干次的重传失败后放弃发送。

（5）无线局域网的应用

无线局域网作为局域网的一种类型，目前已成为构建局域网应用的一个热点，主要有以下用途。

① 作为传统局域网的扩充。

虽然传统局域网数据传输速率已经从 10Mbit/s 提高到 100Mbit/s、1Gbit/s、甚至 10Gbit/s，但是在某些特殊的环境中，使用传统局域网布线遇到了一些困难，如建筑物群之间、工厂建筑物之间的连接、股票交易场所的活动结点、临时性小型办公室等，而无线局域网不使用有线的传输介质，组网简单、灵活。大多数情况下，传统局域网用来连接服务器和一些固定的站点，而移动和不易于布线的结点可以通过无线局域网接入。

② 建筑物之间的互连。

无线局域网可以使用网桥或路由器将临近建筑物中的局域网连接起来。这种情况下，两座建筑物使用一条点到点的无线链路连接。

③ 漫游访问。

带有无线接收设备的移动数据设备，如笔记本电脑、便携式智能终端设备等，与无线局域网接入点 AP 之间可以实现漫游访问。

④ 构建特殊网络。

特殊网络（如 Ad hoc network）是一个临时需要的对等网络，这种网络没有集中的服务器。例如，在军事领域中，由于战场上往往没有预先建好的固定接入点，其移动站就可以利用临时建立的移动自组网络进行通信。同样道理，在抢险救灾时使用移动自组网络进行即时通信也是很有效的。

4.1.4 局域网组网示例

局域网在日常的工作中应用非常广泛，在学校和企业以及政府机关单位中经常需要构建局域网，本小节简单地介绍对等网和小型局域网的组建方法。

1．对等网的组建

对等网是指由两台计算机组成的小型网络，在制作对等网时需要一根两侧带有 RJ-45 水晶头的交叉线序的双绞线，即一端采用 568A 标准，另一端采用 568B 标准的双绞线。在准备好交叉线序双绞线后，通过以下方法检查网卡是否能够正常工作。

检查方法如下：在 Windows 操作系统中，用鼠标右键单击“我的电脑”，在弹出菜单中依次选择【属性】|【硬件】|【设备管理器】，在弹出对话框中查看网卡工作状态。图 4-15 所示的网卡状态为正常。

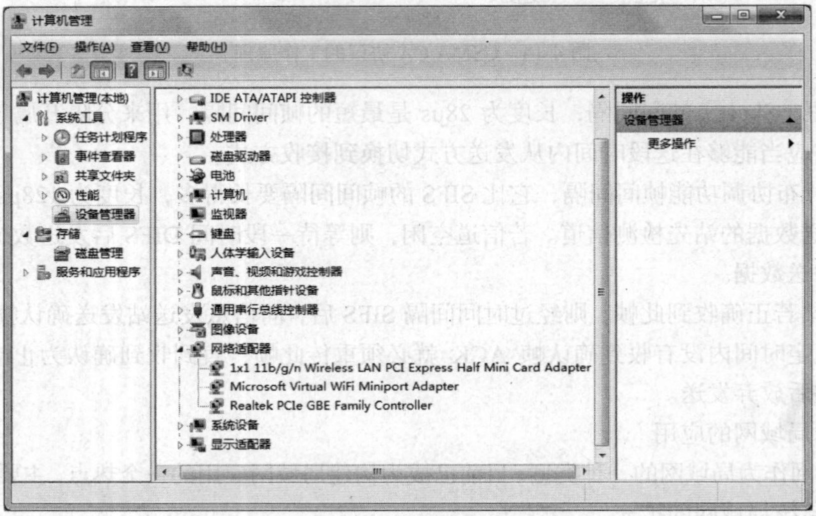

图 4-15　网卡正常工作状态

将交叉线两端水晶头插入两台计算机的网卡的 RJ-45 接口中，将两台计算机连接，然后为连接的计算机配置 IP 地址和子网掩码。例如，可以分别将 IP 地址设为 192.168.0.1 和 192.168.0.2，子网掩码都设为 255.255.255.0，网关和 DNS 服务器可不设，如图 4-16 所示。

建立完上述连接后需要检测网络连通性，在 IP 地址为 192.168.0.1 的计算机上，执行【开始】|【运行】菜单，在弹出的对话框中输入“cmd”命令，单击【确定】按钮，在弹出的控制台窗口中输入“ping 192.168.0.2”，若显示 ping 通，则两台计算机实现互连。

2．小型局域网的组建

小型局域网中的计算机数目通常在几十台左右，适合一般的企事业单位使用，在组建时除了需要双绞线（直通线序）外，还需要交换机或者集线器一台，其组网的物理结构如图 4-17 所示。

在选择集线器或者交换机时，需要根据网络中的计算机的数目来确定所需的集线器或者交换机的端口数目，然后设置集线器/交换机为断电状态，把双绞线的一端插头插入计算机网卡接口，另一端插入集线器/交换机接口。打开交换机和计算机电源，交换机端口的灯亮，计算机网卡的绿灯也处于点亮状态。

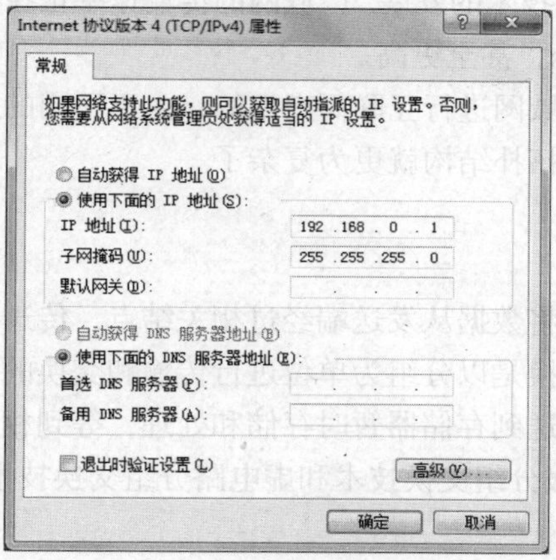

图 4-16　配置计算机 IP 地址

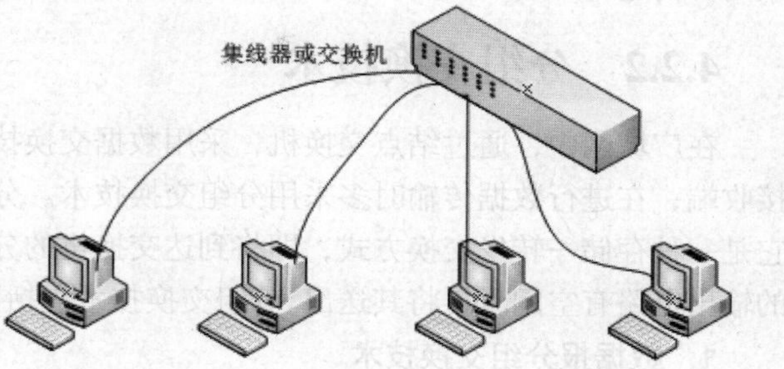

图 4-17　计算机通过局域网方式互连

在连接好计算机和集线器/交换机后，需要为每台计算机配置 IP 地址和子网掩码，网关和 DNS 可以不进行配置。例如，可以将计算机的 IP 地址配置为 192.168.0.1～192.168.0.254 中一段地址，子网掩码为 255.255.255.0，然后再利用 ping 命令进行网络连通性的测试，可以任选一台机器，再选择不同于该机器的任一台计算机的 IP，然后执行 ping 命令，以便观察网络是否正确连通。若不能正常连通，则需要从双绞线的制作、连接是否得当以及 IP 地址配置是否合理等角度去检查网络的配置。

4.2　广域网

当主机之间的距离较远时，如相隔几百千米，甚至几千千米，局域网显然就无法完成主机之间的通信任务。这时就需要另一种结构的网络，即广域网。

4.2.1　广域网的特点

广域网（Wide Area Network）定义为使用本地和国际电话公司或公用数据网络，将分布在不通国家、地域，甚至全球范围内的各种局域网、计算机、终端等设备，通过互连技术而形成的大型计算机通信网络，主要具备以下特征。

① 主要提供面向通信的服务。广域网作为因特网的核心部分，其任务是通过长距离运送主机所发送的数据，实现远距离计算机之间的数据传输和信息共享。

② 覆盖的地理区域大，通常在几百千米至几千、几万千米。网络可跨越地区、跨省、跨国家、跨大洲洋乃至全球（如 Internet），其距离可以是几千千米的光缆线路，也可以是几万千米的点对点卫星链路。

③ 广域网的造价高，一般都是由国家或大的电信公司负责组建、管理和维护，并向全社会提供面向通信的有偿服务，解决流量统计和计费问题。

④ 广域网连接常借用公用网络。广域网可以利用公用电话交换网（PSTN）、公用分组交换网（PSDN）、卫星通信网和无线分组交换网作为通信子网，将分布在不同地区的局域网或者计算机

系统连接起来，从而实现远距离数据传输。

⑤ 与局域网相比传输速率比较低，但随着广域网通信技术的发展，广域网的传输速率正在不断地提高，目前通过光纤介质，使传输速率达到 155Mbit/s，甚至更高。

（6）网络拓扑结构复杂。广域网一般都是将现有的局域网进行互联而产生的，由于不同的局域网在构建时采用了不同的网络拓扑结构，因此广域网的拓扑结构就更为复杂了。

4.2.2 分组交换技术

在广域网中，通过结点交换机，采用数据交换技术，将数据从发送端经过相关结点，传送到接收端，在进行数据传输时多采用分组交换技术。分组交换是以分组为单位进行传输和交换的，它是一种存储—转发交换方式，即将到达交换机的分组先送到存储器暂时存储和处理，等到相应的输出电路有空闲时再将其送出。分组交换技术包括数据报分组交换技术和虚电路分组交换技术。

1. 数据报分组交换技术

在数据报分组交换中传送的数据被称之为数据报。发送端将一个报文的若干个分组依次发往通信子网，通信子网中的每个结点独立地进行路由选择。在发送过程中，网络不保证所传送的分组不丢失，也不能保证按源主机发送分组的先后顺序以及在多长的时限内必须将分组交付给目的主机。当需要把分组按发送顺序交付给目的主机时，在目的站还必须把收到的分组缓存一下，等到所有分组到达后再进行交付。所以，数据报提供的服务是不可靠的，它不能保证服务质量。

图 4-18（a）表示主机 H_1 向 H_5 发送的分组，可以看出，有的分组可经过结点 A→B→E，而另一些则可能经过结点 A→C→E，或 A→C→B→E。在一个网络中可以有多个主机同时发送数据报，例如，主机 H_2 同时经过结点 B→E 与主机 H_6 通信。

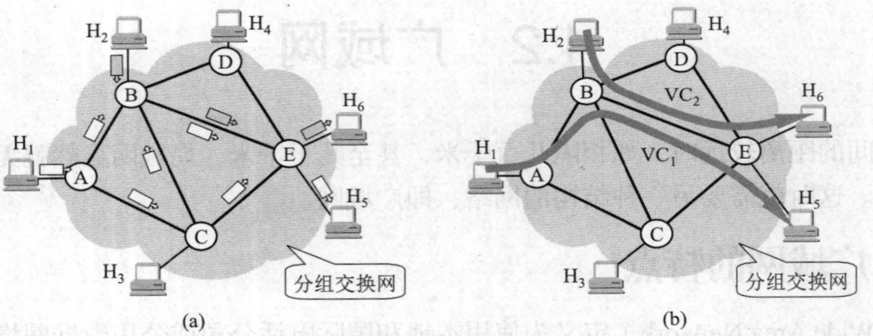

图 4-18　数据报分组交换技术和虚电路分组交换技术

2. 虚电路分组交换技术

虚电路分组交换是一种面向连接的分组交换。虚电路交换技术的基本思想是：在分组发送前，发送端与接收端需要先建立一个逻辑连接，即建立一条虚电路；然后各分组依次经这条虚电路传送，并在途经的各个结点上有接收、存储和转发的过程；数据传输结束后，这条虚电路被拆除。虚电路的工作过程可分为虚电路建立、数据传输和虚电路拆除 3 个阶段。

例如，假设图 4-18（b）中主机 H_1 要和主机 H_5 通信。首先，主机 H_1 向主机 H_5 发出通信请求分组，同时也寻找一条合适的路由。若主机 H_5 同意通信就发回响应，然后双方就建立了虚电路并可传送数据了。假定寻找到的路由是 A→B→E，此时会建立的虚电路为 H_1→A→B→E→H_5（将它记为 VC_1）。以后主机 H_1 向主机 H_5 传送的所有分组都必须沿着这条虚电路传送，在数据传送完毕后将会释放掉这条虚电路。

在图 4-18（b）中，还存在主机 H_2 和主机 H_6 通信，所建立的虚电路为经过 B→E 两个结点的 VC_2。需要注意，当占用一条虚电路进行主机通信时，由于采用的是存储转发的分组交换，所以只是断续地占用一段一段的链路，并不是独占一条端到端的物理电路。建立虚电路的好处是可以在数据传送路径上的各交换结点预先保留一定数量的资源（如带宽、缓存），作为对分组的存储转发之用。

虚电路分组交换技术坚持“网络提供的服务必须是非常可靠的”。采用虚电路分组交换技术，到达目的站的分组顺序就与发送时的顺序一致，因此网络提供虚电路分组交换技术对通信的服务质量（Quality of Service，QoS）有较好的保证。有关虚电路服务与数据报服务的对比如表 4-7 所示。

表 4–7　虚电路服务与数据报服务的对比

	虚电路服务	数据报服务
思路	可靠通信应当由网络来保证	可靠通信应当由用户主机来保证
连接的建立	需要	不需要
目的站地址	仅在连接建立阶段使用，每个分组使用短的虚电路号	每个分组都有目的站的全地址
分组的转发	属于同一条虚电路的分组均按照同一路由进行转发	每个分组独立选择路由进行转发
当结点出故障时	所有通过出故障的结点的虚电路均不能工作	出故障的结点可能会丢失分组，一些路由可能会发生变化
分组的顺序	总是按发送顺序到达目的站	到达目的站时不一定按发送顺序
端到端的差错处理和流量控制	可以由分组交换网负责也可以由用户主机负责	由用户主机负责

4.2.3　典型的广域网络

在广域网的发展过程中，用于构成广域网的网络类型主要有公共电话交换网、综合业务数字网、ATM 网、X.25 网、帧中继网等，下面简要介绍其中的几种。

1．公用电话交换网

利用已有的公共电话交换网（Public Switching Telephone Network，PSTN）的模拟信道，使用调制解调器（MODEM）这种设备，通过拨号建立结点之间的线路连接的网络，完成计算机之间的低速数据通信，如图 4-19 所示。

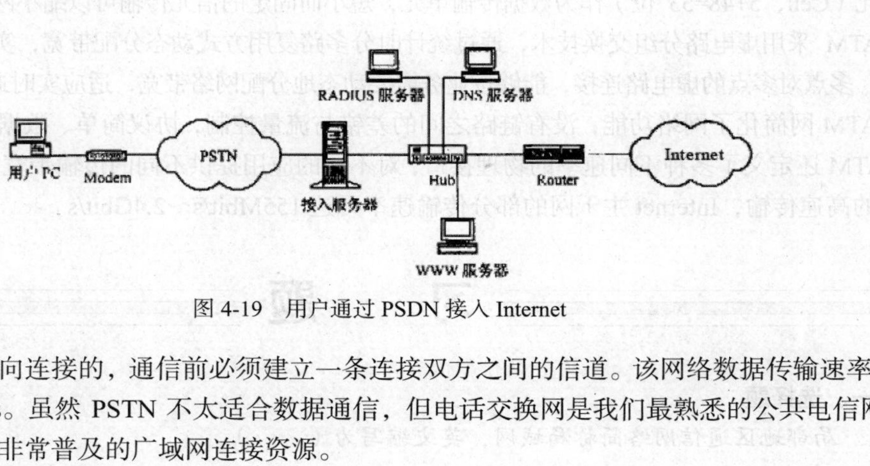

图 4-19　用户通过 PSDN 接入 Internet

PSTN 是面向连接的，通信前必须建立一条连接双方之间的信道。该网络数据传输速率较低，为 9.6～56kbit/s。虽然 PSTN 不太适合数据通信，但电话交换网是我们最熟悉的公共电信网，故 PSTN 算是一种非常普及的广域网连接资源。

2. X.25 网

X.25 是使用最早的分组交换协议标准，多年来一直作为用户网和分组交换网络之间的接口标准。分组交换网络动态地对用户传输的信息流分配带宽，有效地解决了突发性、大信息流量的传输问题。分组交换网络同时可以对传输的信息进行加密和有效的差错控制。虽然各种错误检测和相互间的确认应答浪费了一些带宽、增加了报文传输延迟，但对早期可靠性较差的物理传输线路来说，X.25 不失为一种提高报文传输可靠性的有效手段。

X.25 协议需要采取各种措施解决通信质量问题，因此 X.25 协议结构复杂，协议运行效率不高，主要用于中、低速率的数据传输，传输速率小于或等于 64kbit/s。随着光纤的普遍使用，传输出错的概率越来越小，这种情况下，重复地在链路层和网络层实施差错控制，不仅显得冗余，而且浪费带宽，增加传输延迟。目前 X.25 一般只在传输费用要求少、远程传输速率要求不高的广域网环境使用。

3. 帧中继网

1984 年，ITU 提出了一种新的分组交换技术——帧中继（Frame Relay）。帧中继网是用光纤替代传统电缆。由于光纤的传输速率高、误码率低，因此帧中继网可以简化 X.25 网的协议，将分组重发、流量控制、纠正错误、防止拥塞等处理过程由端系统实现，简化了结点的处理过程，缩短了处理时间，降低了网络时延。帧中继网的吞吐量要比 X.25 网提高一个数量级，一般速率在 56kbit/s 到 E1（2.048Mbit/s）之间。目前帧中继常用于局域网的互连、语音、图像、文件的传输。

4. 综合业务数字网

综合业务数字网（Integrated Service Digital Network，ISDN）是一种由数字交换机和数字信道组成的数字通信网络，可以提供语音、数据等综合传输业务。ITU 对 ISDN 的定义如下：ISDN 是以提供端点到端点数字连接的综合数字电话网为基础发展而成的通信网，用于支持语音及非语音的多种传输业务。ISDN 主要有以下特点。

- 以公用电话网为基础，提供多种通信业务。利用一条用户线就可以提供电话、传真、可视图文及数据通信等多种业务。
- 提高了通信质量。由于端点与端点之间的信道是全数字化的，因此其信道传输质量高于模拟信道。
- 提供一个标准的用户接口，使通信网络内部变化对终端用户透明，使用方便，通信费用低。

5. ATM 网

异步传输模式（Asynchronous Transfer Mode，ATM）是一种面向连接的分组交换技术，该技术采用信元（Cell，5+48=53 位）作为数据传输单元，短小而固定的信元传输可以缩小网络传输延迟。另外，ATM 采用虚电路分组交换技术，通过统计时分多路复用方式动态分配带宽，实现点对点、点对多点、多点对多点的虚电路连接，能够按业务需要动态地分配网络带宽，适应实时通信的要求。

ATM 网简化了网络功能，没有链路之间的差错与流量控制，协议简单、数据交换效率高。同时，ATM 还定义了多种不同速率的物理接口，对不同的应用提供不同的传输带宽，支持 100Mbit/s 以上的高速传输，Internet 主干网的部分传输速率可达 155Mbit/s～2.4Gbit/s。

习 题

一、选择题

1. 局部地区通信网络简称局域网，英文缩写为（ ）。

A. WAN B. LAN C. SAN D. MAN

2. 以太网媒体访问控制技术 CSMA/CD 的机制是（ ）。

A. 争用带宽 B. 预约带宽

C. 循环使用带宽 D. 按优先级分配带宽

3. 令牌环网中某个站点能发送帧是因为（ ）。

A. 最先提出申请 B. 优先级最高

C. 令牌到达 D. 可随机发送

4.（ ）代表以双绞线为传输介质的快速以太网。

A. 10BASE5 B. 10BASE2

C. 100BASE-T D. 10BASE-F

5. 一座大楼内的一个计算机网络系统，属于（ ）。

A. PAN B. LAN C. MAN D. WAN

6. 如果网络层使用数据报服务，那么（ ）。

A. 仅在连接建立时做一次路由选择 B. 为每个到来的分组做路由选择

C. 仅在网络拥塞时做新的路由选择 D. 不必做路由选择

7. 以下各项中，不是数据报操作特点的是（ ）。

A. 每个分组自身携带有足够的信息，它的传送是被单独处理的

B. 在整个传送过程中，无须建立虚电路

C. 使所有分组按顺序到达目的端系统

D. 网络结点要为每个分组做出路由选择

8. 对于基带 CSMA/CD 而言，为了确保发送站点在传输时能检测到可能存在的冲突，数据帧的传输时延至少要等于信号传播时延的（ ）。

A. 1 倍 B. 2 倍 C. 4 倍 D. 2.5 倍

9. 既可应用于局域网又可应用于广域网的以太网技术是（ ）。

A. 以太网 B. 快速以太网

C. 吉比特以太网 D. 10 吉比特以太网

10. 帧中继网是一种（ ）。

A. 广域网 B. 局域网 C. ATM 网 D. 以太网

二、填空题

1. 计算机网络按所覆盖的地理范围可分为________、________、________。

2. 传统的以太网是一种典型的________拓扑结构。

3. 按照对介质存取方法，局域网可以分为以太网、________和令牌总线网。

4. CSMA/CD 的特点是先听后发，________，________，延迟重发。

5. 在虚电路服务中，任何传输开始前，要先________。

6. 交换式局域网的核心设备是________。________

7. 测试网络连通性的命令是________。

8. 广域网分组交换技术主要由两种：________和________，因特网采用________。

9. ATM 网络采用固定长度的信元传送数据，信元长度为________。

10. ________是一种由数字交换机和数字信道组成的数字通信网络，可以提供语音、数据等综合传输业务。

三、判断题

1. 802.11 局域网的 MAC 层协议是 CSMA/CD 协议。（ ）
2. ATM 的中文意思是异步传输模式。（ ）
3. 具有冲突检测的载波侦听多路访问技术（CSMA/CD）只适用于总线型网络拓扑结构。（ ）
4. 总线结构的网络采用令牌传递方式传输信息。（ ）
5. 100BASE-T 采用 5 类 UTP，其最大传输距离为 185m。（ ）
6. 令牌环网中的令牌有 3 种状态。（ ）
7. 无论网络负荷如何，令牌帧总是沿着环网依次通过各个结点来实现介质访问控制。（ ）
8. 使用交换机作为连接设备可以很方便地实现虚拟局域网。（ ）
9. 基于 MAC 地址的 VLAN 若更换网卡后需要重新配置 VLAN。（ ）
10. 目前，无线局域网采用的传输媒体主要有两种，即无线电波与红外线。（ ）

四、简答题

1. 什么是局域网？它有什么特点？
2. 简述冲突检测的载波侦听多路访问（CSMA/CD）工作原理。
3. 简述虚电路和数据报分组交换技术的特点。

第 5 章 Internet 及其应用

作为全球最大的计算机网络，Internet 给人们的生活和工作方式带来了巨大变革。本章主要讲述 Internet 的发展历程、物理结构以及工作模式、IP 地址和域名、Internet 的接入方式与所提供的服务以及面向 Internet 的新技术等内容。

5.1 Internet 概述

Internet，中文译名为“因特网”，又称为“国际互联网”。目前，Internet 的用户已经遍及全球，有数十亿的人在日常生活和工作中使用 Internet，并且它的用户数还在快速增长。Internet 给人们的生活、学习和工作方式带来了深远的影响，本节主要介绍 Internet 的发展历程、物理结构和工作模式。

5.1.1 Internet 的发展历程

Internet 的产生可以追溯到 20 世纪 60 年代，1962 年美国国防部为了保证美国本土防卫力量和海外防御武装在受到核打击以后仍具有一定的生存和反击能力，决定设计一种分散的指挥系统：该系统由一个个分散的指挥点组成，当部分指挥点被摧毁后，其他结点仍能正常工作，并且这些点之间，能够绕过那些已被摧毁的指挥点而继续保持联系。

为了对这一构思进行验证，1969 年美国国防部国防高级研究计划署资助建立了一个名为 ARPANET（阿帕网）的网络，这个网络把将分布在美国不同地区的 4 所大学的主机连成一个网络。位于各个结点的大型计算机采用分组交换技术，通过专门的通信交换机和专门的通信线路相互连接。ARPANET 就是 Internet 最早的雏形，到 1972 年时，ARPANET 网上的网点数已经达到 40 个。

1972 年，在美国华盛顿举行了第一届国际计算机通信会议，就在不同的计算机网络之间进行通信达成协议，会议决定成立 Internet 工作组，负责建立一种能保证计算机之间进行通信的标准规范（即“通信协议”）。

进入 20 世纪 80 年代，世界上既有使用 TCP/IP 协议的美国军方的 ARPA 网，也有很多使用其他通信协议构造的各种网络。为了将这些网络连接起来，美国人温顿·瑟夫（Vinton Cerf）提出一个想法：在每个网络内部各自使用自己的通信协议，在和其他网络通信时使用 TCP/IP 协议。这个设想最终导致了 Internet 的诞生，并确立了 TCP/IP 协议在网络互连方面不可动摇的地位。

1984 年，美国国家科学基金会（NSF）决定组建 NSFNET。通过 56kbit/s 的通信线路将美国 6 个超级计算机中心连接并与 ARPANET 相连。随后，其他一些国家、地区和科研机构也在建设自己的广域网络，这些网络都是和 NSFNET 兼容的，它们最终构成因特网在各地的基础。

20 世纪 90 年代以来，这些网络逐渐连接到因特网上，从而构成了今天世界范围内的互联网络。Internet 事实上已成为一个“网际网”：各个子网分别负责自己的架设和运作费用，而这些子网又通过 NSFNET 互联起来。NSFNET 连接全美上千万台计算机，拥有几千万用户，是 Internet 最主要的成员网。目前，Internet 拥有数以亿计的站点、终端和数十亿的用户，已经深入并影响到人们日常生活的各个部分。

5.1.2 Internet 的组成与工作模式

1. Internet 的组成

虽然 Internet 是在世界范围内将各种结构的网络互连而得到的一个全球最大的计算机网络，其连接子网的物理结构和组成设备也不尽相同，但从其物理组成结构上看可以划分为两大块：核心部分和边缘部分，其示意结构如图 5-1 所示。

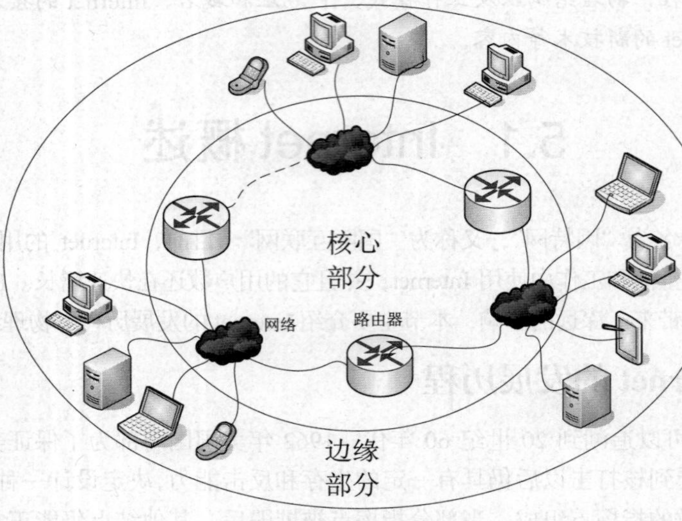

图 5-1 Internet 组成结构示意图

（1）边缘部分

由连接在 Internet 上的主机（服务器和客户端）组成，用来进行通信（传送数据、音频和视频等）和资源共享，供用户直接使用。

（2）核心部分

由大量网络和连接这些网络的路由器组成，这部分为边缘部分提供服务（提供连通性和数据交换）。

2. Internet 的工作模式

Internet 在现实的使用过程中所采用的工作模式有两种：一种是 Client/Server（客户机/服务器）模式，简称 C/S 模式；另一种是 Browser/Server（浏览器/服务器）模式，简称 B/S 模式。

在 C/S 模式下，通过将任务合理分配到 Client 端和 Server 端，降低了系统的通信开销，可以充分利用两端硬件环境的优势，由 Server 端以集中方式管理 Internet 上的共享资源，为客户机提供多种服务，Client 端则主要为用户访问本地资源与 Server 端资源提供交互服务。

B/S 模式则是随着 Internet 应用的普及对 C/S 模式的一种变化或者改进的结构。在该模式下，用户界面完全通过 WWW 浏览器实现，只有极少的部分事务逻辑在 Browser 端实现，绝大部分事务逻辑在 Server 端实现，从而形成一种三层处理架构。B/S 模式利用不断成熟的 WWW 浏览器技术，融合浏览器的多种 Script 语言和 ActiveX 技术，基于简单的浏览器软件就可以实现 C/S 模式下必须借助 Client 端复杂编程才能实现的交互功能。

虽然 B/S 模式已经成为当前 Internet 应用开发中广泛使用的架构，这并不是说 C/S 模式彻底退出了 Internet 的舞台，在很多特定的应用场景下，B/S 模式是无法实现相应的交互功能，必须借助于 C/S 模式才能得以实现，C/S 模式与 B/S 模式的主要区别如下。

（1）网络环境不同

通常情况下，C/S 模式是建立在局域网的基础上，而 B/S 模式则是建立在广域网的基础上；C/S 一般建立在专用的网络上，小范围里的网络环境，而 B/S 建立在广域网之上的，比 C/S 具备更强的适应范围，对客户端软件要求极低，仅需要安装浏览器即可。

（2）对安全要求不同

C/S 一般面向相对固定的用户群，对信息安全的控制能力很强；B/S 建立在广域网之上，对安全的控制能力相对弱，面向是不可知的用户群，对信息安全的控制能力较弱，在使用过程中也面临比 C/S 模式应用环境更为复杂的安全挑战。

（3）程序架构不同

C/S 模式下更加注重程序流程，并可以对权限做多层次校验；B/S 模式下的程序流程通常不固定，对安全以及访问速度的要求也比较高。总得来说，在 B/S 模式下构建应用程序是 Internet 发展的大趋势。.

（4）软件可重用性与维护不同

相比较而言，B/S 模式比 C/S 模式下构建的应用程序具备更好的重用性；在系统维护方面，C/S 程序也不如 B/S 程序方便，通常情况下，借助于浏览器，用户可自己完成软件的升级与维护，而 C/S 模式下的软件升级则可能涉及到系统中较多模块，需要安装复杂的升级包或者补丁程序。

（5）用户群体和信息流向不同

C/S 模式下应用程序的用户群体相对固定，而 B/S 模式下则通常需要面对不同的用户群；在信息交互方向上，C/S 程序一般是典型的中央集权的机械式处理，交互性相对低，而 B/S 程序中则流向可变化，相对分散。

5.2 IP 地址与域名

连接到 Internet 中的主机之间需要相互通信和信息交换，为了准确地获取交换主机的位置，就需要提供一套方案对 Internet 网络中的主机进行标识，IP 地址和域名机制是 Internet 所采用的主机标识和定位方法。

5.2.1 IP 地址与子网掩码

1. IP 地址

为了能够在 Internet 上确定一台主机，需要对 Internet 中的主机进行标识，为解决网络中主机标识问题，Internet 引入 IP 地址的概念。

Internet 上的每台主机都有一个唯一的 IP 地址，它是主机在网络中的唯一标识，是网络中主机的身份证。目前使用的 IP 地址采用 IPv4 结构，IPv4 地址的长度为 32 位二进制数，分为 4 字节，每字节可对应一个 0～255 的十进制整数，数之间用点号分隔，形如：XXXX.XXXX.XXXX.XXXX。例如，202.113.29.119，这种格式的地址被称为点分十进制地址，采用这种编址方法可使 Internet 容纳 40 亿台计算机。

这 4 组数从逻辑上又可以被分为两部分：网络地址和主机地址，其中网络地址标识主机所在的网络，主机地址标识主机在其所在网络中的编号。

根据网络地址的位数的不同，将 IP 地址划分为 5 类，其中 A 类、B 类和 C 类地址为基本地址，它们的格式如图 5-2 所示。下面简要介绍一下 A 类、B 类和 C 类地址以及一些特殊 IP 地址的组成特点。

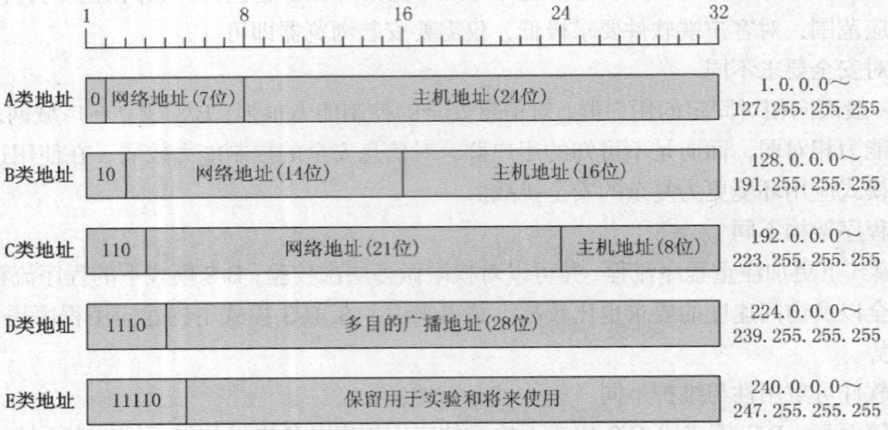

图 5-2 IP 地址结构

（1）A 类地址

- A 类地址第 1 位为 0，网络地址 7 位。
- A 类网络最多有 $2^7-2=126$ 个。
- 每个 A 类网络最多有 $2^{24}-2=16\ 777\ 214$ 个主机，适合于少数规模很大的网络。
- 范围：1.0.0.0-126.255.255.255。

（2）B 类地址

- B 类地址第 1 位和第 2 位为 10，网络地址 14 位。
- B 类网络最多有 $2^{14}=16\ 384$ 个。
- 每个 B 类网络最多有 $2^{16}=65\ 536$ 个主机，适合于国际性大公司。
- 范围：128.0.0.0-191.255.255.255。

（3）C 类地址

- C 类地址第 1～3 位为 110，网络地址 21 位。
- C 类网络最多有 $2^{21}=2\ 097\ 152$ 个。
- 每个 C 类网络最多有 $2^8=256$ 个主机，适合于小公司和研究机构等小规模网络。
- 范围：192.0.0.0-233.255.255.255。

（4）特殊 IP 地址

- 网络地址：当一个 IP 地址的主机地址部分为 0 时，它表示一个网络地址。例如，202.115.12.0 表示一个 C 类网络。
- 广播地址：当一个 IP 地址的主机地址部分为 1 时，它表示一个广播地址。例如，145.55.255.255

表示一个 B 类网络中全部主机。

- 回送地址：任何一个 IP 地址以 127 为第 1 个十进制数时，则称为回送地址。例如，127.0.0.1 可用于对本机进行测试。当任何程序用回送地址作为目的地址时，计算机上的协议软件不会把该数据报向网络上发送，而是把数据直接返回给本主机。

随着接入到 Internet 中的计算机数量的急剧增加，IPv4 结构所提供的有效 IP 地址数量已经显得不足，目前解决 IP 地址问题不足的办法主要是动态 IP 分配以及构建局域网，通过代理服务器实现 Internet 接入。为了彻底解决 IP 地址紧张的状况，需要从根本上改变 IP 地址的结构，以便提供数量更多的 IP 地址，目前正在研究的下一代 IP 协议 IPv6 采用 128 位 IP 编址方案，一旦 IPv6 投入实际使用，IP 地址将不会再成为一种紧张的资源。

2. 子网和子网掩码

在 Internet 的实际应用中发现，IP 地址已经成为一种非常紧缺的网络资源，一些大型的单位在组建网络时面临着 IP 地址不足的情况，由于 32 位长的 IP 地址表示的网络数是有限的，在分配网络号时会遇到网络数不够的问题。

解决方法之一是采用更长的二进制来表示 IP 地址，正在研究试验中的下一代 IP 协议 IPv6 即采用 128 位 IP 编址方案。IPv6（128 位）向下兼容现行的 IPv4（32 位），目前 IPv6 的相关研究仍然停留在理论阶段，尚不能在现实中得以应用。

解决方法之二是将 IP 地址格式中的主机地址部分划分出一定的位数用来作为组网时的各个子网标识，剩余部分则作为相应子网的主机地址。划分多少位给子网，主要根据实际应用中需要子网的数目来定。这样传统的“网络地址—主机地址”两级结构，变为“网络地址—子网地址—主机地址”三级结构，实现上述方法需要采用子网技术。

为了识别子网，需要使用子网掩码，通过子网掩码实现子网划分。子网掩码也是一个 32 位的二进制字符串，它的作用是识别子网和判别主机属于哪一个网络。当主机之间通信时，通过子网掩码与 IP 地址的逻辑与运算，便可以分离得到网络地址，设置规则如下。

① IP 地址的网络标识位和子网标识位，用二进制数 1 表示。

② 地址的主机标识位，用二进制数 0 表示。

下面通过一个实例说明子网掩码的设置方法。假设某校信息管理部门下设 4 个部门，分别是多媒体中心、电教中心、计算中心以及网络中心，给定该校信息管理部门一个 C 类网段 202.89.103.X，此处 X 代表 1～254。该校信息管理部门的 4 个中心均需要使用该网段 IP，为了做到各个部门之间不存在相互干扰，现需要将上述网段划分出 4 个子网分别给予 4 个中心使用。子网划分过程可以分为以下几步。

（1）确定各子网 IP

该网段的 IP 地址为 11010010.00101001.11101101.xxxxxxxx，其中 xxxxxxxx 为 IP 地址的主机部分，现在需要从主机地址中拿出几位作为划分的子网网络号部分，由于需要 4 个子网，所以只需要取出前面 2 位即可，剩余的 6 为作为划分子网后的网段中的主机地址。

00xxxxxx：00000001～00111110　1～62

01xxxxxx：01000001～01111110　65～126

10xxxxxx：10000001～10111110　129～190

11xxxxxx：11000001～11111110　193～254

（2）确定子网掩码

由于将原来 IP 地址中主机号的前两位用来做网络号部分，因此，为了让计算机能知道这两位是网络号，所以需要将相应的子网掩码中对应的这两位设置为 1。

IP:11010010.00101001.11101101.00001010

M：11111111.11111111.11111111.11000000

将设置的子网掩码 11111111.11111111.11111111.11000000 转化十进制为 255.255.255.19 即为所需要设置的子网掩码。

（3）划分的子网

第 1 个子网：

IP：210.41.237.（1～62），对应子网掩码：255.255.255.192；

第 2 个子网：

IP：210.41.237.（65～126），对应子网掩码：255.255.255.192；

第 3 个子网：

IP：210.41.237.（129～190），对应子网掩码：255.255.255.192；

第 4 个子网：

IP：210.41.237.（193～254），对应子网掩码：255.255.255.192。

划分子网后，各个网络的网络号不再相同，因此处于不同网段，不在同一个网络，从而使得各个网络间的连接需要网间设备来连接，如路由器、交换机等。子网的划分也使得网络中一旦出现故障，容易隔离和管理，同时不容易引起广播风暴。

5.2.2　域名机制

1. 域名

IP 地址是 Internet 主机作为路由寻址用的数字型标识，由于是采用了 0-1 字符串表示，难以记忆和理解。为了解决上述问题，Internet 引入了一种字符型的主机命名机制——域名。域名是 IP 地址的一种替代，是一个由若干部分组成，中间有圆点隔开的字符串，用来表示 Internet 中主机的地址。

域名的写法类似于点分十进制的 IP 地址的写法，用点号将各级子域名分隔开来，域的层次次序从右到左（级别由高到低，高一级域包含低一级域），分别称为顶级域名（一级域名）、二级域名、三级域名等。在域名中大小写是没有区分的且域名一般不能超过 5 级。域名在整个 Internet 中是唯一的，当高级子域名相同时，低级子域名不允许重复。典型的域名结构如下：主机名. 单位名. 机构名. 国家名。

例如，“xk.qust.edu.cn”域名表示中国（cn）教育机构（edu）青岛科技大学（qust）校园网上的一台主机（xk）。

IP 地址和域名相对应，域名是 IP 地址的字符表示，它与 IP 地址等效。当用户使用 IP 地址时，负责管理的计算机可直接与对应的主机联系，而使用域名时，则先将域名送往域名服务器，通过服务器上的域名和 IP 地址对照表翻译成相应的 IP 地址，传回负责管理的计算机后，再通过该 IP 地址与主机联系。Internet 中一台计算机可以有多个用于不同用途的域名，但只能有一个 IP 地址。因此，一台主机从一个地方移到另一个地方，当它属于不同的网络时，其 IP 地址必须更换，但域名是可以保留的。

为了保证域名系统的通用性，Internet 规定了一些正式的通用标准，将顶级域名分为两种模式：组织模式和地理模式。组织模式定义了各类组织结构类型的名称，地理模式则主要定义了不同国别类型的名称。

按地理模式登记产生的域名又称为地理型域名，表 5-1 所示为按照地理模式划分的顶级域名符实例，在这些域名符中，通常采用两个字母表示国家或地区的名称。在这种类型的域名中，除了美国的国家域名代码 us 可默认外，其他国家的主机若要按地理模式申请登记域名，则顶级域名必须先采用该国家的域名代码后再申请二级域名。

表 5-1　　地理模式域名举例

域名符	含义	域名符	含义	域名符	含义
au	澳大利亚	fr	法国	nl	荷兰
br	巴西	uk	英国	pt	葡萄牙
ca	加拿大	hk	中国香港	se	瑞典
cn	中国	jp	日本	sg	新加坡
de	德国	kr	韩国	tw	中国台湾
es	西班牙	my	马来西亚	us	美国

表 5-2 所示为常用组织模式类型的域名符，涉及商业类、教育类、军事类、政府类以及各类信息服务等。

表 5-2　　组织类型域名

域名符	含义	域名符	含义	域名符	含义
com	商业类	net	网络机构	info	信息服务
edu	教育类	org	非赢利机构	nom	个人
gov	政府类	travel	旅行社、酒店	jobs	求职网站
int	国际组织	mil	军事组织	mobi	手机网络

2. 域名解析

Internet 中的计算机是采用 IP 地址作为寻址标识的，当我们给出一个域名时，为了定位到该主机，需要将域名转化为 IP 地址。将主机域名映射成 IP 地址的过程称为域名解析。

域名解析工作由 DNS（Domain Name System）服务器完成，DNS 服务器是一台安装有域名解析处理软件的主机，用于实现域名和 IP 地址之间的转换工作。有了 DNS 系统，凡域名空间中有定义的域名都可以有效地转换成 IP 地址，反之 IP 地址也可以转换成域名。域名解析的过程是自动完成的，用户无法觉察到。为了提高域名解析的稳定性，DNS 服务器通常设置双服务器，即一个为首选 DNS 服务器，另一个为备用 DNS 服务器。

3. IP 地址与域名的管理

为了确保 IP 地址与域名在 Internet 上的唯一性，IP 地址统一由各级网络信息中心（Network Information Center，NIC）分配和管理。Internet 网络信息中心 NIC 将顶级域名的管理授权给指定的管理机构，由各管理机构再为其子域分配二级域名，并将二级域名管理授权给下一级管理机构，依此类推，构成一个域名的层次结构。

我国的顶级域名.cn 由中国互联网信息中心 CNNIC 负责管理，国内各个单位在建立网络并预备接入 Internet 时，必须事先向 CNNIC 申请注册域名和 IP 地址。需要注意的是，单位在向 Internet 网络信息中心申请 IP 地址时，实际获得的通常是一个网络地址段。具体的各个主机地址由该单位自行分配，只要做到该单位管辖范围内无重复的主机地址即可。

5.3 Internet 的接入与服务

5.3.1 Internet 的接入

ISP 是 Internet 服务提供者（Internet Service Provider）的缩写，是用户使用 Internet 的接入点。Internet 的接入方式有很多，但任何接入方式都需要通过 ISP。ISP 能配置它的用户与 Internet 相连所需的设备，并建立通信连接，提供信息服务。目前，我国较大的 ISP 有中国电信、中国联通、中国移动等。

随着国家网络通信基础设施的完善以及通信费用的下降，主流 Internet 的接入方式不断发生变化，一方面 Internet 的接入费用不断降低，另一方面 Internet 接入后的上网速度得到大幅度提高。本小节简单介绍一下 Internet 的接入方式，这些接入方式中，有些接入方式已经成为历史，有些还在使用，随着网络技术的发展以及通信基础设施的进一步完善，还会有更多的速度更快、价格更为低廉的 Internet 接入技术出现。

常见的 Internet 接入方式可以划分为 4 大类：拨号接入方式、专线接入方式、无线接入方式和局域网接入方式。

1. 拨号接入方式

这里的拨号接入方式主要是指借助于电话线作为上网介质，通过连接调制解调器（Modem）进行拨号上网，拨号接入有可以分为普通 Modem 拨号方式、ISDN 拨号接入方式和 ADSL 拨号接入方式 3 种方式。

（1）普通 Modem 拨号方式

这是早期家庭用户接入 Internet 普遍使用的窄带接入方式。个人计算机经过调制解调器（Modem）和普通模拟电话线，与公用电话网连接，利用当地运营商提供的接入号码，拨号接入 Internet。通过普通模拟电话拨号入网方式，数据传输能力有限，传输速率较低（最高 56kbit/s），传输质量不稳，上网时不能使用电话，这种上网方式目前已经被淘汰。

（2）ISDN 拨号接入

ISDN（Integrated Service Digital Network）是基于传统电话网的综合业务数字网，即以传统电话线传输数字信号，又称为“一线通”。ISDN 采用数字传输和数字交换技术，将电话、传真、数据、图像等多种业务综合在一个统一的数字网络中进行传输和处理。用户利用一条 ISDN 用户线路，可以在上网的同时拨打电话、收发传真，就像两条电话线一样。

ISDN 分为窄带 ISDN（N-ISDN）和宽带 ISDN（B-ISDN）两种，其中窄带 ISDN 传输的速率较低（最低速率是 64Kbit/s，最高为 128Kbit/s），宽带 ISDN 可提供 155Mbit/s 以上的通信能力，在实际应用过程中普遍使用的是窄带 ISDN。

相比普通 Modem 拨号方式，通过 ISDN 拨号入网方式，信息传输能力强，传输速率较高，传输质量可靠，上网时还可使用电话，但网络传输的绝对速率仍很低，并且上网的费用相对较高。

（3）*x*DSL 拨号接入方式

*x*DSL 是 DSL（Digital Subscriber Line）的统称，即数字用户线路，是以电话铜线（普通电话线）为传输介质，点对点传输的宽带接入技术，它在一根铜线上分别传送数据和语音信号，其中数据信号并不通过电话交换设备，可以充分利用已有的电话网络。DSL 运用先进的调制解调技术，使

得通信速率大幅度提高，采用 xDSL 技术调制的数据信号是在原有话音线路上叠加传输，在电信局和用户端分别进行合成和分解，为此，需要配置相应的局端设备。常用的 xDSL 技术如表 5-3 所示。

表 5-3　　常用的 xDSL 技术指标

xDSL	名称	下行速率（bit/s）	上行速率（bit/s）	双绞铜线对数
HDSL	高速率数字用户线	1.544M～2M	1.544M～2M	2 或 3
SDSL	单线路数字用户线	1M	1M	1
IDSL	基于 ISDN 数字用户线	128k	128k	1
ADSL	非对称数字用户线	1.544M～8.192M	512k～1M	1
VDSL	甚高速数字用户线	12.96M～55.2M	1.5M～2.3M	2
RADSL	速率自适应数字用户线	640k～12M	128k～1M	1
S-HDSL	单线路高速数字用户线	768k	768k	1

在 xDSL 中，人们最为熟知的是 ADSL，它是一种能够通过普通电话线提供宽带数据业务的技术，它具有下行速率高、频带宽、性能优、安装方便、不需交纳电话费等优点，成为继 Modem、ISDN 之后的又一种全新的高效接入方式。

ADSL（Asymmetric Digital Subscriber Line）称为非对称数字用户线，它利用现有的电话线，为用户提供上、下行非对称的传输速率：从网络到用户的下行传输速率为 1.5～8Mbit/s，而从用户到网络的上行速率为 16～640kbit/s。ADSL 无中继传输距离可达 5km 左右。

ADSL 采用频分多路复用技术，充分利用了现有的电话网络实现高速数据传输和语音电话、传真通信，最大限度地利用可用带宽而达到了尽可能高的数据传输速率。但是，ADSL 对线路质量要求较高，可能存在语音、数据相互干扰的问题，所使用的接入线为铜电话线，传输过程中容易受到外来高频信号的串扰。

2. 专线接入

（1）Cable Modem 接入方式

Cable Modem 接入，又称为 HFC 接入或有线电视网接入。Cable Modem（线缆调制解调器）是利用已有的有线电视光纤同轴混合网（Hybrid Fiber Coax，HFC）进行 Internet 高速数据接入的装置。HFC 是一个宽带网络，具有实现用户宽带接入的基础。

由于有线电视网采用的是模拟传输协议，因此网络需要用一个 Modem 来协助完成数字数据的转化。Cable Modem 与以往的 Modem 在原理上都是将数据进行调制后在 Cable（电缆）的一个频率范围内传输，接收时进行解调，传输机理与普通 Modem 相同，不同之处在于它是通过有线电视 CATV 的某个传输频带进行调制解调的。

Cable Modem 的连接方式可分为两种，即对称速率型和非对称速率型。前者的上传速率和下载速率相同，都在 500kbit/s～2Mbit/s 之间；后者的数据上传速率在 500kbit/s～10Mbit/s 之间，数据下载速率为 2Mbit/s～40Mbit/s。

采用 Cable Modem 方式进行宽带接入可以充分利用已有的有线电视线路，降低网络铺设成本，充分利用频分复用和时分复用技术实现上网数据和有线电视数据的介质共享，数据传输速率高且抗干扰能力强。

由于有线电视网是一个树状网络，单点故障，如电缆的损坏、放大器故障、传送器故障都会造成整个结点上的用户服务的中断，因此可靠性相对较差；另外，Cable Modem 的用户是共享带宽的，当多个 Cable Modem 用户同时接入 Internet 时，带宽就由这些用户共享，数据传输速率也会相应有所下降。

（2）DDN 专线接入方式

DDN（Digital Data Network，数字数据网）是利用数字信道提供永久或半永久性连接电路，以传输数据信号为主的通信网。它的主要作用是提供点对点、点对多点的透明传输的数据专线电路，用于传送数字化传真、数字语音、数字图像信号或其他数字化信号。

DDN 的主干网传输媒介有光纤、数字微波、卫星信道等，用户端多使用普通电缆和双绞线。DDN 将数字通信技术、计算机技术、光纤通信技术以及数字交叉连接技术有机地结合在一起，提供了高速度、高质量的通信环境，可以向用户提供点对点、点对多点透明传输的数据专线出租电路，为用户传输数据、图像、声音等信息。

以 DDN 方式接入 Internet，具有专线专用、速度快、质量稳定、安全可靠等特点，适用于对数据的传输速度、传输质量和实时性、保密性要求高的数据业务，如商业，金融业，电子商务领域等；DDN 的缺点是覆盖范围不如公用电话网，并且费用昂贵。由于 DDN 需要铺设专用线路从用户端进入主干网络，所以使用 DDN 专线不仅要付信息费，还要付 DDN 线路月租费。

（3）光纤接入

光纤接入技术实际就是在接入网中全部或部分采用光纤传输介质，构成光纤用户环路（Fiber In The Loop，FITL），实现用户高性能宽带接入的一种方案。

光纤接入网（Optical Access Network，OAN）是指在接入网中用光纤作为主要传输媒介来实现信息传输的网络形式，从光纤接入网的网络结构看，按接入网室外传输设施中是否含有源设备，OAN 可以划分为有源光网络（Active Optical Network，AON）和无源光网络（Passive Optical Network，PON），前者采用电复用器分路，后者采用光分路器分路。

AON 指从局端设备到用户分配单元之间均用有源光纤传输设备，如光电转换设备、有源光电器件、光纤等连接成的光网络。采用有源光结点可降低对光器件的要求，可应用性能低、价格便宜的光器件，但是初期投资较大，作为有源设备存在电磁信号干扰、雷击以及有源设备固有的维护问题，因而有源光纤接入网不是接入网长远的发展方向。

PON 指从局端设备到用户分配单元之间不含有任何电子器件及电子电源，全部由光分路器等无源器件连接而成的光网络。由于它初期投资少、维护简单、易于扩展、结构灵活，大量的费用将在宽带业务开展后支出，因而目前光纤接入网几乎都采用此结构，它也是光纤接入网的长远解决方案。

FTTB（Fiber To The Building）的含义是光纤到楼，是一种基于高速光纤局域网技术的宽带接入方式。FTTB 采用光纤到楼、网线到户的方式实现用户的宽带接入，因此又称为 FTTB+LAN。在用户端通过一般的网络设备，如交换机、集线器等将同一幢楼内的用户连成一个局域网，用户室内只需添加以太网 RJ45 信息插座和配置以太网接口卡（即网卡），在另一端通过交换机与外界光纤干线相连即可。

FTTB+LAN 是一种比较廉价、高速、简便的数字宽带接入技术，但是 ISP 必须投入大量资金铺设高速网络到每个用户家中，已建小区线路改造工程量大，所以适合于新建小区。

3. 无线接入

（1）GPRS 接入方式

GPRS 是 General Packet Radio Service 的缩写，即通用分组无线服务，使用具备 GPRS 功能的移动电话接入因特网，GPRS 和以往连续在频道传输的方式不同，它是以封包（Packet）方式来传输，因此使用者所负担的费用是以其传输资料单位计算，目前的 GPRS 达到了 115Kbit/s，是移动电话接入因特网的接入技术之一，可以同时实现上网和通话。

（2）无线局域网技术

无线局域网是计算机与无线通信技术相结合的产物。无线局域网的构建通常存在两种方式：一是用户计算机直接安装无线网卡，通过无线网卡直接接入 AP；二是先通过双绞线组建有线局域网，然后为局域网设置无线路由器接入 AP。

5.3.2 Internet 的服务

随着 Internet 在全球的普及和其在各个领域的广泛应用，Internet 连接将是普及的标准，将无处不在。Internet 已完全进入我们的工作、生活及娱乐中。

1．WWW 信息浏览

（1）WWW 简介

WWW（World Wide Web，简称 Web 或 3W）即万维网，是一个分布的、动态的、多平台的交互式图形化界面信息查询、发布系统，其物理组成结构如图 5-3 所示。

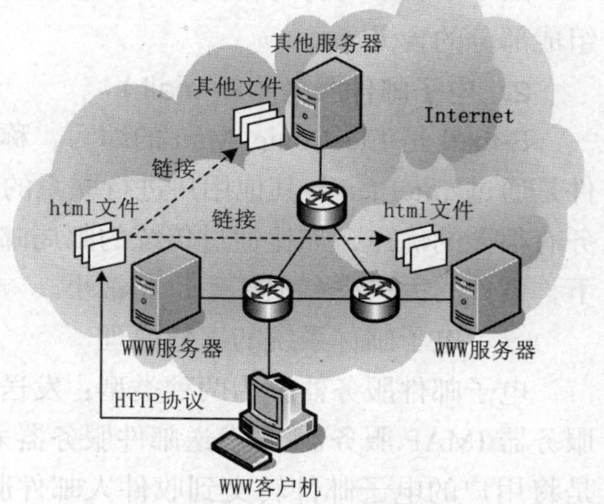

图 5-3 WWW 物理结构

WWW 以超文本标记语言（Hypertext Markup Language，HTML）与超文本传输协议（Hyper Text Transfer Protocol，HTTP）为基础，采用超文本/超媒体的信息组织方式，将文本、图形、图像、声音、视频等多种媒体集成在一个页面上，并以可视化的界面提供信息，并将信息之间的链接扩展到整个 Internet 上。

WWW 采用浏览器/服务器（Browser/Server）模式进行工作。浏览器首先向 Web 服务器请求指定的网页；Web 服务器接收请求后，便向浏览器发送相关的网页。网页又被称为 Web 页，当用户访问 Web 站点时，由 Web 服务器传送过来的第一个网页则称为主页（Home Page）。

网页是构成 Web 网站的基本信息单位。一个 Web 网站是由一个或多个网页组成的，这些网页按照一定的组织结构，以链接等方式连接在一起，形成一个整体。Web 网站的起始网页又称为该网站的主页。

一个网页即一个超文本文件，它包含了许多分别指向其他信息结点的指针，这些包含指针的地方通常称为“链接点”（可以是文本、图像、声音和动画等）。当用户将鼠标移到链接点上时，鼠标指针将变为手形；用户点击了链接点，浏览器便向 Web 服务器发出新的请求。用户可以不断地选择点击链接，从而不断地访问 Internet 上的 Web 页，浏览相关的信息。就这样，Internet 用户可以通过本机的浏览器访问 Internet 上分布在世界各地的 WWW 服务器。

（2）统一资源定位器（URL）

在 Internet 中，要浏览某些信息，就必须知道这些信息所在的位置，在 WWW 中使用 URL（Uniform Resource Locator）定义资源所在地址。URL 称为统一资源定位器，即通常所说的“网址”。每一个资源文件无论以何种方式存放在何种服务器上，都有一个唯一的 URL 地址。通过 URL，可以访问 Internet 上任何一台主机或者主机上的文件。

URL 的一般格式为：<协议>：//<主机名>［：端口号］/<路径>/<文件名>

① <协议>：指访问该资源所使用的通信协议，即访问该资源的方法。常用的资源访问协议主

要包括以下几种。

- http：超文本传输协议，表明访问的资源是 HTML 文件；
- ftp：文件传输协议，表明需要进行 FTP 文件传输服务；
- mailto：电子邮件协议，表明需要进行电子邮件传送服务；
- telnet：远程登录协议，表明需要进行远程登录服务；
- files：文件访问协议，表明进行本地文件访问。

② <主机名称>：访问的服务器的主机域名或 IP 地址。

③ <端口号>：访问的服务器使用上述协议的端口号。一般情况下端口号不需要指定。只有当服务器所使用的端口号不是缺省的端口号时才指定（http 缺省端口号为 80）。

④ <文件路径>：访问的资源文件在 WWW 服务器上的路径。

⑤ <文件名>：访问的资源文件的名称，如果是网站主页就可以缺省。

图 5-4 所示为青岛科技大学信息科学技术学院招生栏目的首页 URL，图中给出了 URL 各个组成部分的含义。

2. 电子邮件服务（E-mail）

E-mail 是 Electronic Mail 的缩写，称为电子邮件。电子邮件好比是邮局的信件一样。电子邮件是通过 Internet 与其他用户进行联系的快速、简洁、高效、价廉的现代化通信手段。E-mail 服务有很多的优点，如比通过传统的邮局邮寄信件要快得很多，同时在不出现黑客蓄意破坏的情况下，信件的丢失率和损坏率也非常小。

（1）电子邮件系统的工作原理

电子邮件服务器分为两种类型：发送邮件服务器（SMTP 服务器）和接收邮件服务器（POP3 服务器/IMAP 服务器）。发送邮件服务器采用 SMTP 协议（Simple Mail Transfer Protocol），其作用是将用户的电子邮件转交到收件人邮件服务器中。接收邮件服务器通常采用 POP3 协议（Post Office Protocol version 3，POP3）或交互式邮件存取协议（Interactive Mail Access Protocol，IMAP），用于将发送的电子邮件暂时寄存在接收邮件服务器里，等待收信人从服务器上将邮件取走。

当发信人要发送电子邮件时，发信人将计算机连接到发送邮件服务器，连接成功后邮件由发送邮件服务器发送出去。此时的邮件并不是直接发送到接收方的计算机上，而是发送到收信人的接收邮件服务器中对应的收信人电子邮箱中。接收邮件服务器中含有许多用户的电子信箱，用于暂时寄存各处发来的邮件。当收信人将计算机连接到接收邮件服务器，收取自己邮箱内的邮件，整个邮件收发过程如图 5-5 所示。

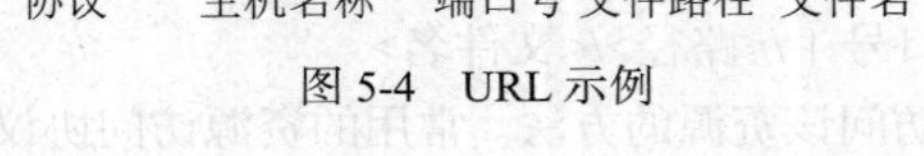

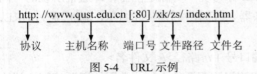

图 5-4　URL 示例

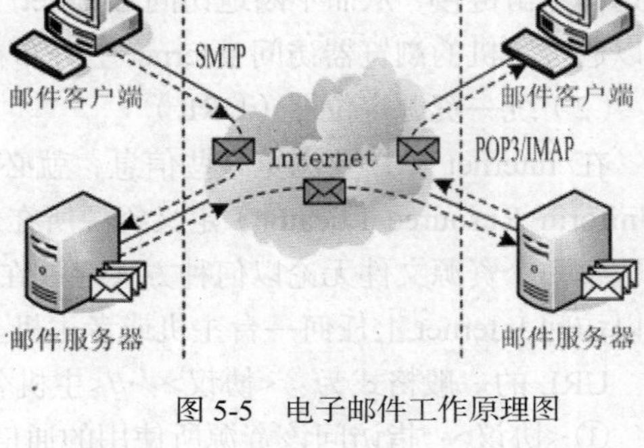

图 5-5　电子邮件工作原理图

（2）电子邮件地址

在电子邮件发送的过程中，需要为发送的邮件指定一个发送地址，这个地址就是电子邮件地址，又称为 E-mail 地址，该地址实际对应于接收邮件服务器中的一个文件夹。电子邮件的地址格式为：用户名@电子邮件服务器名称。

这里的用户名是电子邮件用户账号名，对应于邮件服务器中的用户信箱（文件夹）；@符号为分隔符，读作“at”，表示信箱在某邮件服务器上；电子邮件服务器为邮件服务器的主机域名或 IP 地址，如 qd_xm@163.com，该邮件地址隶属于网易邮件服务器。

E-mail 地址可以向 Internet 上提供电子邮件服务的网站或 ISP 申请，申请得到的邮箱分为免费和付费两种。一般情况下，付费邮箱的空间较大，并具有良好的安全性和可靠性，通常适合于企业用户使用；免费邮箱的空间相对较小，所提供的功能较为简单，通常适合于个人用户使用。

3. 远程登录服务（Telnet）

远程登录是用户使用 Telnet 命令，使自己的计算机暂时成为远程计算机的一个仿真终端的过程，可以使用远程计算机上的资源，如打印机、磁盘设备等，是最早的 Internet 服务功能之一。

不同厂家生产的计算机在硬件或软件方面存在不同的系统差异性，这给联网计算机的互操作带来很大的困难，Telnet 协议可以解决不同计算机系统之间的互操作问题，引入网络虚拟终端（Network Virtual Terminal，NVT）的概念。

Telnet 提供了大量的命令，这些命令可用于建立终端与远程主机的交互式对话，可使本地用户执行远程主机的命令。Telnet 远程登录工作原理如图 5-6 所示。

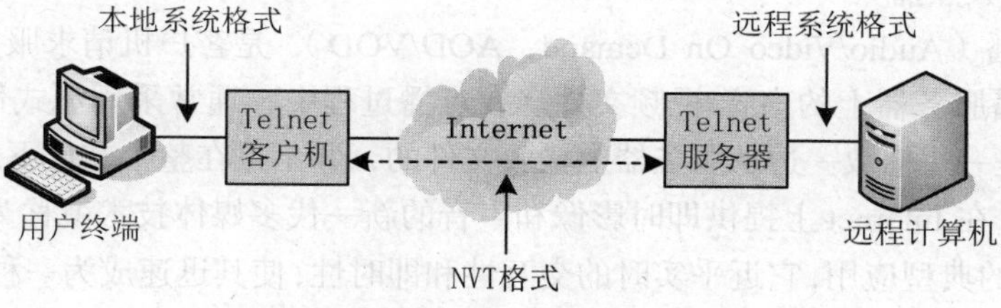

图 5-6 Telnet 远程登录工作原理

4. 文件传输服务（FTP）

文件传输服务允许 Internet 上的用户将文件和程序从一台计算机传送或复制到另外一台计算机，并且文件的类型不限，可以是文本文件也可以是二进制可执行文件、声音文件、图像文件、数据压缩文件等。

FTP 是一种实时的联机服务，在进行工作前必须首先登录到对方的计算机上，登录后才能进行文件的搜索和文件传送的有关操作。由于 FTP 服务需要在登录时提供相应的用户名和口令，当用户不知道对方计算机的用户名和口令时就无法使用 FTP 服务，一些信息服务机构为了方便 Internet 的用户通过网络使用他们公开发布的资源和文件，提供了“匿名 FTP 服务”访问机制，用户不需要注册就可以从远程主机下载文件，匿名 FTP 服务为用户共享资源提供了极大方便。

在 FTP 的使用过程中存在两个常用概念：“下载”（Download）和“上传”（Upload）。“下载”是从远程服务器中拷贝文件至本地计算机中；“上传”是将文件从本地计算机中拷贝至远程服务器上。

目前出现了一些 FTP 应用软件，可以极大的方便用户进行文件传输服务，其中 CuteFTP 软件便是一种较为常用的文件传输软件，它不仅可以加速文件的上传和下载速度，而且提供了“断点续传”的功能。

5. 电子公告板系统（BBS）

BBS 是 Bulletin Boatd System 的缩写，它是 Internet 上的一个资源信息服务系统，通过计算机远程访问把各类共享信息、资源以及联系提供给各类用户。BBS 提供的主要服务有：信息发布、分类讨论区、站内公告、线上聊天、消息传送、科学技术知识服务、文学艺术、休闲服务、在线游戏、个人工具箱等以及其他信息服务系统的转接服务。

BBS 的登录使用有两种方式：Telnet 方式和 Web 方式。过去主要采用 Telnet 直接登录到服务器上，现在脚本技术的突飞猛进使得采用 Web 浏览更加方便、快捷、丰富多彩。BBS 为广大网友提供了自由发表言论和互相交流的场所，已经成为 Internet 吸引新用户的主要热点之一。

国内各个高校都设有自己的 BBS 以供学生进行交流，比较著名的 BBS 站点有清华大学的“水木清华”，南京大学的“小百合”等，社会上比较著名的 BBS 也比较多，如“天涯”、“西祠胡同”等。

6. 多媒体网络应用

随着 Internet 网络带宽的增加，音频和视频可以得到流畅地传输，多媒体网络应用逐渐成为 Internet 提供的一种主流服务形式，目前 Internet 上提供的多媒体网络应用可以分为以下几种。

（1）Internet 广播

提供与普通的无线电广播和电视广播相同的功能，不同的是在 Internet 上广播，用户可以接收世界上任何一个地方发出的声音和电视广播，不再受现实中广播传输距离的限制。这种广播可以使用单播传输，也可使用更有效的组播传输。

（2） 声音/视频点播

声音/视频点播（Audio/Video On Demand，AOD/VOD），是客户机请求服务器传送经过压缩并保存在声音点播服务器上的声音/视频文件。在点播过程中，通常采用流式传输机制，Internet 点播软件的运行是一边播放一边从服务器上接收文件的，并不是在整个文件下载后开始播放。应用流式传输机制，在 Internet 上提供即时影像和声音的新一代多媒体技术就称为流媒体。VOD 和 AOD 正是流媒体的典型应用，它近乎实时的交互性和即时性，使其迅速成为一种崭新的传播渠道，目前应用很广泛。

（3）Internet 电话

借助于 Internet 进行通话，就像人们在传统的线路交换电话网络上相互通信一样，可以近距离通信，也可以长途通信，而费用却非常低。

（4）视频会议

多人在 Internet 上进行视频会议，通过摄像头将参会人的头像、实时场景显示于客户终端。参加人之间可以互相看到并发言，如同在办公室开会一般。

7. 信息检索

随着信息化、网络化进程的推进，Internet 上的各种信息呈指数级膨胀，面对大量、无序、繁杂的资源，信息检索系统应运而生。其核心思想是用一种简单的方法，按照一定策略，在互联网中搜集、发现信息，并对信息进行理解、提取、组织和处理，帮助人们快速寻找到想要的内容，摒弃无用信息。这种为用户提供检索服务，起到信息导航作用的系统就称为搜索引擎。

根据搜索引擎所基于的技术原理，可以分为三大主要类型：全文搜索引擎（Full Text Search Engine）、目录索引类搜索引擎（Search Index/Directory）和元搜索引擎（Meta Search Engine）。

（1）全文搜索引擎

全文搜索引擎是名副其实的搜索引擎，国外具代表性的有 Google、Fast/AllTheWeb、AltaVista、

Inktomi、Teoma、WiseNut 等，国内著名的有百度（Baidu）。它们都是通过从互联网上提取各个网站信息（以网页文字为主）而建立的数据库中，检索与用户查询条件匹配的相关记录，然后按一定的排列顺序将结果返回给用户，因此是真正的搜索引擎。

从搜索结果来源的角度，全文搜索引擎又可细分为两种：一种是拥有自己的检索程序，并自建网页数据库，搜索结果直接从自身的数据库中调用，如上面提到的 7 家引擎；另一种则是租用其他引擎的数据库，并按自定的格式排列搜索结果，如 Lycos 引擎。

（2）目录索引

目录索引虽然有搜索功能，但在严格意义上算不上是真正的搜索引擎，仅仅是按目录分类的网站链接列表而已。用户完全可以不用进行关键词（Keywords）查询，仅靠分类目录也可找到需要的信息。目录索引中最具代表性的莫过于大名鼎鼎的 Yahoo 雅虎。其他著名的还有 Open Directory Project（DMOZ）、LookSmart、About 等。国内的搜狐、新浪、网易搜索也都属于这一类。

（3）元搜索引擎

元搜索引擎在接受用户查询请求时，同时在其他多个引擎上进行搜索，并将结果返回给用户。著名的元搜索引擎有 InfoSpace、Dogpile、Vivisimo 等（元搜索引擎列表），中文元搜索引擎中具代表性的有搜星搜索引擎。在搜索结果排列方面，有的直接按来源引擎排列搜索结果，如 Dogpile，有的则按自定的规则将结果重新排列组合，如 Vivisimo。

5.4 面向 Internet 的新技术

随着 Internet 应用的普及，传统的软件构建模式正在发生巨大的变化，软件已经从“单机版”逐渐发展为“网络化”，并且在软件的开发和交付模式中体现出了“服务化”和“智能化”特征。本节就近年来出现的基于 Internet 新技术作简要介绍，主要包括 Web Service、云计算以及物联网。

5.4.1 Web Service

1. Web Service 概述

面向服务计算（Service Oriented Computing，SOC）已经成为当前流行和普遍采用的计算范型。在 SOC 中，服务以开放、自主的方式运行在分布式结点上，通过 Internet 进行互连和协同，并根据环境变化和业务需要的动态变化构建相关应用系统。Web Service 则是当前 SOC 中最为成熟和广泛应用的一种服务计算实现模式。

Web Service 通常具备两个角度的含义：应用程序角度和技术角度。从应用程序角度，Web Service 是一种自包含、自描述的应用程序模块，可以通过网络（通常是指 Internet）进行发布、发现和调用；从技术角度，Web Service 则是开发和部署以及使用 Web Service 应用程序模块的标准和规则。

Web Service 使用特定的网络协议和数据格式来处理分布式异构应用，使得网络中采用不同平台和架构开发的应用程序以及异构数据能够得以访问和进行信息交互。Web Service 具有对象技术的所有优点，同时又具备比现有的对象技术更好的开放性，更适合用于建立可操作的分布式应用程序平台，它定义了应用程序如何在 Web 上实现操作性，因此用户可以使用任何语言，在任何平台上编写所需要的 Web Service。

2. Web Service 的特征

Web Service 本质上是一种部署在网络上的对象或者组件，之所以能够在异构网络环境下得以使用和推广主要是因为其具备以下特点。

（1）良好的封装性

作为一种部署在网络中的应用程序对象，Web Service 采取了标准化协议和格式对其内部程序信息以及私有数据进行封装，对应使用者而言，仅仅能够看到 Web Service 所提供的功能列表，无法得到其内部相关实现信息。

（2）松散耦合

耦合是指应用程序不同功能模块之间的关联度，对于一个软件来说，耦合度要高，软件在质量越差。Web Service 具有自包含和自治特性，每一个 Web Service 都是一个功能独立的应用程序模块，在发布和使用过程中仅仅对外提供调用接口，即使一个 Web Service 的内部实现发生变化，对调用者来说是感觉不到的，因此，只要 Web Service 的外部接口不发生变化，与该 Web Service 进行耦合的模块并不需要发生改变。

（3）使用标准协议规范

Web Service 的所有公共协约（数据定义、接口参数、交互信息、发布方式、调用格式）均采用标准化的协议进行描述，用户只需要按照指定协议和格式实现 Web Service 应用程序的封装、发布和调用即可。

（4）高度的可集成能力

Web Service 采用了简单、易于理解的标准协议作为组件界面描述，所以完全屏蔽了不同软件平台的差异，CORBA、DCOM 还是 EJB 都可以通过这一种标准的协议进行互操作，从而实现了在网络环境下高度的可集成性，为其在异构使用环境中的广泛推广提供了可能。

鉴于 Web Service 所具备的上述特征，可以将采用 Web Service 构建的任意应用程序进行集成，因此，掌握 Web Service 技术就可以做到以下几点。

（1）可以与任意平台上采用任何语言和工具开发的应用程序进行集成和交互。

（2）将应用程序功能概念化成任务，从而形成面向任务的开发和工作流。

（3）允许松散耦合，当某个或多个 Web Service 在设计或者使用的过程中发生变化时，应用程序的交互接口和交互关系不会发生变化。

（4）使用现有的应用程序能够适应不断变化的业务和客户需求。

（5）为已有的软件应用程序提供服务接口，从而使得这些程序无须改变原来的应用程序即可与新系统进行集成和交互。

3. Web Service 的体系结构

Web Service 在使用过程中所采用的体系结构是面向服务的体系结构（Service Oriented Architecture，SOA），在 SOA 中存在 3 种角色：服务注册中心、服务请求者以及服务提供者，三者之间的交互关系如图 5-7 所示。3 种角色的交互过程如下：服务提供者首先向服务注册中心发布自己的服务，服务请求者根据自己的需求，在服务注册中心按照指定的规则进行服务查找，一旦找到了满足要求的 Web Service，则根据注册中心提供的 Web Service 相关信息到服务提供者处进行服务的绑定，进而完成服务的调用。

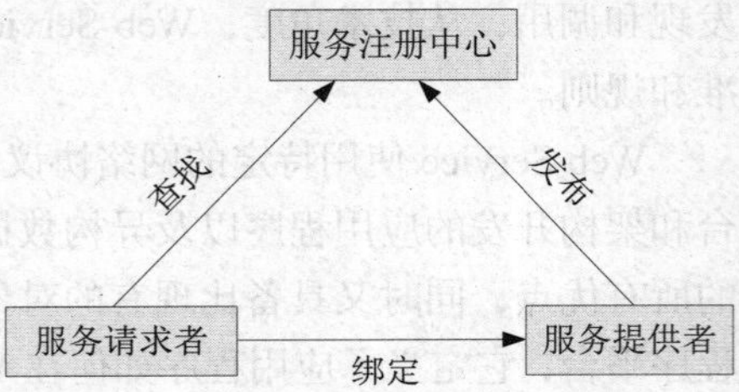

图 5-7　Web Service 体系结构

① 服务提供者：发布自己的 Web Service，并对来

自服务请求者的服务请求进行响应。

② 服务注册中心：注册和存储已经发布的 Web Service 信息，并提供相应的分类和检索机制以便服务请求者快速地定位自己所需的 Web Service。

③ 服务请求者：Web Service 的使用者，利用服务注册中心所提供的 Web Service 信息，查找自己所需的 Web Service，然后使用该 Web Service。

SOA 架构中的 3 种角色在 Web Service 使用的过程中提供了以下 3 种操作。

④ 发布操作：服务提供者可以向服务注册中心注册自己的 Web Service。

⑤ 查找操作：服务请求者可以通过服务注册中心查找特定种类的 Web Service。

⑥ 绑定操作：服务请求者可以从服务提供者处获取和使用其所提供的 Web Service。

5.4.2 云计算

1. 云计算概述

按照美国国家标准与技术研究院的定义，云计算是一种利用互联网实现随时、随地、按需、便捷地访问共享资源池（如计算设施、存储设备以及应用程序等）的计算模式。计算资源服务化是云计算的重要表现形式，它为用户屏蔽了应用程序的部署、数据中心管理以及大规模数据处理等问题。通过云计算，用户可以根据业务负载动态申请或释放资源，并以按需支付的方式支付其所使用的资源费用，提高服务质量的同时降低运维成本。

云计算的最终目标是将计算、服务和应用作为一种公共设施提供给公众，使得人们能够像使用水、电、煤气和电话那样使用计算机资源。云计算中的“云”可以通俗的理解为存在于互联网上的服务器集群上的资源，它包括硬件资源（CPU、存储器以及服务器等）和软件资源（应用软件、集成开发环境等），所有的处理都在云计算提供商所提供的计算机集群中来实现和完成。用户可以免费或者按需租用云计算提供商所提供的资源，如当前流行的云盘、云笔记、云阅读以及云数据仓库等。

2. 云计算的特点

云计算的出现意味着计算资源可以作为一种商品进行流通，使得计算资源变得易于使用和管理，同时也变得廉价和可靠，云计算主要有以下特点。

（1）超大规模

云的规模巨大，具有前所未有的计算能力。企业私有云一般拥有数百上千台服务器，一些大型的企业，如 Google、Amazon、IBM、微软、Yahoo 等的云至少拥有数十万台服务器，多者则可达到几百万台。

（2）虚拟化与资源池化

云计算将各种计算资源进行虚拟化，云计算系统提供的是服务。计算资源以共享资源池的方式统一管理，利用虚拟化技术，将资源分配给用户。支持用户在任意位置、使用各种终端获取应用服务，所请求的资源来自云，而不是固定的有形的实体。

（3）通用性与高可靠性

云计算不针对特定的应用，在云的支撑下可以构造出千变万化的应用，同一个云可以同时支撑不同的应用运行。云使用了数据多副本容错、计算结点同构可互换等措施来保障服务的高可靠性，使用云计算比使用本地计算机可靠。

（4）弹性服务

服务的规模可以快速伸缩，以自动适应业务负载的动态变化。用户使用资源同业务需求相一致，避免了因为服务器性能过载或冗余而导致的服务质量下降或资源浪费。

（5）按需服务

以服务的形式为用户提供应用程序、数据存储、基础设置等资源，并可以根据用户的需求，自动分配资源，不需要管理者的干预，同时服务可计费。

3. 云计算体系结构

云计算的体系结构如图 5-8 所示，可以划分为 3 层：核心服务层、服务管理层以及用户接口层。核心服务层将硬件基础设施、软件运行环境、应用程序等抽象为服务，这些服务具有可靠性强、可行性高、规模可伸缩等特点，可以满足多样化的应用需求。服务管理层为核心服务层提供支持，确保服务质量、安全性以及计费标准。用户访问层则为用户访问云服务提供相应接口。

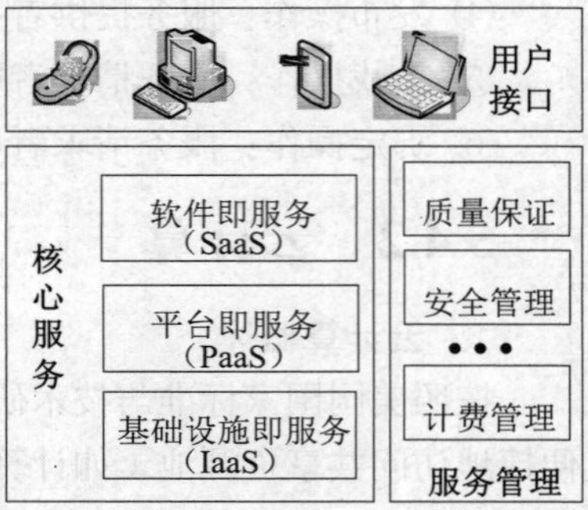

图 5-8　云计算体系结构图

（1）核心服务层

核心服务层由基础设施即服务（Infrastructure as a Service，IaaS）、平台即服务（Platform as a Service，PaaS）、软件即服务（Software as a Service，SaaS）3 个层次组成。其中，IaaS 提供硬件基础设置部署服务，为用户按需提供实体或虚拟的计算、存储和网络资源等。PaaS 是云计算应用程序运行环境，提供应用程序部署与管理服务。SaaS 是基于云计算基础平台所开发的应用程序，可以供企业或个人用户租用以满足相应需求。

（2）服务管理层

云计算平台规模庞大且结构复杂，不同用户对 QoS 的要求不同，云平台在运行时也面临数据安全问题，因此，服务管理层需要对核心服务层的可用性、可靠性和安全性提供保障，并且还需要完成计费管理和资源监控等功能。

（3）用户访问接口层

主要提供用户和云计算平台之间的访问接口，通常包括命令行、Web 服务以及 Web 门户网站等形式。在 Intel、Sun 和 Cisco 等公司的提议下，云计算互操作论坛成立，致力于开发统一的云计算接口，以实现“全球环境下，不同企业之间可以利用云计算服务无缝协同工作”的目标。

4. 云计算需要解决的问题

云计算概念的提出已有近十年，近年来也取得了广泛的应用，但云计算平台在构建的过程中还面临着许多问题需要解决和完善。

（1）标准化问题

目前已经构建的云计算平台部署相对分散，虽然可以实现资源的虚拟化并对外提供服务，但不同云计算平台之间的交互缺乏标准，难以做到不同云平台之间的协同。

（2）安全性问题

在云计算平台中，用户的数据存储在云端，因此数据的非法访问和隐私保护成为云计算平台所要解决的重要问题，虽然研究者已在云安全研究方面取得了一系列成果，但在现实应用中仍面临着巨大挑战。

（3）稳定性问题

云计算平台需要借助网络来实现其所提供的服务，因此网络连接和传输过程中的效率、可靠性、外在因素的影响等问题会对云计算平台的使用造成影响，因此如何应对来至于网络稳定性方面的负面问题是云计算所要考虑的。

（4）法律监管问题

云计算作为新兴的计算实现范型，目前缺少相关法律政策来支持和规范云计算的使用，云计算在使用过程中涉及的责任纠纷也尚无明确的法律依据。

（5）市场调节问题

云计算彻底地改变了以往的计算实现模式，人们借助云计算可以一定程度上摆脱计算机软、硬件资源的限制，这对传统的计算机类业务市场构成一定的影响，因此需要完善相关市场调节机制以应对云计算对市场带来的冲击。

5.4.3　物联网

1. 物联网概述

物联网是在互联网基础上延伸和扩展的网络，是通过信息传感设备，按照约定的协议，把物品与互联网连接起来，进行信息交换和通信，以实现智能化识别、定位、跟踪、监控和管理的一种网络。物联网的英文名称为 Internet of Things，这里的“物”是指生活中的物品，“联网”则是“互联网”，因此，物联网本质是“连接物品的互联网”。

物联网技术引领了信息产业革命的新发展浪潮，是未来社会经济发展、社会进步和科技创新的重要的基础设施，也关系到未来国家物理基础设施的安全利用。目前，物联网相关技术已成为各国竞争的焦点和制高点，物联网相关理论技术的研发和应用已被列为我国“国民经济和社会发展第十二个五年规划”中的一项重要的内容。

2. 物联网体系结构

物联网作为一种新技术，很多理论层面的问题仍在研究和发展中，因此在物联网体系结构的划分过程中，许多研究者基于不同的划分角度给出了不同的体系结构，目前比较得到普遍认可的是从物联网的组成角度划分的三层体系结构。

作为一个层次化网络，物联网的组成从功能结构上可以划分为 3 个层次，如图 5-9 所示，分别是应用层、网络层和感知层。这 3 个层次之间的信息传递并不是单向的，而是存在交互和控制关系。

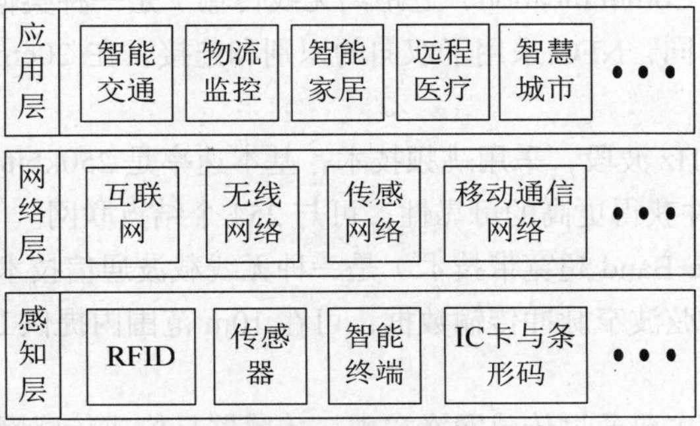

图 5-9　物联网的三层体系结构

应用层是用户与物联网的接口，主要负责对采集到的各种信息进行转换，以视频、图像、语音、文字等方式对物品信息进行监控、展示和管理，以实现物联网的智能应用；网络层主要包括互联网、传感网络和移动通信网络，是实现物联网的基础设施；感知层主要是采集信息的感知元设备，包括编码标签、传感器、摄像头以及传感器网络及网关等，完成对感知采集点的环境参数的采集和转换。

3. 物联网的关键技术

物联网的构建技术处于不断发展和更新的过程中，现有的技术伴随着物联网理论的发展和应用的普及，在不久的将来会得到改进或被其他新技术替代，下面简要介绍一下当前在物联网组建过程中涉及的主要关键技术。

（1）射频识别技术

射频识别（Radio Frequency Identification，RFID）技术是利用射频信号、空间耦合和传输特性进行的非接触双向通信，实现对静止或移动物体的唯一、有效和自动识别及数据交换的一项自动识别技术。

射频识别系统通常由 3 个基本部分组成，即电子标签、阅读器和天线。RFID 是一种非接触式的自动识别技术，具有适应恶劣环境，可识别高速运动的物体，可同时识别多个标签和存储信息量大等优点。RFID 标签可分为无源标签（被动标签）和有源标签（主动标签）两种，工作频率包括 125MHz、13.56MHz、900MHz、2.45GHz、5.8GHz 等。

目前，在 RFID 领域的 ID 标准分为以美国为首的 EPC 标识（96 位）和日本推出的 UID 标识（128 位）两种，二者互不兼容。

（2）短距通信技术

目前使用较广泛的短距无线通信技术包括蓝牙（Bluetooth）、无线局域网 802.11（Wi-Fi）和红外数据传输（IrDA），同时还有一些具有发展潜力的短距无线技术标准，分别是 zigBee、超宽频（UWB）、短距通信（NFC）等。

① Bluetooth（蓝牙技术）传输频段为全球公众通用的 2.4GHz ISM 频段，在 10m 范围内提供 1Mbit/s 的传输速率。

② Wi-Fi（Wireless Fidelity，无线高保真）的正式名称是 IEEE 802.1lb，是以太网的一种无线扩展，在 100m 的范围内可提供 11Mbit/s 的速率。

③ IrDA（Infrared Data Association，红外数据组织）属于视距传播，能在 lm 范围内提供 115.2kbit/s、4Mbit/s 和 16Mbit/s 的点对点传输速率，无须申请频率的使用权，而且设备体积小、功耗低、连接方便、传输安全性高。

④ NFC（Near Field Comnunication，近距离无线传输）是一种类似于 RFID 的短距离无线通信技术标准。和 RFID 不同，NFC 采用了双向的识别和连接，在 20cm 距离内工作于 13.56MHz 频率范围。

⑤ ZigBee 使用 2.4GHz 波段，采用跳频技术，基本速率是 250kbit/s，当降低到 28kbit/s 时传输范围可扩大到 134m，并获得更高的可靠性，可与 254 个结点联网。

⑥ UWB（Ultra Wide Band 超宽带技术）是一种无线载波通信技术，它不采用正弦载波，而是利用“纳秒”级的非正弦波窄脉冲传输数据，可在 10m 范围内提供 110Mbit/s 的速率。

（3）传感器技术

物联网中的信息采集主要通过传感网络实现，传感器是构成传感网络的关键器件，通常要求传感器除了具备能够感知信息的能力，同时还需要具备智能化和网络化的特点，以便应对物联网所面临的较为恶劣的使用环境。

在传感器网络中，传感结点通常由传感处理模块、数据处理模块、信号传输模块以及电源 4 部分组成，具有端结点和路由的功能。首先是实现数据的采集和处理，其次是实现数据的融合和路由，综合本身采集的数据和收到的其他结点发送的数据，转发到其他网关结点，传感结点的好坏会直接影响到整个传感器网络的正常运转和功能健全。

（4）海量信息处理技术

在物联网应用过程中，从感知层到应用层，各种信息的种类和数量都成倍增加，需要分析的数据量也成级数增加，同时还涉及到各种异构网络或多个系统之间数据的融合问题。如何从海量信息中获取对用户有用的信息则是物联网所面临的一个重要问题。

云计算和数据挖掘技术是解决物联网中海量信息处理的有效办法，云计算可以有效地为物联网中数据的存储和分析提供支撑平台，而数据挖掘可以为海量数据的特征抽取、过滤以及融合提供相关的实现方法，从而为物联网实际应用和推广中的海量数据处理提供了可行的途径。

习　题

一、选择题

1. IPv4 的 IP 地址有（　　）位。

A. 64 位　　B. 48 位　　C. 32 位　　D. 24 位

2. 在给主机设置 IP 地址时，以下选项中能使用的是（　　）。

A. 29.9.255.15　　B. 127.21.19.109　　C. 192.5.91.255　　D. 220.103.256.56

3. 在 Internet 中，用字符串表示的 IP 地址称为（　　）。

A. 账户　　B. 域名　　C. 主机名　　D. 用户名

4. IP 地址 190.233.27.13 是（　　）类地址。

A. A　　B. B　　C. C　　D. D

5. 若两台主机在同一子网中，则两台主机的 IP 地址分别与它们的子网掩码相“与”的结果一定（　　）。

A. 为全 0　　B. 为全 1　　C. 相同　　D. 不同

6. DNS 的作用是（　　）。

A.为客户机分配 IP 地址　　B. 访问 HTTP 的应用程序

C. 将域名翻译为 IP 地址　　D. 将 MAC 地址翻译为 IP 地址

7. 在 Internet 中，某 WWW 服务器提供的网页地址为 http://www.microsoft.com，其中的“http”指的是（　　）。

A. WWW 服务器主机名　　B. 访问类型为超文本传输协议

C. 访问类型为文件传输协议　　D. WWW 服务器域名

8. 计算机只有运行（　　）才可以与 Internet 中的任何主机通信。

A. ICMP 协议　　B. CP/IP 协议

C. IP 协议　　D. TCP 协议

9. 下面是某单位的主页的 Web 地址 URL，其中符合 URL 格式的是（　　）。

A. Http//www.jnu.edu.cn　　B. Http:www.jnu.edu.cn

C. Http://www.jnu.edu.cn　　D. Http:/www.jnu.edu.cn

10. 客户机提出服务请求，网络将用户请求传送到服务器，服务器执行用户请求，完成所要的操作并将结果送回用户，这种工作模式称为（　　）。

A. Client /Server 模式　　B. 对等模式

C. CSMA/CD 模式　　D. TOKEN RING 模式

二、填空题

1. IPv6的地址长度为________位。

2. B类网络的默认子网掩码是________。

3. 商业组织的顶级域名缩写为________，Internet服务提供商的缩写为________。

4. Internet在现实的使用过程中所采用的工作模式有两种：________模式（简称C/S模式）和________（简称B/S模式）。

5. 在SOA中存在3种角色：________、服务请求者以及服务提供者。

6. 在云计算的层次划分中，核心服务层由基础设施即服务、平台即服务、软件即服务3个层次组成，上述3个层次的英文缩写分别为________、________、________。

7. 射频识别系统通常由3个基本部分组成，即________、________和天线。

8. 物联网的组成从功能结构上可以划分为3个层次，分别是应用层、网络层和________，这3个层次之间的信息传递并不是单向的，而是存在交互和控制关系。

9. 当一个IP地址的主机地址部分为1时，它表示一个________地址。

10. ________服务器是一台安装有域名解析处理软件的主机，用于实现域名和IP地址之间的转换工作。

三、简答题

1. Internet的常用接入方式有哪些？

2. Internet提供的服务有哪些？

3. 简述SOA体系结构中的3种角色及其功能。

第2篇 应用篇

第6章 网页制作基础

本章主要介绍网页制作的基础知识，包括网页与网站的概念，网站建立的流程以及常用网站开发工具，并详细介绍网页组成文件——HTML的相关内容，讲述HTML文档的结构、常用标记及其属性含义。

6.1 网页制作概述

6.1.1 网页与网站

网页即上网过程中通过浏览器所看到的页面，它是存放在网络中某台主机上的一些文件，这些文件通过超文本标记语言（HTML）来描述，包含有丰富的页面对象，可以是文字、图形图像、动画、声音和视频，以及一些脚本应用程序等多种形式页面对象，不同页面之间通过超级链接相互关联。通过前面介绍的URL可以精确地访问位于Internet网络上任意一台服务器主机上的任意的页面文件，并且能够利用页面中设置的超级链接方便地实现不同页面以及站点之间的跳转。

通过IE浏览器打开一个网页，然后在浏览器窗口中选择【查看】|【源文件】菜单命令，如图6-1所示，此时浏览器会通过记事本程序打开一个文本文件，如图6-2所示。这些文字就是网页的真正面目了，它们是HTML格式的代码，浏览器就是把这些代码文字转换成五颜六色的画面的工具，也就是我们看到的网页。

网页可以划分为静态网页和动态网页，静态页面和动态页面的区别不在于页面内部是否包含有动画元素，而在于页面能否提供交互功能。静态页面仅仅能起到展示的作用，不具备交互功能；动态页面能够从客户端采集信息，提交远程服务器，远程服务器根据采集到的信息和请求，做出相应处理，生成页面返回至客户端。

静态网页的每个页面都有一个确定的URL，页面内容固定，不具备交互性，一经发布到服务器上就实实在在存在，修改和维护比较复杂。

动态网页具备很强的交互性，可以和服务器后台数据库交互，相比静态页面提供的功能更加丰富。动态页面并不存在于服务器上，而是根据访问者的请求动态生成页面。

网站是在Internet上包含访问者可以通过浏览器查看的HTML文档的场所，网站宿主于

Internet 上的某台服务器上，能为访问者提供相应的访问服务。从访问者的角度看，网站就是若干网页的集合，这些网页围绕一个主题页面（网站首页）通过超级链接建立起关联。访问者通过首页可以轻松地访问到该网站的其他页面信息。

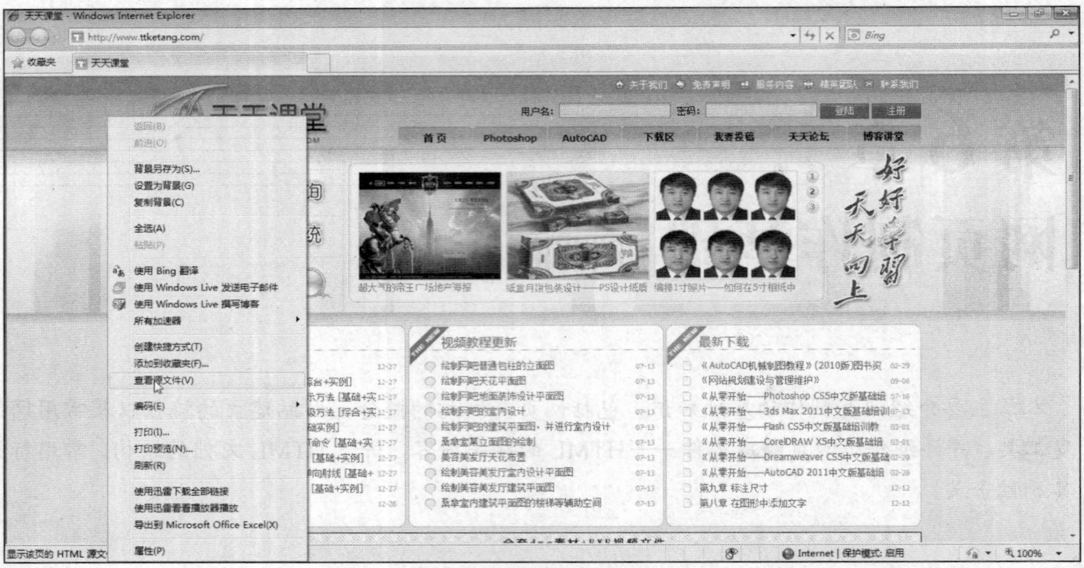

图 6-1　打开网页源文件的方法

现在的绝大部分网站都是采用静态页面和动态页面相结合的技术，静态页面是网站建设的基础，动态页面则是网站建设的灵魂。

图 6-2　记事本打开的网页源文件

6.1.2　网站制作的步骤

网站是主题相关的网页页面的集合，网站开发的主要工作为站内页面的设计，一般情况下，设计开发一个网站可以分为以下几步。

（1）策划和设计网站

明确网站定位和服务对象，根据网站所反映的主题，设计网站应该具备的功能，进行需求分析。

（2）规划站点，搜集资料

根据上一步中的功能需求分析，设计规划站点的架构，明确站点功能模块及各模块之间的关系，搜集可以用于网站设计和开发的相关资料。

（3）布局和编排网页

针对各个功能模块进行页面划分，根据页面所完成功能结合网站主题，对每个页面进行布局结构的设计和划分。

（4）填充网页内容，制作超链接

将搜集到的相关材料进行筛选，填入网页各个模块，制作各个页面之间的超级链接，对页面进行美化。

（5）建立动态站点

根据功能设计需要，采用合适的服务器语言，为页面添加动态交互功能，使得页面能够从外界获取信息，并且能根据用户提交的信息在服务器上做出相应的检索后生成特定的动态页面以便回馈给用户相关信息。

（6）测试和发布

对网站进行测试，包括网站功能测试、网站程序及数据测试以及页面兼容性等方面，将测试无误后的页面进行发布即可。

6.1.3　常用制作软件

网页的制作过程主要可以分解为以下 3 大部分。

① 页面对象的制作。

② 页面布局。

③ 网页动态交互的实现。

对于静态网页的制作主要是前两部分，如果页面需要动态交互行为，则需要对已经制作好的页面对象，采用动态网页交互语言添加交互功能。以下将介绍当前常用的页面对象制作软件和页面布局软件。

1．页面对象制作类软件

页面对象主要包括文字、图形图像、动画等元素，本部分内容主要介绍当前主流的图形图像和动画制作软件。

（1）图形图像处理软件

图片从存储的角度可以分为位图和矢量图。简单地说，位图是以点阵的形式存放图像，而矢量图是以使用线来描述图形，图形的元素是一些直线、矩形、多边形、圆和弧线等，它们可以通过数学公式计算获得的；位图放大会失真，而矢量图放大有一个重绘过程，不会失真。

用于图形图像处理的软件种类繁多，如 Photoshop、Fireworks、CorelDRAW 以及 Illustrator 等软件，上面提及的 4 种软件中前两种具备较强的位图处理功能，后面两种主要是处理矢量图形。

Photoshop 是 Adobe 公司推出的优秀的图形图像处理软件，几乎是当前使用最为广泛的图像处理软件。它不仅提供强大的绘图工具，可以直接绘制艺术图形，还能直接从扫描仪、数码相机等设备采集图像，并对它们自发进行修改、修复，并调整图像的色彩、亮度，改变图像的大小，而且还可以对多幅图像进行合并增加特殊效果，使现实生活中很难遇见的景像十分逼真地展现；同时可以改变图像的颜色模式，并能在图像中制作艺术文字等。

Fireworks 由 Macromedia 公司推出，也具备较为强大的图形图像处理功能。在图像处理方面，Fireworks 提供了一组功能较为强大的位图处理工具，可以完成对位图进行区域选取，像素修改和复制等操作，同时提供了切片工具方便进行图像的热区与切片制作。

Illustrator 是 Adobe 公司开发的一款非常优秀的矢量绘图软件。它功能十分强大，不仅可以进行基本的图形制作，还具有功能强大的效果以及文本处理功能。Illustrator 工作界面紧凑而灵活、集成化程度高、功能强大，不仅得到了设计师们的青睐，也为广大的美术爱好者所钟爱，他们用它来制作商标、海报、宣传册以及具有相当专业水准的插画等，与 Photoshop 配合使用，可以创造出叹为观止的图像效果。

Core 公司的著名绘图软件 CorelDRAW 也是相当出色的矢量绘图软件，它以功能丰富而著称，因而对于相当熟悉 Windows 的用户来说是非常合适的。Macromedia 的 Fireworks 也提供了矢量图形创作和处理工具，可对一些曲线和规则矢量图形的处理和创作。

（2）动画制作类软件

应用于网页页面制作的动画主要分为两大类，一类是 gif 格式的动画，另一类是 Flash 动画。Flash 动画相对 gif 格式的动画效果较好，其在色彩表现、动画交互性以及传输展示上具有无可比拟的优势，大量应用于网页制作。当前用于制作动画的软件种类繁多，对于网页制作和设计学习来说，可以着重掌握 Flash。

Adobe 公司和 Macromedia 公司都有推出的 Flash 软件，它们功能界面基本一致，现在 Macromedia 公司的 Flash 已被 Adobe 公司兼并。Flash 提供了多种动画制作方案，可以将声音和视频嵌入动画，利用 Action Script 脚本命令可以轻松地设计实现交互动画。Flash 制作的动画品质高、体积小，动画文件可边下载边播放，较好地克服了网络带宽的限制，利用 Flash 既可创建简单动画，也可创建复杂的交互式 Web 应用程序。

Fireworks 可以用来制作简单的 gif 格式动画，该工具软件提供了逐帧动画制作、补间动画制作以及动画元件 3 种动画制作方法，界面友好易用。

2. 页面布局类

当前使用比较广泛的页面布局软件主要为 Dreamweaver 和 FrontPage，这两款网页设计软件都是所见即所得的可视化产品。

Dreamweaver 几乎是目前应用最为广泛的集网页制作和网站建设功能于一体的开发工具，是一款专业的 HTML 编辑器，它提供了可视化的编辑环境，是建立和管理网站的有效工具，目前 Dreamweaver 已经成为 Adobe 公司的独家产品。借助 Dreamweaver 还可以使用服务器语言生成支持动态数据库的 Web 应用程序。

Microsoft 公司出品的 FrontPage 也是一款优秀的网页制作软件，它最大限度地减小了网页设计和制作的难度，使人们像利用 Word 编辑文本文档一样制作网页。FrontPage 不仅可以用来制作网页，用户也可以使用它来建设和维护整个网站。

6.2 HTML 语言

6.2.1 HTML 简介

HTML（HyperText Markup Language）译为超文本标记语言。HTML 最初由蒂姆·本尼斯李

（Tim Berners-Lee）于 1989 年在 CERN（Conseil Europeen pour la Recherche Nucleaire）研制出来，HTML 语言发展很快，已历经 HTML1.0、HTML2.0 HTML3.0 和 HTML4.0 多个版本，目前 HTML5.0 正在测试，同时与 HTML 相关的 DHTML、VHTML 以及 SHTML 等也飞速发展起来。

HTML 不同于一般意义上的编程语言，它是一种标记语言，利用标记（tag）来描述网页页面对象的属性，如页面对象的位置、颜色以及链接信息等各种属性，浏览器通过对 HTML 文件的解释形成丰富多彩的网页文件。

HTML 文档内容简单，主要由页面对象的文字标识描述和 HTML 标记组成，在 HTML 文档中可以插入图形图像、动画、声音和视频以及 VBScript、JavaScript 和 JavaApplet 等脚本应用程序，构建表现丰富多彩的网页页面。

6.2.2　HTML 文档

HTML 文档为网页文件的源文件，由众多特殊含义的标签和网页页面对象构成，为纯文本文档，可以使用任何文本编辑器对其进行编辑。为了能使浏览器自动关联 HTML 文档对其解释形成网页页面，HTML 文档须保存为扩展名为.htm 或者.html 的文本文件。

下面所示代码是利用记事本采用 HTML 编写的一个 HTML 文档，该文档所对应的网页页面如图 6-3 所示。

```
<html>
  <head>
      <title>网页制作学习</title>
  </head>
  <body>
      这是利用 HTML 书写的第一个网页页面!
      <p>常用网页制作工具:
      <ul>
        <li> Dreamweaver
        <li> Flash
        <li> Photoshop
      </ul>
    </body>
</html>
```

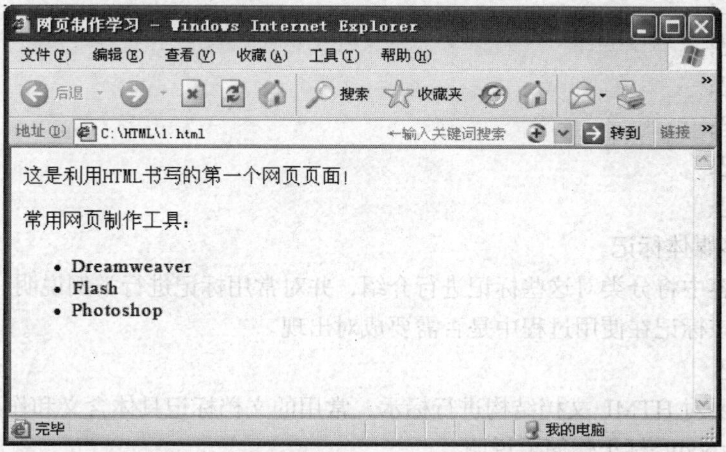

图 6-3　第一个 html 文件

从上述文档整体结构上来看，HTML 文档结构分为 3 部分。

（1）以<html></ html >标记作为文档开始和结束标记。

（2）分布在标记<head></head>标记之间的是文件头部，主要放置浏览器所需的信息。

分布在<body></body>标记之间的是文件体，是网页页面展示的主要部分。

（3）在 HTML 文档中，标记放置在一对“<>”号内部，对网页对象起标识作用，不同的标记其含义不同，标记的书写具备以下特点。

① 标记一般是成对出现，有少数标记是单独出现。

上述代码中<html></html>以及<ul></ul>即为成对出现的标记，这类标记中，后一个标记中比前一个标记多了一个“/”，表示围堵的含义，表明标记起作用的范围。在<html></html>标记内放置的为 HTML 代码，在<ul></ul>标记内放置的为无序列表。

代码中的<p>和<li>标记为单独出现标记，这类标记不同于成对出现的标记，它对紧随其后的内容独立起作用，其中<p>代表着分段，<li>为列表项。

② 标记在书写时大小写均可，标记和<>之间不能存在空格。

在 HTML 文档中，标记对大小写不敏感，如标记<head>书写成为<HEAD>也可以正确识别，但如果将<html>写成<　html>，则不能正确识别该标记，按照普通文本处理。

③ 标记可以附加参数。

如果我们希望将上述页面的背景色改成蓝色，网页中的文字以红色字体显示，则可以在<body>标记中添加如下参数设定。

```
<body   bgcolor=blue   text=red>
```

只有具备相应属性参数的标记才可以添加参数进行属性的设定，对于成对出现的标记，属性参数的添加位置仅限于起始标记。

6.2.3 HTML 标记

HTML 标记众多，功能和含义也各不相同，根据标记完成的功能的不同，一般情况下可以将这些标记分为以下几类：

- 文档标记；
- 排版标记；
- 链接标记；
- 字体标记；
- 表格标记；
- 表单标记；
- 列表标记；
- 框架标记；
- 图像及多媒体标记。

在随后的内容中将分类对这些标记进行介绍，并对常用标记进行举例说明，放置标记的表格的最后一列标识该标记在使用过程中是否需要成对出现。

1. 文档标记

文档标记主要对 HTML 文档结构进行标示，常用的文档标记具体含义和作用如表 6-1 所示。下面对<head>和<body>标记作简要说明。

表 6-1　　文档标记

标记	标记名称	作用	成对标记
<HTML>	HTML 声明	声明一个 HTML 文档	√
<HEAD>	头部	声明 HTML 文档头部，存放文件整体信息	√
<TITLE>	标题	网页标题	√
<BODY>	主体	页面主体，网页正文	√
<! --注释-->	注释	HTML 文档文档说明	×

（1）head 标记说明

<head></head>为头部标记，内部放置的是关于页面的整体信息，主要提供给浏览器使用。在 HTML 文档头中部常出现的标记有 3 种。

① 标题。

网页标题定义在<title></title>标记内部，页面在浏览时，标题将被显示在浏览器窗口的标题栏中。

② meta 元素。

meta 元素信息对用户是不可见的，主要提供给浏览器使用，例如：

- 定义搜索关键字，提供给那些搜索引擎使用

```
<meta name="keywords"  content="网页设计">
```

- 设定页面缓存

```
<meta http-equiv="pragma" content="no-cache">
```

在头部加上上述代码，网页页面将不在本地硬盘缓存。

- 刷新页面

```
<meta http-equiv="refresh"content="10",URL="index.htm">
```

浏览器按照 content 属性中设定的时间来跳转到 URL 属性中设定的 URL 地址。上面的例子就是在打开页面 10 秒后调用一个新的页面 index.htm。如果没有能够找到 index.htm，浏览器就执行刷新本页的操作。

③ script 标记。

指定在页面中使用的脚本程序编码，如在页面中使用的脚本代码为 VBScript，则可以采用下述代码进行指定：

```
<script language="VBScript"></script>
```

（2）body 标记说明

<body></body>标记括起来的内容为显示在页面正文主体区域的对象，对 body 属性的设定可以修改网页页面的整体属性，如网页的背景色、背景图片、页面字体及颜色、页面边距等信息。下面的一段 html 文件产生如图 6-4 所示的页面效果。

```
<html>
<head>
<title>body 属性示例</title>
</head>
<body bgcolor=black text=white leftmargin=40 rightmargin=40 topmargin=20>
body 区域的背景色设为黑色，正文字体设为白色，左右边距均设为 40，上边距设为 20!
</body>
</html>
```

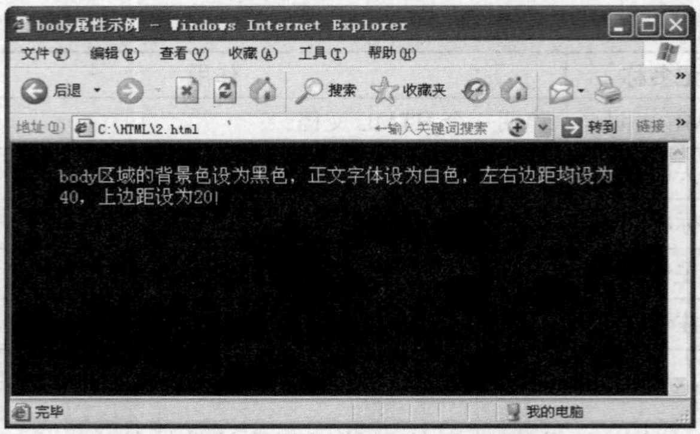

图 6-4 body 属性设置

在利用 body 标签的 bgcolor 属性进行网页的背景颜色设置时，可以使用的格式有以下两种：

- <body bgcolor=#RRGGBB>
- <body bgcolor =颜色的英文名称>

第 1 种格式中，RR、GG、BB 可以分别取值为 00～FF 的十六进制数。RR 用来表示颜色中的红色成分多少，数值越大，颜色越深；GG 用来表示颜色中的绿色成分多少；BB 用来表示颜色中的蓝色成分多少。红、绿、蓝三色按不同比例混合，可以得到各种颜色。

例如，RR = FF，GG = FF，BB = 00，表示为黄色；如果 RRGGBB 取值为 000000，则为黑色；RRGGBB 取值为 FFFFFF，则为白色；RRGGBB 取值为 FF8888，则为浅红色。

第 2 种格式是直接使用颜色的英文名称来设定网页的背景颜色，如在本例中将 bgcolor=black，则显示的页面颜色为黑色。

2. 排版标记

排版标记用对页面对象的版面设置，包括段落设定、文本换行、对象是否居中以及设置水平线等标记，如表 6-2 所示。

表 6-2　　排版标记

标记	标记名称	作用	成对标记
<P>	分段	重新开始一个段落，两个段落间留有一个空白行	×
 	换行	转入下一行	×
<HR>	水平线	在页面上插入一条水平线	×
<PRE>	预设	按照标记内部的预设原始格式显示对象	√
<CENTER>	居中	将标记内部的对象居中显示	√

利用普通的文本编辑器编辑 HTML 文档时，在 HTML 文档中对页面文本加入的空格、换行以及分段符在网页预览时均不起作用，这些排版格式的插入只能通过表 6-2 中的排版标记来实现。

```
<html>
  <head>
    <title>排版标记示例</title>
</head>
<body >
以下文本没有加入 HTML 排版标记：
曲曲折折的荷塘上面，弥望的是田田的叶子。
```

叶子出水很高，像亭亭的舞女的裙。层层的叶子中间，零星地点缀着些白花，有袅娜地开着的，有羞涩地打着朵儿的；正如一粒粒的明珠，又如碧天里的星星，又如刚出浴的美人。

```
<hr>
<center>以下加入了 HTML 排版标记</center>
```

     曲曲折折的荷塘上面，弥望的是田田的叶子。<p align="right">叶子出水很高，像亭亭的舞女的裙。层层的叶子中间，零星地点缀着些白花，有袅娜地开着的，有羞涩地打着朵儿的；正如一粒粒的明珠，又如碧天里的星星，又如刚出浴的美人。

```
<pre>作者：朱自清，(1898 年 11 月 22 日–1948 年 8 月 12 日)
现代著名作家、诗人</pre>
</body>
</html>
```

上面给定的一段 HTML 文档产生的页面效果如图 6-5 所示。HTML 文档中的<hr>标记产生了一条水平线，在水平线以上的文本，虽然在文本编辑器中书写 HTML 代码时进行了排版，但是在预览页面中并没有起到作用；水平线以下利用了 HTML 排版标记进行了相应排版，在图 6-5 中显示了预期效果。

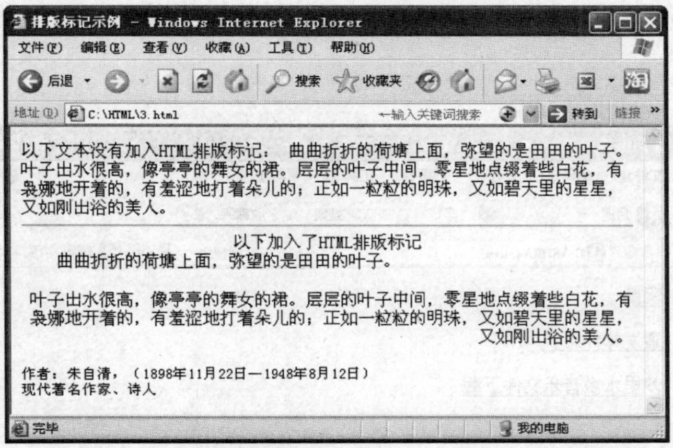

图 6-5　排版标记应用示例

对段落标记<p>，该标记有一个 align 属性，该属性设定了段落的对其方式，有 3 个可取值：置左（align="left"）、置中（align="center"）、置右（align="right"），分别对了段落的“左对齐”、“居中对齐”以及“右对齐”。在 HTML 文档中加入一个分段标记<P>后，两个段落之间的文本或者页面对象会留有一个空白行。由于在上面的 HTML 文档中使用了<p align="right">，所以在图 6-3 所示页面中形成的新分段右对齐。

<pre></pre>标记中的内容在页面预览时原样显示，上例中如果没有该对标记，页面中作者的简介将显示在同一行。在利用文本编辑器对 HTML 文档进行编辑时，在文本编辑器输入的空格是不起作用的，只能通过输入特殊字符 来实现。

3. 链接标记

HTML 通过链接标记来整合分散在 Interent 上的图、文、影、音等各种信息，链接主要涉及两个标记<A>和<BASE>，<A>标记用来设置超级连接的地址和链接窗口的打开方式；<BASE>标记主要用来设定网页的基准链接，一旦定义了该基准链接，则本网页内所使用的所有相对超链接都以该基准标记定义的地址为基准。链接标记如表 6-3 所示。

表 6-3　　　　链接标记

标记	标记名称	作用	成对标记
<A>	链接	设定超级链接	√
<BASE>	基准链接	设定基准超级链接	×

下面的这段 HTML 代码产生了如图 6-6 所示的 3 个超级链接，第一个超级链接链接到网易网站的首页，第二个创建了一个 E-mail 超链接，当该链接被点击时，将自动打开邮件程序，通常会启动 OutLook，为发送邮件做好准备。第三个链接则是链接到一个具体的文件，如一个 zip 格式的压缩文件，当用户点击该链接时会弹出文件下载对话框以供用户下载文件。

```
<html>
  <head>
    <title>超链接示例</title>
  </head>
  <body>
     <a href="www.163.com"、target="_blank">网易</a><p>
     <a href="mailto:qustxx@126.com" >请发邮件给我</a><p>
     <a href="C:\\梦里水乡.mp3" >梦里水乡音乐文件下载</a>
  </body>
</html>
```

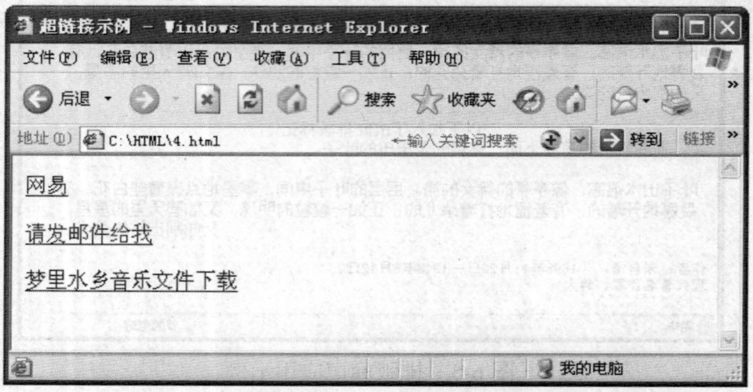

图 6-6　超级链接示例

<a>标记具备两个属性，一个是 href，该属性指明所链接到的文件的 URL，另外一个属性为 taret 属性，该属性指明打开链接目标网页的方式，有以下 4 个参数可选。

① _blank：新窗口显示目标网页。

② _self：当前窗口显示目标网页。

③ _parent：框架网页中当前窗口的父窗口显示目标网页。

④ _top：框架网页中最顶层窗口显示目标网页。

从上面的例子可以看出，对于普通超级链接，只需将 hred 设置为对应的 URL 即可，在创建 E-mail 超链接时，需要将<a>标记 href 属性设定为 mailto:+邮件地址，在创建文件下载链接时，需要将 href 设置文件的路径地址。

4. 字体标记

字体标记主要是用来设定网页文本的字体、字形、颜色以及大小等属性，常用的字体标记如表 6-4 所示。

表 6-4　　　　　　　　　　　　字体标记

标记	标记名称	作用	成对标记
<Hi>	标题	i 取 1 到 6，字体逐渐加粗加大	√
<B>	加粗	将字体加粗	√
<I>	倾斜	将字体倾斜	√
<U>	下划线	为文字加上下划线	√
<Font>	字体	设定文本字体、大小和颜色	√
<Big>	字体增大	使字体加大	√
<Small>	字体缩小	使字体减小	√
<SUP>	上标	产生上标字	√
<SUB>	下标	产生下标字	√

下面这段文本框的 HTML 代码产生如图 6-7 所示的页面。

```
<html>
  <head>
    <title>字体标记示例</title>
  </head>
  <body text=blue>
  <h1>这是一级标题，最大的！</h1>
  <h6>这是六级标题，最小的！</h6>
  <font size=5  color=red face="隶书">框架网页：网页被划分成为多个独立区域，包含多个网页文件！
</font><p>
  框架网页：网页被划分成为多个独立区域，包含多个网页文件！<p>
  <basefont size=5>框架网页：网页被划分成为多个独立区域，包含多个网页文件！<p>
  <b>文字被加粗了！</b><i>文字被倾斜了！</i><sub>下标字</sub><sup>上标字</sup>
  </body>
</html>
```

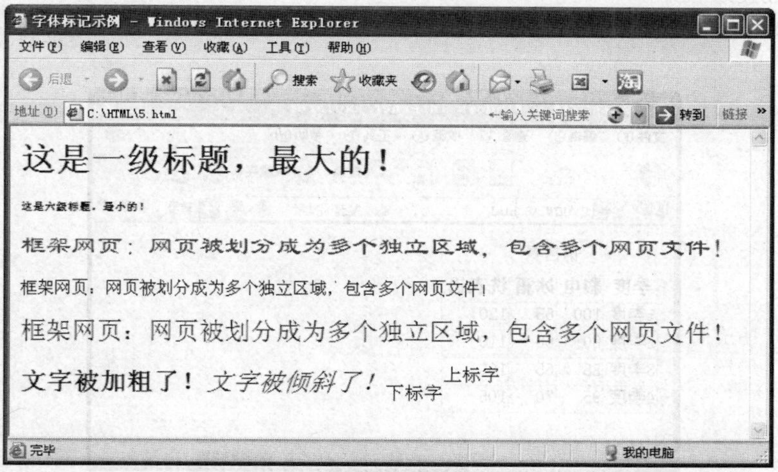

图 6-7　字体标记示例

包含在<Hi></Hi>标记内部的内容被显示为标题，标题在页面中单独占一段，加粗显示。标题从一级到六级，字号逐渐增大。

置于标记<font size=5 color=red face="隶书"></font>内部的文本内容被显示为 5 号字，字体颜色红色，字体为隶书，其他的文本如若没有特殊设定，将按照 body 区域设定的属性进行显示。

加粗、倾斜、下标和上标标记效果可参考页面最后一行文本。

5. 表格标记

HTML 中涉及的表格标记如表 6-5 所示，利用这些标记可以生成各种样式的表格。

表 6-5　　　　表格标记

标记	标记名称	作用	成对标记
<TABLE>	表格	生成一个表格	√
<CAPTION>	表格标题	设定表格标题	√
<TH>	表头	表头，粗字体显示	√
<TR>	行	生成表格的一行	√
<TD>	单元格	生成一个单元格	√

下面的 HTML 代码形成的表格如图 6-8 所示。

```
<html>
  <head>
    <title>表格标记示例</title>
  </head>
  <body>
    <table border =1>
      <caption> 销售表</caption>
      <tr><th>季度</th><th>彩电</th><th>冰箱</th><th>洗衣机</th></tr>
      <tr><td>1 季度</td><td>100</td><td>65</td><td>120</td></tr>
      <tr><td>2 季度</td><td>80</td><td>60</td><td>110</td></tr>
      <tr><td>3 季度</td><td>85</td><td>65</td><td>100</td></tr>
      <tr><td>4 季度</td><td>95</td><td>70</td><td>105</td></tr>
    </table>
  </body>
</html>
```

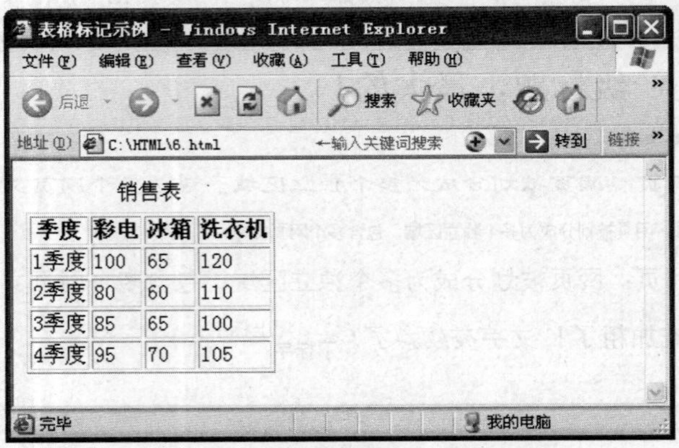

图 6-8　表格示例

HTML 生成表格时首先需要一对<table></table>标记，然后再执行下面的步骤。

① 在<table></table>标记内部利用<tr></tr>标记划分出若干行。

② 在每一对<tr></tr>标记中放置若干<td></td>标记，一对<td></td>代表着一个单元格，<td></td>内部所包含的数据即为单元格中的数据。

③ 利用<th></th>标记用来产生表头，表头字体将被自动加粗，利用<caption></caption>设置生成表格的标题。

通过对表格标记属性的进一步设定可以改变表格外观，如设定<table border =0>，则不显示表格边框，具体属性可参见 HTML 相关教材。

6. 表单标记（见表 6–6）

表 6–6　表单标记

标记	标记名称	作用	成对标记
<FORM>	表单	生成一个表单	√
<INPUT>	输入	生成文本框、单选按钮、复选框等输入控件	×
<TEXTAREA>	文本块	生成一个较大的文本输入框（富文本框）	√
<SELECT>	选择	生成下拉列表框	√
<OPTION>	选项	生成下拉列表框中的一个列表项	×

表单标记用来控制生成表单对象，表单是动态网页设计的不可缺少的内容，是服务器和客户端进行信息交互的载体。

下面的 HTML 代码展示了一个常用的新用户注册界面，生成的网页界面如图 6-9 所示。

```
<html>
  <head>
    <title>表单标记示例</title>
  </head>
  <body >
    <form action="userreg.aspx" method="post">
      <h3>新用户注册</h3>
      姓名：<input type="text" name="xinming"><br>
      性别：<input type="radio" name="sex" value="boy">男
            <input type="radio" name="sex" value="girl">女<br>
      电话：<input type="text" name="tel"><br>
      个人爱好：<br>
            <input type="checkbox" name="check1" value="tiyu" >体育
            <input type="checkbox" name="check1" value="yinyue" >音乐<br>
            <input type="checkbox" name="cheek1" value="shangwang" >上网
            <input type="checkbox" name="check1" value="lvyou" >旅游<br>
      您喜欢漫画吗？：<select name="like">
                  <option value="非常喜欢">非常喜欢
                  <option value="还算喜欢">还算喜欢
                  <option value="不太喜欢">不太喜欢
                  <option value="非常讨厌">非常讨厌
                </select><br>
      请输入您的意见：<br>
                <textarea name="talk" cols="20" rows="3"> </textarea><P>
      <input type="submit" name="btnSub" value="注册用户">
```

```
        <input type="reset"  name="btnRes" value="重写填写">
        </from>
    </body>
</html>
```

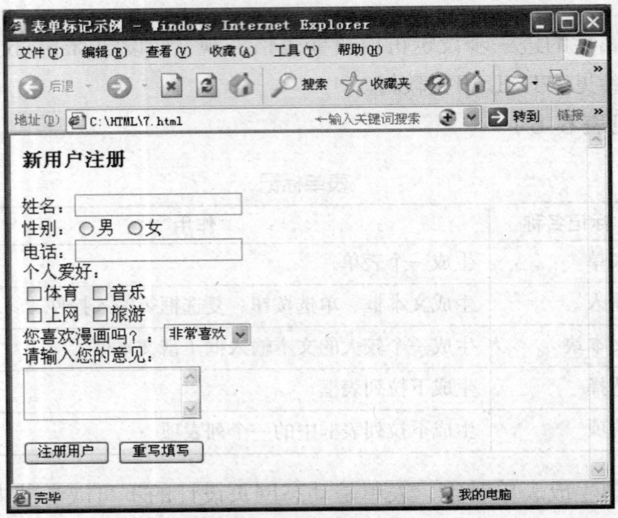

图 6-9　表单示例

下面对在该页面中涉及的标记和控件进行说明。

<input type="text" name="姓名">：含义是创建一个输入控件，类型 type 是文本框（text）形式，创建的控件名称为“xingming”。

<input type="radio" name="sex" value="boy">：含义是创建一个输入控件，类型 type 是单选按钮（radio）形式，创建的控件名称为“sex”，选中该按钮，值为“boy”。

<input type="checkbox" name="check1" value="tiyu" >：含义是创建一个输入控件，类型 type 是复选框（checkbox）形式，创建的控件名称为“check1”，选中该复选框，值为“tiyu”。

```
<select name="like">
<option value="非常喜欢">非常喜欢
<option value="还算喜欢">还算喜欢
<option value="不太喜欢">不太喜欢
<option value="非常讨厌">非常讨厌
</select>;
```

这段代码含义是创建了一个名字为“like”的下拉列表框，列表框有 4 个列表项，当选择某个列表项时，可以获取到其所对应的 value 值。

<textarea name="talk" cols="20" rows="3"> </textarea>：含义为创建一个富文本框，名字为“talk”，该文本框每行可以接受 20 个字符，可以接受 3 行。

```
<input type="submit" name="btnSub" value="注册用户">
<input type="reset" name="btnRes" value="重写填写">
```

这两句代码是生成提交和取消按钮，用于表单数据的提交或者撤销。

7. 列表标记

列表标记又称为清单标记，根据列表的样式不同，分为无序列表、有序列表、目录列表以及菜单列表，每种形式的列表标记如表 6-7 所示。

表 6-7 列表标记

标记	标记名称	作用	成对标记
<UL>	无序列表	生成一个无序列表	√
<OL>	有序列表	生成一个有序列表	√
<LI>	列表项	生成列表的一个条目	×
<DIR>	目录列表	生成目录式列表	√
<MENU>	菜单列表	生成菜单式列表	√

下面的 HTML 代码中分别创建了一个有序列表和一个无序列表，预览效果如图 6-10 所示，在有序列表中有两个重要属性。

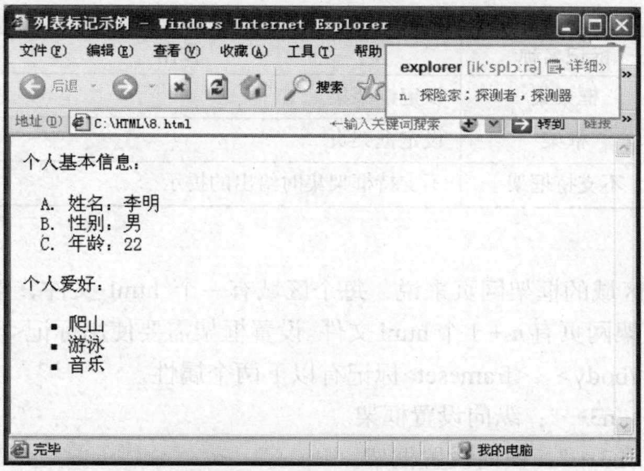

图 6-10 列表示例

① type="i" 设定数目款式，值有 5 种，A 代表着以大写字母进行编号，该属性内定值为 type="1"，即采用阿拉伯数字进行编号。

② start="1"设定开始数目，不论设定了哪一数目款式，其值只能是 1，2，3…等整数，内定为 start="1"，如果该例中设定 start="4"，将以 D 为起始编号。

在无序列表中，只有 type 属性，利用 type = "形状名称" 属性来改变其符号形状，有 3 个选择：disk（实心圆）、square（正方形）和 circle（空心圆）。

无论是有序列表还是无序列表，都必须以<li>作为列表项的标记。

```
<html>
  <head>
    <title>列表标记示例</title>
  </head>
  <body >
    个人基本信息:
    <ol type="A" start="1">
        <li>姓名: 李明
        <li>性别: 男
        <li>年龄: 22
    </ol>
    个人爱好:
```

```
    <ul type="square">
        <li>爬山
        <li>游泳
        <li>音乐
        </ul>
    </body>
</html>
```

8. 框架标记

框架标记将浏览器显示区域划分成为几个面积较小的显示区域，每个区域作为一个框架，可以加载一个页面。所有框架通过一个叫作框架集的文件建立起关联，框架集文件记录了框架的划分信息以及各个框架需要加载的页面，框架标记如表 6-8 所示。

表 6-8　框架标记

标记	标记名称	作用	成对标记
<FRAMESET>	框架集	设定框架集	√
<FRAME>	框架	设定框架页	×
<NOFRAMES>	不支持框架	不支持框架集时给出的提示	√

（1）框架的设置

对于一个有 *n* 个区域的框架网页来说，每个区域有一个 html 文件，整个框架结构也是一个HTML 文件，因此该框架网页有 *n* + 1 个 html 文件。设置框架需要使用标记<frameset>…</frameset>来取代标记<body>…</body>。<frameset>标记有以下两个属性。

① rows="n1，n2，n3…"：纵向设置框架。

② cols="n1，n2，n3…"：横向设置框架。

其中，n1，n2，n3 为开设的框架占整个页面的百分数。

（2）框架的修饰

修饰框架窗口需要使用<frame>标记，它在<frameset>…</frameset>标记之间。<frame>标记有如下 6 个属性。

① src = "URL"属性：用来链接一个 HTML 文件，如果没有该属性，则窗口内无内容。

② name = "窗口名称"属性：用来给窗口命名。

③ marginwidth = n 属性：用来控制窗口内的内容与窗口左右边缘的间距。*n* 为像素个数，默认值为 1。

④ marginheigth= n 属性：用来控制窗口内的内容与窗口上下边缘的间距。*n* 为像素个数，默认值为 1。

⑤ scroling= yes、no 或 auto 属性：用来确定窗口是否加滚动条。选择 yes，要滚动条；选择 no，不要滚动条；选择 auto，则根据内容是否可以完全在窗口内全部显示出来，来决定是否要滚动条。默认为 auto。

⑥ norezide 属性：如果设置了此属性，则窗口不可被用户用鼠标调整大小；如果没设置此属性，则窗口可以被用户用鼠标调整大小。

下面的一段 HTML 代码创建了一个框架集文件，其示意图如图 6-11 所示，该框架集由 3 个框架区域组成，分别加载了 a.html、b.html 以及 c.html 页面文件。

```
<html >
  <head>
```

```
    <title>框架示例</title>
  </head>
  <frameset cols="80, *" frameborder="yes" border="2" bordercolor=blue>
      <frame src="a.html" name="leftFrame" >
      <frameset rows="60, *" frameborder="yes" border="2" bordercolor=blue>
            <frame src="b.html" name="topFrame" >
            <frame src="c.html" name="mainFrame">
      </frameset>
  </frameset>
  <noframes>
      <body>
        本浏览器不支持框架!
      </body>
   </noframes>
</html>
```

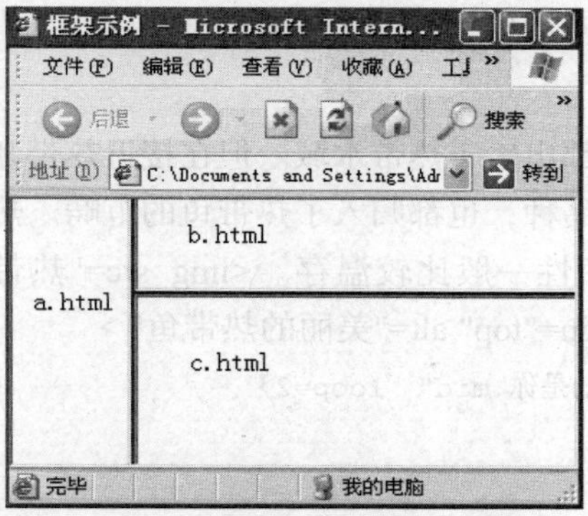

图 6-11　框架示例

当在页面中插入框架时，一对<frameset></frameset>标记代替了 HTML 文档中原有的<body></body>标记，上面 HTML 文档中<head>标记的下面书写了如下一行代码：

```
<frameset cols="80,*" frameborder="yes" border="2" bordercolor=blue>
```

这段代码意思是在页面内部定义框架，cols="80，*"表示该框架从列方向（由左向右）划分页面，划分为两部分，第一部分宽度为 80 像素，剩余的为第二部分，其他 3 个参数分别表示该框架存在边框，边框宽度为 2，边框颜色为蓝色。

```
<frame src="a.html" name="leftFrame" >
<frameset rows="60, *" frameborder="yes" border="2" bordercolor=blue>
    <frame src="b.html" name="topFrame" >
    <frame src="c.html" name="mainFrame">
</frameset>
```

这段代码用来定义刚刚划分框架的的页面属性。

<frame src="a.html" name="leftFrame" >表明刚才定义的框架中的第一个框架，即宽度为 80 像素的那个框架，其对应页面文件为 a.html，该框架名称为 leftFrame；后面的几句代码表明在另外一个框架中没有直接加载页面，而是又从横向划分了框架，分别对应了 b.html 和 c.html 页面。

<noframes></noframes>标记内部定义了在浏览器不支持框架的情况下显示的内容，本例中如若不支持框架，将生成一个空白页面，页面内有一行文字“本浏览器不支持框架!”。

9. 图像及多媒体标记

图形图像在网页制作中大量被应用，页面中插入图像可以明显提高页面的视觉冲击力，在

HTML 文档中可以利用<img>用以插入图片及设定图片属性。

图形及多媒体标记如表 6-9 所示。

表 6-9　　图像及多媒体标记

标记	标记名称	作用	成对标记
<IMG>	图片	在页面中插入一幅图片	×
<BGSOUND>	背景音乐	为页面加入背景音乐	×
<EMBED>	嵌入	嵌入声音、音乐或者影像	×

下面这段 HTML 代码中利用<img>插入图片，并利用<bgsound>加入了一段动听的背景音乐，该段 HTML 代码生成的页面文件如图 6-12 所示。

```
<html>
<head>
<title>图像及背景音乐示例</title>
</head>
<body>
```

通常所指的热带鱼，一般都出生于热带水域。但在接近热带和与之交界处的南北亚热带水域之内，凡是有观赏价值的鱼类品种，也都归入了热带鱼的范畴。热带鱼的颜色一般都比较鲜艳，身体的大小差距也非常大，鱼性一般比较温存。<img src="热带鱼.jpg" width=100 height=100 hspace=5 vspace=5 border=2 align="top" alt="美丽的热带鱼" >

```
<bgsound src="一生离不开的是你.mid"  loop=2>
</body>
</html>
```

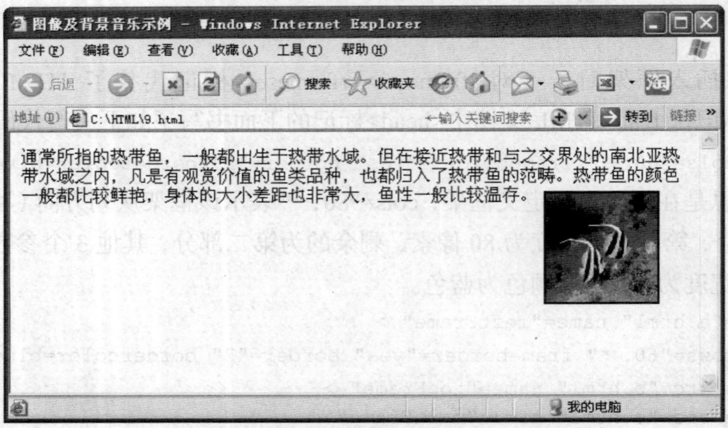

图 6-12　插入图片的页面

img 标记中的属性主要涉及图片来源、图片宽度和高度、图片的边框线以及图片对齐方式等，常用属性介绍如下。

① src：指明图片的路径和名称。

② width 和 height：指明图片的宽度和高度。

③ hspace 和 vspace：指明图片距离文本的水平和垂直间距。

④ border：图片变框的宽度。

⑤ align：图片与文本的对其方式。

⑥ alt：图片的说明文本，鼠标移动到图片上后将显示该文本。

这里需要特别说明 align 属性，该属性的取值决定了图片与文本的对齐方式，主要有 6 种取值，每种取值的含义简介如下。

① align=项默认：图像的底部与其他文本或图像的底部对齐。

② align = top：图像的顶部与其他文本或图像的顶部对齐。

③ align = middle：图像的中间与其他文本或图像的中部对齐。

④ align = bottom：图像的底部与其他文本或图像的底部对齐。

⑤ align = left：图像位于屏幕左边。

⑥ align = right：图像位于屏幕右边。

如果图像文件"Picture1.gif"在该 HTML 文档所在文件夹内的"GIF"文件夹内，则应写为<img src= "GIF/Picture1.gif ">。如果文件的目录或文件名不对，则在浏览器中显示网页时，图像的位置处会显示一个带"×"的小方块。

在该 HTML 文档的最后一句放置的<bgsound src="一生离不开的是你.mid" loop=2>含义是为该页面添加背景音乐"一生离不开的是你.mid"，该背景音乐循环播放 2 遍。

如果想为页面嵌入音乐或 Flash 可以采用<embed>标记，与对图片的修饰类似，在 HTML 代码同样可以设置 Flash 动画的大小和循环播放的次数。下面的一段 HTML 代码中通过<embed>标记嵌入了一个 Flash 动画——离家的孩子.swf，将 Flash 动画的画面设置为 240 像素高和 400 像素宽，动画循环播放，如图 6-13 所示。

```
<html>
<head>
<title> FLASH 动画</title>
</head>
<h2 align=center> FLASH 动画—离家的孩子</h2>
<center>
<embed src="离家的孩子.swf" height=240 width=400 >
</embed>
</center >
</body>
</html>
```

图 6-13 插入 Flash 动画的页面

习　题

一、填空

1.当链接指向下列中的（　　）文件时，不打开该文件，而是提供给浏览器下载。

A. ASP　　B. HTML　　C. ZIP　　D. CGI

2.下面选项中的换行符标签是（　　）。

A. <body>　　B. <font>　　C.
　　D. <p>

3.下列选项中（　　）是在新窗口中打开网页文档。

A. _self　　B. _blank　　C. _top　　D. _parent

4. 要使表格的边框不显示，应设置 border 的值是（　　）。

A. 1　　B. 0　　C. 2　　D. 3

5. 在网页设计中，（　　）是所有页面中的重中之重，是一个网站的灵魂所在。

A. 引导页　　B. 脚本页面　　C. 导航栏　　D. 主页面

6. 为了标识一个 HTML 文件应该使用的 HTML 标记是（　　）。

A. <p></p>　　B. <boby></body>

C. <html></html>　　D. <table></table>

7. 在 HTML 中，标记<font>的 Size 属性最大取值可以是（　　）。

A. 5　　B. 6　　C. 7　　D. 8

8. 在 HTML 中，标记<pre>的作用是（　　）。

A. 标题标记　　B. 预排版标记

C. 转行标记　　D. 文字效果标记

9. 在网页中，必须使用（　　）标记来完成超级链接。

A. <a>…</a>　　B. <p>…</p>

C. <link>…</link>　　D. <li>…</li>

10. 有关网页中的图像的说法不正确的是（　　）。

A. 网页中的图像并不与网页保存在同一个文件中，每个图像单独保存

B. HTML 语言可以描述图像的位置、大小等属性

C. HTML 语言可以直接描述图像上的像素

D. 图像可以作为超级链接的起始对象

11. 下列 HTML 标记中，属于非成对标记的是（　　）。

A. <li>　　B. <ul>　　C. <P>　　D. <font>

12. 用 HTML 标记语言编写一个简单的网页，网页最基本的结构是（　　）。

A. <html> <head>…</head> <frame>…</frame> </html>

B. <html> <title>…</title> <body>…</body> </html>

C. <html> <title>…</title> <frame>…</frame> </html>

D. <html> <head>…</head> <body>…</body> </html>

13. 以下标记符中，用于设置页面标题的是（　　）。

A. <title>　　B. <caption>　　C. <head>　　D. <html>

14. 以下标记符中，没有对应的结束标记的是（　　）。

A. <body>　　B.
　　C. <html>　　D. <title>

15. 若要设计网页的背景图形为 bg.jpg，以下标记中，正确的是（　　）。

A. <body background="bg.jpg">

B. <body bground="bg.jpg">

C. <body image="bg.jpg">

D. <body bgcolor="bg.jpg">

二、填空

1. HTML 网页文件的标记是________，网页文件的主体标记是________，标记页面标题的标记是________。

2. 表格的标签是________，单元格的标签是________。

3. 表格的宽度可以用百分比和________两种单位来设置。

4. 用来输入密码的表单域是________。

5. ________是网页与网页之间联系的纽带，也是网页的重要特色。

6. 在网页中嵌入多媒体，如电影，声音等用到的标记是________。

7. 在页面中添加背景音乐 bg.mid，循环播放 3 次的语句是________。

8. 上网过程中通过浏览器所看到的页面称为________。

9. HTML 是________的缩写。

10. 通过 IE 浏览器打开一个网页，然后在浏览器窗口内选择【查看】菜单下的________命令可以看到该网页文件对应的 HTML 文档。

三、简答题

1. 动态页面和静态页面的区别是什么？

2. 网站制作的基本流程或步骤是什么？

第7章 Dreamweaver CS5基础

Dreamweaver CS5 是 Adobe 公司推出的一款“所见即所得”的网页设计和制作软件，利用它可以轻松地实现网页页面的设计和布局。Dreamweaver 是一款专业的 HTML 编辑器，提供了对 ASP、JSP、PHP 等动态页面开发语言的支持，可以方便地实现对数据库的存取，支持大型 Web 应用程序的开发，同时提供了完善的站点管理功能。

本章主要介绍 Dreamweaver CS5 工作区组成及其功能，站点的建立和管理、页面文件的编辑、页面对象的创建和其属性设定、超级链接的概念以及各种类型链接的建立方法。

7.1 工作区介绍

Dreamweaver CS5 作为一款优秀的网页设计和制作软件，支持对众多样式和类型的页面对象的插入，提供了丰富的页面布局技术，具备便捷高效的站点管理功能，软件界面布局合理，简单易用。本小节主要介绍 Dreamweaver CS5 软件的工作区环境。

7.1.1 工作区的构成

在安装有 Adobe Dreamweaver CS5 程序的计算机中，通过单击菜单【开始】|【所有程序】|【Adobe Dreamweaver CS5】可以启动 Dreamweaver CS5，当 Dreamweaver CS5 启动完毕后会弹出如图 7-1 所示的快捷界面。

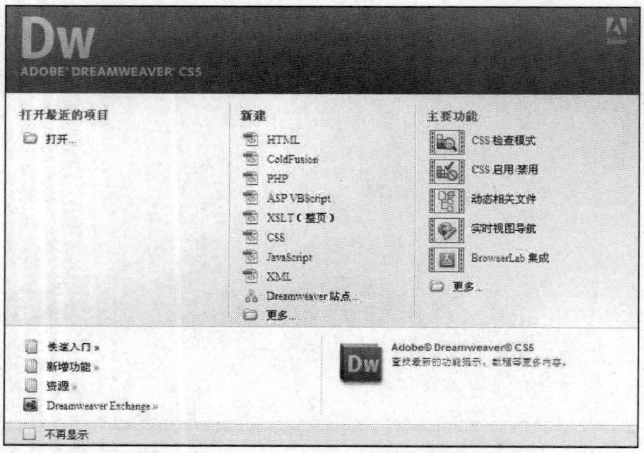

图 7-1 Dreamweaver CS5 启动界面

通过该界面，可以选择最近打开过的项目，或者选择制作页面的类型，对于网页设计和制作初学者，可以选择【新建】|【HTML】页面，得到一个如图 7-2 所示的界面，该界面是进行网页设计和制作的工作区。

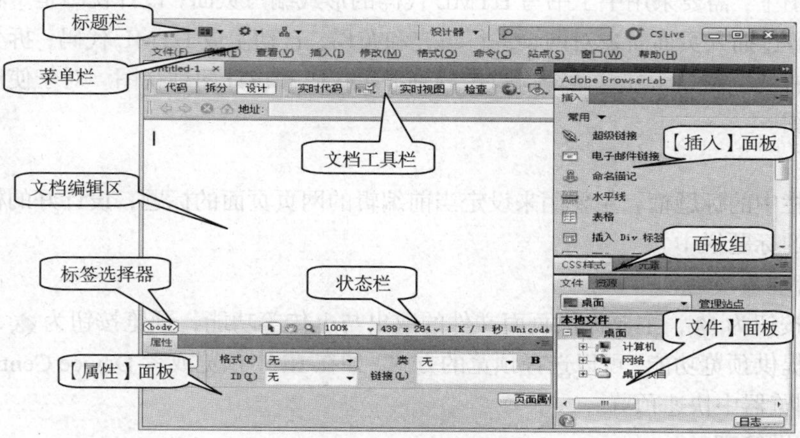

图 7-2　主工作区界面

位于工作区界面最上部的是标题栏，标题栏的下侧是菜单栏和文档工具栏，位于界面最下部的是【属性】面板，中间的空白区域为文档编辑区，在文档编辑区的下侧是标签选择器和状态栏，在界面的最右侧是一组面板，称为浮动面板，通过单击面板标签（如 插入 ）可以打开面板，通过 ▾☰ 中的菜单可以关闭浮动面板；图 7-2 中显示了【插入】、【CSS 样式】以及【文件】等浮动面板。工作区界面可以根据页面制作需要和用户个人喜欢进行设置。

7.1.2　工作区的功能

1. 标题和菜单

标题栏位于整个工作区界面中的最上部，显示了 Dreamweaver CS5 的图标，同时标题栏也提供了快捷控制菜单和控制按钮，可以方便地完成对工作区窗口的操控、页面编辑视图的设置、站点管理以及设计器类型的选择等。

Dreamweaver CS5 提供了十组菜单，涵盖了可以在 Dreamweaver 中进行的所有操作，菜单中的一些常用功能以插入面板或者浮动面板的形式给出，有关菜单的具体命令项和功能将在后续章节的使用过程中进行详细讲解。

2. 文档编辑区

文档编辑区是进行页面设计和制作的主要区域，在整个软件工作区界面中占有的面积最大，整个文档编辑区又分为以下几部分。

（1）文档工具栏

文档工具栏如图 7-3 所示，工具栏中提供了一些页面编辑过程中常用的工具按钮，如编辑视图的切换、网页标题以及页面快速预览、页面检查等功能，下面对这些工具按钮作简要介绍。

图 7-3　文档工具栏

① 编辑视图切换。

位于工具栏最左侧的一组按钮 代码 | 拆分 | 设计 为编辑视图切换按钮，用于网页页面文档编辑视图的切换。Dreamweaver CS5 提供了 3 种视图：【代码】、【拆分】和【设计】。

在代码视图下，需要采用手工书写 HTML 代码的形式编写页面；设计视图是一种可视化的页面编辑环境，通过插入页面对象对网页进行填充和布局，自动生成 HTML 代码；拆分视图将本档编辑区分为左右两个窗口，在这两个窗口中分别显示代码和设计两种视图。对于使用者来说，通常选择设计视图。

② 标题。

文档工具栏中的标题框，主要用来设定当前编辑的网页页面的标题，设计好的标题将来会显示在页面文件的标题栏中。

③ 文件管理及预览。

文件管理按钮为，主要提供页面文件的取出与上传等功能；预览按钮为，主要是对当前所制作页面提供预览功能，可以选择预览的方式，如在 IE 中预览或者 Device Central 中，按 F12 键可以在 IE 浏览器中快速预览。

④ 设计视图管理。

该组工具共 3 个，其中用来刷新设计视图；用来设定设计视图中布局对象的可视性，如为设计视图添加网格线和标尺；主要用来处理插件及脚本的使用。

（2）页面编辑区

位于整个工作区界面中间位置的白色区域为页面编辑区，编辑区对应了一个网页文档页面，网页设计和制作的主要任务是通过 Dreamweaver CS5 提供的工具，向页面编辑区中插入各种类型的对象，包括文字、图片、动画、超级链接等各种页面对象，采用布局技术合理地对页面对象进行布局和排版，形成绚丽多彩的页面。

（3）文档状态栏

文档状态栏位于文档编辑区的最下侧，主要提供了页面及页面对象的一些状态和标识信息，具体如图 7-4 所示。

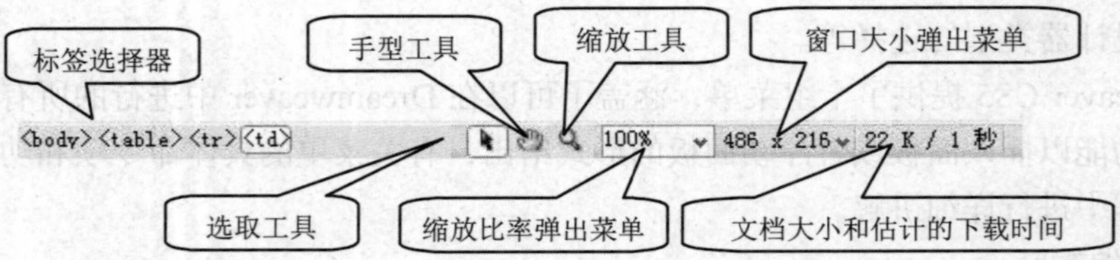

图 7-4 状态栏

在文档状态栏上最左侧的是标签选择器，该区域显示了页面中对象所对应的 HTML 标记，当在页面编辑区中选中某个对象时，该对象对应的标签将会高亮度显示；将光标定位在页面编辑区内，通过单击标记区中的 HTML 标记也可以选中相应页面对象。

为选取工具，可以选择页面上的对象；为移动工具，用来移动处于编辑状态的页面文档，用来放大或者缩小页面文档及对象，单击为放大，按住 Alt 键单击为缩小；100% 显示了当前页面文档的现实比例为 100%，763 x 416 为当前页面文档的大小；1 K / 1 秒 为该页面文件的大小以及上传文件时所需要的预计时间。

3. 属性面板

【属性】面板用来对网页页面和页面内部对象进行属性设定，不同的对象具备的属性不同，因此【属性】面板中内容并不固定，它随着选中对象的变化而变化。当【属性】面板处于展开状态时，双击【属性】面板左上角的“属性”两字，可收缩【属性】面板

如图 7-5 所示，当在页面编辑区中选择一幅图片后，【属性】面板中展示的信息即为选中图片的属性，如名称、高度、宽度、边距以及超链接等，同时还在属性面板中提供了相关的图片处理工具，有关图片属性的具体说明将在后续章节中进行相关介绍。

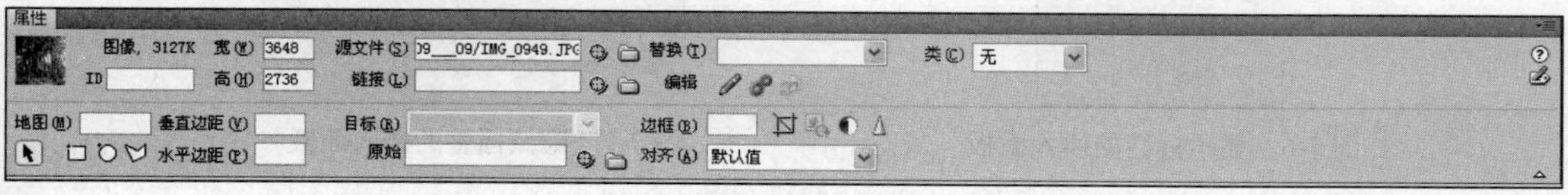

图 7-5　属性面板

4. 浮动面板

浮动面板可以利用鼠标在整个工作区内任意托动，各种功能不同的浮动面板组合在一起形成一个浮动面板组，默认位于整个工作区的右侧。浮动面板组中集中了网页编辑和站点管理中常用的工具，用户可以通过【窗口】菜单打开和关闭某一个浮动面板，如打开 CSS 样式面板，只需通过【窗口】菜单选中【CSS 样式】菜单项即可；当关闭一个浮动面板时，可以通过该浮动面板的控制菜单中的【关闭】菜单项，也可以利用鼠标右键单击该浮动面板顶部标题栏，在弹出的快捷菜单中选择【关闭】菜单项。

下面对常用的浮动面板作简要介绍。

【文件】面板：对站点文件进行管理，在该浮动面板中可以新建、编辑和删除站点以及站内文件。

【框架】面板：实现框架页面中框架对象的选择。

【CSS 样式】面板：管理 CSS 样式，可以实现样式的新建、编辑、保存和使用。

【行为】面板：管理内置行为，通过这些行为可以轻松地实现一些网页特效，如弹出对话框、制作一些动画特效等。

【历史记录】面板：将已完成的操作作为历史记录保存，通过该浮动面板可以撤销一些已完成的操作，也可以选中对象采用重放功能，将历史操作施加到该对象，从而避免重复性的设定和操作。

【数据库】面板：为动态页面提供数据库服务，如数据库的连接和数据集的设置等。

【插入】面板：提供页面设计过程中的各类可插入对象。

5. 插入面板

在 Dreamweaver CS5 中，【插入】面板可以显示为“显示标签”（见图 7-6）和“隐藏标签”（见图 7-7）两种外观效果。【插入】面板由许多分组组成，是网页设计和制作过程中使用频度最高的工具，每个分组又由一组按钮组成，每个按钮代表一个命令或者一系列操作过程的开始。

默认状态的【插入】面板是“显示标签”外观。在“显示标签”状态下，单击 常用 ▾ 图标右侧的向下箭头，选择常用下拉列表中的【隐藏标签】命令，【插入】面板将切换为隐藏标签状态。

【插入】面板上的工具按钮可以分为以下几大类。

【常用】用于创建和插入最常用的页面对象，如图像、表格以及链接等。

【布局】用于插入表格、层、框架和 Spry 构件等布局对象。在该类别中表格划分为标准表格和扩展表格两种视图模式。

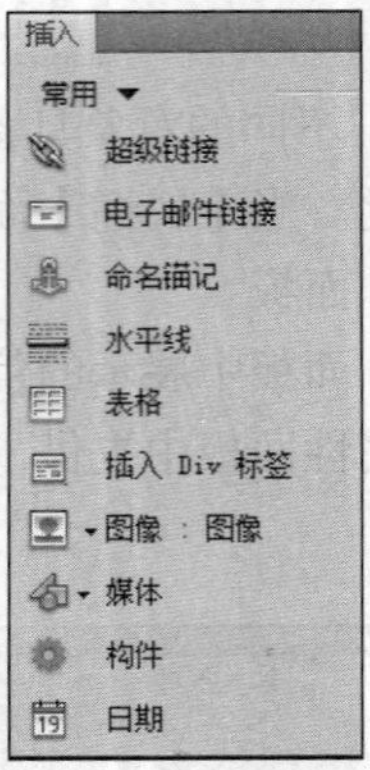

图 7-6　显示标签的插入面板

图 7-7　隐藏标签的插入面板

【表单】提供了一些用于创建动态页面的表单元素，如文本框、单选框、复选框以及提交按钮等，同时包含了 Spry 验证构件。

【数据】提供了 Spry 数据对象和其他动态元素，如记录集、重复区域以及插入记录表单和更新记录表单等。

【Spry】提供一些用于构建 Spry 页面的对象，包括 Spry 数据对象和构件等。

【文本】用于对文本属性编辑，插入各种文本格式和列表格式的标签。

【收藏夹】用于收集和存放插入面板中常用的组件对象。

7.2　站点的创建及管理

Dreamweaver CS5 除提供了网页页面设计和编辑的功能外，还提供了完备的站点管理功能，利用 Dreamweaver CS5 可以远程在线管理位于 Internet 上的网站以及编辑网站中的网页页面，但一般情况下考虑到网络速度和费用以及安全性等因素，通常是在本地计算机上建立起网站的本地站点，在本地站点内部创建、编辑和调试页面，组织和设计好站点资源和结构，然后再上传在位于 Internet 上的远程服务器的指定目录中进行发布。

7.2.1　创建本地站点

本地站点是位于本地计算机硬盘上的一个文件目录，将该目录作为所设计网站的根目录，网站相关的各类资源，如网页页面、图片、动画等进行了合理的组织后存放在该站点的相应文件目录中。下面以创建一个本地站点 MyWeb 为例说明本地站点的创建步骤。

① 在本地硬盘 D 盘中建立文件目录 Web，作为本地站点的根目录，在 Web 文件中建立一个文件夹 IMG，用以存放本地站点中页面所使用的图片。

② 通过【窗口】菜单，打开【文件】浮动面板（系统默认已经打开），单击【管理站点】，弹出“管理站点”对话框（也可以选择【站点】|【管理站点】菜单），如图 7-8 所示。

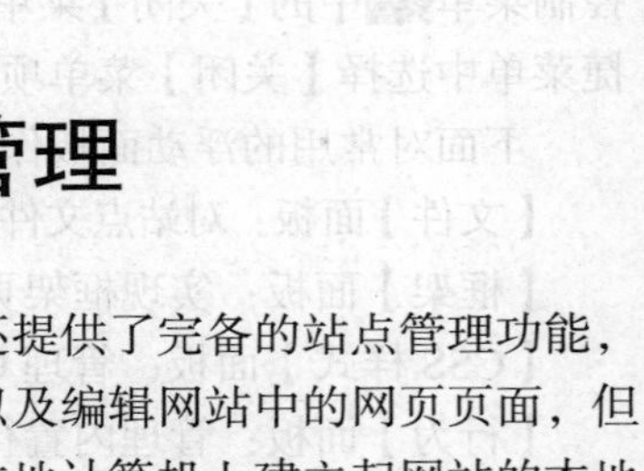

图 7-8　“管理站点”对话框

③ 单击【管理站点】对话框中的 新建 (N)... 按钮，弹出站

点设置对话框，如图 7-9 所示。在【站点名称】文本框中输入站点的名称“MyWeb”；在【本地站点文件夹】文本框中选择站点的本地文件目录，这里选择为“D:\Web\”。

④ 单击图 7-9 中的【高级设置】前面的黑色三角，展开【高级设置】中的具体内容，选择【本地信息】，将【默认图像文件夹】设置为“D:\Web\IMG”。若选中【启用缓存】复选框则可加速链接的更新速度。

⑤ 若要使用服务器技术（如 ASP.NET 等），可单击图 7-9 所示对话框中的【服务器】选项，然后按照提示进行添加，如图 7-10 所示。单击 + 按钮，进入服务器设置界面，分为【基本】和【高级】两个选项卡，用户可以进行相关设置，在此不再叙述。

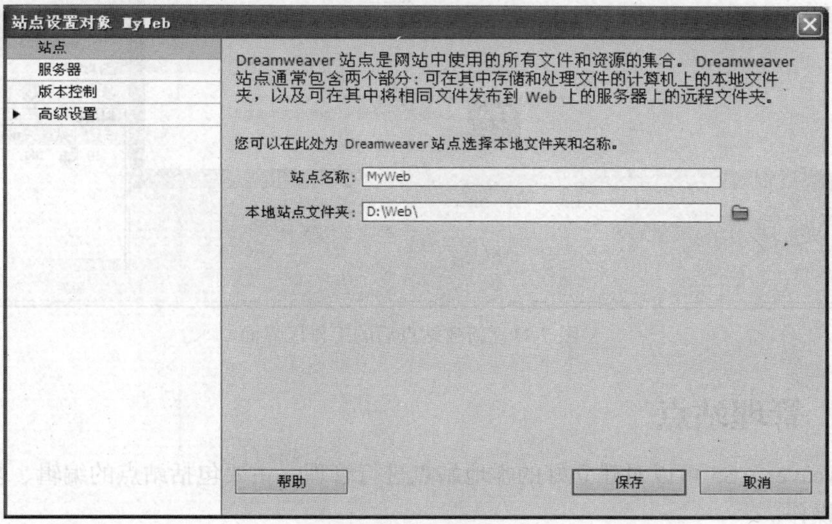

图 7-9　站点设置对话框

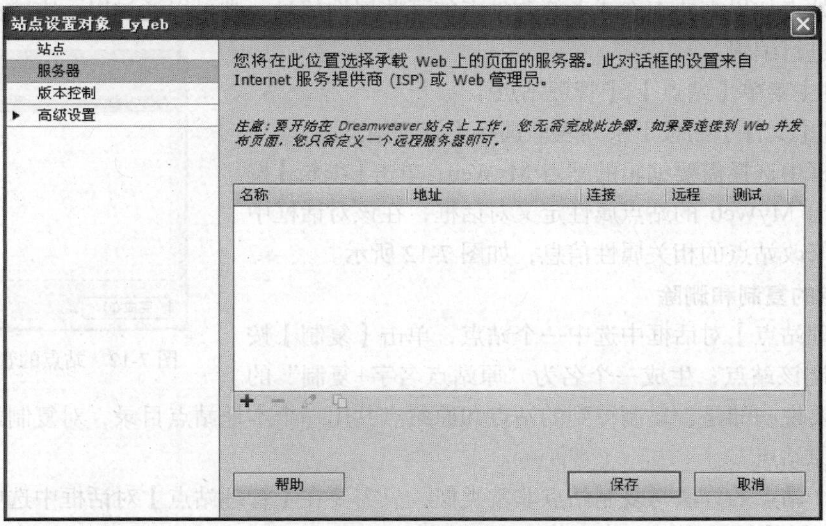

图 7-10　站点服务器设置对话框

⑥ 单击 保存 按钮，返回【管理站点】对话框，在对话框中列出刚创建的站点，然后单击 完成(D) 按钮，返回 Dreamweaver 的文档窗口，如图 7-11 所示。

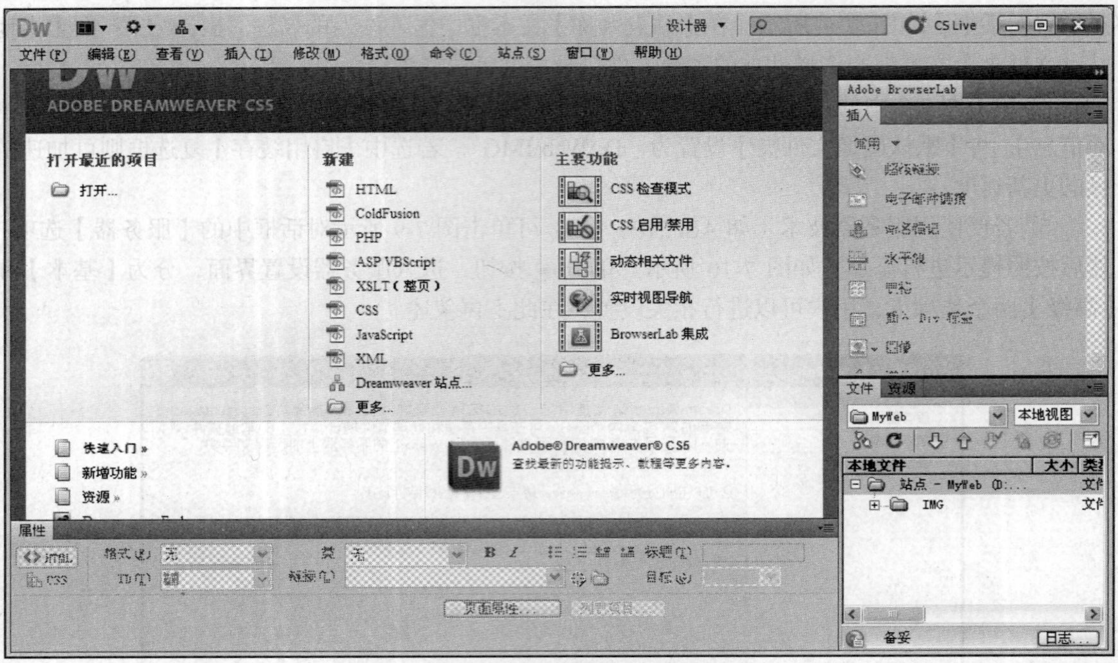

图 7-11　新建站点后的工作区界面

7.2.2　管理站点

Dreamweaver CS5 可以对建立好的本地站点进行管理，主要包括站点的编辑、复制和删除、导入和导出操作。

1．站点的编辑

建好的站点如果需要查看或者修改站点的某些属性信息，则可以通过以下方式打开【管理站点】对话框进行编辑。

① 通过主菜单【站点】|【管理站点】。

② 通过【文件】面板下来列表框选择【管理站点】。

在对话框中选择需要编辑的站点 MyWeb，单击【编辑】按钮，将会弹出 MyWeb 的站点属性定义对话框，在该对话框中可以查看和修改站点的相关属性信息，如图 7-12 所示。

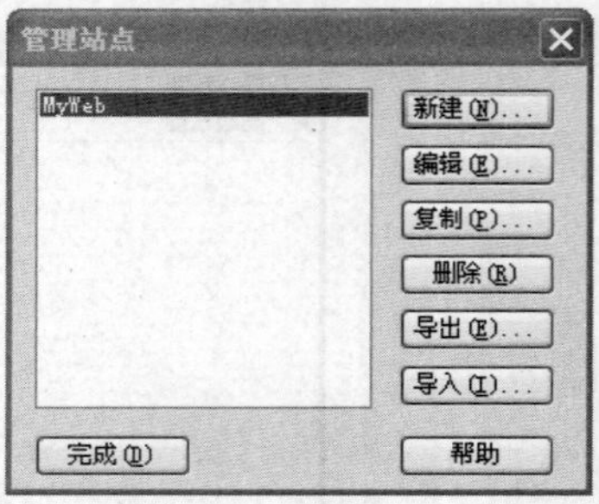

图 7-12　站点的管理与编辑面板

2．站点的复制和删除

在【管理站点】对话框中选中一个站点，单击【复制】按钮，将会复制该站点，生成一个名为“原站点名字+复制”的新站点。需要说明的是，复制得到的站点和原站点共用一个本地站点目录，对复制站点进行的操作将会影响原站点。

删除一个站点的方法与复制站点非常类似，只需要在【管理站点】对话框中选中需要删除站点，单击【删除】按钮即可。这里的删除只是将站点信息从 Dreamweaver CS5 中删除掉，并没有将该站点的物理目录和文件从计算机的硬盘上删除，如需要可以到站点根目录处将物理文件删除。

3．站点的导出和导入

本地站点制作完毕后可以将站点进行导出，导出的站点形成一个扩展名为.ste 的文件，利用站点导出信息，可以很轻松地实现站点文件的转移和共享。

站点的导出只需要在【管理站点】对话框中选中需导出的站点，单击【导出】按钮，选择导出文件的存放路径，然后单击【确定】按钮即可将站点文件导出。

站点导入操作可以通过单击【导入】按钮，选择相应站点文件即可，在导入站点之前，相应的站点目录和页面文件需要已经正确存放在指定目录下。

7.2.3　站点内部的文件操作

在【文件】面板中，以列表的形式展示了当前选中站点中存在的文件（视图需要选择【本地视图】)，在 Dreamweaver CS5 中一旦建立起本地站点，站点内部的文件的建立和编辑均可以通过【文件】面板中站点的快捷菜单来实现。

1．新建文件

在站点内部新建文件时，首先选中站点，然后单击鼠标右键，在弹出的快捷菜单中选择【新建文件】菜单项即可，此时会新建一个名字为“untitled.html”的文件，文件名字以高亮度显示，根据页面内容的需要可以修改文件名。但需要注意，不能修改文件的扩展名，只可以修改主文件名，否则可能会造成页面文件无法正常编辑与预览。

2．文件编辑

对已经建立好的文件，可以对其进行选择、复制、剪切、粘贴、删除和重命名。

若需要选中一个文件，只需要利用鼠标左键单击即可；如果需要选中多个连续文件，可以先利用鼠标左键单击第一个文件，按住 Shift 键，然后再单击最后一个文件；如果需要选中多个不连续文件，可以按住 Ctrl 键，然后利用鼠标左键点击需要选择的文件即可。

选中文件后，单击鼠标右键，在弹出的快捷菜单中选择【编辑】菜单项，该菜单包含了【复制】、【剪切】、【粘贴】、【删除】和【重命名】5 个子菜单项，通过这些菜单项可以方便地实现相应操作。

3．文件夹操作

为了实现对站点中的文件进行分类管理，可以在站点内部建立文件夹，将不同类别的文件存储到不同的文件夹中，从而利于站点内部文件的组织和管理。

文件夹的建立有两种方法：一种是直接在站点所在硬盘的目录下建立文件夹；另一种是采用上面新建文件的方法建立文件夹，只需要在站点的快捷菜单中选择【新建文件夹】菜单项即可。对文件夹也可以像对待文件操作那样进行删除和重命名等编辑操作。

将页面文件放置到文件夹非常方便，可以采用拖动的方法，选中文件后，按住鼠标左键，直接拖动到相应文件夹即可。

7.3　页面编辑

页面编辑是指各类页面对象的插入和属性设定，不涉及页面布局，页面布局将在后续章节中进行讲解。

7.3.1　页面的新建、打开和保存

1．页面的新建

创建了本地站点后，有两种新建网页页面的方法。

① 在【文件面板】的文件列表中，选中当前站点（视图需要选择本地视图），单击鼠标右键，在弹出的快捷菜单中选择【新建文件】菜单项，即可新建一个名字为“untitled.html”的文件，可以修改文件名，此文件默认保存在本地站点根目录下，文件类型为 html。

② 在工作区主菜单中，选择【文件】|【新建】菜单，将会弹出如图 7-13 所示的【新建文档】对话框。在该对话框中，可以选择创建页面文件的类型，创建网页时是否使用模板等。

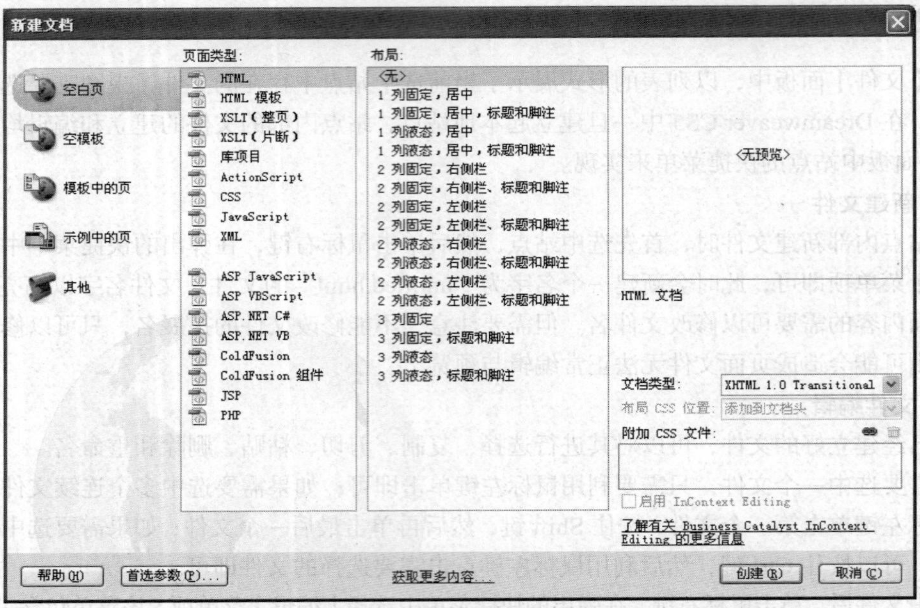

图 7-13 【新建文档】对话框

使用第一种方式创建的页面类型只能是 HTML 文档，使用第二种方式较第一种方式创建页面的类型可以更加丰富，但是使用第二种创建的页面文件在保存时需要进行路径选择，不会像第一种方式那样直接保存在本地站点根目录下。

2. 页面的打开

对网页页面进行编辑时首先应该将该网页打开，如果打开的页面是当前站点中的文件，则可以在【文件面板】的站点中找到相应文件，进行双击即可以将该页面打开；如果打开非当前站点中的页面，则需要通过工作区主菜单中的【文件】|【打开】菜单，到指定的文件目录下选择需要打开的文件，单击【确定】按钮就可以将该页面打开在 Dreamweaver CS5 的编辑环境中；也可以不打开 Dreamweaver CS5 环境，直接选中要打开的网页文件，右键单击鼠标，在弹出的快捷菜单中选择【在 Dreamweaver CS5 进行编辑】菜单项。

3. 页面的保存

页面保存时可以通过工作区主菜单【文件】|【打开】菜单实现对当前编辑页面的保存，也可以通过快捷键 Ctrl+S 进行保存。如果保存的网页文件不是在【站点】面板利用鼠标右键的快捷菜单建立的页面，在第一次保存时会弹出【另存为】对话框，以便设定或者确认存放路径。Dreamweaver CS5 在预览或者关闭当前编辑页面情况时会自动进行文件的保存。

7.3.2 页面属性的设定

新建一个网页页面将得到一个空白的 HTML 文档，就好比在 Word 中创建了一个新空白文档一样，通过对网页页面属性的设定，可以为空白页面文档加上标题、背景，也可以指定页面文本的颜色以及进行页面边距等属性的设定。对页面属性进行设定可以采用以下方法。

① 利用鼠标单击页面空白区域，在属性面板中单击【页面属性】。

② 单击工作区主菜单【修改】|【页面属性】菜单。

通过以上两种方式，都可以打开如图 7-14 所示的【页面属性】对话框，下面对【页面属性】对话框涉及的属性进行介绍。

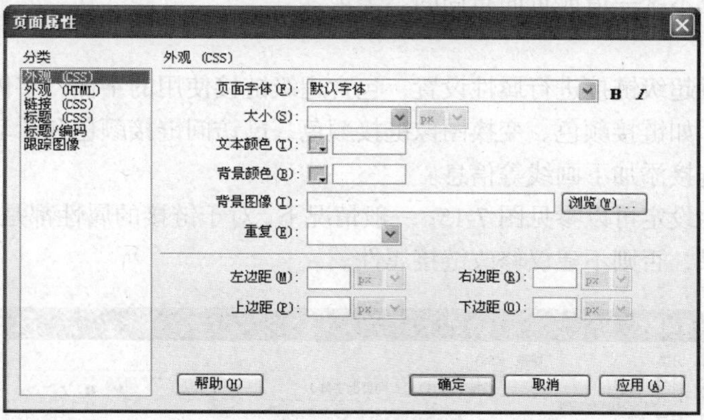

图 7-14 【页面属性】对话框

1. 外观属性

外观属性分为 CSS 和 HTML 两类，主要涉及页面字体、字号、颜色、背景以及页面边距等属性，具体含义如下。

① 页面字体：选择页面使用的字体，系统提供了若干组字体组合供选择，也可以自己编辑组合一组字体。

② 大小：页面字体的大小。

③ 文本颜色：页面文本的颜色。

④ 背景颜色：页面背景的颜色，默认为白色。

⑤ 背景图像：页面背景使用的图片，可以单击 浏览(B)... 按钮进行图片的选择。一旦设定了背景图像，预先设定的背景色将不再起作用。

⑥ 重复：当添加的背景图像比页面文档小时采取的策略，分为重复、不重复、横向重复和纵向重复 4 个选项。重复为向下及向右重复填充，不重复是不自动重复填充空白，横向和纵向重复就是在横向和纵向进行重复填充。

⑦ 边距：指页面内容距离上下左右 4 个边界的距离。

在属性设定过程中，字体的大小和边距都用到了网页中的长度度量单位，在网页中进行长度设定时可以使用“相对值”和“绝对值”两大类基本单位。相对值单位是相对于另一长度属性的单位，因此它的通用性好一些，主要包含以下内容。

- em：字体的高度。
- ex：字母“x”的高度。
- px：像素，相对于屏幕的分辨率。
- %：百分比，相对于屏幕的分辨率。

绝对值单位会随显示界面所用介质的不同而不同，因此一般不是首选，主要包含以下内容。

- mm：毫米。
- cm：厘米。
- in：英寸，1 英寸=2.54 厘米。
- pt：点，1 点=1|72 英寸。
- pc：帕，1 帕=12 点。

在网页的设计和制作过程中，在涉及度量单位时，尽量做到所有的页面都使用统一中度量单位，以免因度量单位不统一造成页面布局的不美观。

2. 链接

链接属性可以对超级链接进行属性设置，包含超级链接使用的字体，字体的大小，各种形式链接所使用的颜色，如链接颜色、变换图像链接颜色、已访问链接颜色和活动链接颜色，同时可以设定是否为超级链接添加下画线等信息。

有关链接的属性设定可以参见图 7-15，一般情况下，对于链接的属性都是采用系统的默认值，除非需要特别的效果，否则不建议修改链接属性。

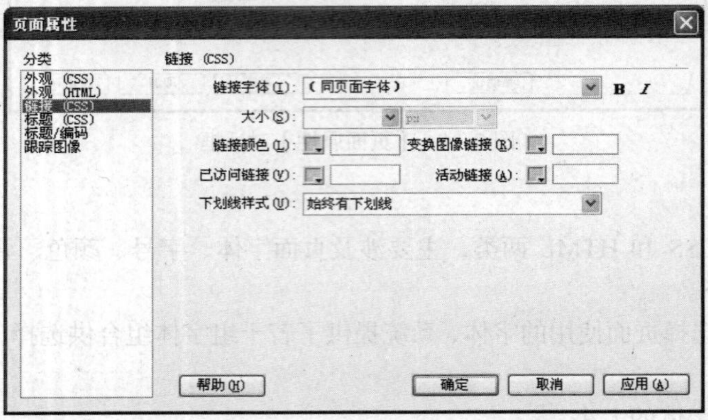

图 7-15　页面属性—链接对话框

3. 标题和标题/编码

标题属性主要是设定标题的字体和大小，如图 7-16 所示。在 HTML 标记介绍中我们谈到标题分了 6 级，即 H1 到 H6，从 H1 到 H6 标题字体大小逐渐增加，在标题属性中可以对每一级标题设定具体的大小。

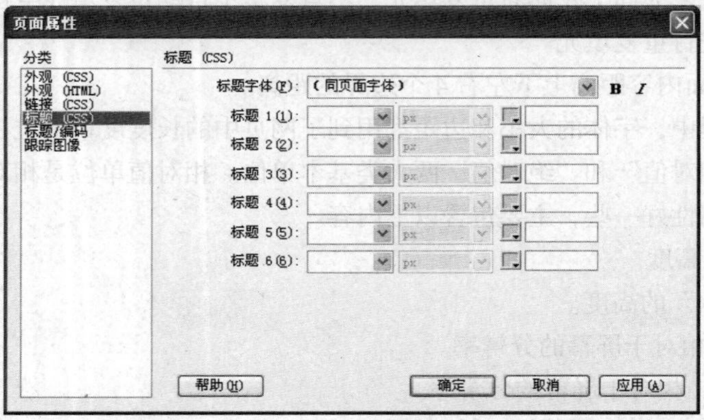

图 7-16　页面属性—标题对话框

标题/编码属性主要是设定网页页面标题的内容和编码属性，如文档的类型和文档所采用的编码形式，如图 7-17 所示。在文档类型中提及到了 XHTML，XHTML 是基于 XML 的标记语言，是在 HTML 的基础上优化和改进，有着更为广泛的应用领域。

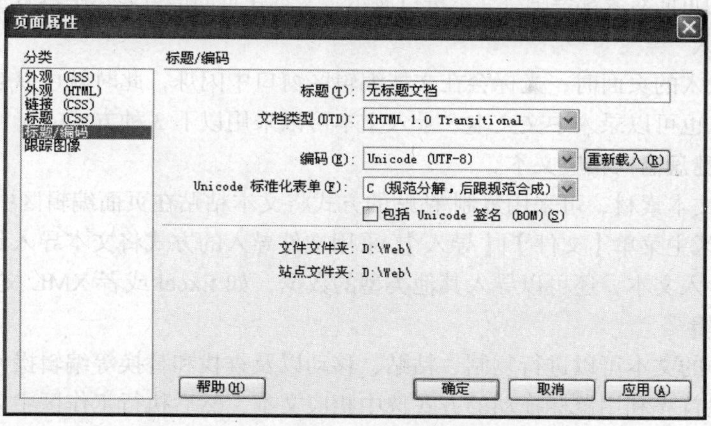

图 7-17 页面属性—标题/编码对话框

4. 跟踪图像

“跟踪图像”是指定一幅图片作为网页页面制作的草图，用于网页创作时的定位和对象的安放，相当于对网页设计进行打草稿，在实际生成网页时不显示在网页中。

跟踪图像要求使用的图片格式必须是 JPEG、GIF 或 PNG，在图 7-18 所示的跟踪图像对话框单击 浏览(B)... 按钮，可以选择一幅用作跟踪图像的图片；拖动【透明度】滑块可以调整设定跟踪图像的透明度，透明度越高，跟踪图像显示越清晰，反之则越模糊。

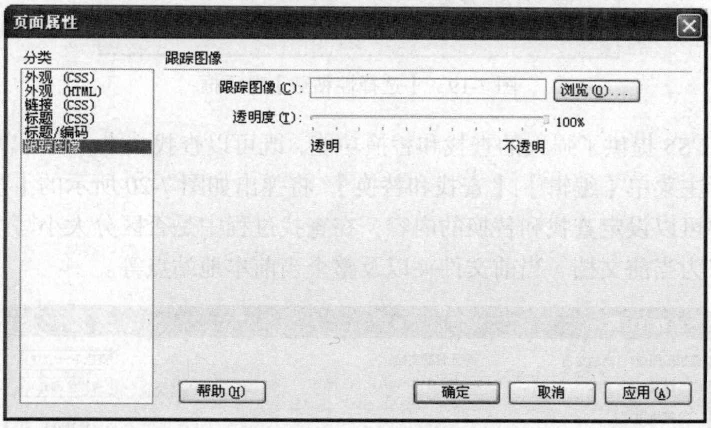

图 7-18 页面属性—跟踪图像对话框

有关跟踪图像的操作也可以通过工作区主菜单【查看】|【跟踪图像】下的子菜单来实现，在该菜单中提供了有关【跟踪图像】的 4 个属性设置，分别介绍如下。

【载入】菜单：为页面添加一幅跟踪图像。

【显示】菜单：用来设定跟踪图像的显示和隐藏属性。

【对齐所选范围】菜单：将所选页面对象元素的左上角和跟踪图像的左上角对齐。

【调整位置】菜单：可以精确地设定跟踪图像的 x 坐标和 y 坐标。

7.3.3 文本对象

无论网页的页面制作得多么绚丽多彩，文本都是网页中不可或缺的页面对象元素，图片、动画和Flash 等其他类型的页面对象都要围绕文本进行展示，文本在页面信息表达中具有基础性的地位。

1. 文本的录入

当打开需要录入的页面时，光标会在文档编辑区窗口中闪烁，此时就可以录入文本了，既可以录入英文文本，也可以录入中文文本。录入文本可以采用以下 3 种方式。

① 直接利用键盘输入相应文本。

② 对已有的文本素材，可采用复制/粘贴的方式将文本粘贴在页面编辑区中相应位置。

③ 通过工作区主菜单【文件】|【导入】，采用文件导入的方式将文本导入到页面中。利用这种方式不仅可以导入文本，还可以导入其他类型的数据，如 Excel 或者 XML 文档。

2. 文本的编辑

录入到页面中的文本可以进行复制、粘贴、移动以及查找和替换等编辑操作。对复制、粘贴和移动操作，可以首先利用鼠标拖动的方式选中相应文本，然后执行工作区主菜单【编辑】中的相关菜单命令即可；如果仅仅需要对原文本的内容或者某些格式进行粘贴，则可以选择主菜单【编辑】|【选择性粘贴】，此时将会弹出如图 7-19 所示的【选择性粘贴】对话框，在其中可以选择符合要求的粘贴方案。

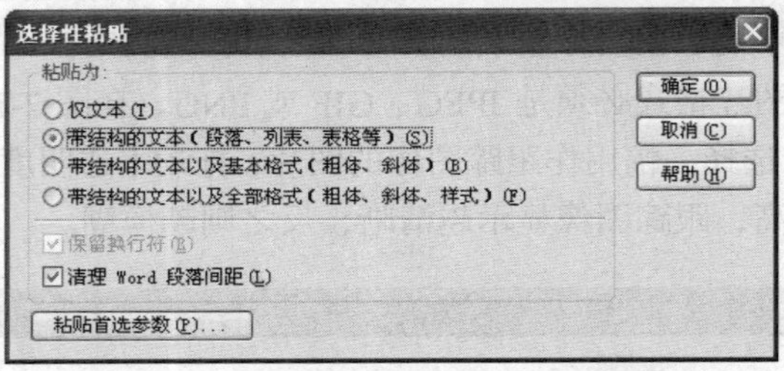

图 7-19 【选择性粘贴】对话框

Dreamweaver CS5 提供了强大的查找和替换功能，既可以查找文本，也可以查找 HTML 标记和源代码等，执行主菜单【编辑】|【查找和替换】，将弹出如图 7-20 所示的【查找和替换】对话框，在此对话框中可以设定查找和替换的内容，在查找过程中是否区分大小写以及是否忽略空白等，查找范围可以为当前文档、当前文件夹以及整个当前本地站点等。

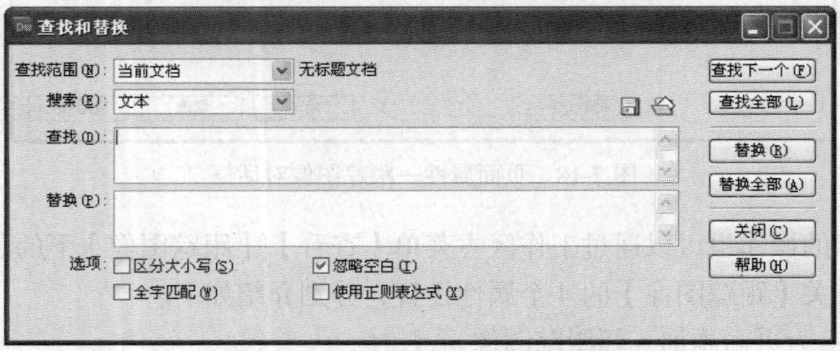

图 7-20 【查找和替换】对话框

3. 文本的属性

在页面编辑区中选中文本，可以通过【属性】面板对文本进行属性设定，【属性】面板中的文本属性设置可以分为【HTML】和【CSS】两类，如图 7-21 所示。利用【HTML】设置的属性格式将内联在 HTML 代码中，【CSS】中设置的属性将以 CSS 样式的形式完成文本格式设置。有关 CSS 样式的设置将在后续章节中进行详细介绍，此处主要对属性面板中涉及的一些常用属性图标进行说明。

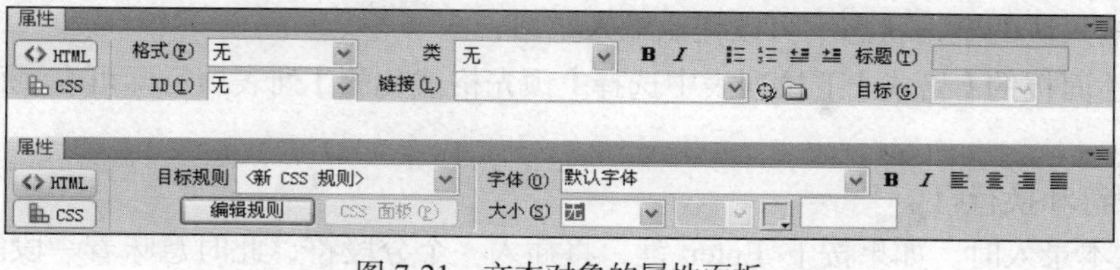

图 7-21　文本对象的属性面板

【格式】列表：“段落”表示将当前选定的文本定义为一段；“标题 1”～“标题 6”是系统已经设置好的 6 种标题格式；“预先格式化的”是预先定义的文本格式。

【字体】列表：选择、设置、修改文本的字体。

【大小】列表：选择文本所采用的字号大小。

【链接】列表：选择文本超级链接到的页面，目标用来设定超级链接到的页面打开的位置。

（文本颜色）按钮：设置文本显示的颜色。

B（粗体）按钮：使文本变成粗体或者由粗体恢复为原来的格式。

I（斜体）按钮：使文本变成斜体或者由斜体恢复为原来的格式。

（项目列表）按钮：将文本定义为符号列表格式。

（编号列表）按钮：将文本定义为数字列表格式。

（左对齐）按钮：使网页元素向文档的左边界对齐。

（居中对齐）按钮：使网页元素向文档的居中位置对齐。

（右对齐）按钮：使网页元素向文档的右边界对齐。

（两端对齐）按钮：使网页元素向文档的左右边界对齐。

（内缩区块）按钮：使文本块从文档的左右两侧缩进。

（删除内缩区块）按钮：消除文本块在文档左右两侧的缩进。

属性面板中的【字体】列表是一些常用字体的组合，一般情况下每一个列表项是一组字体的组合，如“字体 1，字体 2，字体 3”，按照先后顺序优先使用，如果页面在显示不支持字体 1，则使用字体 2，否则使用字体 3。

默认情况下，Dreamweaver CS5 没有设定中文字体列表项，设计者需要自己添加，在属性面板的【字体】列表中选择编辑字体列表，即可弹出如图 7-22 所示的对话框，如果需要创建一个【隶书】字体列表项，只需要在【可用字体】列表中选择【隶书】，单击添加按钮《即可将该【隶书】字体列表项加入。

图 7-22　【编辑字体列表】对话框

4. 常用特殊字符的录入

网页设计和制作中可能会遇到大量的特殊字符，这些字符可以以文本的形式录入，也可以做成图片，嵌入到网页页面中。以图片的方式嵌入可以避免一些特殊字符在对方浏览器中不支持的情况，下面介绍几种常用特殊字符的录入方法。

（1）空格的录入

在网页页面的中文录入过程中，大量的使用了空格，默认情况下 Dreamweaver CS5 只允许插入一个空格，以下几种方式可以录入任意数量的空格：

① 通过组合键 Shift+Ctrl+Space，每按下组合键一次将插入一个空格；

② 中文输入法的全角状态下可以任意输入空格；

③ 在属性面板的【格式】下拉列表中选择【预先格式化的】列表项后即可在页面中任意的输入空格。

（2）分段符和换行符

在进行文本录入时，如果按下 Enter 键，将插入一个分段符，此时意味着一段的结束，再次录入文本时将作为新的一段，两个段落之间留有一空行。

当录入文本的长度超过页面文档窗口的显示宽度时，将进行自动换行，自动换行自适应页面文档窗口的大小。如果需要进行强制换行的话，可以通过 Shift+Enter 组合键，按下该组合键将产生一个强制换行，注意通过换行后的两行之间没有空行，紧密相挨。

强制换行符也可以通过录入一个【插入】面板中的【文本】选项卡中的换行符来实现。

（3）日期和时间

在网页的设计和制作过程中，经常需要插入日期和时间，在 Dreamweaver CS5 可以通过【插入】面板中【常用】选项卡中的日期按钮来插入一个日期和时间，单击该日期按钮后弹出如图 7-23 所示的【插入日期】对话框，可以对日期和时间的格式进行设定。

如果将该对话框中的【存储时自动更新】复选框选中，则在每次保存文档时都更新插入的日期和时间。

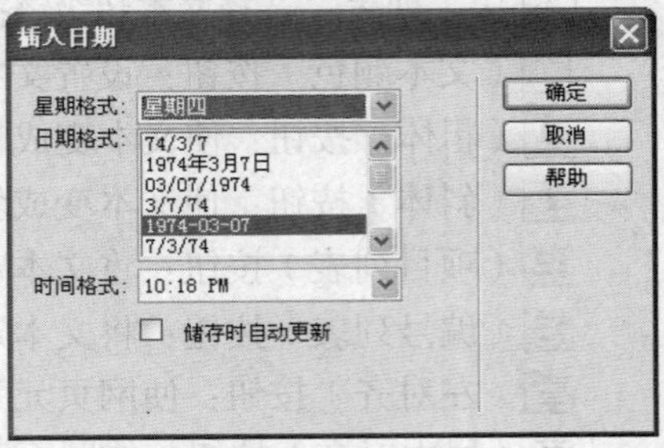

图 7-23 【插入日期】对话框

（4）版权和货币等特殊符号

每个网站首页的最下方都有一个版权信息，如©2015 × × × 版权所有，这里的版权符号【©】可以通过以下方式录入：

单击【插入】面板中【文本】选项卡中的换行符，将弹出如图 7-24 所示的菜单列表项，选择版权符，同时可以录入一些货币和商标等符号；单击 其他字符，可以弹出如图 7-25 所示的特殊字符选择对话框，可以在此对话框中选择需要的字符进行插入。

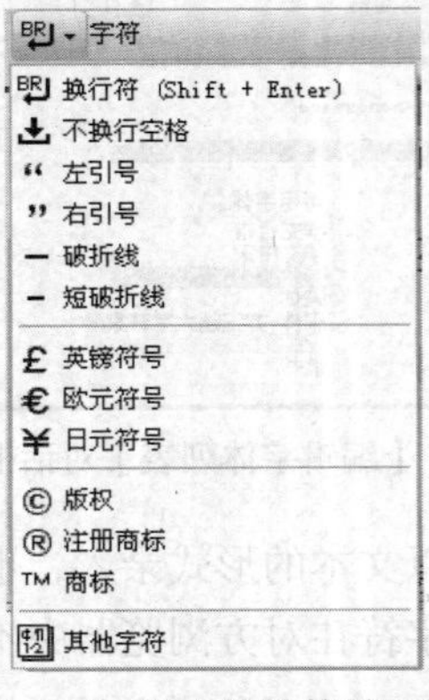

图 7-24 插入特殊符号面板

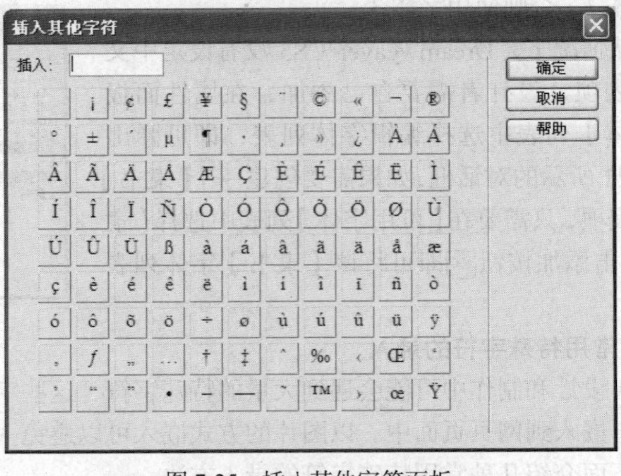

图 7-25 插入其他字符面板

7.3.4　图片对象

图片的使用可以更好地表达页面主题，使得页面变得绚丽多彩。应用于网页页面制作的图片主要有 JPEG、GIF 和 PNG 3 种格式，本小节主要讲述如在网页页面中插入图片以及设置图片属性。

1．图片的插入

将鼠标光标定位在页面编辑区中需要插入图片的位置，通过以下几种方式可以插入一幅图片：

① 单击工作区主菜单【插入记录】|【图像】菜单。

② 单击【插入】面板中的【常用】选项卡中的工具按钮。

在执行了相应的菜单或者单击了图像工具按钮后，会弹出如图 7-26 所示的【选择图像源文件】对话框，通过该对话框可以选择一幅图片插入到页面中，选中的图片会在对话框的右侧预览显示。

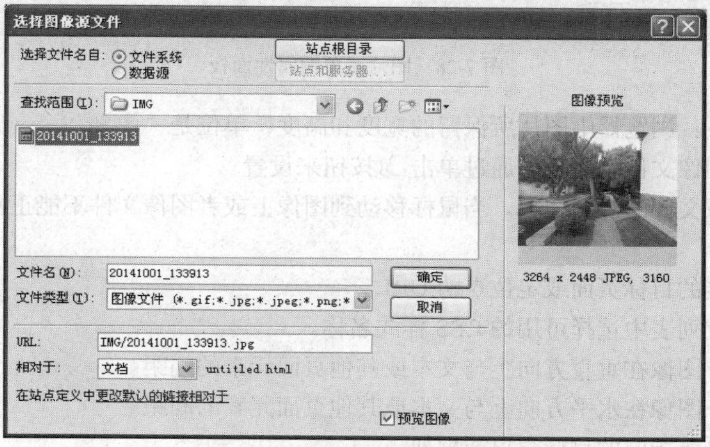

图 7-26　【选择图像源文件】对话框

选择的图片文件默认来自文件系统，如果选中对话框中的【数据源】单选钮，则可以从数据库中选取图像文件。在文件系统中选择图像时，无论当前处于什么文件目录，只要单击 站点根目录 按钮，都会将路径返回到站点根目录下。

对话框下部的【URL】文本框显示了当前选中图片文件的 URL 地址。【相对于】下拉列表中有两个选项，分别是【文档】和【站点根目录】，选中【文档】是以相对路径的方式将图片加入到网页中，选中【站点根目录】则是将图片文件以基于站点的根目录的路径插入到网页中。

选择图片文件后，单击【确定】按钮，将会弹出如图 7-27 所示的【图像标签辅助功能属性】对话框，提醒用户输入【替换文本】和【详细说明】。设定了【替换文本】后，当鼠标移动到图片上或者在图片未能正常显示时，会显示出替换文本中设定的文字说明，此时也可以暂时不填写，将来在图片的属性面板中设定也可以。

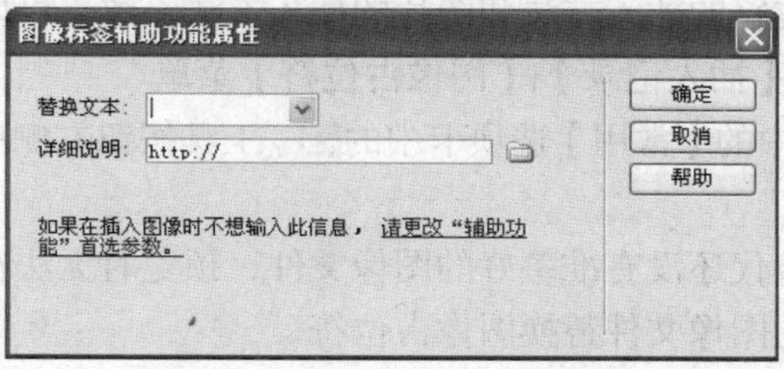

图 7-27　【图像标签辅助功能属性】对话框

如果站点已经建立了默认的图像存放文件夹，Dreamweaver CS5 会直接将插入的图片存放到默认图像文件夹中，如果没有建立默认图像文件夹，此时会弹出对话框询问是否将该图片复制到站点的根文件夹中，此处强烈建议在创建本地站点时设定默认的图像存放文件。

2. 图片对象的属性

在页面中选中插入的图片，此时【属性】面板会变成如图 7-28 所示。【属性】面板左上方是图像的缩略图，右侧的数值是图像的尺寸大小，【ID】文本框用来输入图像的名称，其他参数的含义如下。

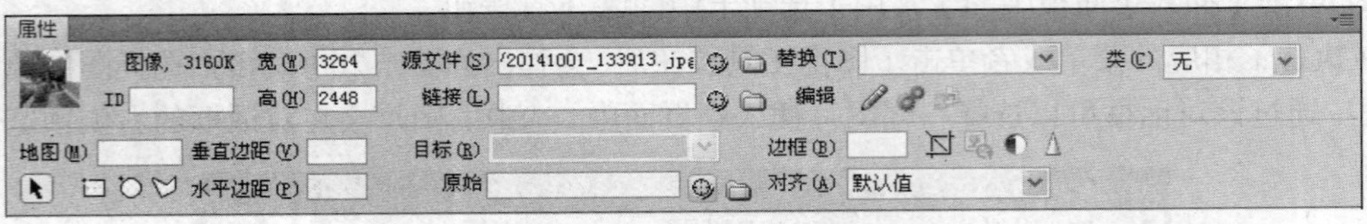

图 7-28　图片对象的属性面板

【宽】和【高】：浏览器中图片所保留的宽度和高度，单位是“像素”。

【源文件】：图像文件的路径，通过单击按钮来设置。

【替换】：图像文件的说明文本。当鼠标移动到图像上或者图像文件不能正常显示时，将显示在该说明文本。

【链接】：链接的目标页面或定位点的 URL。

【类】：在下拉列表中选择可用的 CSS 样式名称。

【垂直边距】：图像在垂直方向上与文本或其他页面元素的间距。

【水平边距】：图像在水平方向上与文本或其他页面元素的间距。

【目标】：链接所指向的目标窗口或框架。

【边框】：图像边框的宽度，默认为无边框。

【对齐】：该下拉列表中有用于指定图片与相邻网页元素的 9 种排列方式。

（裁剪）按钮：直接在 Dreamweaver 中对图像进行裁剪，图像裁剪后无法恢复到原始状态。

（重新取样）按钮：有时需要在 Dreamweaver 中手动改变图像的尺寸，如加宽或者缩小等，并不是按比例缩放的，这时图像会发生失真，单击此按钮可以使图像尽可能地减少失真度。

（亮度和对比度）按钮：小型图像编辑器中的一个功能，可以改变图像显示的亮度和对比度。

（锐化）按钮：可以改变图像显示的清晰度。

3. 图像占位符

在网页页面制作过程中，为了页面布局的需要，需要在页面的某个位置插入一幅图片，但如果图片还没有采集或者制作好，此时可以先插入一个图像占位符替代该图片，一旦图片制作完毕再进行替换即可，图像占位符的插入方法和图片的插入方法一致，可以采用以下两种方法。

① 单击工作区主菜单【插入记录】|【图像占位符】菜单。

② 单击【插入】面板中的【常用】选项卡中的工具按钮右侧黑色下三角，在弹出的菜单中选择占位符 图像占位符。

图像占位符只是暂时替代还没有准备好的图像文件，预览时无法在页面中显示效果，因此网页在发布时需要利用最终的图像文件替换图像占位符。

7.3.5　媒体对象

构成页面的基本对象元素是文本和图片，在网页的制作过程中为了增加页面的感染力和视觉表现效果，加入了大量的媒体对象，如 Flash 动画、Applet 小应用程序、ActiveX 控件等，关于上述媒体对象的插入，可以采用如下方法。

① 单击工作区主菜单【插入记录】|【媒体】菜单，在【媒体】菜单中有可供插入的多种媒体选项。

② 单击【插入】面板中的【常用】选项卡中的工具按钮右侧黑色下三角，在弹出的菜单中选择相应的媒体选项。

下面以插入 Flash 动画为例说明如何在 Dreamweaver CS5 中插入多媒体对象。在【插入】(常用）面板中，选择【媒体】快捷菜单中的 SWF 按钮，打开【选择文件】对话框，选择要导入的 swf 文件，单击 确定 按钮，导入 Flash 文件，预览网页即可看到插入的 Flash 动画。在插入 swf 文件后，【属性】面板如图 7-29 所示，其中各个属性项的含义如下。

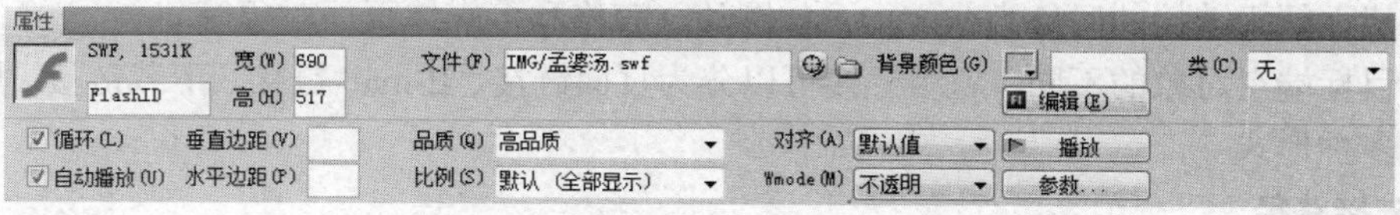

图 7-29　SWF 动画的【属性】面板

【SWF】：输入 SWF 动画的名字。该名字可以在脚本语言中使用。

【宽】与【高】文本框：输入 SWF 动画的宽与高。

【文件】文本框与文件夹按钮：用来选择 swf 格式的 Flash 动画文件。

【循环】：单击该复选框后，可循环播放。

【自动播放】：单击该复选框后，可自动播放动画。

【垂直边距】：可设置 Flash 影片与边框间垂直方向的空白量。

【水平边距】：可设置 Flash 影片与边框间水平方向的空白量。

【品质】：用于设置图像的质量。

【比例】：用于选择缩放参数。

【对齐】：用于设置 Flash 影片的对齐方式。

编辑... 按钮：单击它，可对 Flash 文件进行编辑。

【背景颜色】文本框与按钮：设置 Flash 动画的背景颜色。

播放 按钮：单击它，可播放 Flash 影片。

参数... 按钮：单击它，可打开一个【参数】对话框，如图 7-30 所示，输入附加参数，用于传递给 Flash 动画。

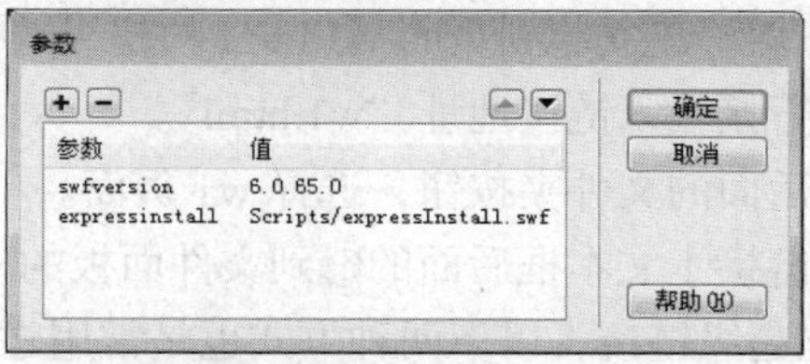

图 7-30　SWF 动画的【参数】设置对话框

Wmode：设置 Flash 显示的模式，分为窗口、透明和不透明 3 种。

7.4 超级链接

当一幅幅页面制作完毕后，需要在不同的页面之间建立起关联，即在浏览一幅网页时，希望能够通过某种途径跳转到另外一幅页面，这个功能可以由超级链接来实现。

7.4.1 超级链接概述

1. 超级链接

所谓超级链接实际上是一种链接关系，它建立起了源端点到目标端点的关联，在页面浏览状态下，单击源端点可以自动跳转目标端点。

根据源端点对象的不同，超级链接分为超文本链接和非超文本链接。超文本链接指的是建立超级链接的对象为文本，一般情况下，建立起超级链接的文本下面显示一条下划线；非超文本链接指的是建立超级链接的对象为非文本，如图片、表格和多媒体页面对象等。

根据目标端点对象的不同，超级链接可以分为页面链接、E-mail 链接、下载链接、脚本链接、空链接等多种形式。

2. 链接路径

超级链接使用的路径可以分为绝对路径、相对路径和根路径类。绝对路径由访问协议和文件的完整存放路径组成，该类路径适合用来建立站点间的超级链接。

- 绝对路径：http:||www.163.com|news|2008113001.html
- 相对路径：help| h001.html
- 根路径：|news|n001.html

相对路径是指相对于某个站点目录或文档的文件路径，特别适用于制作网站内部的页面超级链接。如果建立超级链接的源文件和链接的目标文件在同一目录下，在链接地址框中直接输入文件名字；如果链接到上一级目录中，则需要输入“..| 文件名”。根路径是相对路径的一种形式，也适合于制作站点超级链接，但一般情况下不推荐使用。

7.4.2 文字和图像超级链接

文字超级链接和图像超级链接是页面制作中使用最为广泛的超级链接形式，两种超级连接的制作方法完全相同，只是建立超级链接的源端点对象分别为文字和图像。

下面以文字超级链接的建立为例介绍在 Dreamweaver CS5 如何创建超级链接。在本地站点 MyWeb 中已建立起如图 7-31（a）所示的页面文件，现需要为 index.html 中的“链接到 w1 页面”建立超级链接，链接到页面 w1.html。选中 index.html 页面中的“链接到 w1 页面”文本，在属性面板的链接区域执行以下操作均可建立起到页面 w1.html 的超级链接。

- 在【链接】文本框中直接输入链接地址“w1.html”。
- 单击【链接】文本框后面的文件夹按钮，选择 w1 页面。
- 利用鼠标左键拖动【链接】文本框后面的⊕到文件面板的 w1 页面的图标上。

也可不通过属性面板建立超级链接，以下两种方式也是常用建立超级连接的方法。

- 利用工作区主菜单【修改】|【创建超级链接】，在弹出的对话框中选择链接页面。
- 利用【插入面板】中【常用】选项卡中的工具按钮创建超级链接。

在属性面板的【链接】地址框下面，有一个【目标】下拉列表框，通过该下拉列表可以选择链接网页的打开方式，包含以下 4 种情况，如图 7-31（b）所示。

- _blank：在新窗口显示链接网页。
- _self：在当前窗口显示链接网页。
- _parent：在父框架中显示链接网页，若没有父框架就在整个窗口中显示链接网页。
- _top，在整个浏览器窗口中显示链接网页，并清除所有框架。

建立好的文字超级链接属于超文本链接，在建立链接的文本下面显示了一条下划线，如图 7-31（c）所示。图片的超级链接的建立方法同文字超级链接建立方法相同，区别只是在于超级链接的源端点对象一个是图片，一个是文本，在此不再多述。

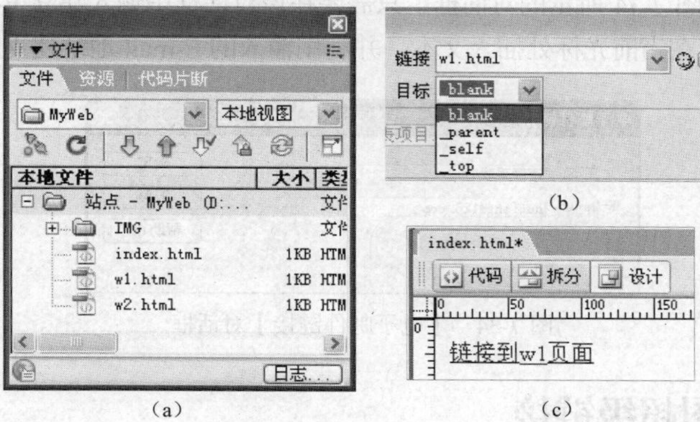

图 7-31　超级链接的建立

7.4.3　锚记超级链接

锚记超级链接是指超级链接的目标端点是锚记，而不是通常意义上的页面文件。制作锚记超级链接首先要创建锚记，然后将超级链接的源端点的链接地址设定为创建好的锚记。

1. 创建锚记

将光标定位在需要插入锚记的位置，单击【插入面板】中【常用】选项卡中的工具按钮，将会弹出如图 7-32 所示的对话框，输入锚记的名称，单击【确定】按钮即可创建相应锚记。

2. 创建锚记超级链接

在源端点和目标端点之间建立锚记超级链接时，首先将光标定位在目标端点，采用上面介绍的方法插入一个锚记，假设锚记被命名为“MA”。

选中要添加锚记超级链接的源端点对象，可以为文本，也可以为图片，然后在属性面板的【链接】地址框输入“#锚记名称”，上例中为“#MA”，如图 7-33 所示。

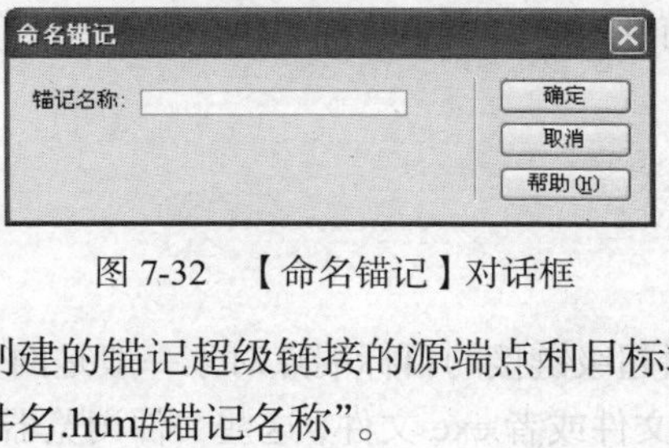

图 7-32　【命名锚记】对话框

图 7-33　锚记超链接设定图

如果创建的锚记超级链接的源端点和目标端点不在同一个页面中，则需要在【链接】地址框输入“文件名.htm#锚记名称”。

锚记超级链接应用也比较广泛，如果页面比较长，而页面内容又进行了小节划分，则可以在页面的开始建立一组锚记超级链接，分别跳转到页面内容的每一个小节，以方便浏览者阅读页面内容。

7.4.4 E-mail 超级链接

E-mail 超级链接在网页中也大量地使用，当单击 E-mail 超级链接时会自动启动 Outlook 等邮件收发程序进行邮件的发送。

E-mail 超级链接有两种创建方法：一种是选中建立超级链接的文本，利用【属性】面板，在【链接】地址框直接输入“mailto:+邮件地址”；另一种是单击【插入面板】中【常用】选项卡中的工具按钮，此时会弹出如图 7-34 所示的对话框，只需要在该对话框中输入建立 E-mail 超级链接的文本和 E-mail 地址，系统会在当前光标处插入文本，并利用输入的 E-mail 地址建立起 E-mail 超级链接。

图 7-34 【电子邮件链接】对话框

7.4.5 映射图超级链接

映射图超级链接是为图片的一部分区域加上超级链接。当在页面中加入一幅图片时，选中图片，属性面板的【地图】文本框下面的 4 个工具可用，如图 7-35（a）所示，该组工具称为热区工具，可以用来制作热区。

（a） （b）

图 7-35 映射图超级链接

所谓热区就是图片可以添加超级链接的区域。属性面板提供的热区工具有矩形工具、椭圆工具和不规则选区工具，其中前两种主要用来制作规则热区，后一种主要制作不规则热区。

在插入图片中的白鹅和黑鹅上分别建立如图 7-35（b）所示的热区，选中热区，通过【属性】面板的【链接】地址框为热区添加超级链接，页面预览时，当用鼠标单击白鹅和黑鹅身上对应的热区时，将分别链接到设定好的页面。

7.4.6 其他形式超级链接

1. 下载超级链接

下载超级链接和普通超级链接做法相同，普通超级链接的目标端点对象一般是网页页面，而下载超级链接所链接到的目标端点对象一般是.rar 文件或者.exe 文件，这些文件浏览器不支持，就会弹出【另存为】对话框，从而实现了文件的下载。

2. 脚本超级链接

脚本超级链接中链接的目标端点对象为脚本代码或者脚本文件，当单击该超级链接时将触发脚本的执行，从而产生特定的效果。

在页面上选中文本，在【属性面板】的【链接】地址框中输入以下脚本代码（见图 7-36（a））：

JavaScript:window.close（）

加入脚本代码后则为选中的文本建立起脚本超级链接，预览页面，当单击文本时，将会弹出如图 7-36（b）所示的对话框，询问是否关闭窗口，单击【是】按钮时将会把当前页面关闭掉。

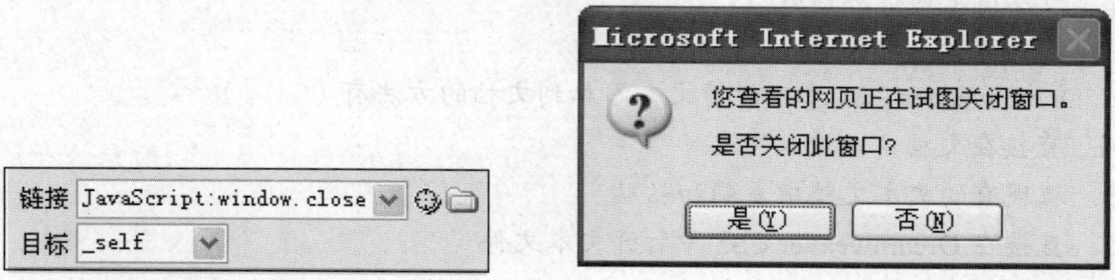

（a）（b）

图 7-36 脚本超级链接

3. 空链接

有些客户端行为必须通过链接来调用，此时可采用空链接。空链接可以刷新页面、激活页面对象。

设定空链接时，只需选中建立空链接的对象，在【属性面板】的【链接】地址框输入“#”即可创建一个空链接。

习 题

一、选择题

1. 进行站点设置时，下列选项中正确的说法是（ ）。

   A. 根文件夹与存储图片的文件夹属于同一个根目录

   B. “启用缓存”的选中可以加快站点管理任务的速度

   C. 用户不可以随意对站点进行命名

   D. 用户必须指明站点在互联网上的域名

2. 使用 Dreamweaver CS5 创建网站的叙述，下列选项中不正确的是（ ）。

   A. 站点的命名最好用英文或英文和数字组合

   B. 网页文件应按照分类分别存入不同文件夹

   C. 必须首先创建站点，网页文件才能够创建

   D. 静态文件的默认扩展名为.htm 或.html

3. 在 Dreamweaver CS5 的新建文档页面，一般情况下，创建完全空白的静态页面应选择（ ）。

   A. 基本页类别中的“HTML”选项

   B. 基本页类别中的“HTML 模板”选项

C. 框架集类别中的选项

D. 入门页面中的选项

4.（ ）控制面板会显示从创建或打开某个文档以来在该文档中所做的所有行为及步骤，并可以进行撤销一步或多步操作。

A. 历史记录　B. HTML　C. 行为　D. 参考

5. 对在 Dreamweaver CS5 中插入 Flash 动画（SWF）的描述，下列选项中不正确的是（ ）。

A. 可以更改动画的播放比例

B. 不可以在 Dreamweaver 中直接预览 Flash 的内容

C. 可以设定为循环播放

D. 无法设置自动播放

6. 在 Dreamweaver CS5 中不能将文本添加到文档的方法有（ ）。

A. 直接在文档窗口输入文本

B. 从现有的文本文档中复制和粘贴

C. 直接在 Dreamweaver CS5 中打开文本文件

D. 导入 Microsoft Word 内容

7. 以下关于网页文件命名的说法错误的是（ ）。

A. 使用字母和数字，不要使用特殊字符

B. 建议使用长文件名或中文文件名以便更清楚易懂

C. 用字母作为文件名的开头，不要使用数字

D. 使用下划线或破折号来模拟分隔单词的空格

8. 不能在文档窗口中插入空格的操作有（ ）。

A. 在中文的全角状态下按空格键

B. 插入一个透明的图

C. 选择插入记录菜单下的 HTML—特殊字符—不换行空格

D. 按 Ctrl+Shift+空格键加入

二、填空题

1. Dreamweaver CS5 是________公司推出的一款“所见即所得”的网页设计和制作软件。

2. 利用 Dreamweaver CS5 进行网页设计和制作时，提供了 3 种视图编辑模式，分别是________、________和________。

3. 在 Dreamweaver CS5 中，【插入】面板可以显示为________和________两种外观效果。

4. 对于已经建立好的站点，可以通过主菜单【站点】下的________命令对站点进行管理或编辑。

5. E-mail 超级链接有两种创建方法，一种是选中建立超级链接的文本，利用【属性】面板，在【链接】地址框输入直接输入________+邮件地址。

三、简答题

1. 什么是超级链接？在 Dreamweaver CS5 中可以建立哪些形式的超级链接？

2. 简述在 Dreamweaver CS5 中建立站点的一般步骤。

第 8 章 页面布局

Dreamweaver CS5 主要提供了 3 种页面布局技术，分别是表格、AP Div 和框架，它们在布局方式上和设置方法上各有不同。本章主要讲述如何利用 Dreamweaver CS5 提供的 3 种布局方法进行页面布局。

8.1 表格

在网页设计和制作的过程中，表格不仅可以用来组织和存放数据，还可以用来做页面布局工具，实现页面对象元素的定位。在 Dreamweaver CS5 中可以方便地创建表格，同时可以像在普通文字编辑软件里那样灵活地对表格进行编辑，如增加或者删除表格一行或者一列单元格，合并或者拆分表格单元格等。

8.1.1 表格的建立

1. 新建表格

当需要向页面中插入一个表格时，首先应该将光标定位在页面中需要插入表格的位置，然后可以通过以下两种方式插入一个表格。

① 单击工作区主菜单【插入记录】|【表格】。

② 单击【插入】面板中的【常用】选项卡中的▦工具按钮。

在执行了上述操作后，会弹出如图 8-1 所示的【表格】对话框，在该对话框中可以对新建表格进行设置，各项具体含义如下。

【行数】/【列数】：插入表格的行数目和列数目。

【表格宽度】：表格的宽度，默认为 200 像素，在下拉列表中包含“像素”和“百分比”两项，“像素”用来设定表格的绝对宽度，“百分比”是指表格与浏览器窗口的百分比。

【单元格边距】：单元格内容与单元格边框之间的间隔。

【单元格间距】：单元格之间的间隔。

【边框粗细】：表格边框线的宽度，以“像素”为单位，“0”表示没有边框。

【标题】：表格内部添加的行、列标题，表格内部的行、列标题只能位于表格的第一行或者第一列，将会被加粗显示。

【标题】文本框：显示在表格外部的表格标题。

【摘要】：表格的说明，浏览器可以读取该摘要文本，但不会显示在浏览器中。

按照图 8-1 中所示属性插入表格如图 8-2 所示，该表格共 4 行 3 列，设定了表格标题“表格一”，位于表格的顶部，同时该表格的第一行为标题，即表格内部行标题。

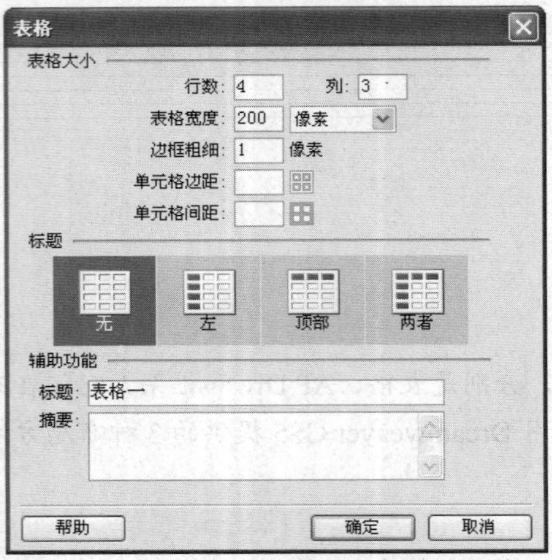

图 8-1 【表格】对话框

图 8-2 表格示意图

2. **表格的选取**

在页面中插入表格后，如果希望对表格与单元格的属性做进一步的设定或者对表格进行结构编辑，首先需要进行的操作就是选中表格或者单元格。选中整个表格的方法很多，可以通过以下 5 种方式实现。

① 鼠标指向表格的左上角或底部，鼠标指针形状变成表格时进行单击。

② 单击表格内部的任意单元格，在页面文档左下角的标签选择器中选择<table>标签。

③ 单击表格内部的任意单元格，单击主菜单【修改】|【表格】|【选择表格】。

④ 双击表格内部边框线。

⑤ 单击表格的右边框线或者下边框线。

3. **单元格的选取**

单元格的选取和表格的选取比较类似，根据所选单元格数量的不同，可以分为以下几种方法实现。

（1）单个单元格选取

① 单击所选单元格，在页面文档左下角的标签选择器中选择<td>标签。

② 单击所选单元格，按快捷键 Ctrl+A。

（2）多个不相邻/相邻单元格

如果选取的单元格不相邻，可以先按住 Ctrl 键，然后依次单击需要选择的单元格即可；如果选取的单元格是相邻的，可以采用以下两种方法实现。

① 鼠标左键单击起始单元格，拖动到结束单元格。

② 按住 Shift 键，鼠标左键单击起始单元格，然后单击结束单元格。

（3）选中一行/列单元格

如果需要选中表格的一行或者一列单元格，可以采用以下两种方式实现。

① 将鼠标移动到行的左侧或者列的上侧，等待鼠标指针变成指向行或者列的黑色箭头时，单击鼠标左键即可选中该行/列。

② 从所需选择的行或列的起始单元格进行整行或者整列拖动。

对整行单元格的选中，也可以先单击所需选择行中的任意一个单元格，然后在文档窗口左下角的标签选择器中选择<tr>标签，此时也可以将该行选中。

4．表格和单元格的属性

在表格创建时的对话框中可以对表格的行列数、边框和标题以及单元格的宽度等属性进行设定，在表格的使用过程中，如果需要对创建好的表格和单元格的属性做进一步的设定，可以通过表格或者单元格的属性面板来实现。

（1）表格的属性

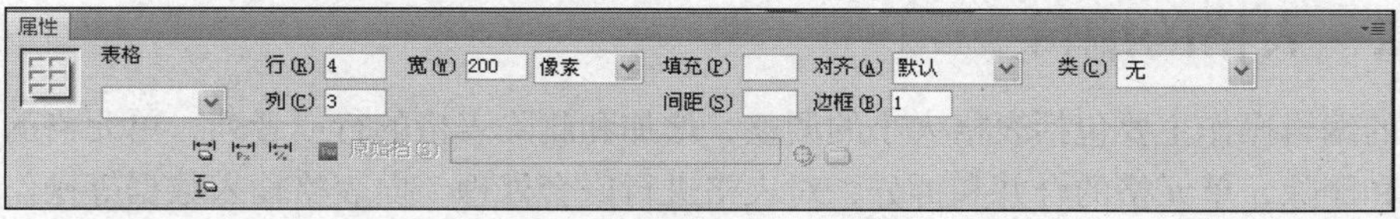

图 8-3　表格的属性面板

选中页面中建立的如图 8-2 所示的表格，其对应的属性面板如图 8-3 所示，各属性项的含义如下。

【行】和【列】：表格的行数和列数。

【宽】：表格的宽度，单位可利用其右边的下拉列表框选择，其中的选项有“%”（百分比）和“像素”。

【填充】：单元格的边距，即设定单元格中内容与边框之间的距离，默认值为“1”。

【间距】：单元格之间的距离，默认值为“2”。

【对齐】：表格的对齐方式，其下拉列表中有“默认”、“左对齐”、“居中对齐”和“右对齐”4种方式。

【边框】：表格边框的宽度。如果设置为“0”，就是没有边框，但可以通过在编辑状态下选择【查看】|【可视化助理】|【表格边框】命令，显示表格的虚线框。

按钮：清除行高。

按钮：清除列宽。

按钮：将列宽单位转换为像素。

按钮：将列宽单位转换为百分比。

【类】表格所应用的 CSS 样式。

（2）单元格属性

如果需要设定某个特定单元格的属性，可以先选中该单元格，此时属性面板如图 8-4 所示，各属性项的含义如下。

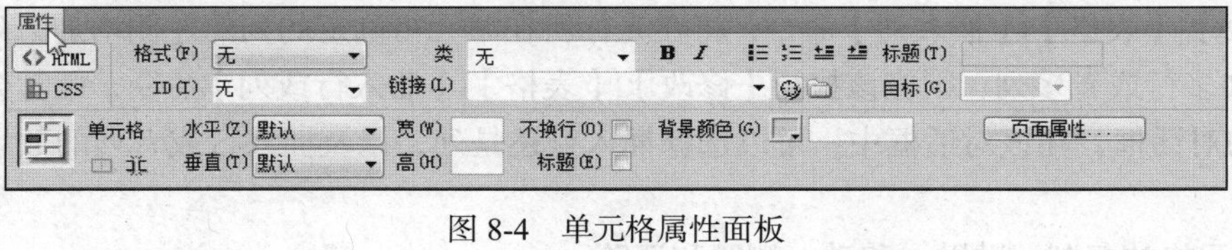

图 8-4　单元格属性面板

【水平】：设置单元格内容的水平对齐方式，下拉列表中包括“默认”、“左对齐”、“居中对齐”和“右对齐”4 种方式。

【垂直】：设置单元格内容的垂直对齐方式，下拉列表中包括“默认”、“顶端对齐”、“中间对齐”、“底部对齐”和“基线对齐”5 种方式。

【宽】/【高】设置单元格的宽度和高度。

【不换行】：设置单元格内容不能自动换行，默认自动换行。

【标题】：设置单元格中的内容为标题，设为的标题内容的字体被加粗，并且居中显示。

【背景颜色】：设置单元格的背景色。

按钮：拆分单元格。

按钮：合并单元格。

8.1.2 表格的编辑

表格的编辑操作主要包括表格大小的调整，增加和删除表格的行或者列，单元格的复制、粘贴、移动和删除，单元格的合并和拆分，对表格进行嵌套处理，向表格输入数据等操作。

1. 表格大小的改变

插入表格以后，可以根据实际需要进一步调整表格的大小，对表格大小的改变可以采用拖动和精确设定的方式。

（1）利用鼠标拖动改变表格大小

选中表格，在表格的右侧、下侧以及右下角将会出现 3 个黑色的控制点，如图 8-5 所示，拖动这 3 个控制点可以改变表格大小。

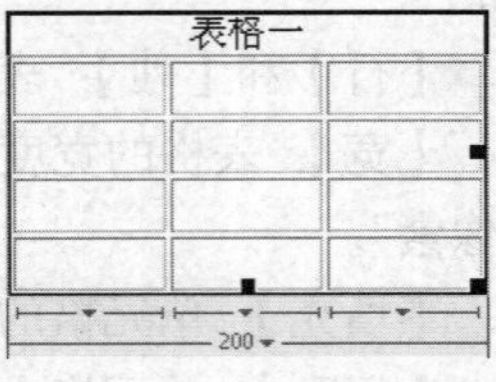

图 8-5 表格的控制点

① 拖动右侧控制点将会在行方向改变表格大小。

② 拖动下侧控制点将会在列方向改变表格大小。

③ 拖动右下角控制点将会在行和列方向同时改变表格大小，若沿对角线方向拖动则在行列方向等比例的改变表格的大小。

④ 将鼠标停留在表格内部行边框线或者列边框线上，当鼠标指针变为“双向箭头”时可以拖动改变行高和列宽。

（2）精确改变表格大小

选中表格，修改属性面板上的【宽】数值，可以精确地修改表格的宽度；选中单元格，修改属性面板上的【宽】和【高】中的数值，可以精确地修改单元格所在列的列宽和所在行的行高。

2. 增加、删除行或列

在网页设计和制作的过程中，表格实际使用的行列数与预期不符时就需要增加或者删除表格的行或者列。表格中行列的增加或者删除都可以通过主工作区中的菜单【修改】|【表格】下的菜单项来实现，部分菜单项如图 8-6 所示。

执行【修改】|【表格】|【插入行】命令，将在光标所在单元格确定行的上侧插入一行；如果执行【修改】|【表格】|【插入列】命令，将在光标所在单元格确定的列的左侧增加一列。如果一次需要增加多行或者多列，则应该执行【修改】|【表格】|【插入行或列】命令，此时会弹出如图 8-7 所示的对话框，在该对话框中，可以选择插入行还是列，以及插入行或者列的数量，设定插入的位置。

3. 单元格的复制、粘贴、移动、删除和清除

表格的单元格也可以像普通的页面对象一样执行复制、粘贴、移动、删除等操作，通过单元格的复制和粘贴，可以方便地将一个表格中的某些内容添加到另外一个表格中。

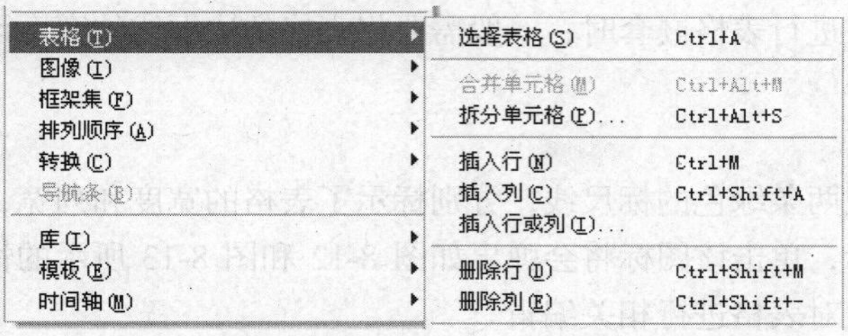

图 8-6　修改—表格菜单项

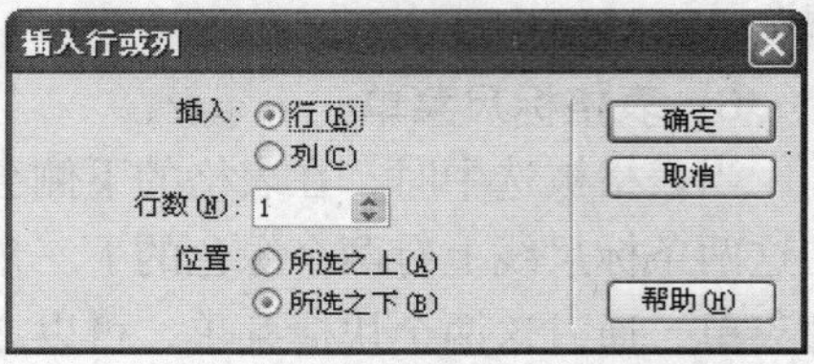

图 8-7　【插入行或列】对话框

在一个表格中选中某些单元格，执行【编辑】|【复制】或者【剪切】命令，就可以复制或者剪切选中的单元格；将光标定位到目标单元格，执行【编辑】|【粘贴】命令，即可将复制或者剪切单元格中的数据内容和格式粘贴到目的单元格；也可执行【编辑】|【选择性粘贴】命令，对单元格的内容和格式进行选择性粘贴。

单元格的删除和清除含义不同，删除是将单元格的数据内容和格式全部删掉，而清除只删掉单元格数据，仍保留单元格原有的格式。

4. 单元格的合并和拆分

在表格的实际应用中经常会出现部分单元格的合并以及将一个单元格拆分为几个单元格的操作，该组操作主要利用【属性】面板上的单元格合并按钮以及单元格拆分按钮来实现。

合并单元格时，首选选中要合并的单元格，然后单击单元格合并按钮即可，图 8-8 所示为合并单元格的过程。

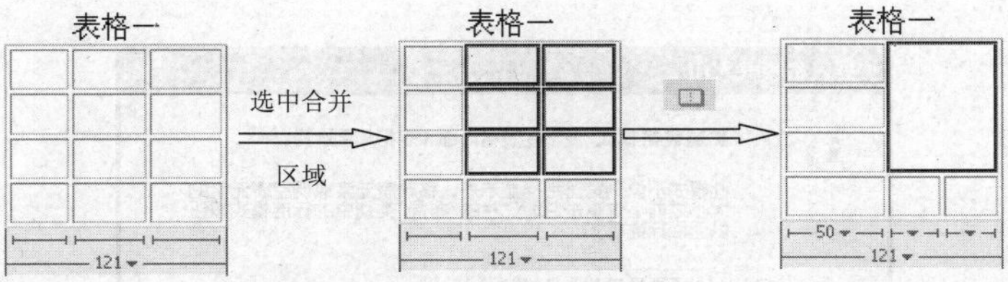

图 8-8　单元格合并

拆分单元格时，将光标定位在需要拆分的单元格内部，单击单元格拆分按钮，此时弹出如图 8-9 所示的对话框，在该对话框中设定拆分的方向："行"或者"列"，同时需要指定拆分的行数或列数，单击【确定】按钮即可。按照图 8-9 所示对话框中的设定，可以将图 8-8 合并后的表格拆分为图 8-10 所示的表格。

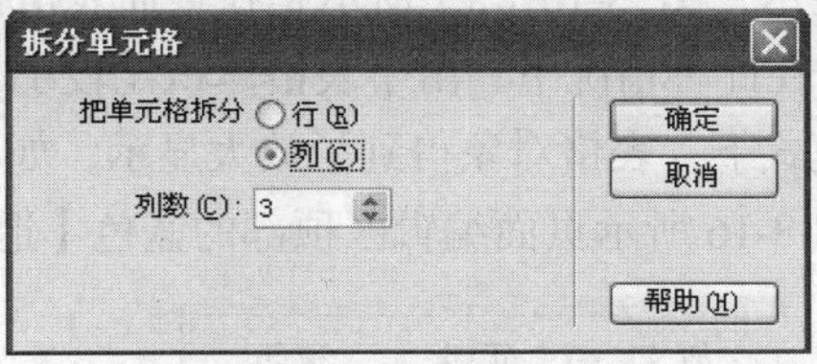

图 8-9　【拆分单元格】对话框

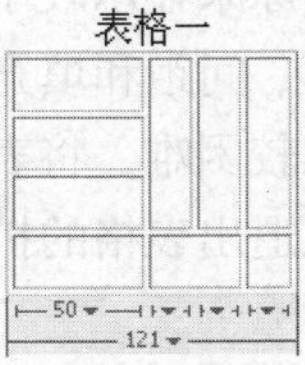

图 8-10　拆分后表格

5. 表格的嵌套

表格的嵌套是指在一个表格的单元格内部加入另外一个表格。将光标定位在插入表格的单元格中，执行【插入】|【表格】命令即可制作一个嵌套表格。图 8-11 所示即为一个嵌套表格，原则上表格可以无限制地进行嵌套，但多层嵌套表格会在很大程度上影响页面的浏览速度，所以不提

倡表格进行多层嵌套。为了页面的美观，在进行表格嵌套时，一般需要将表格的边框线的宽度设置为 0。

6. 表格标尺菜单

当表格被选中时，在表格的下侧会出现两条绿色的标尺线，分别标示了表格的宽度和列宽，在这两条标尺线上有两个绿色的下三角图标，单击该图标将会弹出如图 8-12 和图 8-13 所示的快捷菜单，通过这两个快捷菜单，可以方便地对表格进行相关编辑。

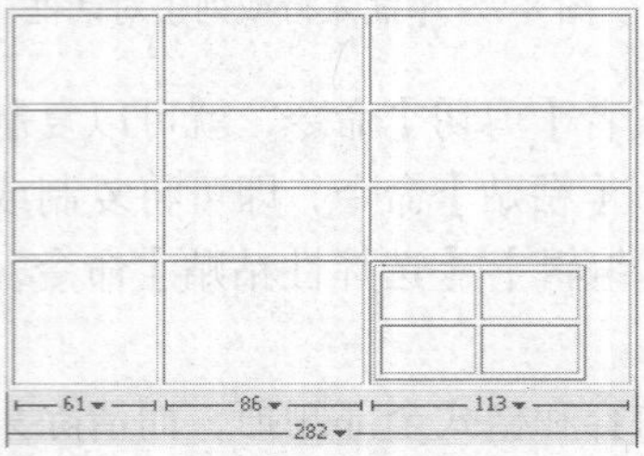

图 8-11　表格的嵌套

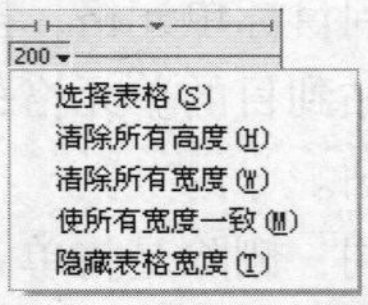

图 8-12　表格标尺菜单

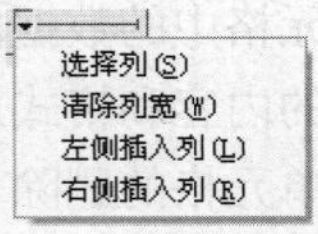

图 8-13　列标尺菜单

8.1.3　表格的扩展模式

当插入的表格比较小，或者表格内部某些单元格不方便被选中时，可以将表格切换到扩展模式下，在这种模式下，表格被放大，方便了用户对表格的处理。为了进入表格的扩展模式，可以单击【插入】面板中【布局】选项卡中的 扩展 工具按钮，此时会弹出如图 8-14 所示的【扩展表格模式入门】对话框。

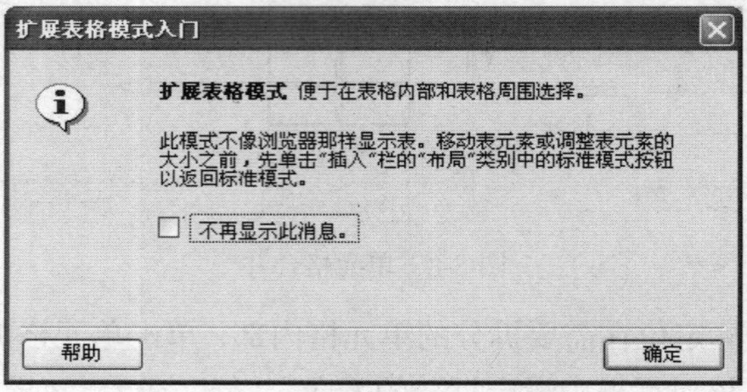

图 8-14　【扩展表格模式入门】对话框

该对话框表明，表格的扩展模式为了方便表格内部或者表格周围对象的选择。在表格的扩展模式下，表格中原来显示较小的对象得到了放大显示，图 8-15（a）所示是在普通表格普通模式下创建的一个边框、间距和填充都设置为 0 的表格，在此种情况下，由于表格体积比较小，对表格中单元格的选取比较困难，将表格模式切换到扩展模式下，表格对象得到了放大显示，如图 8-15（b）所示。如果想退出表格的扩展模式，只需单击图 8-16 所示页面编辑区顶部的蓝色【退出】按钮。

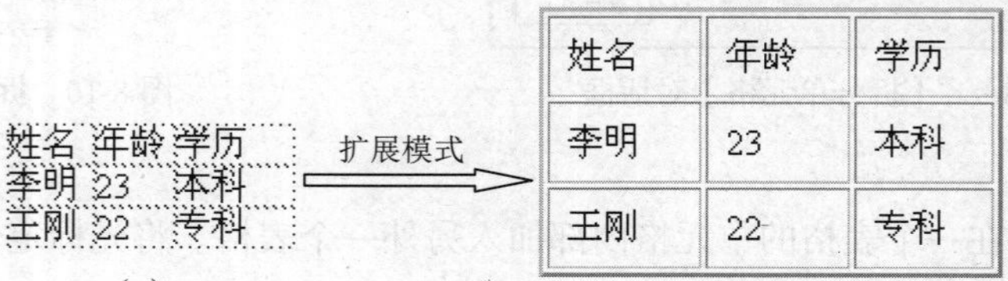

（a）　　（b）

图 8-15　表格的普通模式和扩展模式展示图

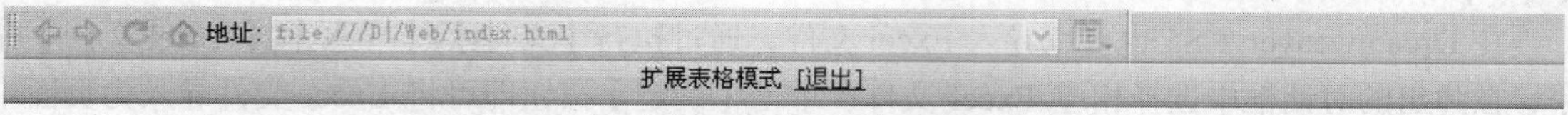

图 8-16 退出扩展表格模式

8.1.4 表格的数据处理

对页面中表格的数据可以通过键盘直接输入或批量导入，并可以进行排序、导出等操作。

1. 数据的直接输入

将光标定位在需要输入数据的单元格中，通过键盘输入即可，这种方法一般用于表格数据量比较少并且数据没有规律的情况下。在数据输入时，按 Tab 键可以在表格内部的不同单元格之间切换。

2. 导入表格数据

通过以下两种方式可以将带有格式的文本文件导入到页面表格中。

① 单击工作区主菜单【插入】|【表格对象】|【导入表格式数据】。

② 单击工作区主菜单【文件】|【导入】|【表格式数据】。

执行了上述操作后，弹出如图 8-17 所示的对话框，对话框中各选项的含义如下。

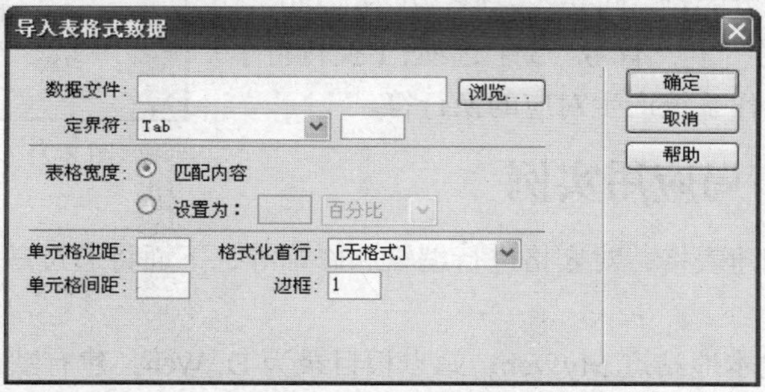

图 8-17 【导入表格式数据】对话框

【数据文件】：要转化为表格的文件路径和名称，可以通过【浏览】按钮进行选择。

【定界符】：数据文件中的数据采用的分隔方式，有“Tab”，“逗号”，“分号”，“引号”和“其他”5 个选项，如果选择了“其他”，则需在后面的文本框中输入所采用的分隔符。

【表格宽度】：设定生成表格的宽度，可以选择【匹配内容】，也可以指定表格大小。

【单元格边距】、【单元格间距】、【格式化首行】以及【边框】属性都是刻画生成表格属性的，含义和普通表格相同，这里不再多述。

采用上述方法可以将图 8-18（a）所示的文本文件转化为图 8-18（b）所示的表格，在文本文档中采用了“Tab”作为分隔符。

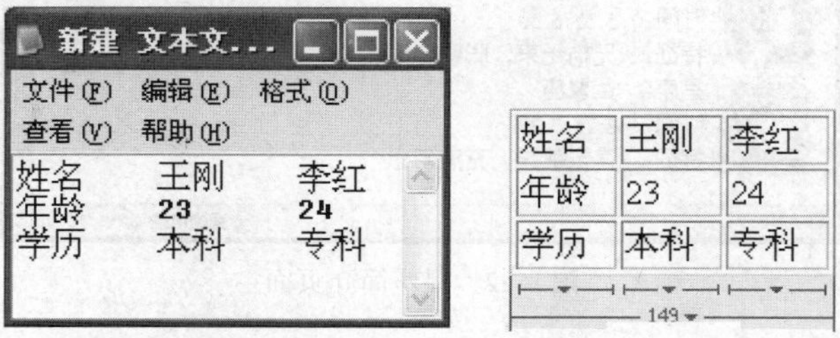

（a） （b）

图 8-18 文本文档转化为表格

在 Dreamweaver CS5 也可以导入 Excel 文件，通过执行【文件】|【导入】|【Excel 文档】命令，在弹出的对话框中选择相应 Excel 文件，单击【确定】按钮即可将 Excel 文件导入为页面中表格。图 8-19 所示为一个 Excel 文件，图 8-20 所示为其导入后形成的表格。

	A	B	C	D	E
1	学号	姓名	语文	外语	数学
2	01001	黎明	80	85	98
3	01002	王刚	87	69	98
4	01003	张华	77	84	90
5	01004	黎丽	86	86	87
6	01005	赵明	79	85	90

图 8-19　Excel 表格

学号	姓名	语文	外语	数学
01001	黎明	80	85	98
01002	王刚	87	69	98
01003	张华	77	84	90
01004	黎丽	86	86	87
01005	赵明	79	85	90

图 8-20　导入后形成的表格

3. 导出表格数据

在 Dreamweaver CS5 的设计视图下，也可以将已经加入页面的表格中的数据导出，其方法是将光标定位在表格内部的任意一个单元格中，执行【文件】|【导出】|【表格】命令，将弹出如图 8-21 所示的对话框。

在对话框中涉及两个属性，【定界符】是指导出表格文件中各项数据所使用的分隔符，同导入类似，分为“Tab”，“逗号”，“分号”，“引号”和“冒号”5 个选项；【换行符】主要是根据所选择的操作系统产生对应的换行符。

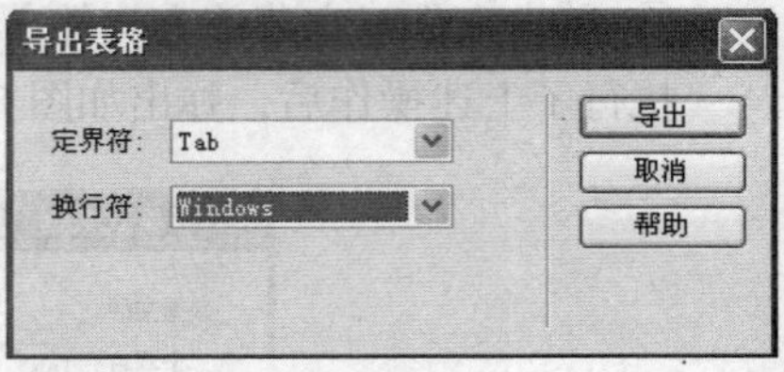

图 8-21　【导出表格】对话框

8.1.5　表格布局应用实例

前面介绍了如何创建表格，对表格进行编辑和修饰等，下面将通过一个实例来说明表格在页面布局中的使用方法。

【例 8.1】要求建立本地站点 MyWeb，站点根目录为 D:\Web，建有默认图像文件夹 IMG，在站点内部设计实现一个如图 8-22 所示的有关星座简介的页面 w1.html。

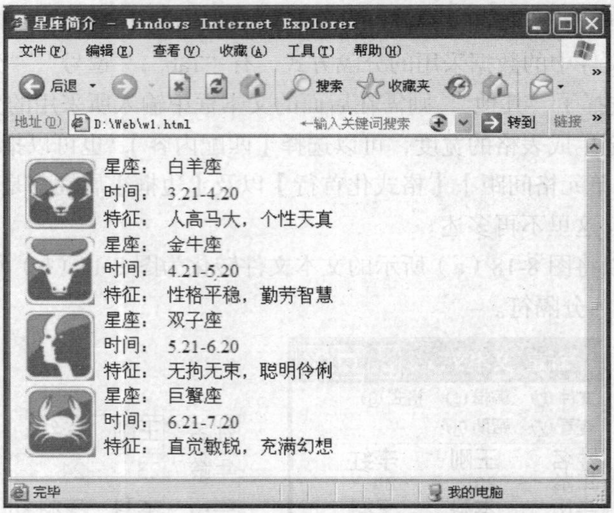

图 8-22　星座简介页面

① 首先在 D 盘根目录下建立文件夹 Web，Web 内部建立 IMG 文件夹，通过执行【站点】|【管理站点】命令建立本地站点 MyWeb，站点根目录为 D:\Web，默认图像文件夹选择 IMG 文

件夹。

② 在站点内，选中站点名字，单击鼠标右键，在弹出的快捷菜单中选择【新建文件】命令，将文件名改为 w1.html。

③ 打开页面 w1.html，单击菜单【插入】|【表格】，在弹出的【表格】对话框中，将【行数】设定为 12，【列数】设定为 3，【边框】设定为 0。

④ 将表格第一列中的单元格进行合并，每 3 行合并为一个单元格，利用鼠标拖动选中相邻的 3 个单元格，单击【属性】面板上的单元格合并按钮。

⑤ 在合并好的单元格中分别插入已准备好的 4 幅星座的图片。

首先将光标定位在第一个合并的单元格，然后单击【插入】面板中【常用】选项卡中的工具按钮，在弹出的对话框中选择白羊座图片，单击【确定】按钮即可。按照同样的方法，将其他 3 幅星座的图片插入。

⑥ 对后面的两列表格，每列共 12 个单元格，按照页面展示的文本输入相应文字。

⑦ 利用鼠标拖动的方式，将表格调整美观。图 8-23 所示为编辑状态下的页面，预览页面可以得到如图 8-22 所示的效果。

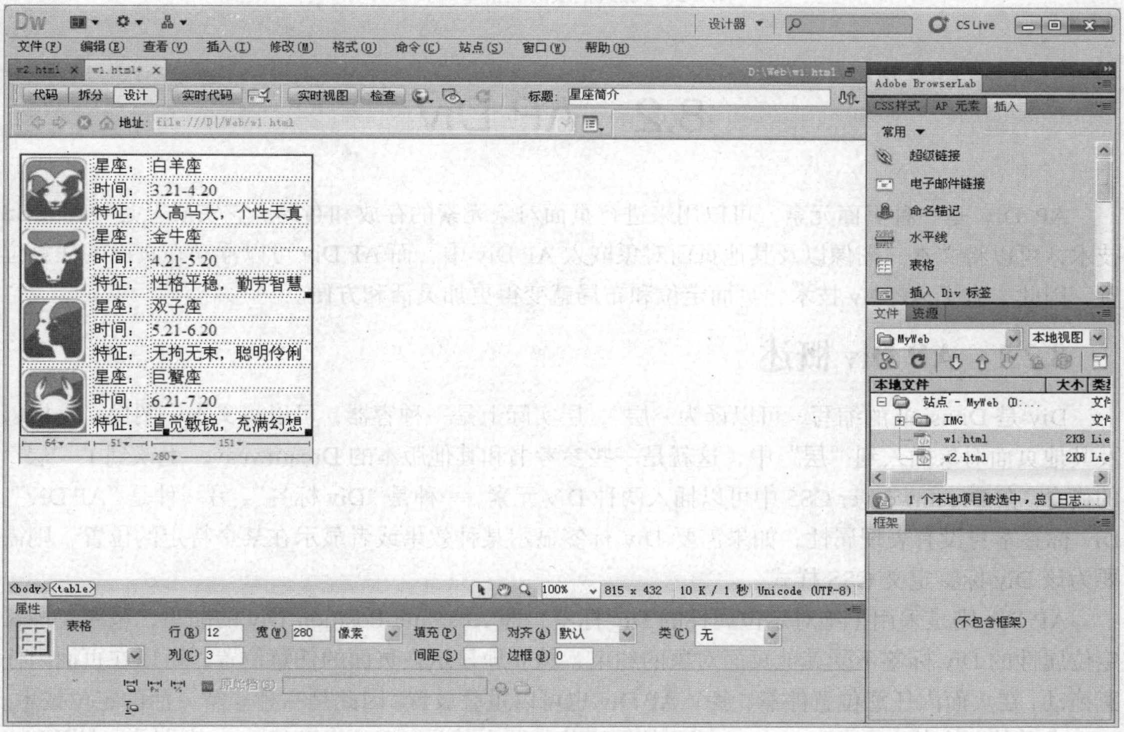

图 8-23　星座页面的编辑视图

⑧ 在【文件】面板中选中页面 w1.html，单击鼠标右键，在弹出的快捷菜单中选择【编辑】|【复制】命令，此时生成一个名字为“w1—拷贝.html”的页面文件，将该文件选中，利用鼠标右键快捷菜单中的【编辑】|【重命名】命令，将该文件改名为“w2.html”。

⑨ 双击“w2.html”，打开该页面，选中页面中的表格，在属性面板中将表格的边框线宽度设定为 1，边框线的颜色设定为红色，则将产生如图 8-24 所示的布局效果。

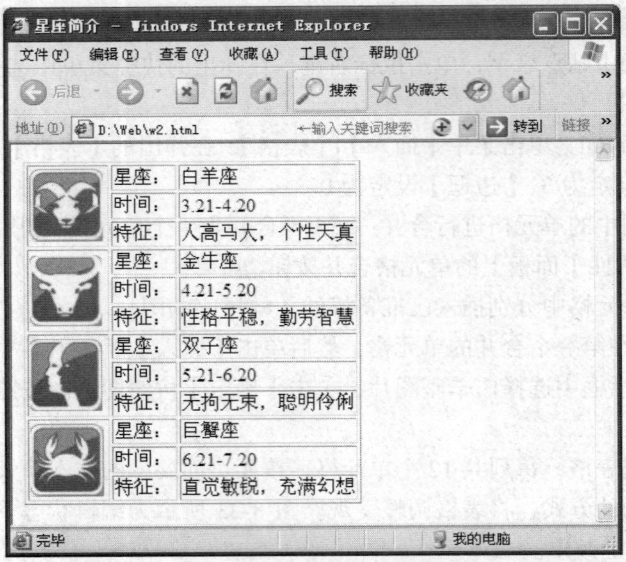

图 8-24 加边框线的表格布局页面

8.2 AP Div

AP Div 是一种页面元素，可以用来进行页面对象元素的存放和布局。它实质上是一种 CSS 技术，可以将文本、图像以及其他页面对象嵌入 AP Div 中，而 AP Div 可以浮动在页面的任意位置，因此，有了 AP Div 技术，页面定位和布局就变得更加灵活和方便。

8.2.1 AP Div 概述

Div 是 Division 的缩写，可以译为“层”，层实际上是一种容器，可以将文本、图像、表格以及其他页面对象插入到“层”中，这就是一些参考书和其他版本的 Dreamweaver 上谈到了“层”的概念。在 Dreamweaver CS5 中可以插入两种 Div 元素，一种是“Div 标签”，另一种是“AP Div”。Div 标签本身没有表现属性，如果需要 Div 标签显示某种效果或者显示在某个特定的位置，则需要为该 Div 标签定义 CSS 样式。

AP Div 则是采用了绝对定位属性的 Div 标签，即 Absolute Position Div 的缩写，采用了绝对定位属性的 Div 标签不受其他页面对象的约束，独立地显示在页面的任意位置，可以在页面内任意拖动，在页面内任意位置停靠，多个 AP Div 也可以重叠放置，因此是一种非常灵活的定位技术。

在其他版本的 Dreamweaver 中谈到的层定位实际上就是 AP Div 定位，二者是同一个概念，读者可以根据自己的习惯选择 “AP Div”或者“层”作为对这种定位技术的称谓。

执行工作区主菜单【编辑】|【首选参数】|【AP 元素】，可以打开如图 8-25 所示的对话框，该对话框定义了 AP Div 的首选参数，新建的 AP Div 以首选参数中的设定作为默认显示属性。

AP 元素中各选项的含义如下。

【显示】：定义图层显示属性。

【宽】和【高】：定义 AP Div 对象的默认宽度和高度，单位为“像素”。

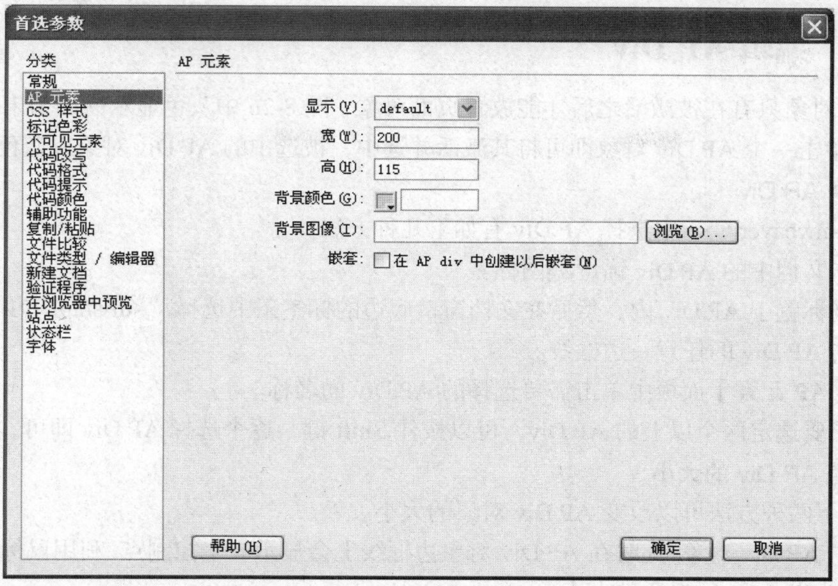

图 8-25　【首先参数】对话框

【背景颜色】：定义 AP Div 对象的背景色。

【背景图像】：定义 AP Div 对象使用的背景图像的路径和文件名。

【嵌套】：选中该选项，允许在一个 AP Div 对象嵌套另外一个 AP Div 对象。

8.2.2　添加和删除 AP Div

通过以下两种方法可以向页面中插入一个 AP Div 对象。

① 单击工作区主菜单【插入】|【布局对象】|【AP Div】。

② 单击【插入】面板中【布局】选项卡中的工具按钮，在页面编辑区中拖动鼠标画出一个 AP Div 对象。

采用第一种方法加入 AP Div 对象，生成的 AP Div 对象采用系统默认大小；采用第二种方法则可以在拖动时控制生成 AP Div 对象的大小。

如果在工作区主菜单【编辑】|【首选参数】|【不可见元素】中，将【AP 元素的锚点】选中，则会在页面最上侧显示 AP Div 对象元素的锚点，如图 8-26 所示。

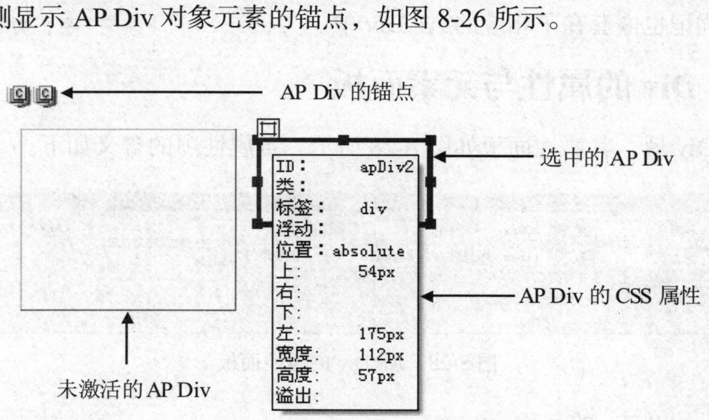

图 8-26　AP Div 对象及说明

8.2.3 编辑 AP Div

AP Div 对象只有在被激活之后才能放置页面对象，图 8-26 中灰色显示的即为未被激活的 AP Div 对象，单击一个 AP Div 对象即可将其激活并选中，被选中的 AP Div 对象以蓝色边框显示。

1. 选择 AP Div

在 Dreamweaver CS5 中选择 AP Div 有如下几种方法。

① 单击文档中的 AP Div 锚记图标。

② 将光标置于 AP Div 内，然后在文档窗口底边的标签条中选择“<div#apDiv1>”标签。

③ 单击 AP Div 的任意一边框线。

④ 在【AP 元素】面板中单击需要选择的 AP Div 的名称。

⑤ 如果要选定两个以上的 AP Div，可以按住 Shift 键，逐个选择 AP Div 即可。

2. 调整 AP Div 的大小

通过以下两种方法可以改变 AP Div 对象的大小。

① 选中 AP Div 对象，此时在 AP Div 对象边框线上会显示 8 个控制点，利用鼠标选中控制点，拖动即可以改变 AP Div 对象的大小。

② 选中 AP Div 对象，在【属性】面板的【宽】和【高】文本框中输入具体数值。

3. 移动 AP Div

移动一个 AP Div 有以下 3 种方法。

① 选中需移动 AP Div，利用鼠标左键拖动其边框或左上角的选择柄。

② 选中需移动 AP Div，按键盘上的方向键，每按键一次移动 1 个像素。

③ 选中需移动 AP Div，按 Shift+方向键，每按键一次移动 10 个像素。

4. 嵌套 AP Div

所谓嵌套 AP Div 就是在一个 AP Div 内部按住 Alt 键创建另外一个 AP Div，被嵌套的 AP Div 称为子 AP Div，另外一个称为父 AP Div，如图 8-27 所示。需要说明的是，被嵌套的 AP Div 不一定比其父 AP Div 体积小，嵌套 AP Div 随其父 AP Div 的移动而移动，并继承其父 AP Div 的可见性。

从图 8-27 可以看出，当一个 AP Div 嵌套在另外一个 AP Div 中时，其 AP Div 锚记也嵌套在了相应的 AP Div 中。

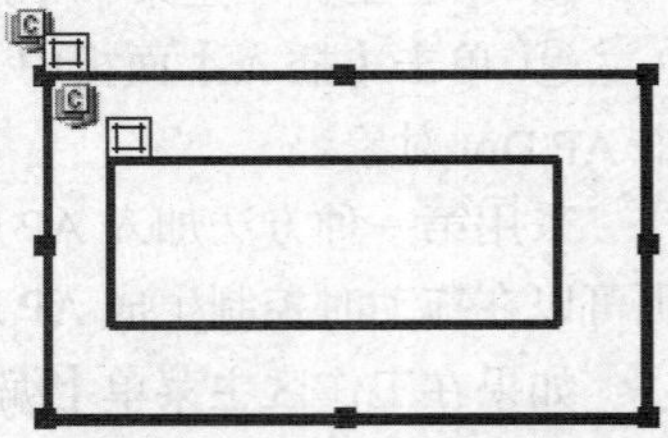

图 8-27 嵌套 AP Div

8.2.4 AP Div 的属性与元素面板

选中一个 AP Div 后，其属性面板如图 8-28 所示，各属性项的含义如下。

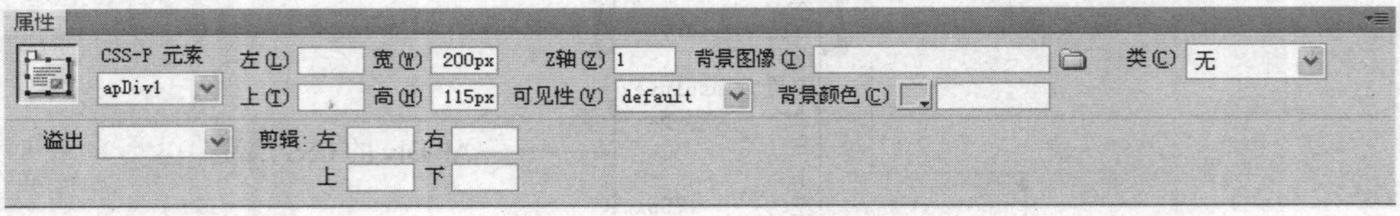

图 8-28 AP Div 的属性面板

【CSS-P 元素】: AP Div 的名称。

【左】、【上】: AP Div 左边框、上边框距页面的左边界、上边界的距离。

【宽】、【高】：AP Div 的宽度和高度。

【Z 轴】：AP Div 的 Z 轴值，为整数，用来标示 AP Div 的层叠次序，Z 轴值大的 AP Div 在上层，Z 轴值小的 AP Div 在下层。

【可见性】：AP Div 的可见性，包括“default”（默认）、“inherit”（继承父 AP Div 的该属性）、“visible”（可见）、和“hidden”（隐藏）4 个选项。

【背景图像】：设置 AP Div 的背景图像。

【背景颜色】：设置 AP Div 的背景颜色。

【类】：设置 AP Div 所应用的 CSS 样式。

【溢出】：设置当 AP Div 内容超过 AP Div 大小时的显示方式，包括以下 4 个选项。

① visible：按照 AP Div 内容的大小自动扩展 AP Div，以显示 AP Div 内的全部内容。

② hidden：将超出 AP Div 尺寸以外的内容隐藏。

③ scroll：不改变 AP Div 大小，增加滚动条，用户可以通过滚动来浏览整个 AP Div。

④ auto：当 AP Div 内容超过 AP Div 时才出现滚动条。

【剪辑】：设置 AP Div 的可见区域，输入的数值是距离 AP Div 的 4 个边界的距离，此处等同于 Word 中的页面边距。

利用 Dreamweaver CS5 提供的 AP 元素面板可以方便地管理 AP Div，设置 AP Div 属性。通过【窗口】|【AP 元素】可以打开如图 8-29 所示的【AP 元素面板】，利用【AP 元素面板】可以方便地实现以下操作。

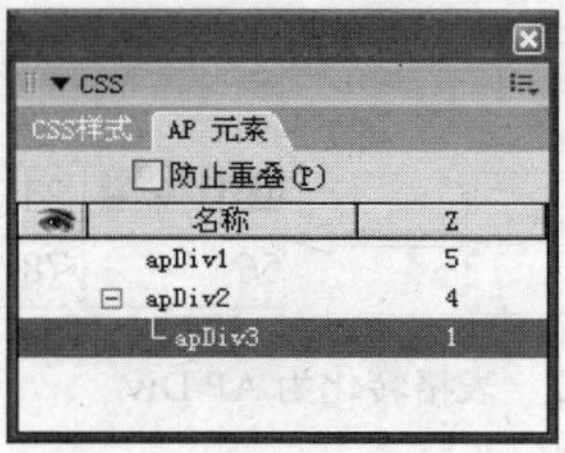

图 8-29　AP 元素面板

图 8-30　含有图片的 AP Div

1. 选定 AP Div

在【AP 元素面板】中选定 AP Div，只需单击 AP Div 名字即可，在图 8-29 所示的 AP 元素面板单击 apDiv3，则选中了如图 8-30 所示边框线为蓝色包含“小狗”两个字的 AP Div 对象。

2. 更改 AP Div 名

只需在 AP 元素面板中双击需要修改的 AP Div 即可更改名称。

3. 显示、隐藏 AP Div

有时为了布局的需要，需将某些 AP Div 对象隐藏，隐藏一个 AP Div 时，可在该 AP Div 前面眼睛图标的下方单击，当眼睛睁开时，显示 AP Div；当眼睛关闭时，隐藏 AP Div；若不存在眼睛图标，则继承父 AP Div 的默认显示属性。

4. 更改 AP Div 的叠放顺序

通过以下两种方法可以更改 AP Div 的叠放顺序。

① 在 AP 元素面板中，利用鼠标选中一个 AP Div，按住鼠标左键，向下拖动可以将该 AP Div 叠放层次变低，向上拖动可以将该 AP Div 叠放层次变高。

② 双击该 AP Div 的 Z 轴值进行更改，值越大，叠放时层次越向上；值越小，叠放时层次越

向下。

5. 创建和取消 AP Div 嵌套

要创建嵌套 AP Div，只需选中 AP Div，按住 Ctrl 键，利用鼠标左键拖动到所要嵌套的父 AP Div 对象中。取消嵌套则将 AP Div 直接拖动脱离父 AP Div 即可。

6. 禁止 AP Div 重叠

将【AP 元素面板】中的【防止重叠】复选框选中，则任意两个 AP Div 不允许重叠。

8.2.5 AP Div 与表格的转换

1. 表格转化为 AP Div

由于 AP Div 的功能丰富，并且其在页面布局时非常灵活，因此很多时候需要将表格转化为 AP Div。选中需要转化的表格，通过执行【修改】|【转换】|【表格转化为 AP Div】命令进行转化，将弹出如图 8-31 所示的对话框，该对话框中各选项的含义如下。

【防止重叠】：防止生成 AP Div 的重叠。

【显示 AP 元素面板】：转化后显示 AP 元素面板。

【显示网格】：在转化后的页面中显示网格。

【靠齐到网格】：转化后的页面中将 AP Div 自动靠齐到网格线。

图 8-32 所示为表格转化为 AP Div 的效果，转化过程中，左侧表格的每一个单元格转化为一个 AP Div。

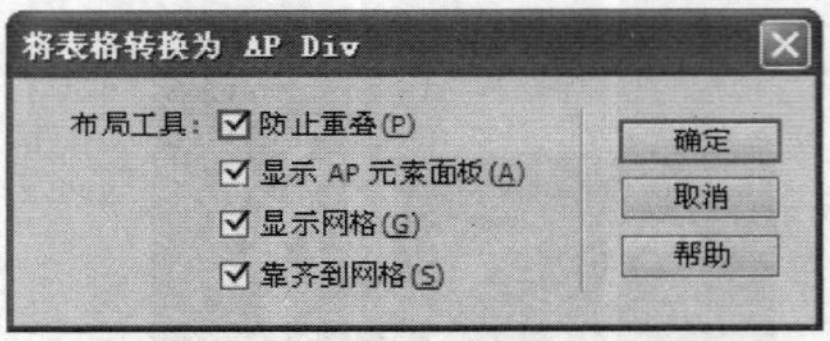

图 8-31 表格转化为 AP Div

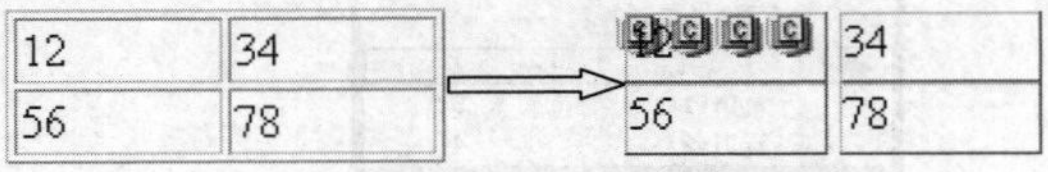

图 8-32 表格转化为 AP Div

2. AP Div 转化为表格

将设计好的 AP Div 也可以转化为表格，其方法和表格转化为 AP Div 类似，执行【修改】|【转换】|【AP Div 转化为表格】命令即可实现。AP Div 转化为表格时会弹出如图 8-33 所示的对话框，下面对对话框中的属性作简要介绍。

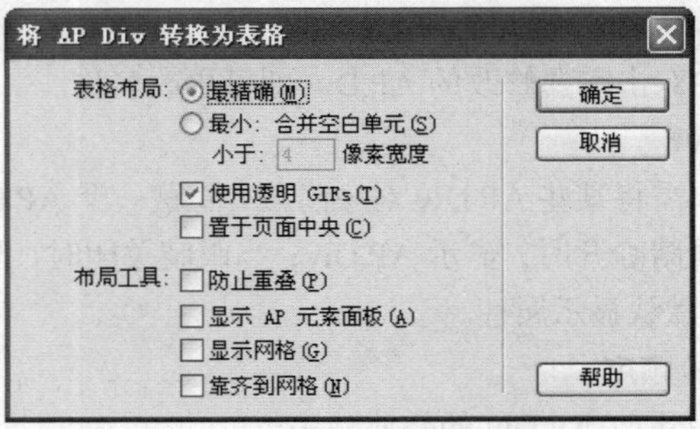

图 8-33 AP Div 转化为表格

【表格布局】选项区中的各选项功能如下。

【最精确】：为每一层建立一个表格单元，层与层之间的间隔必需的附加单元格。

【最小：合并空白单元格】：如果层小于指定像素数，此时生成的表格的空行、空列最少。

【使用透明的 GIFs】：使用透明 GIF 图像填充表格的最后一行。如果选择本选项，将不可能通过拖动生成的表格的列来改变表格的大小。取消选中本选项时，转换成的表格中不包含透明 GIF 图像，但在不同的浏览器中，可能会具有不同的列宽。

【置于页面中央】：生成的表格在页面上居中对齐。不选择本选项则表格左对齐。

【布局工具】选项区中的选项的功能如下。

【防止层重叠】：可防止层重叠。

【显示 AP 元素面板】：转换完成后显示 AP 元素面板。

【显示网格】：在转换完成后显示网格。

【靠齐到网格】：启用吸附到网格功能。

8.2.6　布局应用实例

【例 8.2】在本地站点 MyWeb 内部设计实现如图 8-34 所示的页面 w3.html，要求在 w3 页面中采用 AP Div 进行页面布局。

图 8-34　AP Div 应用举例

本例也可以采用表格和布局表格进行布局，此处采用 AP Div。AP Div 和前两种相比，突出的优点在于利用 AP Div 作为容器存放的页面对象可以在页面任意位置停靠，多个 AP Div 可以叠放，从而将页面布局由二维空间转化为三维空间布局，使页面布局效果更加丰富多彩。

① 在建立的本地站点 MyWeb 内，选中站点名字，用鼠标右键单击，在弹出的快捷菜单中选择【新建文件】命令，将文件名改为 w3.html。

② 单击【插入】面板中【布局】选项卡中的▤工具按钮，在页面编辑区中拖动鼠标画出一个大小为 400×200 像素的 AP Div，名称为 apDiv1，采用相同的办法拖动再次拖动出一个大小为 400×200 像素的 apDiv2，一个 120×200 像素的 apDiv3。

③ 将光标定位在 apDiv1，执行菜单【插入】|【图像】，在弹出的对话框中选取诗词图片 poem

插入到 apDiv1 中，采用同样的方法将战争图片 war 插入到 apDiv3 中，适当调整图片和 apDiv 的大小，做到合理美观。

④ 将光标定位在 apDiv2，执行菜单【插入】|【表格】，在弹出的表格对话框中进行设定，插入一个 9 行 1 列，边框宽度为 0 的表格，将诗词中的每一句文本插入到表格中的一行，按照页面中的要求，调整字体和字体颜色，适当调整表格、文本和 apDiv 的大小，做到合理美观。

⑤ 移动 apDiv1 和 apDiv2，使它们如页面所示对齐，移动 apDiv3，使其左下角和 apDiv2 左下角对齐，执行菜单【窗口】|【AP 元素】，打开【AP 元素面板】，在【AP 元素面板】选中 apDiv3，按住鼠标左键，将其拖动到 apDiv2 下方，这样可以确保 apDiv2 位于 apDiv3 的上方，此时页面编辑区的效果如图 8-35 所示。

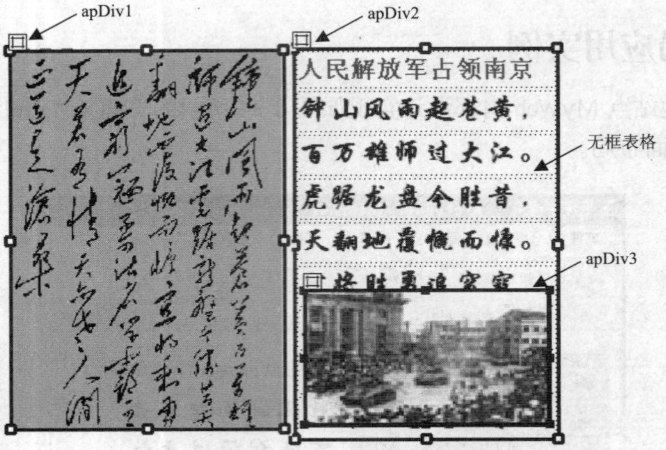

图 8-35　apDiv 实例编辑示意图

⑥ 将标题设定为“毛泽东诗词”，保存页面，预览即可得到如图 8-34 所示的页面。

8.3 框架

采用了框架作为布局技术的页面在浏览时被划分为若干个区域，每一个区域对应一个独立的页面，称为框架页，所有的页面组成一个集合页面显示在浏览器窗口中，称为框架集页面。当前绝大部分的论坛类网站都采用了框架对页面进行布局和功能区划分。

8.3.1 框架集和框架的创建

框架集和框架是两个不同的概念，平时谈到的框架是一个广义的概念，指的是框架集和框架的组合。图 8-36 所示为框架集和框架以及页面的示意关系，在该页面中加入了一个左右框架，此时页面将被分为两个矩形区域，这两个矩形区域被称为框架，分别为图 8-36 中所示的框架 1 和框架 2。

在进行框架划分的同时生成一个框架集文件，框架集文件记录了组成页面的框架结构（框架如何进行划分）、数量、大小尺寸以及每个框架对应的页面等相关信息，为一个 HTML 文件。页面在加载时通过框架集文件读取相关信息，如图 8-36 中的框架集文件会告诉浏览器，此文件为框架集，由框架 1 和框架 2 两个框架构成，根据框架 1 和框架 2 的大小和位置信息对页面显示区进行划分，然后分别加载框架 1 和框架 2 对应的页面 1 和页面 2。

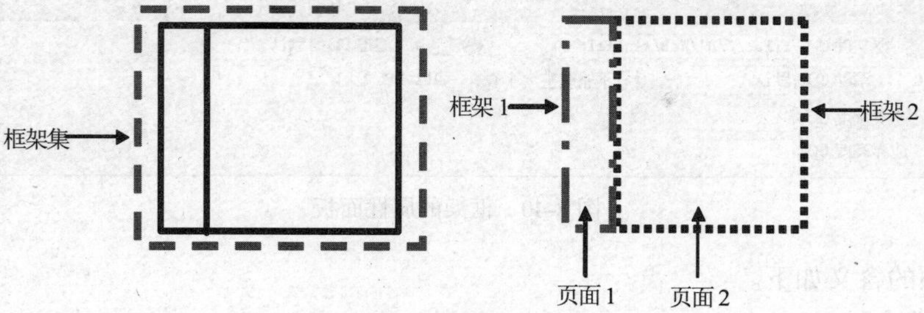

图 8-36　框架和框架集示意图

在页面中加入框架的同时会自动创建框架集文件，Dreamweaver CS5 提供了多种创建框架的方法，通过以下方法均可以为页面建立起来框架。

① 通过工作区主菜单【插入】|【HTML】|【框架】，提供了 13 种框架样式。

② 通过工作区主菜单【修改】|【框架集】，提供了 4 种框架分割选项，如图 8-37 所示。

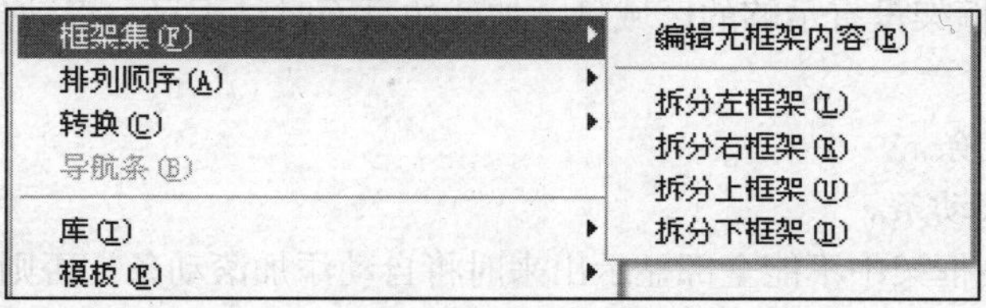

图 8-37　4 种预设框架集

③ 通过【插入】面板中【布局】选项卡中的工具按钮，单击黑色下三角图标，将也会弹出 13 种框架样式，如图 8-38 所示。

在图 8-39 所示的页面中，首先加入了一个左右框架，然后在右侧框架中又加入一个上下框架，当向页面中加入框架后，如果在设计视图中不能显示加入的框架时，可以通过选中主菜单【查看】|【可视化助理】|【框架边框】来将其显示。

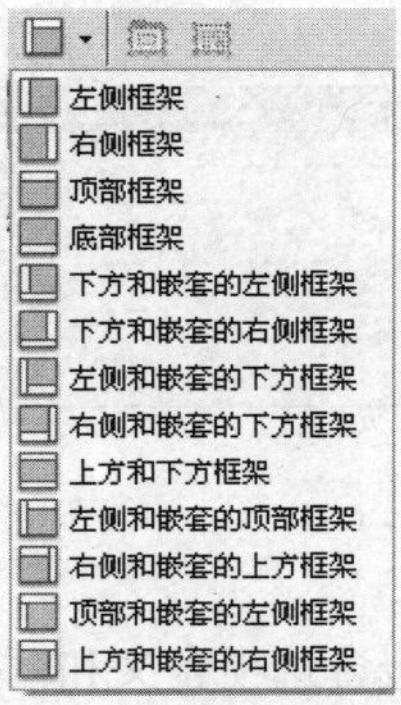

图 8-38　插入面板中的框架按钮工具

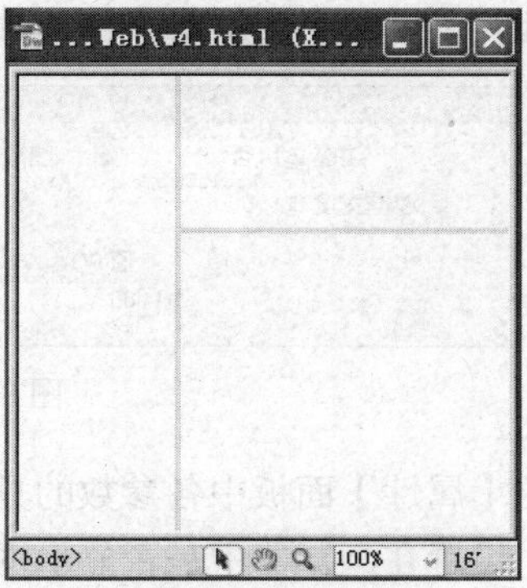

图 8-39　加入框架的页面

8.3.2　框架和框架集的属性

1. 框架的属性

当页面中加入框架后，按住 Alt 键，单击某个框架区域，可以将该框架选中，此时属性面板如图 8-40 所示。

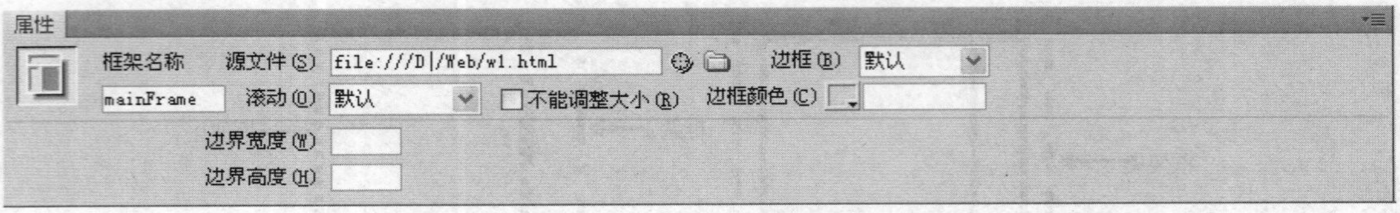

图 8-40　框架的属性面板

各属性项的含义如下。

【框架名称】：框架的名字。

【源文件】：框架中所对应的页面文件，其右侧的图标用于浏览选择所需的文件。

【边框】：设置框架是否含有边框，其下拉列表包含以下 3 个选项。

① 是：框架设有边框。

② 否：框架不设有边框。

③ 默认：采用浏览器的默认设定。

【滚动】：设置当框架没有足够的区域显示加载的页面时是否显示滚动条，其下拉列表中包含以下 4 个选项：

① 是：显示滚动条。

② 否：不显示滚动条。

③ 自动：页面在框架中不能全部显示出来时将自动添加滚动条；否则没有滚动条。

④ 默认：采用浏览器的默认设定。

【不能调整大小】：设置用户在浏览器中是否可以手动调节框架的尺寸大小。

【边框颜色】：设置框架边框的颜色。

【边界宽度】：设置框架左右边界与页面内容的间距。

【边界高度】：设置框架上下边界与页面内容的间距。

2. 框架集的属性

在页面的设计视图中，将光标移动到框架的边框线上，当鼠标指针变成向左向右的指针时，单击鼠标，此时可以选中框架集文件，其属性面板如图 8-41 所示。

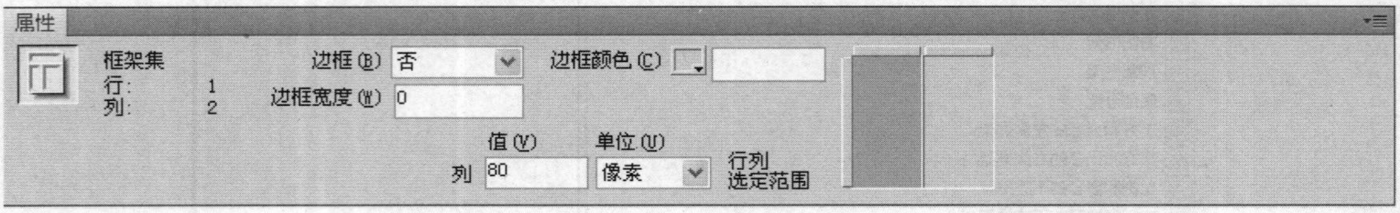

图 8-41　框架集属性面板

框架集的【属性】面板中各参数的具体含义如下。

【边框】：设置在浏览器中是否显示框架边框，其下拉列表中包含选项含义和框架中相同。

【边框宽度】：设置整个框架集的边框宽度。

【边框颜色】：设置整个框架集的边框颜色。

【行】/【列】：设定应框架的拆分大小；如果框架是上下拆分，则显示“行”，如果是左右拆分，则显示“列”。通过输入行或者列的值来设定框架的大小，行和列的设定和【单位】密切相关，【单位】下拉列表中的内容说明如下。

① 像素：以像素为单位设置框架的尺寸大小时，是绝对大小的设定，如页面中使用的导航条，由于大小固定，可以采用此种方式设定。

② 百分比：设置所选择框架占整个框架集页面大小的百分比，这种框架的大小随框架集页面大小改变而按所设百分比变化。在浏览器分配屏幕空间时，该种方式在【像素】类型的框架之后分配，在【相对】类型的框架之前分配。

③ 相对：这种类型的框架在前两种类型的框架分配完屏幕空间后最后分配，它占据前两种框架的所有剩余空间。

对框架和框架集的边框属性作如下说明：框架中设定的边框属性（包括宽度和颜色），其优先级要高于框架集中设定的边框属性，即如果先设定了框架集的边框属性，然后再设定框架的边框属性，此时最初设定的框架集的边框属性将不再起作用。

8.3.3　框架集和框架的编辑

1. 框架和框架集的选择

框架和框架集的选择是进行其他操作的基础，通过下列方法可以选择框架或者框架集。

将光标移动到框架的边框线上，当鼠标指针变成向左向右方向的指针时，单击鼠标，此时将选中框架集文件，另外通过【框架】面板也可以方便地选中框架或者框架集，利用【窗口】|【框架】菜单可以打开如图 8-42 所示的【框架】面板。

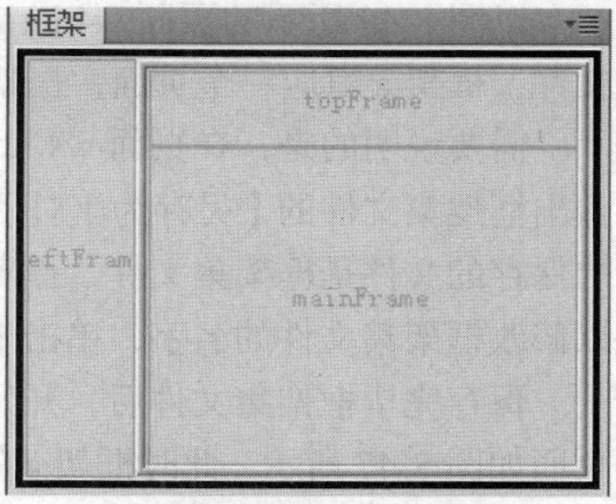

图 8-42　框架面板

从图 8-42 可以看出【框架】面板实际上是一个页面预览面板，在该面板上显示了页面所进行的框架划分，利用鼠标左键单击某个框架即可将该框架选中，如果单击框架之间的边框线，则可以将框架集选中。

2. 改变框架的背景色

从框架的属性面板中可以看出，如果希望修改框架对应页面的背景色，通过属性面板是无法实现的。改变框架对应页面的背景色，可以利用鼠标左键单击一下需要修改背景色的框架区域，此时也就将光标定位在了该框架所对应页面中，单击【属性】面板中的页面属性，在弹出的对话框中选中【背景颜色】进行设定即可。

3. 拆分框架

对已有的框架进行拆分，可以形成新的框架，拆分框架可以通过以下两种方法实现。

① 将光标定位在需要拆分的框架中，执行 8.3.1 小节中提到的框架的创建方法，也就是在一个框架内插入新的框架。

② 通过拖动的方式进行拆分，按住 Alt 键利用鼠标拖曳框架的边框线即可完成框架的拆分。

4. 删除框架

删除框架的方法很简单，只需要将鼠标移动到框架的边框线上，当鼠标指针变成双向箭头时，拖动鼠标，将框架的边框线拖动到其上一级框架的边框线上，即完成了对该框架的删除，如图 8-43 所示。

5. 调整框架大小

框架大小的调整也有两种方法，一种是通过拖动实现，另一种是利用属性面板精确改变框架的大小。

① 将鼠标移动到框架的边框线上，当鼠标指针变成双向箭头时，拖动鼠标到适当位置即可，如图 8-44 所示。

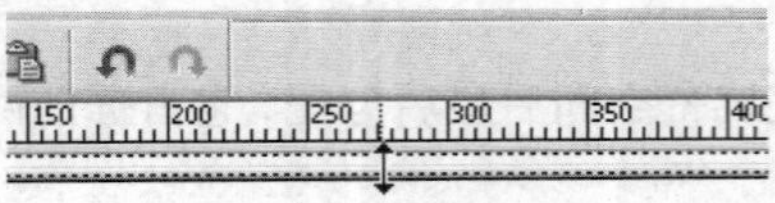

图 8-43　删除框架

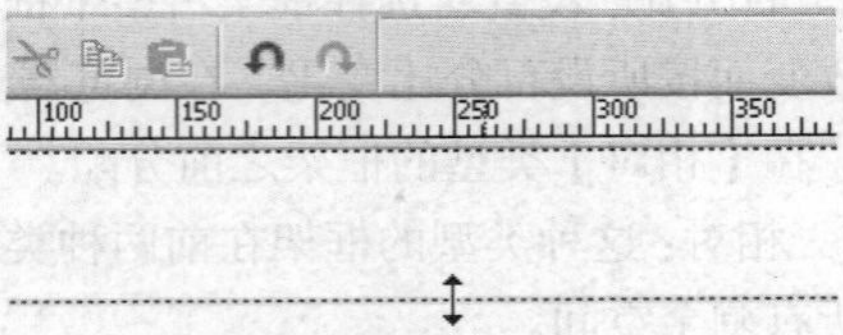

图 8-44　调整框架大小

② 利用框架集中的【行】/【列】属性精确设定框架的大小。

8.3.4　框架集和框架的保存

当在一个页面中加入框架，并且对页面编辑完毕后，需要将页面保存。由于在页面中加入了框架，而每个框架要对应着一个页面文件，另外还生成一个框架集文件，因此在保存页面时已经形成了一组文件，而不是仅仅保存一个页面文件。当一个页面有 n 个框架区时，保存时会产生 $n+1$ 个 HTML 文件。

以图 8-45 所示的页面 w4.html 进行说明，该页面加入了一个左侧框架，此时保存时需要 3 个文件，框架 a 对应一个页面，框架 b 对应一个页面，框架集文件。

需要说明的是，在页面 w4.html 加入框架后，执行【文件】|【保存全部】命令，此时首先会弹出框架集文件的【另存为】对话框，整个页面边框以高度显示，页面如图 8-46 所示，代表着当前保存的文件是框架集文件，弹出的【另存为】对话框中的默认文件名为 UntitledFrameSet-1，可以修改框架集文件的名字，单击【确定】按钮将框架集文件保存。

保存完毕框架集文件后，开始保存框架文件，此时弹出一个框架文件的【另存为】对话框，页面如图 8-47 所示，此时框架 a 的边框被高亮度显示，代表着当前保存的框架页面为框架 a 的页面，弹出的【另存为】对话框中的默认文件名为 UntitledFrame-1，此时可以修改框架文件的名字，单击【确定】按钮将框架 a 所对应的页面保存。

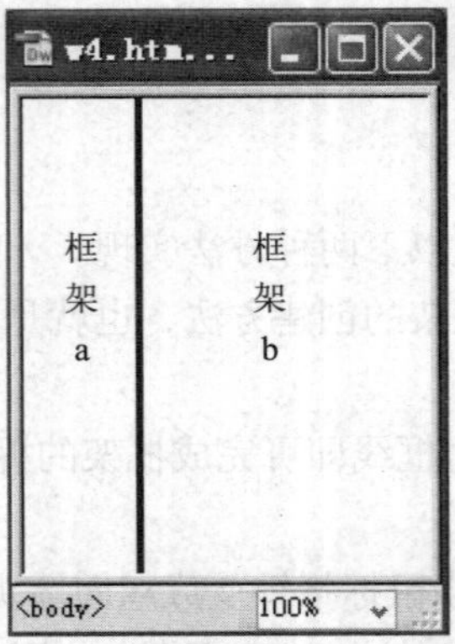

图 8-45　加入左侧框架的 w4

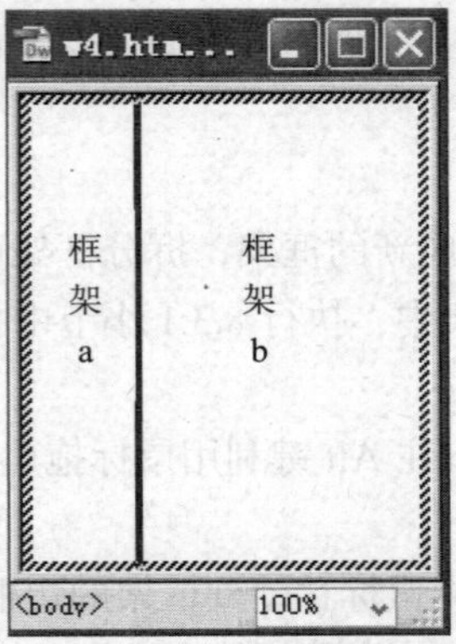

图 8-46　保存框架集文件

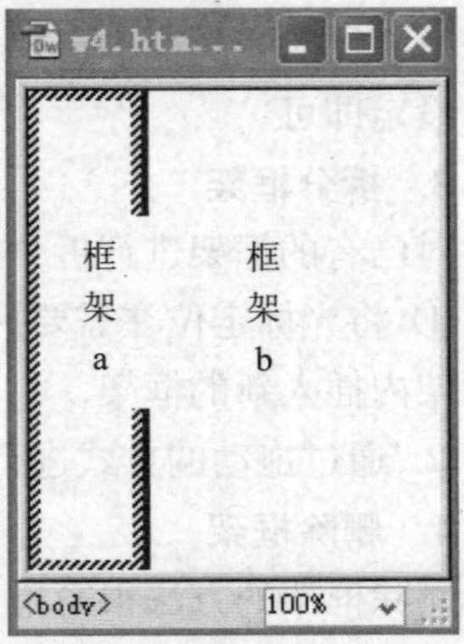

图 8-47　保存框架 a

按照上面的步骤，应该弹出对话框保存框架 b 对应的页面，但是在保存完毕框架 a 对应的页面后并没有弹出【另存为】对话框，这并非没有保存框架 b 对应的页面，而是将这个页面保存在最初加入框架的 w4.html 页面中了。

如果需要对某个框架页面进行单独存放，可以先将光标定位在该框架中，执行【文件】|【框架页另存为】命令即可。加入了框架的页面在保存时由于页面众多，并且框架页面和框架集文件之间存在着关联，所以一旦页面保存完毕，在后面的页面编辑中，尽量不要对文件进行重命名。

8.3.5　框架与超级链接

从上面的学习可以知道，框架对页面窗口进行了划分，最终浏览到的页面是各个框架加载页面的集合，如果每个框架只能对应一个页面，那么对于采用框架进行布局的站点，为了保持站点风格的统一，要为站点中涉及的所有页面加入框架，这个工作量将会是巨大的，也是不可行的。此时可以对某个页面进行框架划分，其所对应的页面通过超级链接的形式在框架窗口打开，这样当单击超级链接时，该超级链接所对应的页面将显示在框架中。

如果需要将某个页面显示在框架中，只需将其所对应超级链接的【目标】属性设为该页面需要显示的框架名称即可。假设图 8-45 所示的页面 w4 中框架 b 的名称为 mainFrame，现在希望设定一个超级链接，当单击该超级链接时，在框架 b 中将 w1 页面显示出，则只需在该超级链接中，将其【目标】的属性设定为框架 b 的名称“mainFrame”，如图 8-48 所示。

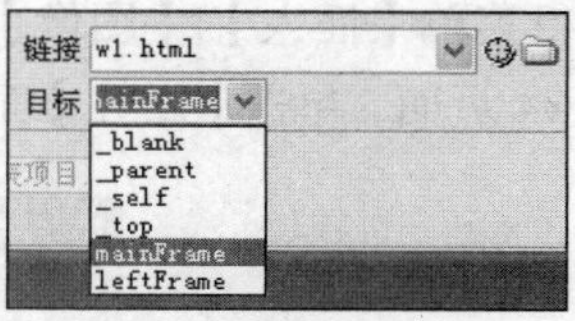

图 8-48　超级链接的设定

8.3.6　框架布局应用实例

【例 8.3】在建立的本地站点 MyWeb 内部创建页面 w4.html，在页面 w4 中加入左侧框架，如图 8-49 所示。当单击左侧不同的超级链接时，在右侧框架中变换不同的页面；单击“无框表格”时，右侧框架显示页面 w1；单击“普通表格”时，右侧框架显示页面 w2；单击“Ap Div 布局”时，右侧框架显示页面 w3；单击“框架展示”时，右侧框架显示页面 w4；框架集文件保存为 index.html。

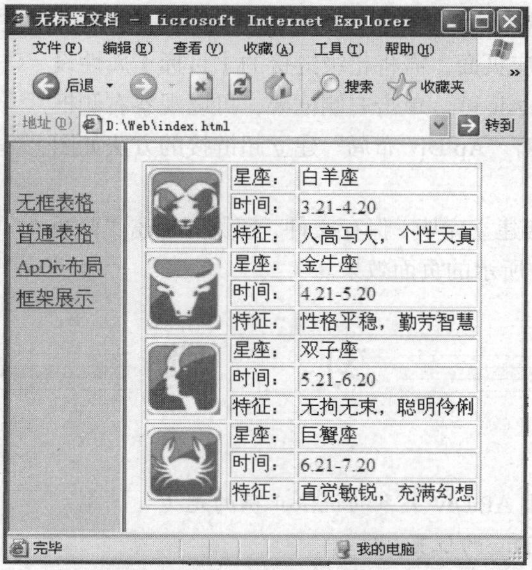

图 8-49　框架页面实例

① 在本地站点 MyWeb 内，选中站点名字，单击鼠标右键，在弹出的快捷菜单中选择【新建

文件】命令，将文件名改为 w4.html。

② 将光标定位在 w4 页面中，单击【插入】面板中【布局】选项卡中的工具按钮，在黑色下三角中选择【左侧框架】，为 w4 页面插入一个左侧框架。

③ 将框架进行保存，执行【文件】|【保存全部】命令，第一次弹出的【另存为】对话框是保存框架集文件的，命名为 index；第二次弹出的【另存为】对话框是保存左侧框架的，此时左侧框架边框高亮度显示，命名为 w5；右侧框架以默认页面 w4 进行保存。

④ 在左侧框架对应的 w5 页面中，通过单击【插入】面板中【布局】选项卡中的工具按钮，在页面编辑区中拖动鼠标画出一个大小为 200×100 像素的 AP Div，在其中加入一个 4 行 1 列的无边框表格，以便对超级链接文本进行布局。

⑤ 在右侧框架对应的 w4 页面中加入两个 300×400 像素的 AP Div，第一个 AP Div 中通过执行菜单【插入】|【图像】，将框架示意图片像加入 AP Div；第二个 AP Div 录入相应文本。单击 w4 页面，单击【属性】面板上的【页面属性】，将页面【背景颜色】设置成如图 8-50 所示的颜色。

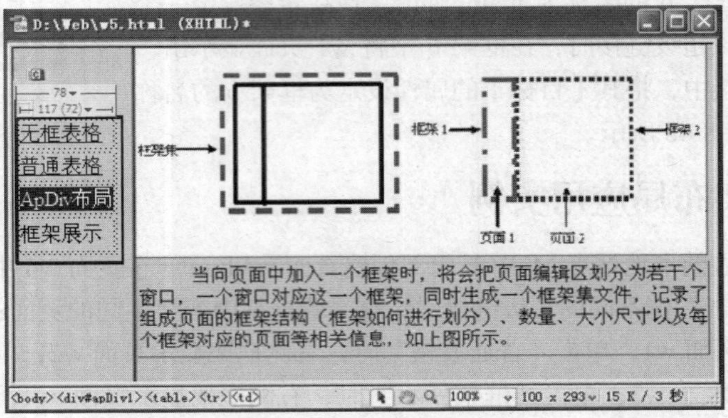

图 8-50 框架页面的编辑

⑥ 用同样的方法为 w4 页面设置相应的背景色，并在表格中录入文本，为每一项建立超链接。为了能在右侧框架显示对应页面，需将超级链接的【目标】属性设置为右侧框架名称，按住 Alt 键，单击右侧框架，可以观察右侧框架的名称为 MainFrame。对“Ap Div 布局”建立超链接的方法如图 8-51 所示。

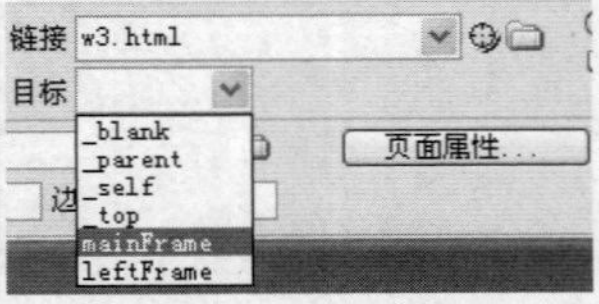

图 8-51 框架中设置超级链接

⑦ 将所有的超级链接建立完毕，保存文件，预览并单击“普通表格”即可产生如图 8-49 所示的页面效果。

习 题

一、选择题

1. 下列选项中，关于 AP Div 关系的说法正确的是（ ）。

   A. 只能改变 AP Div 的位置

   B. 只能改变 AP Div 的大小

   C. 只能改变 AP Div 的位置和可见度

D. 可以改变 AP Div 的位置、大小和可见度

2. 关于 AP Div 和表格的关系，以下说法不正确的是（　　）。

A. 表格和 AP Div 可以互相转换

B. 表格可以转换成 AP Div

C. 只有不与其他 AP Div 交叠的层才可以转换成表格

D. 表格和 AP Div 不能互相转换

3. 下面不可以在表格中插入的是（　　）。

A. 图像　　B. 文字　　C. 多媒体素材　　D. Photoshop

4. 下面关于创建一个框架的说法不正确的是（　　）。

A. 新建一个 HTML 文档，直接插入系统预设的框架就可以建立框架了

B. 打开【文件】菜单，选择【保存全部】命令，系统自动会保存

C. 如果要保存框架时，在编辑区的所保存框架周围会看到一圈虚线

D. 不能创建 13 种以外的其他框架的结构类型

5. 在 Dreamweaver CS5 中，下面关于 AP Div 元素的关系的说法错误的是（　　）。

A. 如果两个 AP Div 元素有交叉，则两个 AP Div 元素的关系可以是重叠或嵌套

B. 重叠是指两个 AP Div 元素是独立的，任何一个 AP Div 元素改变时，不影响另外一个 AP Div 元素

C. 嵌套时子 AP Div 元素会随母 AP Div 元素的某些属性的变化（例如位置移动）而变化

D. 嵌套时，母 AP Div 元素也会随子 AP Div 元素的变化（例如位置移动）而发生变化

6. 下面关于使用框架的弊端和作用说法错误的是（　　）。

A. 增强网页的导航功能

B. 在低版本的浏览器中不支持框架

C. 整个浏览空间变小，让人感觉缩手缩脚

D. 容易在每个框架中产生滚动条，给浏览造成不便

7. 框架面板的作用是（　　）。

A. 用来拆分框架页面结构　　B. 用来给框架页面命名

C. 用来给框架页面制作链接　　D. 用来选择框架中的不同框架

8. 下面关于分割框架的说法错误的是（　　）。

A. 打开【修改】菜单，指向【框架集】，选择【拆分上框架】命令，把页面分为上下相等的两个框架

B. 可以用鼠标拖曳的方法来分割框架

C. 可以将自己做好的框架保存以便以后使用

D. 建立好的框架无法再分割

9. 若要使访问者无法在浏览器中通过拖动边框来调整框架大小，则应在框架的属性面板中（　　）。

A. 将“滚动”设为“否”

B. 将“边框”设为“否”

C. 选中“不能调整大小”

D. 设置“边界宽度”和“边界高度”

10. 将链接的目标文件载入该链接所在的同一框架或窗口中，链接的“目标”属性应设置成（　　）。

A. _blank　　B. _parent　　C. _self　　D. _top

11. 在 Dreamweaver 中保存具有框架结构的网页，使用菜单命令（　　）。

A. 保存全部　　B. 另存　　C. 作为模板保存　　D. 保存

二、填空题

1. 单击所选单元格，在页面文档左下角的标签选择器中选择________标签。
2. 在表格的【属性】面板中，按钮表示________单元格，按钮表示________单元格。
3. Div 是________的缩写，在中文中通常称为________。
4. 在 AP Div 的属性面板，通过设置________的值可以调整 AP Div 的位置关系。
5. 当页面中加入框架后，按住________键，单击某个框架区域，可以将该框架选中。

三、简答题

1. 在 Dreamweaver CS5 中插入一个表格后，给出几种选中表格的方法？
2. 简述框架与框架集的关系。

第 9 章 CSS 与行为

本章主要介绍 Dreamweaver CS5 中的 CSS 和行为的使用方法，讲述 CSS 的概念、创建方法以及样式属性的含义，行为的概念及其建立方法，并对常用内置行为进行实例说明。

9.1 CSS 基础

HTML 语言在制作页面时存在页面文档结构和内容显示混合的缺陷。这种缺陷制约着 Web 技术的发展，为了解决这个问题 W3C 于 1996 年推出了 CSS 规范，使用 CSS 控制页面格式时，页面内容与表现形式可以做到相互分离。

9.1.1 CSS 简介

1. 什么是 CSS

CSS 是 Cascading Style Sheets 的缩写，译为层叠样式表或级联样式表，是由 W3C 组织制定的一组页面元素修饰样式，可以对页面对象进行精确的格式化和排版定位，使用 CSS，可以更加精确、灵活和高效地对页面进行格式化。

谈到 CSS，首先应该说明一下样式（Styles）。样式就是施加于页面对象上的修饰格式，可以为字体的大小、颜色，也可以为页面背景色，还可以是一种文本段落格式等，这些都被称为样式。

CSS 是包含一组样式规则及其说明的文件。此处的“一组”是指将不同来源的样式（Styles）组合在一起，因此 CSS 是一组样式集合文件，它独立于具体的页面对象而定义，可以应用于多个不同的页面对象。

例如，可以创建一个 CSS 样式，在该 CSS 样式中，可以做多种样式的设定：将字体颜色设置为红色，将页面背景色设置为蓝色，将页面边距设定为 0 等。多种不同性质的样式组合在一起形成一个 CSS 样式。

应用CSS对页面进行格式化，可以将样式和页面内容分离。页面内容存放在相应页面的HTML文件中，而修饰页面内容表现形式的 CSS 样式规则位于专门的样式表文件中，或者作为一段代码独立的内嵌于页面的 HTML 文件中。

CSS 样式的存放可以跟随页面文件，即嵌入到 HTML 文件中；也可以独立存放，形成 CSS 样式表文件。

2. CSS 的特点

CSS 将内容和格式控制分离，页面设计者可以集中精力进行页面设计或者页面修饰，使页面的编辑和修改变得简便，它主要具备以下特点。

① 可以解决 HTML 在页面控制上的不足，如定义段落和行间距等。

② 样式的定义独立于应用对象，可以做到一次定义多次使用。

③ 样式的更新具备联动性，更新便捷方便。修改已经定义好的 CSS 文件，则所有应用了该样式表文件的进行修饰的对象的属性都会跟随 CSS 文件的改变而变化。

④ 文件体积小，加载速度快。

⑤ 兼容性好，可以很好的解决一些浏览器对特定 HTML 标记的不支持情况。

CSS 的最主要的优点是容易更新，只要对一处 CSS 规则进行更新，则使用该样式定义的所有文档的格式都会自动更新为新样式。例如，在某站点内定义了一个 CSS 样式，在该样式内部定义字体采用“宋体”，将该样式应用于站内所有页面，这样整个站内页面都采用“宋体”来格式化页面内的文本，如果希望站点字体全部换成“隶书”，则只需要修改 CSS 样式中的字体属性为“隶书”，此时站点所有的页面中的文本字体会立即更新为“隶书”形式。

9.1.2 CSS 的定义规则

CSS 由样式规则组成，每个样式规则一般由两部分组成，即选择器和声明，其中声明又包含属性和属性的值。

语法格式：selector{property:value}

【例 9.1】

```
H1 {
    font-size:28 pixels;
    font-family:BatangChe;
    font-weight:bold;
  }
  }
```

上述文本框中的代码是关于一级标题 H1 的 CSS 样式定义，该示例将一级标题 H1 的规则进行了重新定义，其中的 H1 为选择器，{ } 中的内容为属性和属性值，在该 CSS 样式中定义了 3 个属性，即 font-size、font-family 和 font-weight，分别是字号、字体和加粗属性，上述 CSS 样式将 H1 对应的一级标题定义如下。

① 字体大小定义为 28 像素。

② 字体采用 BatangChe 字体。

③ 字体显示为粗体。

CSS 样式规则在定义时一般具备以下特点。

① 为一个选择器设置多个属性时需要使用分号将所有的属性和值分开。

② 具备相同属性和值的选择器可组合定义。

在组合定义时，选择器之间需要使用逗号隔开。例如，在 CSS 中定义如下样式：

```
p,table{color:blue}
```

上述定义等同于如下两条样式定义，它们都是将在段落和表格中使用的字体定义为红色。p { color：blue }

```
table{color:blue}
```

③ 可以使用 class 属性为同一种选择器定义不同类型的样式。

在为同一种选择器定义不同类型的样式时，在选择器和具体样式名之间需要用“.”隔开。下面定义了选择器 p 的两种样式，一种是段落左对齐，另一种是段落右对齐。

```
p.right{text-align:right}
p.left{text-align:left}
```

如果需要文本段落左对齐，可以采用以下定义方法：

```
<p class=left >段落文本
```

有时在自定义类选择器时，也可以不明确指明定义的选择器，只定义一种样式类型，在使用时再具体指明选择器。

例如，定义 .right { text-align：right }，在使用时可以采用以下具体做法：

```
<H1 class= right>标题文本</H1>      <p class=left >段落文本;
```

上述用法，在定义时没有具体指明类选择器，只是定义了类样式.right，在具体应用时才指明类选择器，这样应用了类样式.right 的标题文本和段落文本都采用右对齐的方式排列。

④ 可以使用 ID 属性定义特定页面对象元素的样式。

在利用 ID 属性定义 ID 类型选择器时，在选择器的前面需要添加“#”。

例如，定义如下 ID 选择器：

```
#fc{color:blue}
```

定义了该样式后，将会自动匹配 ID 为 fc 的页面对象，并将该对象的文本设置为蓝色。

如果定义了如下 ID 选择器：

```
p #fc{color:blue}
```

定义了该样式后，将会自动匹配 ID 为 fc 的段落，并将该段落中的文本设置为蓝色。

在此仅仅是举例说明了一些 CSS 的用法和特点，CSS 的内容比较复杂，功能也非常强大，有关 CSS 定义的具体内容可以参见相关参考资料。

9.1.3　CSS 的应用方式

创建 CSS 的目的是用来修饰和控制页面，根据 CSS 与 HTML 页面的关系，可以将 CSS 的应用方式分为两大类：内嵌式和外链式。

1. 内嵌式应用

CSS 内嵌式应用是指将 CSS 代码嵌入在 HTML 页面中，CSS 既可以嵌入在 HTML 页面的<head></head>区域中，也可以嵌入在<body></body>区域中。

（1）在<head>区域中嵌入

内嵌入到<head>区域中的 CSS 代码需要放置在一对<style></style>标记中，如下例所示：

```
<head>
<style type="text/css" >
   body { background: url(grass.gif) ; color: black }
   h1 {font-size:28 pixels; color: blue }
  </style >
</head>
```

在上述样式表中，包含了两个样式定义：body 定义了页面使用的背景图片，页面字体颜色；一级标题 h1 被定义为 28 像素字体大小，同时字体颜色定义为蓝色。

（2）在<body>区域中嵌入

在<body>区域加入的 CSS 代码，一般是对 HTML 标记的重定义，例如：

```
<h1 style ="font-size:28 pixels; color: blue ">标题文本</h1>
```

上述 CSS 代码只对该代码定义的当前标题文本起作用，对其他的一级标题不再起作用，由于只能对应用于当前对象，所以此种方式已经失去了 CSS 存在的意义，一般不推荐使用。

2. 外链式应用

CSS 样式作为一个文件独立于 HTML 页面存放，一般保存为扩展名为“.css”的样式表文件，此时可以采用链接的方式将其应用到页面文件中。例如，可以在 HTML 文件的<head>区域中放置如下代码，实现将样式表文件 color.css 链入。

```
<link href="style/style.css" rel="color.css" type="text/css">
```

CSS 外链式应用在网页设计中有着广泛的应用，它可以将 CSS 彻底与 HTML 文件分离，实现 CSS 与 HTML 文件一对多的应用，从而提高页面修饰和编排的效率。

9.2 CSS 的创建

前面介绍了 CSS 的相关知识，本节中将讲述如何利用 Dreamweaver CS5 来创建 CSS 样式和 CSS 样式表文件。

9.2.1 CSS 样式面板

在 Dreamweaver CS5 中创建一个 CSS 样式，可以通过【CSS 样式】面板实现，在页面编辑状态，通过工作区主菜单中的【窗口】|【CSS 样式】菜单可以打开【CSS 样式】面板，如图 9-1 所示。在【CSS 样式】面板的底部排列着 7 个按钮，这些按钮可以完成有关 CSS 的大部分操作，单击【CSS 样式】面板右上角的控制按钮，可以弹出如图 9-2 所示的控制菜单，该菜单中集中了有关 CSS 的所有操作命令。

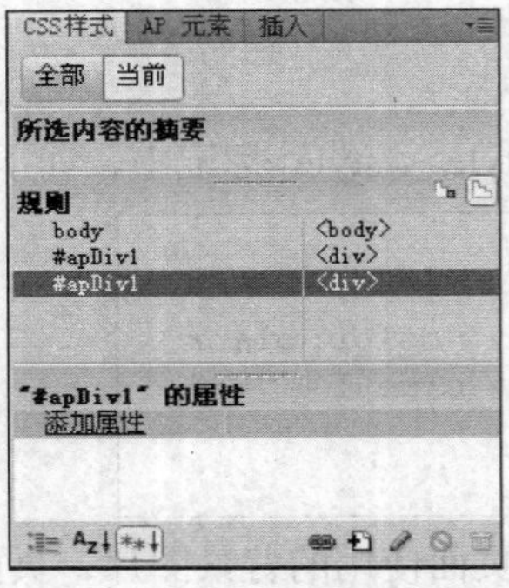

图 9-1 【CSS 样式】面板

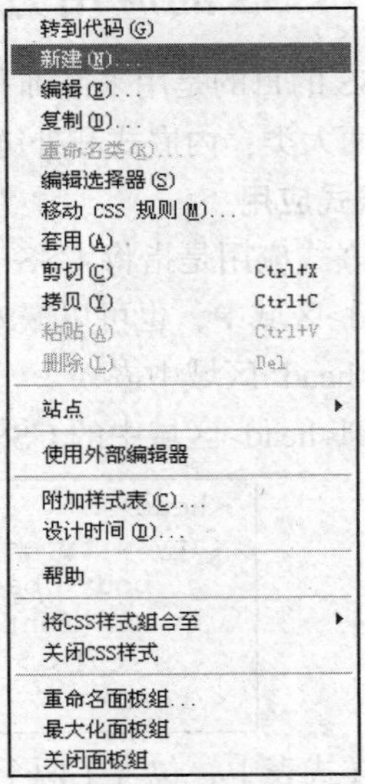

图 9-2 CSS 面板控制菜单

下面介绍一下【CSS 样式】面板底部各个按钮的功能。

按钮：按照类别显示 CSS 属性，每个类别的属性都包含在一个列表中，可以单击类别名称旁边的⊞图标展开或折叠。

按钮：按字母顺序显示支持的所有 CSS 属性。

按钮：显示已设置的 CSS 属性。

按钮：链接或导入外部样式表到当前页面中。

按钮：新建 CSS 样式规则。

按钮：编辑当前页面或外部样式表中的样式规则。

按钮：删除【CSS 样式】面板中的选中的样式。

9.2.2　CSS 样式和 CSS 样式表

通过以下两种方式可以创建 CSS 样式。

① 单击【CSS 样式】面板的底部的按钮。

② 单击【CSS 样式】面板控制菜单中的【新建】菜单项。

在执行了上述新建命令后，将弹出如图 9-3 所示的【新建 CSS 规则】对话框。在该对话框中，可以完成对新建 CSS 样式的设定。从图中可以看出新建 CSS 样式需要完成【选择器类型】、【选择器名称】以及【规则定义】3 项的设定，下面分别介绍。

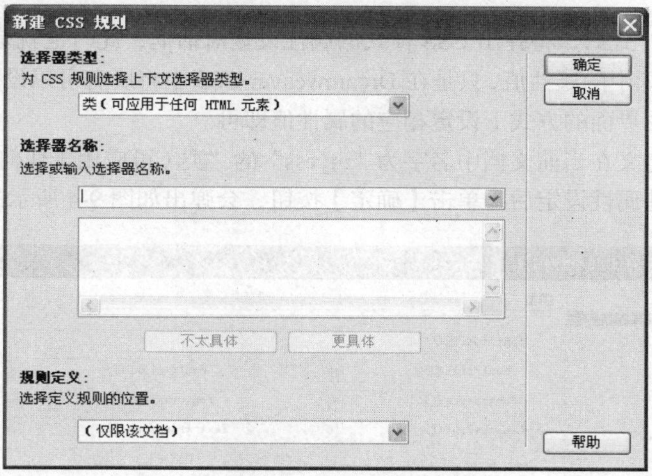

图 9-3　【新建 CSS 规则】对话框

1. 选择器类型

选择器类型主要是设置新建 CSS 样式的选择器所属的种类，包含以下几大类。

"类（可应用于任何 HTML 元素）"：创建一个用 class 属性声明的应用于任何 HTML 元素的类选择器，类名称必须以句点"."开头。

"ID（仅应用于一个 HTML 元素）"：可以创建一个用 ID 属性声明的且仅应用于一个 HTML 元素的 ID 选择器，ID 必须以井号（#）开头。

"标签（重新定义 HTML 元素）"：可以重新定义特定 HTML 标签的默认格式。

"复合内容（基于选择的内容）"：可以定义同时影响两个或多个标签、类或 ID 的复合规则。

2. 选择器名称

"选择器各项"用来设置新建 CSS 样式的名字，可以在其文本框中直接进行修改与设定。

3. 规则定义

规则定义用来设置新建样式的存放位置，有以下两个选项。

① "新建样式表文件"：将样式存放在外部样式表文件中。

使用这种方式建立起的 CSS 样式将独立于当前 HTML 文件，可以采用链接的方式应用到其他 HTML 页面中，如果已经有建立好的外部样式表文件，此处也可以将其选中，将新建的 CSS 样式加入到已有的外部样式表文件中。

② “仅限该文档”：将样式存放于当前页面文件中。

使用这种方式建立起的 CSS 样式将内嵌入当前 HTML 文件，不需要额外的存放文件，但该种方式建立起的 CSS 样式只能对当前页面有效，其他页面无法使用。

新建一个 CSS 样式时，首先选择建立样式所要设定的选择器的类型，然后为新建的样式命名，最后设置样式所要保存的位置，单击【确定】按钮，即可创建一个新的 CSS 样式。需要说明的是，如果采用了“新建样式表”作为存放样式的方式，则会弹出对话框，要求设定样式表文件的路径和名称，形成一个扩展名为“.css”的外部样式表文件。

9.3 CSS 的属性及应用

新建完毕 CSS 样式后，将弹出 CSS 样式的属性设置对话框，此时也就是设定在 9.1.3 小节中谈到的 CSS 样式规则中的属性值，只是在 Dreamweaver CS5 中将所有可以设定的属性已经提供给我们，只需要在图形界面的方式下设定相应的属性值即可。

假设建立一个定义在当前文档中名字为“mycss”的“类（可应用于任何 HTML 标签）”的样式，在完成上述新建属性设定后，单击【确定】按钮，会弹出如图 9-4 所示的对话框。

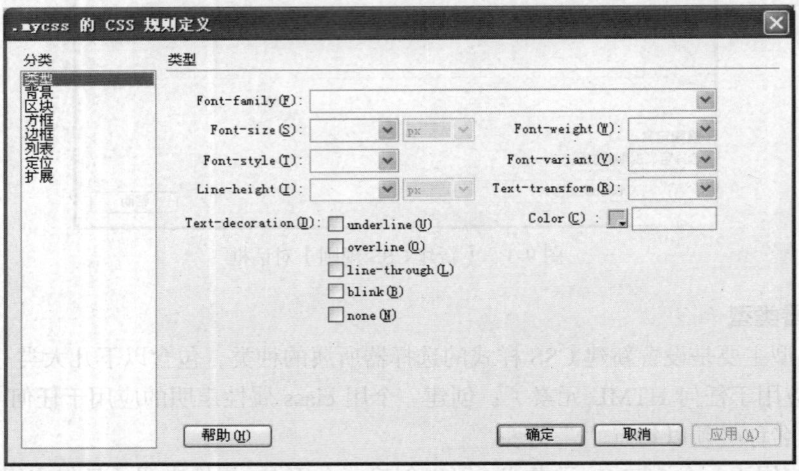

图 9-4 mycss 的 CSS 规则定义

从图 9-4 中可以看出 CSS 样式属性的设定共分为 8 项，即【类型】、【背景】、【区块】、【方框】、【边框】、【列表】、【定位】和【扩展】，其中的每一项分别定义了一类属性。下面介绍各项属性。

9.3.1 CSS 的属性

1. 类型属性

从图 9-4 所示的对话框中可以看出，此时默认选中的就是【类型】属性，【类型】主要用来设置文本属性。下面介绍类型中涉及的属性项。

【Font-family】：设置文本中使用的字体。

【Font-size】：设置使用的字体大小。

【Font-weigth】：设置字体粗细，包括“正常”、“粗体”、“特粗”、“细体”及 9 组具体的粗细数值。

【Font-style】：设置字体是否倾斜，包括“正常”、“斜体”以及“偏斜体”3 个选项。

【Font-variant】：将正常文字缩小一半后以大写显示，包括“正常”和“小型大写字母”两个选项。

【Line-height】：设置两行之间的间距，包括“正常”和“(值)”两个选项，其中“(值)”可以指定具体间距值。

【Text-transform】：设置字母的大小写方式，包括“首字母大写”、“大写”、“小写”和“无”4 个选项。

【Text-decoration】：设置文本的修饰格式，包括“下划线”、“上划线”、“删除线”、“闪烁”和“无”5 种修饰方式。

【Color】：对应属性名为“color”，用于设置文本的颜色。

2. 背景属性

在图 9-4 中单击【分类】列表框中的【背景】选项，可以得到图 9-5 所示的【背景】分类属性。【背景】分类属性的功能是为网页对象元素定义背景色或背景图像，并设置图像的显示方式。下面介绍背景中涉及的属性项。

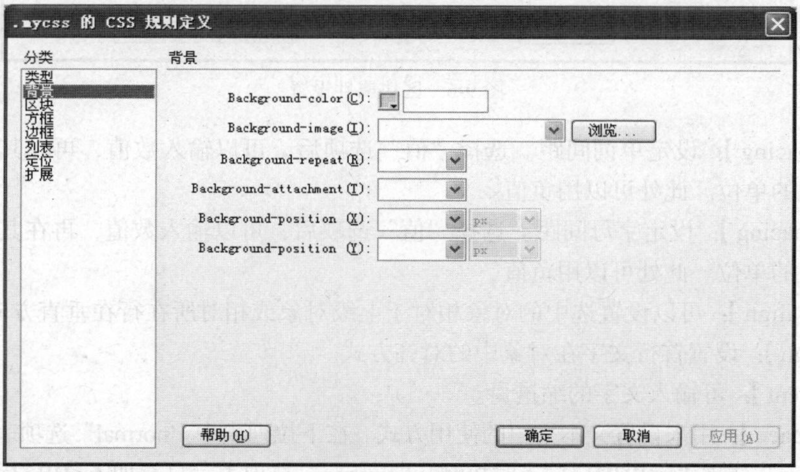

图 9-5　背景属性设置

【Background-color】按钮与文本框：用来给选中的对象加背景色。

【Background-image】：用来设置选中对象的背景图像，在其下拉列表中有以下两个选项。

① none：是默认选项，表示不使用背景图案。

② URL：选择该选项，可以调出【选择图像源】对话框，利用该对话框，可以选择背景图像。

【Background-repeat】：用来设置背景图像的重复方式。在其下拉列表中有 4 个选项：

① no-repeat：只在左上角显示一幅图像。

② repeat：沿水平与垂直方向重复。

③ repeat-x：沿水平方向重复。

④ repeat-y：沿垂直方向重复。

【Background-attachment】：设置图像是否随内容的滚动而滚动。

【Background-position】：用来设置图像与选定对象的水平相对位置。

【Background-position】：用来设置图像与选定对象的垂直相对位置。

3. 区块属性

在图 9-4 中单击【分类】列表框中的【区块】选项，可以得到图 9-6 所示的【区块】分类属性。【区块】分类属性的功能是设置网页对象元素（主要是文本和图像）的间距、对齐方式和缩进等属性。下面介绍区块中涉及的属性项。

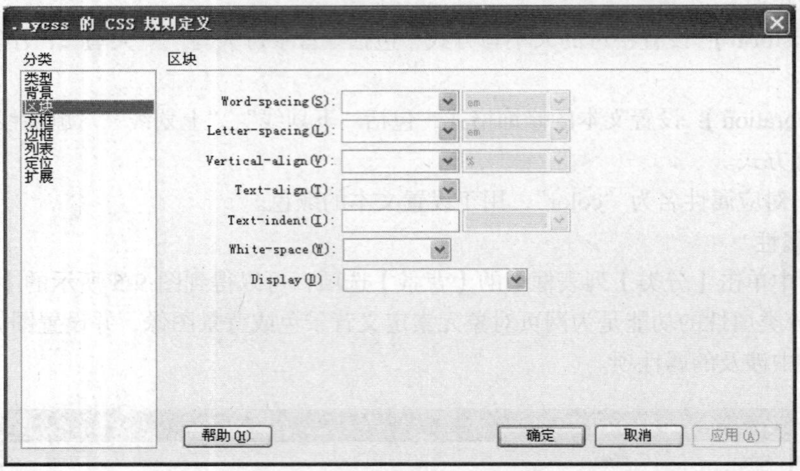

图 9-6　区块属性设置

【Word-spacing】：设定单词间距。选择"值"选项后，可以输入数值，再在其右边的下拉列表中选择数值的单位。此处可以用负值。

【Letter-spacing】：设定字母间距。选择"值"选项后，可以输入数值，再在其右边的下拉列表中选择数值的单位。此处可以用负值。

【Vertical-align】：可以设置选中的对象相对于上级对象或相对所在行在垂直方向的对齐方式。

【Text-align】：设置首行文字在对象中的对齐方式。

【Text-indent】：可输入文字的缩进量。

【White-space】：用来设置文本空白的使用方式。在下拉列表中"normal"选项表示将所有的空白均填满，"pre"选项表示由用户输入时控制，"nowrap"选项表示只有加入
标记时才换行。

【Ddisplay】：设置该区块的显示方式，共包括 19 种显示方式，在此不再多述。

4. 方框属性

在 Dreamweaver CS5 中，有许多页面对象元素，如图片、表格、AP Div 等，都是以块页面对象元素的形式插入到页面，CSS 中的【方框】分类属性就是设置这类页面的对象元素所占块的方框属性，通过单击图 9-4 中【分类】列表框中的【方框】选项，可以得到图 9-7 所示的【方框】分类属性。下面介绍方框中涉及的属性项。

【Width】：用来设置对象的宽度。在其下拉列表中有两个选项："自动"（由对象自身大小决定）和"值"（由输入的数值决定）。在其右边的下拉列表中选择数字的单位。

【Height】：用来设置对象的高度，其下拉列表中也有"自动"和"值"两个选项。

【Float】：允许文字环绕在选中对象的周围。

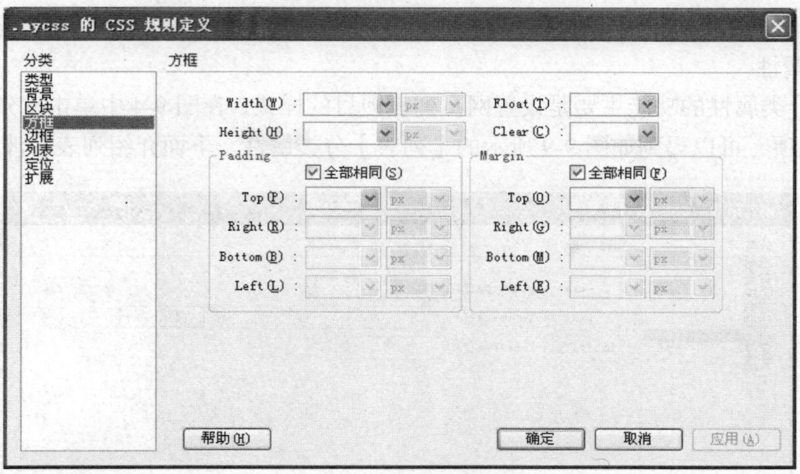

图 9-7　方框属性设置

【Clear】：用来设定其他对象是否可以在选定对象的左右。

【Padding】：用来设置边框与其中的内容之间填充的空白间距，在下拉列表框中应输入数值，在其右边的下拉列表中选择数值的单位。

【Margin】：用来设置边缘的空白宽度，在下拉列表框中可输入数值或选择“自动”，与【Padding】属性项相同，具有“上”、“下”、“左”和“右”4 个选项。

5. 边框属性

在图 9-4 中单击【分类】列表框中的【边框】选项，可以得到图 9-8 所示的【边框】分类属性。【边框】分类属性的功能主要是设置块状网页对象元素的块边框的效果和属性，下面介绍边框中涉及的属性项。

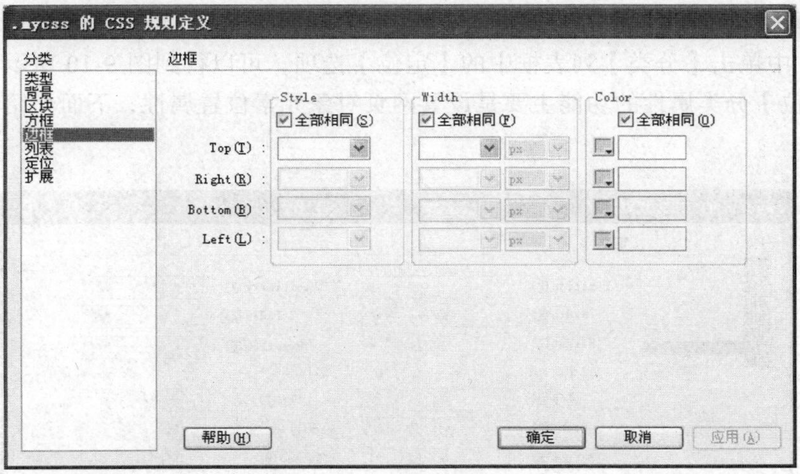

图 9-8　边框属性设置

【Style】：用于设置边框线的样式，该属性分为“上”、“右”、“下”、“左”4 个方向，每个方向有 9 个可选项：“无”、“虚线”、“点划线”、“实线”、“双线”、“槽状”、“脊状”、“凹陷”以及“凸出”。

【Width】：用于设置边框的宽度，可以设置 4 个方向的边框线宽度，每个方向中都包括“细”、“中”、“粗”、“(值)”4 个选项，其中【(值)】可以设定精确的边框线宽度。

【Color】：设置边框线的颜色，4 个方向的边框线的颜色可以设置为相同，也可以设置为不同。

6. 列表属性

【列表】分类属性的功能主要是设置网页列表项目的样式，在图 9-4 中单击【分类】列表框中的【列表】选项，可以得到如图 9-9 所示的【列表】分类属性。下面介绍列表中涉及的属性项。

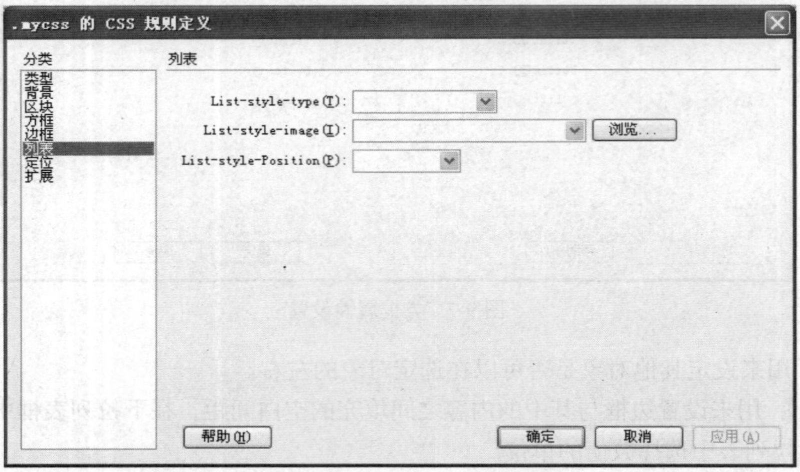

图 9-9　列表属性设置

【List-style-type】：设置列表内每一项前使用的符号。该属性包含“无”、“圆圈”、“方块”、“数字”、“小写字母”、“大写字母”、“圆点”和“小写罗马数字”和“大写罗马数字”9 个选项。

【List-style-image】：设置列表项的符号对应的图形。

【List-style-position】：用于描述列表符的位置，有“外”（在方框之外显示）和“内”（在方框之内显示）两个选项。

7. 定位属性

在图 9-4 中单击【分类】列表框中的【定位】选项，可以得到图 9-10 所示的【定位】分类属性。【定位】分类属性的功能主要是设置网页对象元素位置属性，下面介绍定位中涉及的属性项。

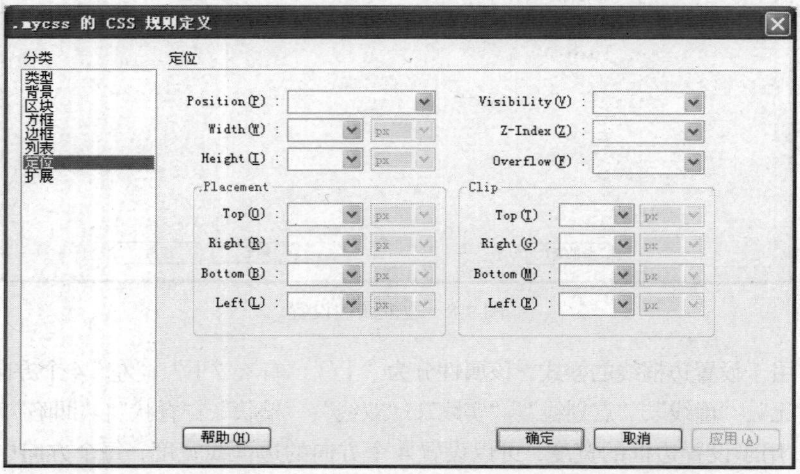

图 9-10　定位属性对话框

【Position】：用来设置对象的位置，下拉列表中各选项的作用如下。

① absolute：以页面左上角的坐标为基点。

② relative：以母体左上角的坐标为基点。

③ static：按文本正常顺序定位，一般与“相对”定位一样。

【Visibility】：用来设置对象的可视性，下拉列表中各选项的作用如下。

① inherit：选中的对象继承其母体的可视性。

② visible：选中的对象是可视的。

③ hidden：选中的对象是隐藏的。

【Z-index】：用来设置不同层的对象的显示次序，在其下拉列表中有“自动”（按原显示次序）和“值”两个选项。选择后一项后，可输入数值，其数值越大，显示时越靠上。

【Overflow】：用来设置当文字超出其容器时的处理方式，下拉列表中各选项的作用如下。

① visible：当文字超出其容器时仍然可以显示。

② hidden：当文字超出其容器时，超出的内容不能显示。

③ scroll：在母体加一个滚动条，可利用滚动条滚动显示母体中的文字。

④ auto：当文本超出容器时自动加入一个滚动条。

【Placement】：设置对象在页面中的具体位置和大小。该属性分为了“上”、“下”、“左”、“右”4 个具体位置属性，定位属性适用于对象的绝对和相对定位类型。

【Clip】：从对象中剪辑一块可视区域，剪辑时也分为“上”、“下”、“左”、“右”4 个具体位置进行设置大小。

8. 扩展属性

在图 9-4 中单击【分类】列表框中的【扩展】选项，可以得到图 9-11 所示的【扩展】分类属性，【扩展】分类属性主要包含了分页和视觉效果属性，下面进行简要介绍。

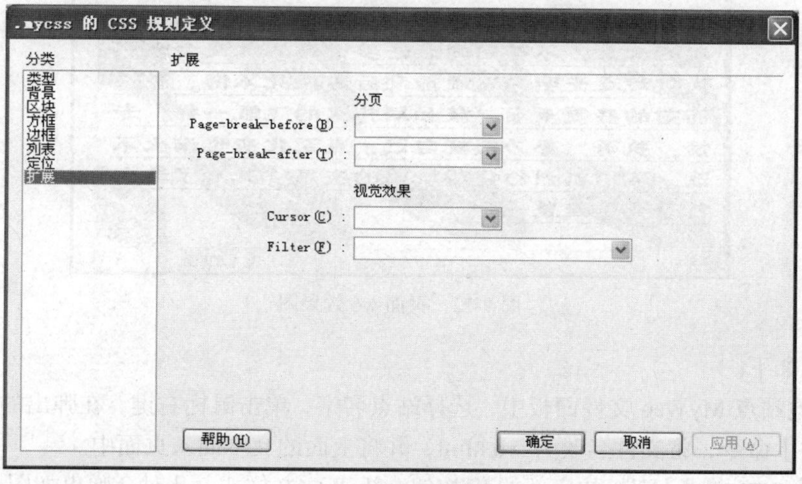

图 9-11　扩展属性设置

【分页】：该属性是在打印时控制分页。

① 【Page-break-before】：在样式所控制的对象之前分页。

② 【Page-break-after】：在样式所控制的对象之后分页。

【视觉效果】：为网页中的元素施加特殊效果。

① 【Cursor】：设置在某个元素上要使用的光标形状。

② 【Filter】：设置网页对象元素的特殊显示效果。

9.3.2 CSS 的应用

1. 内部 CSS 样式的应用

内部 CSS 样式是指跟随当前 HTML 页面存放的 CSS 样式，这类 CSS 样式只能对当前页面有效，在一个页面文件中定义的 CSS 样式无法应用到另外的页面中。

【例 9.2】在本地站点 MyWeb 内部创建页面 w6.html，将下面的一段文本加入到该页面中。

每当夏日的夜晚降临，无边黑暗中偶然而起的火苗，不管它的光芒多么微弱，总会吸引无数追逐光明的飞蛾前赴后继九死不悔。爱情面前的费雯·丽，就如同扑火的飞蛾一样，专情，执著，努力燃烧自己，直至化灰也痴心不改。这份热烈幻化成哀愁的灰幕，笼罩了这个传奇女子整整一生。

在页面 w6 定义 CSS 样式，命名为 s1，样式 s1 要做如下设定。

① 字体为隶书；大小为 24；粗体；字体颜色为蓝色；文字加下画线。

② 为该段文字所在页面添加背景图片“yezi.jpg”。

③ 段落开始文字缩进 50 像素。

利用 CSS 样式 s1 对页面 w6 中的文本进行格式化，页面效果如图 9-12 所示。

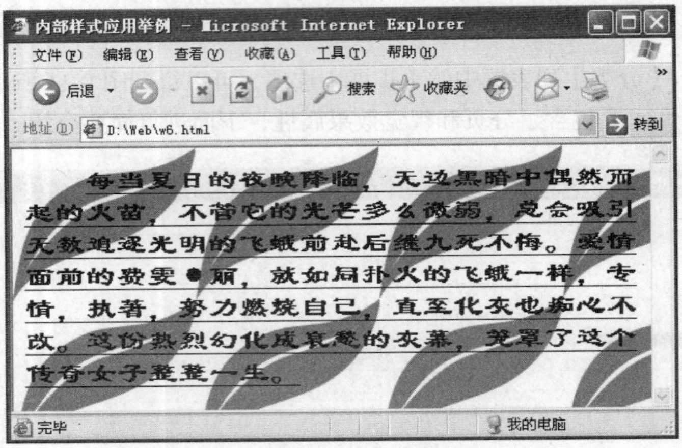

图 9-12　页面 w6 效果图

制作步骤如下。

① 在本地站点 MyWeb 文件面板中，选择站点名字，单击鼠标右键，在弹出的快捷菜单中选择【新建文件】命令，将文件名改为 w6.html，并将上面的文本插入页面中。

② 单击【CSS 样式】面板的底部的 按钮，新建 CSS 样式，此时会弹出如图 9-13 所示的对话框，将【选择器类型】设置为“类（可应用于任何 HTML 元素）”，【选择器名称】设置为“s1”，【规则定义】中选择“（仅对该文档）”。

③ 在图 9-13 所示的对话框中单击【确定】按钮，将弹出样式 s1 的 CSS 规则定义对话框，根据题目中的定义样式 s1 的要求，分别对【类型】、【背景】和【区块】做相应的设定。

- 在【类型】分类属性中主要完成字体、字号以及字体颜色等属性的设定，如图 9-14 所示。

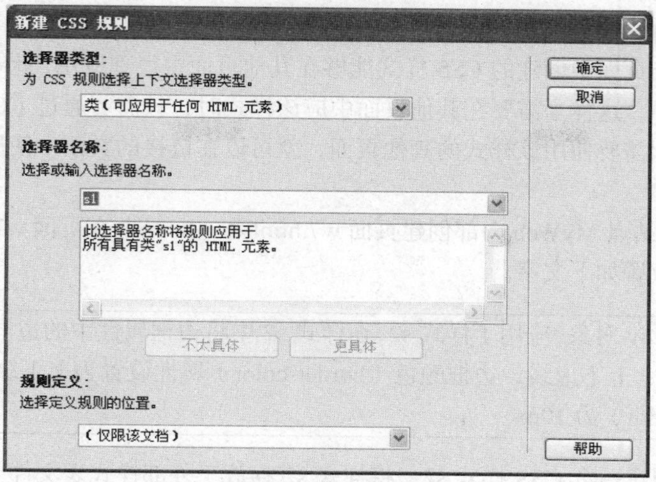

图 9-13　样式 s1 的定义

• 在【背景】分类属性中主要完成背景图像的设定，如图 9-15 所示，单击【浏览】按钮，选择 yezi.jpg 图片，由于图片较小，所以在【Background-repeat】属性中选择“repeat（重复）”，这样可以使背景图片布满整个页面。

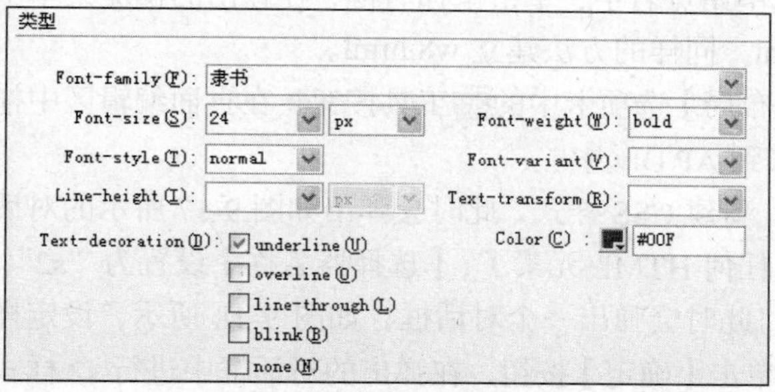

图 9-14　类型属性设定

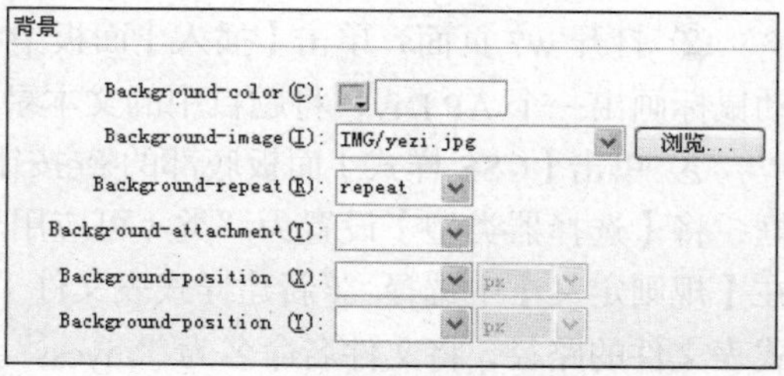

图 9-15　背景属性设定

• 样式 s1 中要求的文字缩进 50 像素需要在【区块】分类属性中进行设定，如图 9-16 所示，在【Text-indent】后面的文本框中输入 50 即可，单位选择“pixels（像素）”。

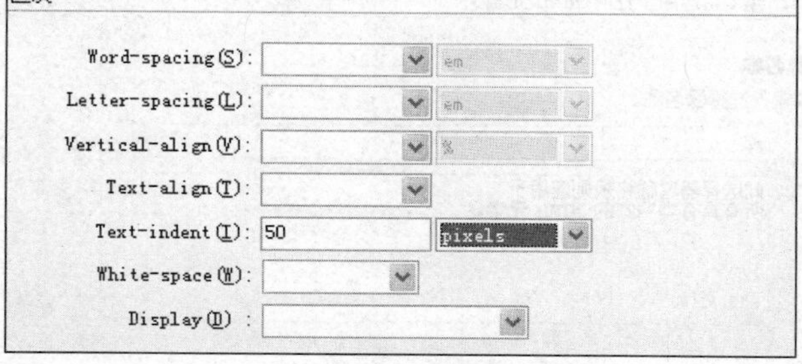

图 9-16　区块属性设定

④ 单击【确定】按钮即可以完成对样式 s1 的设置，回到页面编辑区，选中需要利用样式 s1 格式化的文本，在【属性】面板中切换至 CSS 属性区，单击 目标规则 <新 CSS 规则> 下拉列表框，选择“s1”，此时页面 w6 应用了样式 s1 进行格式化，效果如图 9-12 所示。

2. 外部 CSS 样式表的应用

如果希望在一个页面中创建的 CSS 样式能够在其他页面中得到应用，此时应该将该样式保存在外部样式表文件中，这样当需要在其他页面中应该样式时，只需要通过【CSS 样式】面板将该外部样式文件链接到需要使用该样式的其他页面，就可以在链接的页面中使用该外部样式文件中定义的样式。

【例 9.3】在本地站点 MyWeb 内部创建页面 w7.html 和 w8.html，在页面 w7 中放置一个 AP Div 对象，在该对象内放置如下文字。

> 这是一个 AP Div 对象，应用了样式 s2，在样式 s2 中将边框属性中的边框风格（border-style）属性设为左右实线、上下虚线，边框颜色（border-color）属性设置为上下绿色、左右红色，边框宽度（border-width）为 10px。

在页面 w7 中创建一个 CSS 样式 s2，将样式 s2 存放于外部样式表文件 mycss 中，利用样式 s2 对页面 w7 中的 AP Div 对象进行格式化，样式 s2 的定义要求如下：将边框属性中的【边框风格】属性设置为左右实线、上下虚线；【边框颜色】属性设置为上下绿色、左右红色；【边框宽度】属性设置为 10px。在页面 w8 中建立一个表格，利用 w7 中创建的样式 s2 对其格式化。

制作步骤如下。

① 在本地站点 MyWeb 的文件面板中，选中站点名字，单击鼠标右键，在弹出的快捷菜单中选择【新建文件】命令，将文件名改为 w7.html，同样的方法建立 w8.html。

② 打开 w7 页面，单击【插入】面板中【布局】选项卡中的工具按钮，在页面编辑区中拖动鼠标画出一个 AP Div，将题目中的文本录入到 AP Div 中。

③ 单击【CSS 样式】面板底部的按钮，新建 CSS 样式，此时会弹出如图 9-17 所示的对话框，将【选择器类型】设置为“类（可应用于任何 HTML 元素）”，【选择器名称】设置为“s2”，在【规则定义】中选择“(新建样式表文件)”，此时会弹出一个对话框，如图 9-18 所示，设定样式表文件的路径，将文件名命名为“mycss”。单击【确定】按钮，在弹出的对话框中进行 s2 样式的设定。

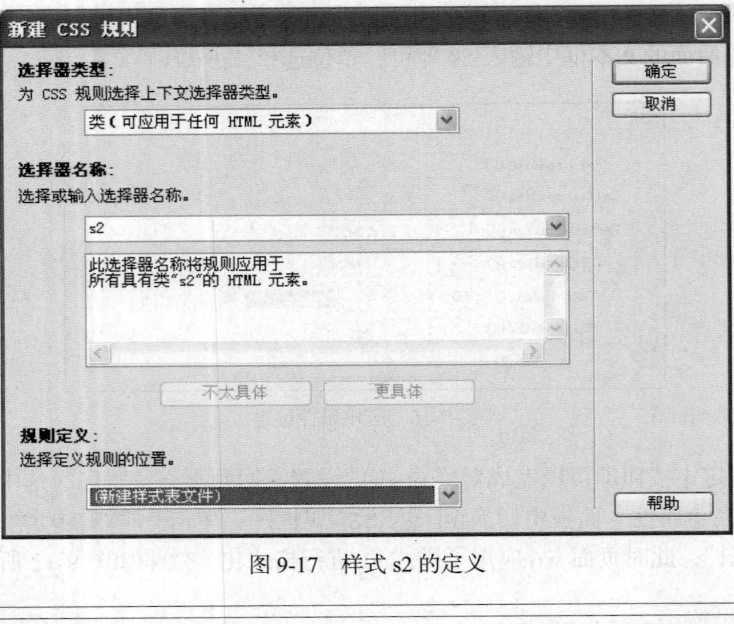

图 9-17 样式 s2 的定义

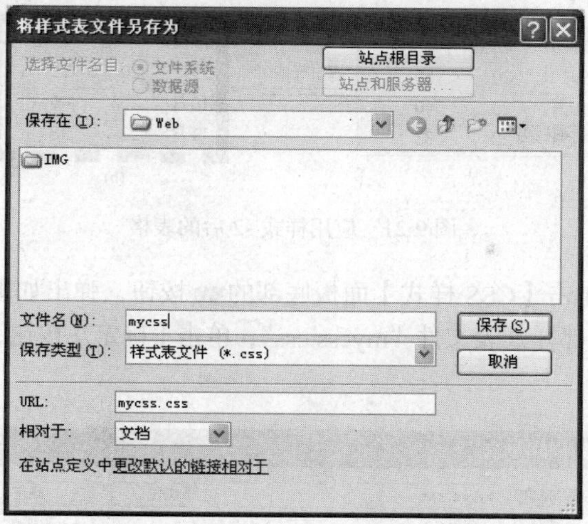

图 9-18　样式表文件设置对话框

④ 根据题目中关于样式的要求，设定 CSS 样式 s2，选择【边框】分类属性，如图 9-19 所示进行设定。

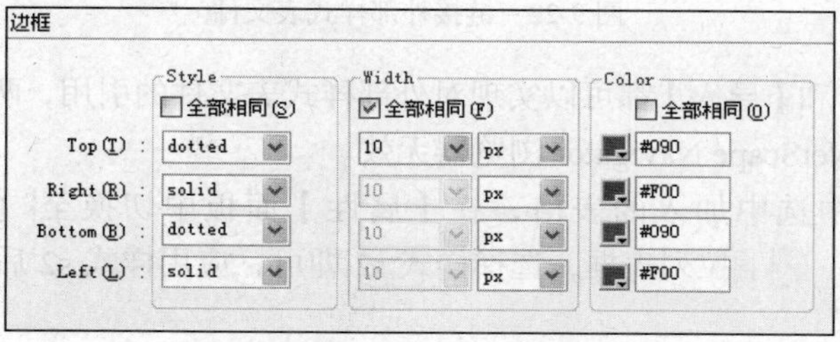

图 9-19　样式 s2 的属性定义

⑤ 在 w7 的页面编辑区中，选中建立的 AP Div，在【属性】面板中切换至 CSS 属性区，单击 目标规则 <新 CSS 规则> 下拉列表框，选择样式 s2，此时即可将样式 s2 应用到 AP Div 上，预览页面如图 9-20 所示。

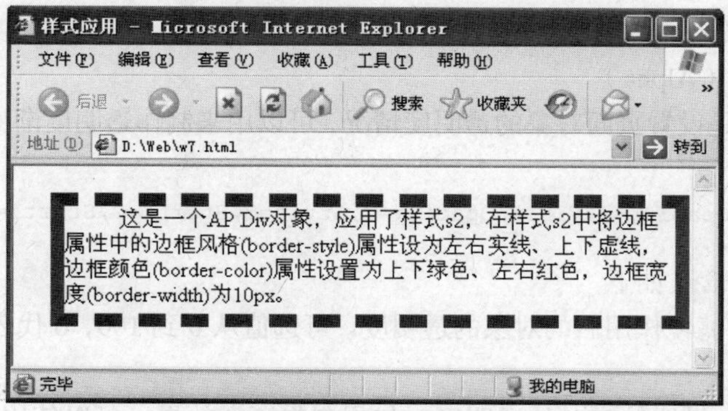

图 9-20　应用样式 s2 后的文本页面

⑥ 在 w8 页面中加入表格，单击【插入】面板中【常用】选项卡中的工具按钮，在弹出对话框中设置一个 4 行 3 列的表格，录入数据，如图 9-21（a）所示。

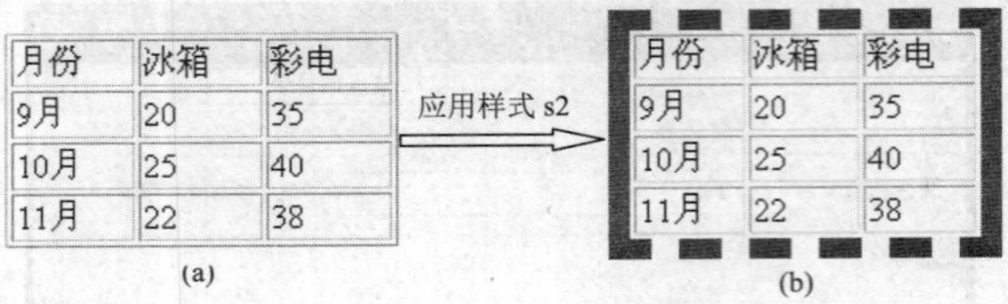

图 9-21　应用样式 s2 后的表格

⑦ 在 w8 页面中，单击【CSS 样式】面板底部的按钮，弹出如图 9-22 所示的对话框，单击【浏览】按钮，选择外部样式表文件“mycss.css”，单击【确定】按钮，将样式表文件 mycss.css 链接到页面 w8 中。

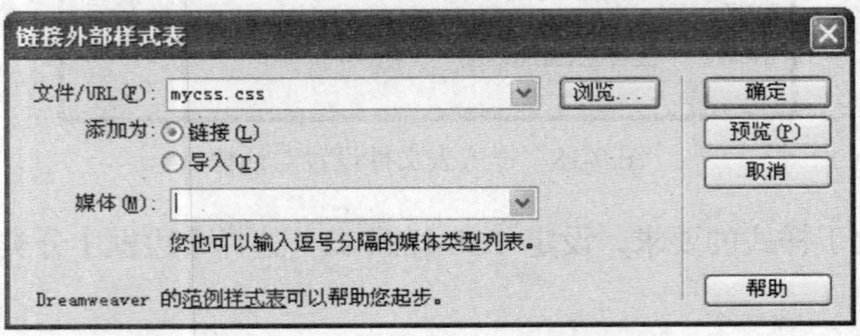

图 9-22　链接外部样式表文件

此处选择【链接】和【导入】都可以实现对外部样式表文件的引用，两种方式对 IE 浏览器都有效，但【导入】对 NetScape Navigator 浏览器无效。

⑧ 在 w8 页面中选中加入的表格，在【属性】面板中切换至 CSS 属性区，单击 目标规则 <新 CSS 规则> 下拉列表框，选择样式 s2 即可，应用样式 s2 后的表格如图 9-21（b）所示。

3. CSS 中滤镜的应用

在 CSS 扩展属性中，Dreamweaver CS5 提供了过滤器样式的设定，即滤镜。滤镜是一种特效，它好比在观察对象前面放置了一面能够提供特殊观察效果的透镜，我们看到的是通过这个透镜过滤后的影像。

Dreamweaver CS5 中提供了 16 种滤镜，通过对这些滤镜参数的设定，我们可以观察到成千上万种绚烂多彩的效果。下面选择两种滤镜作为示例进行讲解。

（1）透明度滤镜（Alpha）

Alpha 滤镜主要是设置页面对象的透明度情况，可以用来制作透明度渐变效果。Alpha 滤镜的语法格式为：

```
{filter:Alpha(Opacity=?,FinishOpacity=?,Style=?,StartX=?,StartY=?,FinishX=?,Finish
Y=?)}
```

各项参数的具体含义如下。

【Opacity】：设置滤镜作用后的对象的透明度。可选值从 0 到 100，0 代表完全透明，100 代表完全不透明。

【Finishopacity】：设置结束时的透明度。如果制作渐变效果，可以使用本项，其值也是从 0 到 100。

【Style】：设置渐变区域的形状特征。0 代表无渐变，1 代表直线渐变，2 代表圆形渐变，3 代表长方形渐变。

【StartX】和【StartY】：渐变透明效果的开始坐标。

【finishX】和【finishY】：渐变透明效果的结束坐标。

（2）波形滤镜（Wave）

Wave 滤镜主要用来制作页面对象的波形效果，Wave 滤镜的语法格式为：

```
{Filter:Wave(Add=?,Freq=?,LightStrength=?,Phase=?,Strength=?)}
```

各项参数的具体含义如下。

【Add】：设置对象是否按照波形式样扭曲，True 代表对象扭曲，False 代表不扭曲。

【Freq】：设置生成波纹的频率，即指定在对象上共产生多少次完整的波纹。

【LightStrength】：对生成的波纹增强光的效果，参数值可以从 0 到 100。

【Phase】：设置正弦波开始的偏移量，参数值可以从 0 到 100。

【Strength】：设置波形的振幅大小，即波形的扭曲程度。

【例 9.4】制作如图 9-23 所示的页面 w9.html。在 w9 页面中，放置了 3 幅“大自然”图片，第一幅是原图，第二幅应用了 Alpha 滤镜，第三幅应用了 Wave 滤镜。

图 9-23　滤镜应用页面

制作步骤如下。

① 在本地站点 MyWeb 文件面板中，选中站点名字，单击鼠标右键，在弹出的快捷菜单中选择【新建文件】命令，将文件名改为 w9.html。

② 单击【插入】面板中【布局】选项卡中的工具按钮，在页面编辑区中拖动鼠标画出 6 个 AP Div，其中 3 个为 40×120 像素，3 个为 180×120 像素。按照图中位置排列好 6 个 AP Div。

③ 在 3 个大小为 40×120 像素的 AP Div 中加入如图 9-23 所示的文本，字号设定为 24，颜色如图 9-23 所示设定。在 3 个大小为 180×120 像素的 AP Div 中，通过单击【插入】面板中【常用】选项卡中的工具按钮，将“dzr.jpg”分别插入 3 个 AP Div 对象中。

④ 单击【CSS 样式】面板底部的按钮，定义样式 s1，在 s1 的【扩展】分类属性中，选择【过滤器】中的 Alpha 滤镜，对 Alpha 滤镜做如下设置：

Alpha(Opacity=100, FinishOpacity=0, Style=2, StartX=0, StartY=0, FinishX=120, FinishY=180)

⑤ 单击【CSS 样式】面板底部的按钮，定义样式 s2，在 s2 的【扩展】分类属性中，选择【过滤器】中的 Wave 滤镜，对 Wave 滤镜做如下设置：

```
Wave(Add=True,Freq=6,LightStrength=30,Phase=0,Strength=50)
```

⑥ 在设置完成样式 s1 和样式 s2 后，返回页面 w9 的编辑区，选择装载后面两幅图形的 AP Div 对象，在【属性】面板的【类】下拉列表中分别选择 s1 和 s2，预览页面可得如图 9-23 所示的效果。

9.4 行为

行为是网页页面中的对象在某个事件发生的情况下对外界做出的反应。Dreamweaver 预置了二十几种行为，这些行为通常是一些 JavaScript 小程序，利用这些预置行为，即使在不了解 JavaScript 语言的情况下，也可以制作出简单的动感交互式页面。

9.4.1 行为的创建

1. 行为

行为是由一个事件以及该事件所触发的一系列的动作构成的，行为必须依赖于具体的页面对象而存在，是页面对象对发生事件的一种响应。事件（Event）主要是指在浏览器中发生的一些操作，如 onClick（单击鼠标）、onMouseOver（鼠标经过）和 onMouseOut（鼠标移开）等用户在浏览页面执行的相关操作；动作（Action）则是利用 JavaScript 实现的一组功能，如播放音乐、交换图像、显示或隐藏层等。

在页面对象上添加行为时，需要同时指定事件和动作，同一个动作可以指定给不同的事件，同一个事件也可以添加多种不同的动作，因此，在为事件添加一组动作时，需要指定动作发生的顺序。利用 Dreamweaver CS5 提供的【行为】面板可以轻松地添加行为，并可以对行为进行编辑和删除等管理操作。

2. 行为面板

在页面编辑区窗口中，通过单击工作区主菜单【窗口】|【行为】命令可以打开如图 9-24 所示的【行为】面板，行为面板上各个按钮的功能如下。

按钮：在行为列表中只显示当前正在编辑的事件名称。

按钮：在行为列表中显示当前页面中所有的事件名称。

按钮：添加动作，当从弹出菜单选择一个动作后，需要指定动作的参数。如果菜单中动作为灰色则说明该动作不可以应用到当前选中的对象。

按钮：删除所选中的【行为】面板中的行为。

按钮：将选中的行为向上或向下移动。如果一个事件对应一组动作，事件触发时将按照此处指定的顺序执行。

3. 添加行为

添加行为时首先需要选中添加行为的对象，该对象可以为文本、图像、AP Div 等，然后在【行为】面板中单击按钮，此时将会弹出如图 9-25 所示的动作菜单。下面以【弹出信息】行为为例进行说明。

首先选中整个页面，可以通过在页面编辑区左下角的 HTML 标记区域单击<body>标记将整个页面选中，在【行为】面板中单击按钮后弹出的动作菜单中选择要添加的动作——【弹出信息】，在弹出的对话框中输入文本，如图 9-26 所示，单击【确定】按钮后的【行为】面板如图 9-27 所示。此时【弹出信息】行为对应的默认事件为“onLoad”，也可以修改其所对应的事件，单击事件列表框，弹出如图 9-28 所示的【事件】下拉框，从中选择“onClick”，这样当页面加载后，单击页面内部的任意空白区，会弹出如图 9-29 所示的对话框。

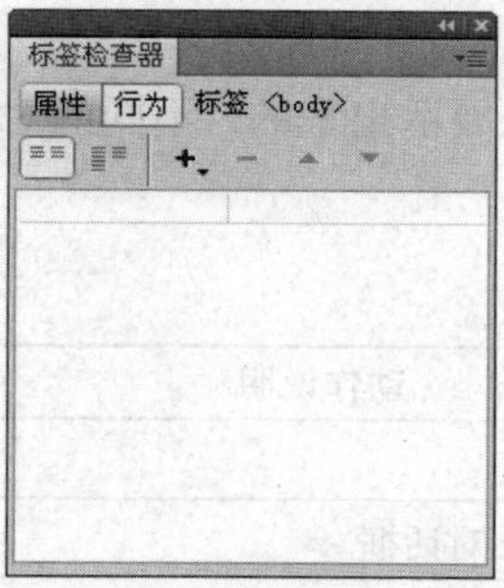

图 9-24　行为面板

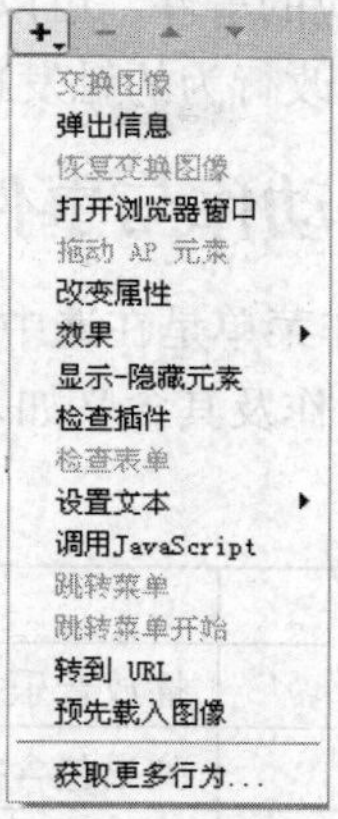

图 9-25　动作菜单

图 9-26　弹出信息行为的设置对话框

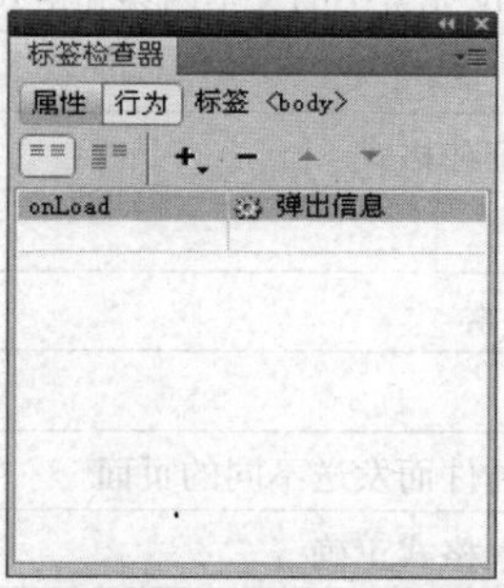

图 9-27　添加了弹出信息的行为面板

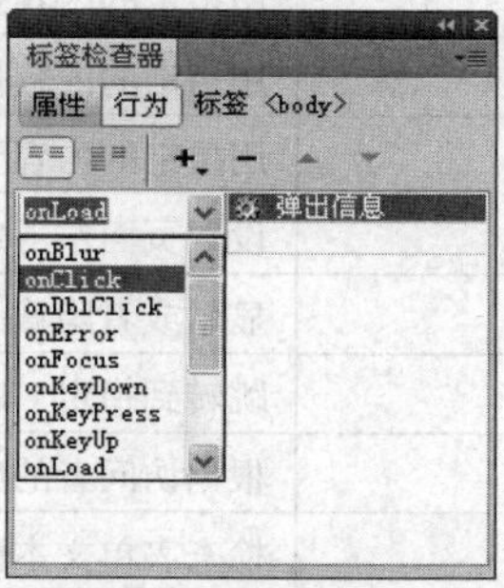

图 9-28　修改行为的事件

如果采用“onLoad”事件，页面加载时将会弹出设定信息，此时将事件变更为“onClick”，则页面加载时不再会弹出设定信息，只有在单击了页面后才会弹出设定的信息。需要说明的是，动作和添加行为的对象相关，也就是说不同的对象具备不同的动作，事件则是和浏览器密切相关，浏览器的版本越高，一般支持的事件越多。

图 9-29　弹出信息行为效果

4. 编辑行为

在 Dreamweaver CS5 中，可以通过【行为】面板对已经添加的行为进行编辑。编辑一个行为时，利用鼠标左键单击行为对应的动作可以将该行为选中，然后可以进行如下操作。

① 单击【行为】面板上的 − 按钮，可以删除选中的行为。

② 双击行为对应的动作，可以修改该行为的动作参数。

③ 单击行为对应的事件，可以为该行为更改触发事件。

（4）如果需要更改行为的触发顺序，单击▲▼按钮，将对应行为上移或下移。

9.4.2 常用动作与事件

图 9-25 中的动作菜单是在选中“页面”这个对象展示出来的，不同的对象对应的可执行动作不同，有关常用的动作及其含义如表 9-1 所示。

表 9–1 动作说明表

动作名称	动作说明
播放声音	播放音乐
弹出信息	弹出包含指定信息的 JavaScript 对话框
打开浏览器窗口	打开一个新窗口，并在新窗口中显示指定的 URL 页面
交换图像	通过改变 IMG 标记的 SRC 属性改变显示的图像
恢复交换图像	与交换图像相对应，显示原有图像
改变属性	改变指定对象的属性值
检查浏览器	根据访问者的浏览器类型发送不同的页面
拖动 AP Div 元素	允许用户在页面上拖动 AP Div 元素
跳转菜单	修改已经建立的跳转菜单
跳转菜单开始	为跳转菜单添加不同的事件
设置容器文本	用指定的内容更改页面中某个 AP Div 元素中的文本内容和格式
设置文本域文字	用指定的内容替换文本框中的内容
设置框架文本	用指定的内容更改框架中的文本内容和格式
设置状态条文本	设置页面左下角状态栏中的文本
显示和隐藏元素	显示或者隐藏一个或多个 AP Div 元素
转到 URL	跳转到指定 URL 的页面
检查插件	根据访问者的浏览器是否安装指定插件而发送不同的页面
检查表单	检查表单文本框内容，确保数据输入格式正确
预先载入图像	将图片载入浏览器缓冲区，但不立即显示
显示弹出式菜单	创建或编辑弹出式菜单
隐藏弹出式菜单	为弹出式菜单添加事件，将其隐藏
调用 JavaScript	执行设定的 JavaScript 代码

事件是动作执行的条件，表 9-2 中列出了一些常用的事件，并对事件的含义进行了说明。

表 9–2 事件说明表

事件	事件说明（触发情景）
onAbort	中断对象的载入，或单击了浏览器上的停止按钮
onAfterUpdate	数据元素完成数据更新后
onBeforeUpdate	数据元素被更新前并且已经失去焦点
onBlur	对象失去焦点或者取消被选中

续表

事件	事件说明（触发情景）
OnBounce	编辑框中的内容达到边界
onChange	对象的值或内容发生变化
onClick	对象被单击
onDblClick	对象被双击
onError	页面或图片装载发生错误时
onFinish	当选取框内容完成一个循环时
onFocus	对象得到焦点或被选中时
onHelp	单击浏览器帮助按钮或单击帮助菜单
onKeyDown	按下键盘按键时
onKeyPress	按下并释放键盘按键时
onKeyUp	按下键盘按键后释放按键时
onLoad	加载对象时
onMouseDown	按下鼠标按键时
onMouseMove	鼠标指针移入到对象边界内
onMouseOut	鼠标指针从对象边界内移开
onMouseOver	鼠标指针首次移入到对象边界内
onMouseUp	按下鼠标按键后释放按键时
onReadyStateChange	对象状态发生改变
onReset	表单被重置
onResize	浏览器或框架窗口被改变
onRowEnter	捆绑数据源的当前指针发生改变
onRowExit	捆绑数据源的当前指针将要发生改变时
onScroll	拖动滚动条时
onSelect	在文本区域选定文本时
onSubmit	提交表单时
onUnload	离开或卸载页面时

9.4.3　常用内置行为

Dreamweaver 预置了二十几种行为，利用这些内置行为可以实现简单的交互或者制作动感页面。本小节通过几个实例介绍一下内置行为的用法。

1．交换图像/恢复交换图像

“交换图像”一般指两张大小相同的图片，预先载入一张图片，当鼠标移动到图片上时，“交换图像”行为将利用另外一张图片替换已经显示的图片。“恢复交换图像”是指当鼠标再次移开时，被替换的图片恢复原来设定的图片。交换图像和恢复交换图像组合使用可以形成图片变化的动感效果。

可以为一幅已经插入的图片添加“交换图像”行为，假设页面中已经插入了图片 a1.jpg，现为该图片添加“交换图像”行为：选中页面编辑区中的图片 a1.jpg，在【行为】面板中单击 + 按钮，在图 9-25 所示的动作菜单中选择【交换图像】，此时会弹出如图 9-30 所示的对话框。

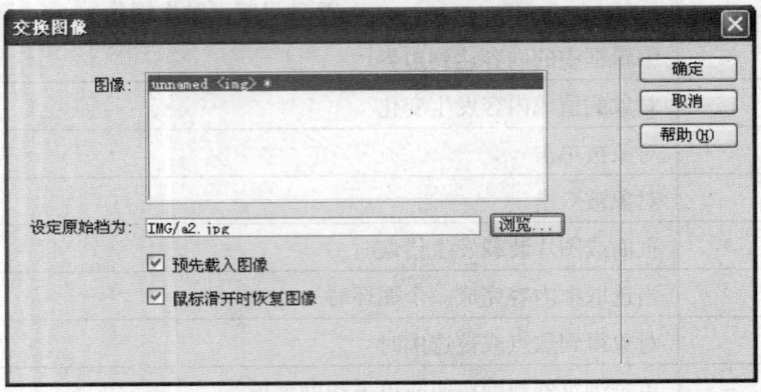

图 9-30　交换图像设置

在对话框中，【设定原始档为】选项用来输入或者选择需要更换的图像，这里选择图片 a2.jpg；勾选【预先载入图像】复选框，可以在发生“交换图像”行为前将图片加载，这样可以加快显示速度；勾选【鼠标滑开时恢复图像】复选框，可以自动创建“恢复交换图像”行为。

上面示例中创建的“交换图像/恢复交换图像”行为效果如图 9-31 所示。

图 9-31　交换/恢复交换示意图

2. 设置状态栏文本

状态栏文本是指浏览器左下角状态栏中显示的信息。添加该行为的方法和添加其他的行为相同，首先需要选中一个对象，此处可以选中整个页面，在【行为】面板中单击 + 按钮，在图 9-25 所示的动作菜单中选择【设置文本】|【设置状态栏文本】，此时会弹出如图 9-32 所示的对话框。

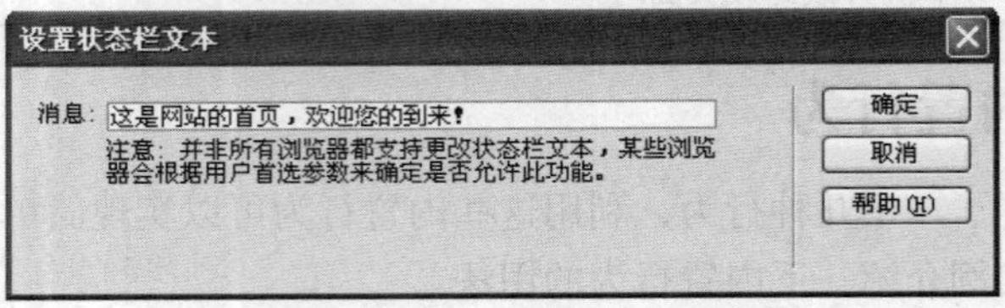

图 9-32　状态栏文本设置

在对话框的【消息】文本框中输入需要显示在浏览器状态栏中的文本信息，这里输入图 9-32 中所示的文本，单击【确定】按钮，此时就添加了“设置状态栏文本”行为，将该行为对应的事件设置成为“onLoad”事件，保存页面，预览页面后，页面的状态栏如图 9-33 所示。

图 9-33　状态栏文本效果

3. 调用 JavaScript

通过该行为的调用，可以执行一段 JavaScript 代码，该代码可以是一条命令，也可以是页面中编辑好的函数。

例如，在页面中新建一个 AP Div 元素，将其背景色设置成为淡蓝色，在内部放置文本“关闭页面”，选中该 AP Div 元素，在【行为】面板中单击 + 按钮，在图 9-25 所示的动作菜单中选择【调用 JavaScript】，此时弹出如图 9-34 所示的对话框，在对话框的文本框中输入命令：“window.close( )”。

单击【确定】按钮，此时已经将“调用 JavaScript”行为添加完毕，将其对应事件修改为“onClick”。预览页面，当单击“关闭页面”时，将弹出对话框询问是否关闭页面，如图 9-35 所示，如果选择【是】，将会把当前页面关闭掉。

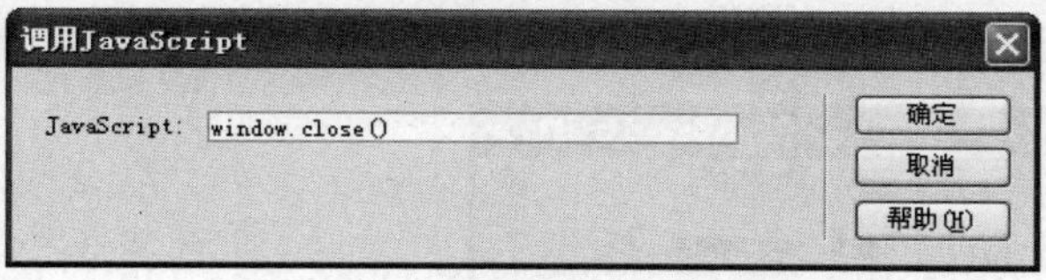

图 9-34 调用 JavaScript 设置

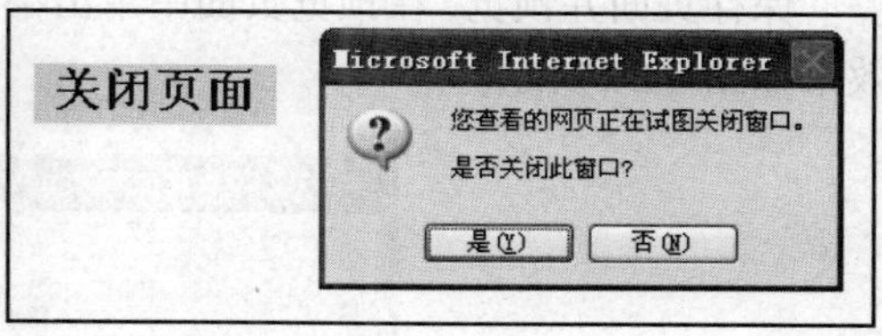

图 9-35 关闭页面

4. 打开浏览器窗口

添加“打开浏览器窗口”行为可以在行为事件触发时打开一个新的浏览器窗口，并在新窗口中显示所指定的页面。设计者还可以在设置行为时指定新窗口的属性，如窗口的大小、窗口上包含的工具以及窗口名称等。

假如在一个页面上显示了一幅体积较小的图片，我们希望单击该图片时，能弹出一个新的窗口，在该窗口中放大显示图片，此时就可以通过添加“打开浏览器窗口”行为实现。

在页面编辑区中插入一幅小图 b1.jpg，选中该图片，在【行为】面板中单击 + 按钮，在图 9-25 所示的动作菜单中选择【打开浏览器窗口】，此时弹出如图 9-36 所示的对话框，对话框中各个属性的含义如下。

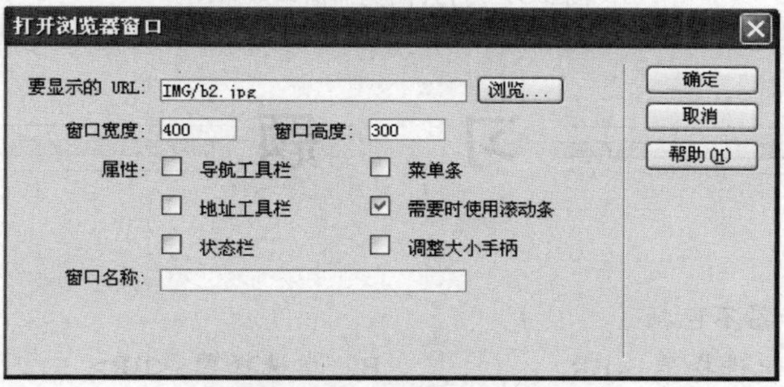

图 9-36 打开浏览器窗口设置

【要显示的 URL】：在打开窗口中显示的文件路径和文件名。

【窗口宽度】和【窗口高度】：设置打开窗口的宽度和高度。

【导航工具栏】：设置打开窗口中是否包含后退、（前进）、（主页）、（刷新）等浏览器按钮的工具栏。

【地址工具栏】：打开窗口中是否包含地址工具栏。

【状态栏】：打开窗口中是否包含状态栏。

【菜单条】：打开窗口中是否包含菜单栏。菜单栏中包括【文件】、【编辑】、【查看】、【收藏】、【工具】、【帮助】菜单项，如果不设置该选项，用户只能在新窗口中关闭或最小化窗口。

【需要时使用滚动条】：当显示内容超过打开窗口时显示滚动条。

【调整大小手柄】：显示大小控制手柄，用来改变窗口大小。

【窗口名称】：打开窗口的名称。如果打开窗口用作链接目标窗口，或者在 JavaScript 进行调用控制，就必须命名该选项，命名不能含有空格和特殊字符。

在示例中，【要显示的 URL】中选择大图 b2.jpg，【窗口高度】和【窗口宽度】分别设定为 300 像素和 400 像素，将【需要时使用滚动条】选中，单击【确定】按钮，此时已经将"打开浏览器窗口"行为添加完毕，其对应事件为"onClick"。

保存页面并预览，在预览页面中单击小图 b1，会弹出一个新窗口，在该窗口中显示了大图 b2，效果如图 9-37 所示。

图 9-37 打开浏览器窗口效果图

习 题

一、选择题

1. CSS 中的选择器不包括（　　）

   A. 超文本标记选择器
　　B. 类选择器

   C. 标签选择器
　　D. ID 选择器

2. 下列（　　）是 Dreamweaver CS5 中样式表文件的扩展名。

   A. .dwt　　B. .css　　C. .lbi　　D. .cop

3. 如果要使一个网站的风格统一并便于更新，在使用 CSS 文件的时候，最好是使用（　　）。

   A. 外部链接样式表　　B. 内嵌式样式表

   C. 局部应用样式表　　D. 以上 3 种都一样

4. (　　) 几乎可以控制所有文字的属性，它也可以套用到多个网页，甚至整个网站的网页上

A. CSS 样式　　B. HTML 样式　　C. 页面属性　　D. 文本属性面板

5. 样式定义类型中的(　　)主要用来作背景色或背景图片的各项设置。

A. 背景　　B. 区块　　C. 列表　　D. 扩展

6. "动作"是 Dreamweaver 预先编写好的(　　)脚本程序，通过在网页中执行这段代码就可以完成相应的任务。

A. VBScript　　B. JavaScript　　C. C++　　D. JSP

7. 当鼠标移动到文字链接上时显示一个隐藏层，这个动作的触发事件应该是(　　)。

A. onClick　　B. onDblClick　　C. onMouseOver　　D. onMouseOut

二、填空题

1. ________是 Cascading Style Sheets 的缩写，译为层叠样式表或级联样式表。

2. 根据 CSS 与 HTML 页面的关系，可以将 CSS 的应用方式分为两大类：________和________。

3. ________是一种特效，它好比在观察对象前面放置了一面能够提供特殊观察效果的透镜，最终看到的是通过这个透镜过滤后的影像。

4. ________是由一个事件以及该事件所触发的一系列的动作构成。

5. 在 Dreamweaver CS5 中，通过________面板可以建立行为。

三、简答题

1. 什么是 CSS？CSS 的两种应用方式是什么？它们有什么不同之处？

2. 什么是行为？

第 10 章 表单、模板与库

表单是建立交互页面所必需的载体，通过表单中的对象元素可以方便地实现信息的收集和展示；为了实现批量制作风格统一的页面，模板是不可或缺的工具。本章主要讲述 Dreamweaver CS5 中表单、模板以及库的应用方法。

10.1 表单

表单是进行动态页面开发所必需的页面对象元素，是浏览者和服务器之间进行信息交换的载体，它既可以从客户端收集信息提交给服务器，也可以从服务器端获取信息展示在客户端。

10.1.1 表单的建立与属性

1. 表单的建立

创建一个功能完备的表单页面程序需要以下 3 步。

① 创建表单域。表单域是一个容器，其他的表单控件对象需要放置在表单域中。

② 创建表单对象控件。不同的表单对象的界面表现形式和数据处理功能各异。

③ 设置表单对应的动态交互程序或者脚本代码，实现客户端与服务器的交互。

如果需要创建一个表单，可以将【插入】面板切换到【表单】选项卡，如图 10-1 所示，单击按钮后，在页面编辑区需要插入表单的位置单击一下，即可插入一个有红色虚线表示的表单域，下一步就可以将其他表单对象插入到创建的表单域中。

图 10-2 所示为一个表单编辑界面，在该界面中，红色的边框线是表单域的边框线，只有在该区域内部创建的表单控件才隶属于该表单，图中展示了文本框、单选框和复选框 3 种表单对象控件，最下方为两个按钮，可以将书写好的动态交互程序或脚本代码附加在按钮上，这样当在表单中单击按钮时，将触发响应交互程序，从而完成将当前表单中数据送出或者从服务器接收数据进行显示的功能。

如果需要删除一个表单，只需要利用鼠标单击表单域的红色边框线，选中整个表单后，按 BackSpace 键或者 Delete 键即可。

2. 表单属性

在页面编辑区中选中表单，【属性】面板将变化为如图 10-3 所示，各项属性的含义具体如下。

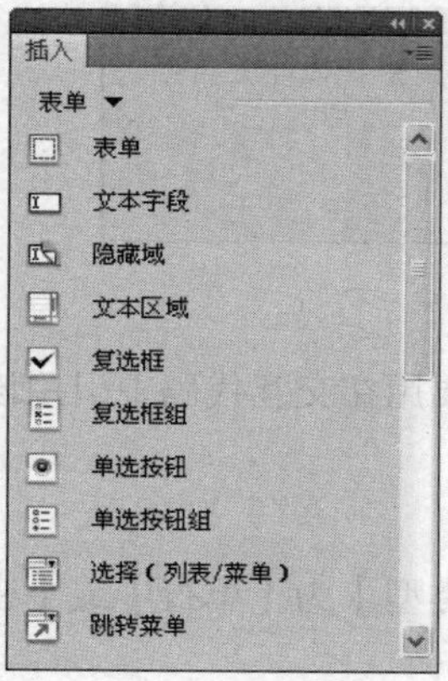

图 10-1 插入面板—表单选项

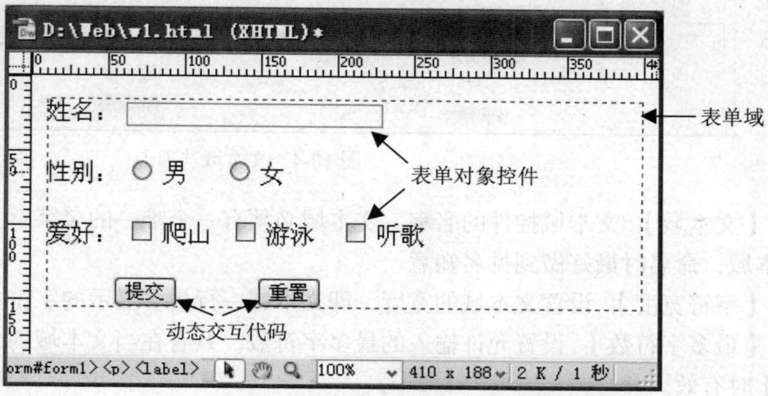

图 10-2 表单示意图

图 10-3 表单属性

【表单 ID】：主要在脚本程序（ASP、JavaScript）中引用。

【动作】：设定在服务器端处理表单信息的应用程序的路径和文件名，可以通过单击按钮来选择应用程序，也可以自己输入完整的路径名。

【方法】：设定表单内的数据采用何种方式传送给服务器，包含以下 3 个选项。

- 默认：采用浏览器默认的传送方式，一般默认为“GET”。
- GET：将表单内的数据附加到 URL 后面传送给服务器，服务器用读取环境变量的方式读取表单内的数据，适合表单传送数据量较小的情况。
- POST：以 HTTP 请求消息的方式将表单内的数据传送给服务器，适合表单传送数据量较大的情况。

【目标】：应用程序或者脚本程序将表单处理完成以后的返回结果页面的打开方式。

【编码类型】：指定对提交给服务器进行处理的数据使用编码的类型，其默认设置为“application/x-www-form-urlencoded”，通常与“POST”方法协同使用。

10.1.2 表单对象控件

在创建了表单域后，就可以将各种表单对象控件插入到表单中，可以通过以下两种方式插入表单对象控件。

① 通过工作区主菜单【插入记录】|【表单】，在弹出的级联菜单中选择相应控件。

② 通过【插入】面板中【表单】选项卡选择所需要的控件。

下面分别介绍各种表单控件的功能和属性。

1. 文本域

文本域是表单中应用最为广泛的控件，主要用于接收外界输入的文本信息或显示从服务器获取的文本信息，单击【表单】选项卡中的按钮可以加入文本域，文本域的【属性】面板如图 10-4 所示，各项属性的含义具体如下。

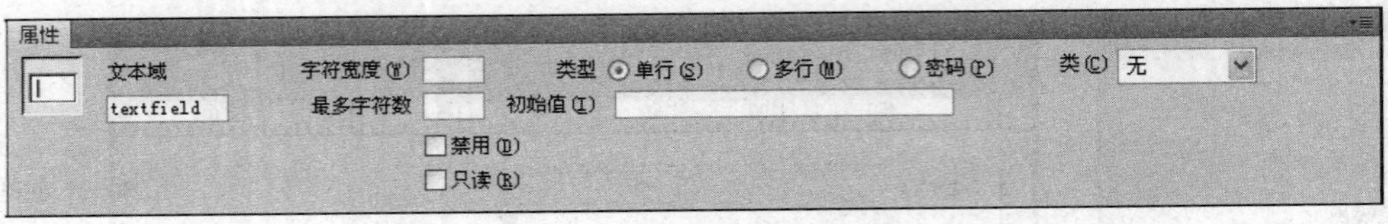

图 10-4　文本域选项卡

【文本域】：文本域控件的名字。文本域必须有一个唯一的名字，主要用在交互代码中引用该文本域，命名时最好做到见名知意。

【字符宽度】：设置文本域的宽度，即文本域一行最多显示的字符数。

【最多字符数】：设置允许输入的最多字符数，只有在当文本域的【类型】为【单行】或【密码】时有效。

【初始值】：设置文本域中默认状态下已经填入的文本信息。

【类型】：设置文本域的类型，包括【单行】、【多行】和【密码】3 个选项。

该选项如果设置为【密码】，在输入密码文本时将显示为“●”；如果设置为【多行】时，文本域会变宽，同时可以指定【行数】。

【禁用】：设置文本域控件不可用。

【只读】：设文本域控件为只读控件，不可进行文本输入。

图 10-5 所示为文本域的用法，姓名后面的文本框为单行文本域，密码文本框是设置成为密码类型的文本域，所以在输入密码后显示为“●”，简介后面是一个多行文本域，设置为 4 行，可以换行。

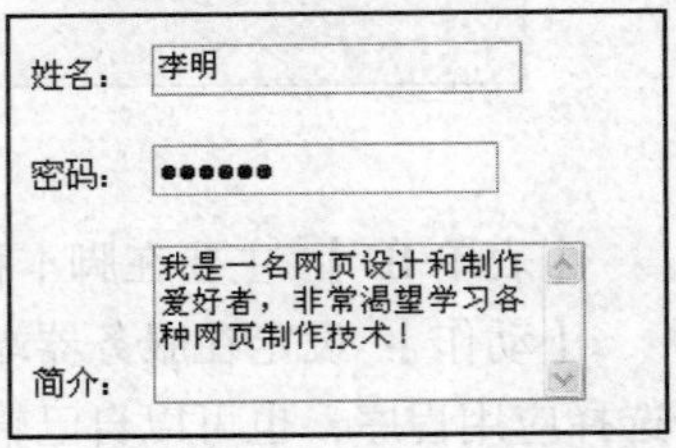

图 10-5　文本域示例

2. 单选按钮

页面中的单选按钮一般以成对或者一组的形式出现，浏览者从两个或者多个选项中选择一项，各项之间互斥存在。作为同一组的单选按钮，其名称是相同的，如果两个单选按钮的名称不同，则说明这两个单选按钮不在一组，它们之间便不存在互斥选择的情景。

将光标定位在页面中的表单域内的适当位置，单击【表单】选项卡中的按钮后，可以加入一个单选按钮。单选按钮的【属性】面板如图 10-6 所示，各项属性的含义具体如下。

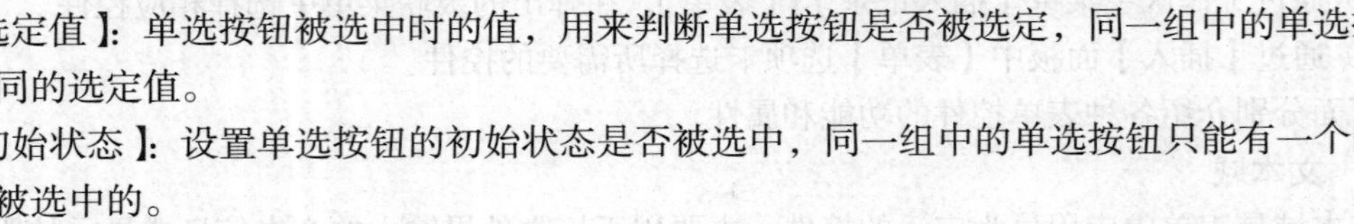

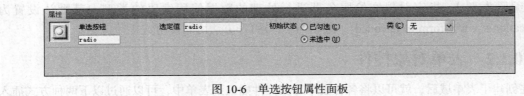

图 10-6　单选按钮属性面板

【单选按钮】：设置单选按钮的名字，同一组的单选按钮必须有相同的名字。

【选定值】：单选按钮被选中时的值，用来判断单选按钮是否被选定，同一组中的单选按钮应设置不同的选定值。

【初始状态】：设置单选按钮的初始状态是否被选中，同一组中的单选按钮只能有一个的初始状态是被选中的。

3. 单选按钮组

上述方法添加的单选按钮是相互独立的，如果希望组成一组，必须将它们的名字设定为相同的，通过单选按钮组则可以直接创建一组单选按钮，不需要再做额外的设定。

将光标定位在页面中的表单域内的适当位置，单击【表单】选项卡中的按钮后，可以加入一个单选按钮组，此时会弹出如图 10-7 所示的对话框，各项属性的含义具体如下。

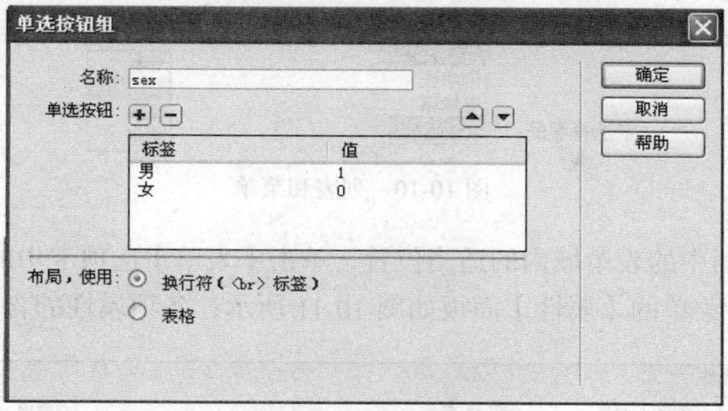

图 10-7　单选按钮组设置

【名称】：设置单选按钮组的名称，该组中所有的单选按钮的名称都为此处设定的名称。

【标签】：单选按钮的文字说明。

【值】：单选按钮的选定值。

按钮：增加一个单选按钮。

按钮：删除指定单选按钮。

按钮：调整单选按钮的顺序。

【布局】：设置单选按钮组中的按钮分割的方式，可以选择【换行符】或者【表格】。

同一组中的单选按钮依靠选定的【值】属性来判断选定了哪个按钮，如图 10-8 所示的“性别”选择区为一组按钮，两个按钮的名字均为 sex，将第一个按钮的选定值设置为 1，第二个设定为 0，这样如果判断出 sex.value=1，则可以判定第一个按钮（男）被选中。

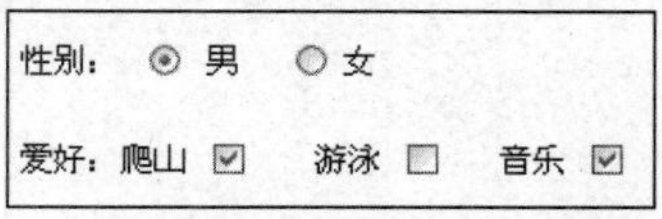

图 10-8　单选按钮与复选框

4. **复选框**

复选框一般都是多个同时出现，用于多个满足条件的选项的同时选择，浏览者在使用时可以选中一个复选框，也可以同时选中多个复选框。图 10-8 中的“爱好”选择区为复选框的一个示例界面。将光标定位在页面中的表单域内的适当位置，单击【表单】选项卡中的按钮后，可以加入一个复选框。复选框的【属性】面板如图 10-9 所示，各项属性的含义具体如下。

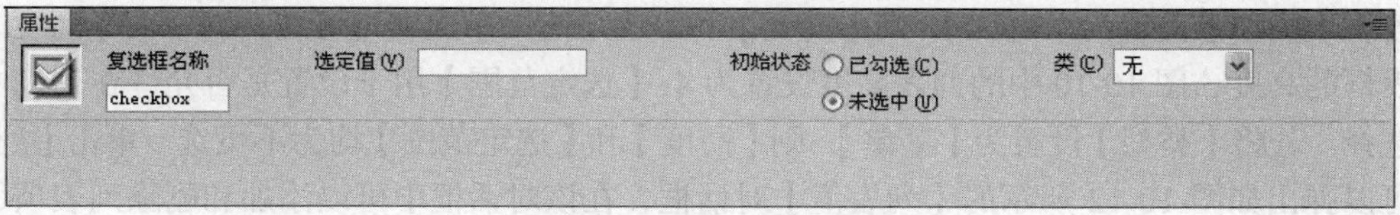

图 10-9　复选框属性面板

【复选框名称】：设置复选框名称。

【选定值】：复选框名称被选中时的值，可以用来判断复选框是否被选定。

【初始状态】：设置复选框的初始状态是否被选中。

5. **列表/菜单**

列表通常是指列表框，在一个滚动的列表框中显示多个选项值，浏览者可以从中选择一个或者多个列表项；菜单主要是指下拉式菜单，浏览者一次只能选择一个菜单项。具体样式如图 10-10 所示。

图 10-10　列表和菜单

将光标定位在页面中的表单域内的适当位置，单击【表单】选项卡中的按钮后，可以加入一个列表/菜单。列表/菜单的【属性】面板如图 10-11 所示，各项属性的含义具体如下。

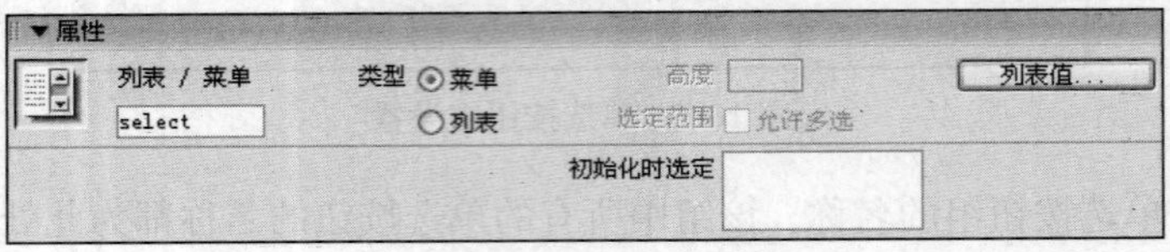

图 10-11　列表/菜单属性

【列表/菜单】：设置【列表/菜单】的名称。

【类型】：选择加入控件类型为下拉菜单还是列表。

【列表值】按钮：单击此按钮将打开如图 10-12 所示的【列表值】对话框，在该对话框中可以增减和修改【列表/菜单】的内容。每个列表项都包含一个项目标签和一个值。

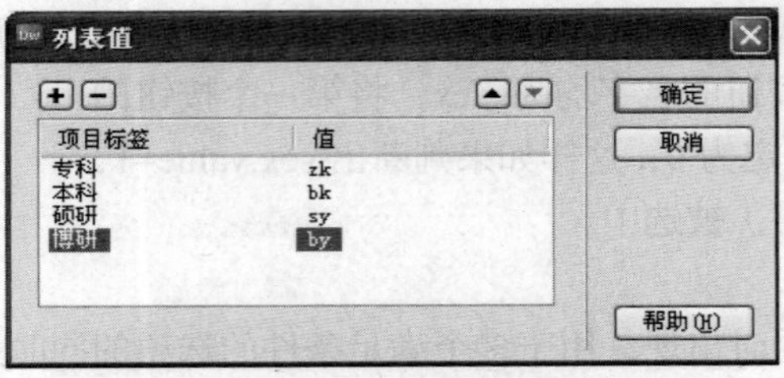

图 10-12　【列表值】对话框

【初始化时选定】：设置初始化加载时选定的列表项。若【类型】选项设置为【列表】，则可初始选择多个选项；若【类型】选项设置为【菜单】，则只能初始选择一个选项。

若将【类型】设置为【列表】，则【高度】和【选定范围】选项为可选，其中的【高度】选项是列表框的高度，图 10-10 中的列表高度设置为 4；【选定范围】用于设置是否允许在列表中进行多项选择。若将【类型】设置为【菜单】，则【高度】和【选定范围】均为不可选。单击【列表值】按钮可以弹出如图 10-12 所示的【列表值】对话框，在该对话框中可以添加和删除列表项，双击列表项的值可以修改每一个列表项的具体值。

6. 跳转菜单

跳转菜单是一个附加了超级链接的菜单，其外观与上一节中介绍的菜单完全一样，只是在选择了相应菜单项后，会链接到该菜单项所对应的页面。将光标定位在页面中的表单域内的适当位置，单击【表单】选项卡中的按钮后，可以加入一个跳转菜单，此时会弹出一个如图 10-13 所示的对话框，通过该对话框可以完成对一个跳转菜单的设置。对话框中的各项属性的含义具体如下。

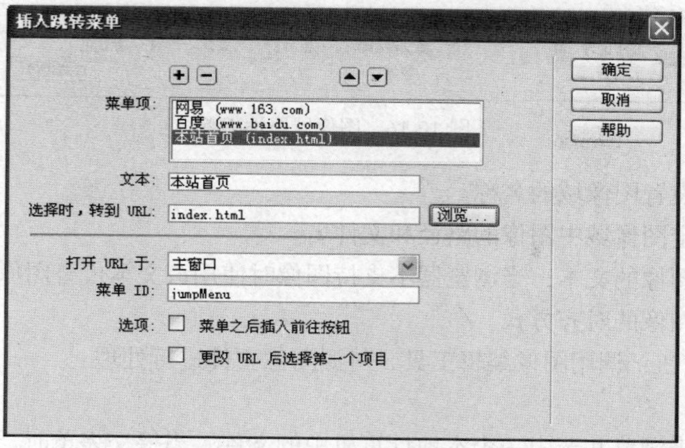

图 10-13 跳转菜单设置对话框

【菜单项】：已经加入到跳转菜单中的菜单项，由菜单名字和对应的 URL 两部分组成。

【文本】：菜单项的文本。

【选择时，转到 URL】：菜单项对应的超级链接的 URL。

【打开 URL 于】：打开菜单项链接到页面的方式。

【菜单 ID】：设置跳转菜单的名称。

【选项】：主要是设定是否在跳转菜单后面显示【前往】按钮和执行超链接后是否返回第一个菜单项目条。

创建好的跳转菜单和前面介绍的列表/菜单的【属性】面板完全相同，从本质上来讲，跳转菜单和列表/菜单是一样的，只是跳转菜单所对应的列表项的值为 URL，而列表/菜单对应的列表项的值为普通的信息。图 10-13 所示对话框设置的跳转菜单如图 10-14 所示。

图 10-14 跳转菜单示例

7. 隐藏域

隐藏域对于页面浏览者是不可见的，它主要用于存储一些信息，以便提供给表单处理程序使用。将光标定位在页面中的表单域内的适当位置，单击【表单】选项卡中的按钮后，可以加入一个隐藏域，隐藏域的【属性】面板如图 10-15 所示。

图 10-15 隐藏域属性面板及隐藏域

隐藏域的【属性】面板上只存在两个属性，【隐藏区域】对应的文本框用来设置隐藏域的名称，【值】属性就是该隐藏域对应的值，该值用于服务器处理并不显示出来。图 10-15 中【属性】面板右边的图示即为编辑状态下的隐藏域标记。

8. 图像域

图像域内部可以放置一幅图片，在浏览页面时，如果单击了放置在图像域中的图片，可以将表单中各个表单对象域内的数据送至服务器或者执行脚本程序，即该图片具备【提交】按钮的功能。

将光标定位在页面中的表单域内的适当位置，单击【表单】选项卡中的按钮后，可以加入一个图像域。图像域的【属性】面板如图 10-16 所示，各项属性的含义具体如下。

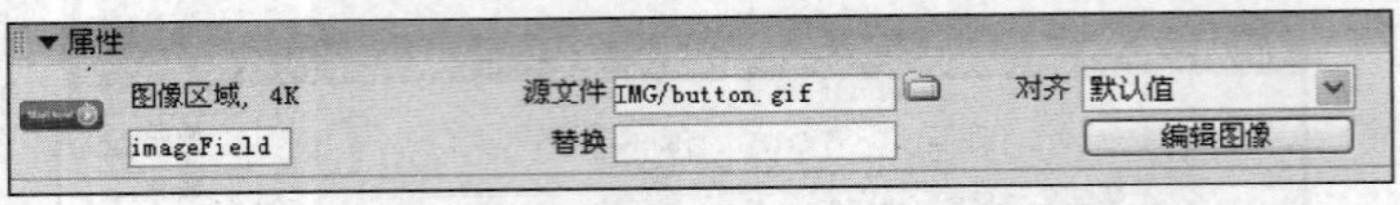

图 10-16　图像域属性面板

【图像区域】：设置图像域的名称。

【源文件】：指定图像域中图像的路径和文件名。

【替换】：替换图像的文本，当浏览器不支持图像时使用该文本代替图像显示。

【对齐】：设置图像的对齐方式。

【编辑图像】按钮：调用图像编辑工具，对源图像文件进行处理。

9. 文件域

文件域主要用来浏览并选中一个本地计算机中的文件，当提交表单时，将选中的文件上传给服务器。图 10-17 所示即为一个文件域，单击 浏览... 按钮会弹出文件选择对话框，从弹出的对话框中可以选择需要的文件。

将光标定位在页面中的表单域内的适当位置，单击【表单】选项卡中的按钮后，可以加入一个文件域。文件域的【属性】面板如图 10-18 所示，各项属性的含义具体如下。

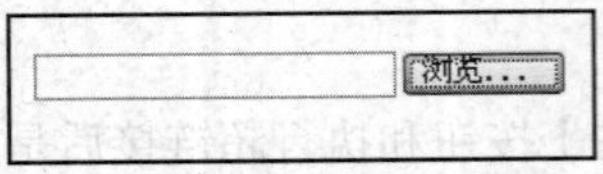

图 10-17　文件域示例

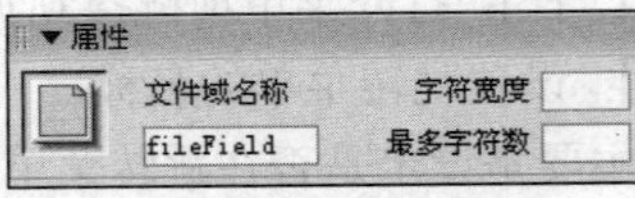

图 10-18　文件域属性

【文件域名称】：设置文件域命名。

【字符宽度】：设置文件域可以显示的最大字符数。

【最多字符数】：设置文件域可以输入的最大字符数，使用此项属性限制文件名长度。

10. 按钮

按钮是表单中必不可少的控件，它主要用于将表单数据提取出发送给服务器、执行脚本程序或者重置表单等工作。

将光标定位在页面中的表单域内的适当位置，单击【表单】选项卡中的按钮后，可以加入一个按钮。按钮的【属性】面板如图 10-19 所示，各项属性的含义具体如下。

图 10-19　按钮属性面板

【按钮名称】：设置按钮的名称。

【值】：设置按钮上的文本，一般为“提交”、“重设”或“确定”、“取消”等。

【动作】：设置单击该按钮后执行的操作，有以下 3 个选项。

① 提交表单：将表单中的数据提交给表单处理应用程序。此时按钮的名称自动设置为“提交”。

② 重设表单：表单中的数据将分别恢复到初始值。此时按钮的名称自动设置为“重设”。

③ 无：执行空动作，表单中的数据不做任何处理。

至此，我们已经将所有的常用表单控件对象介绍完毕，它们的使用方法都比较简单，在【属性】面板中可以方便地设置它们的属性。这里需要说明的是，对于单选按钮，一般情况下需要制作单选按钮组，这样各个单选按钮才可以互斥选择，位于同一组中的单选按钮的名字是相同的；对于复选框，有时为了方便获取选中的值，也会将若干个复选框设置为一组，使它们具备相同的名字；其他类型控件在使用时一般都要求在同一个表单中命名必须唯一。

在各种类型控件的【属性】面板中都有【类】属性，我们在介绍属性时没再谈及，这里的【类】属性主要是为表单控件应用设置好的 CSS 样式。

10.1.3 表单的应用

从前面的学习中可知，创建一个完备的表单应用程序需要分为 3 步，分别是创建表单域，在表单域中添加需要的表单控件对象，为表单添加指定的动态处理程序以便处理表单中的数据。本书主要讲述静态页面设计，我们将主要精力放在前两步，争取做出界面合理美观的表单页面。本小节以一个实例说明表单页面程序的设计方法。

【例 10.1】制作一个如图 10-20 所示的课程调查页面，要求在该页面中可以输入姓名、学号以及密码等信息，能够选择性别、院系和爱好的课程内容，输入对课程的建议，单击【提交】按钮时，将验证无误的数据提交服务器，单击【重置】按钮将数据恢复默认设置。

将整个制作步骤分为 3 步，第 1 步创建表单页面界面，第 2 步验证表单，第 3 步为表单添加动态交互程序，实现数据处理。

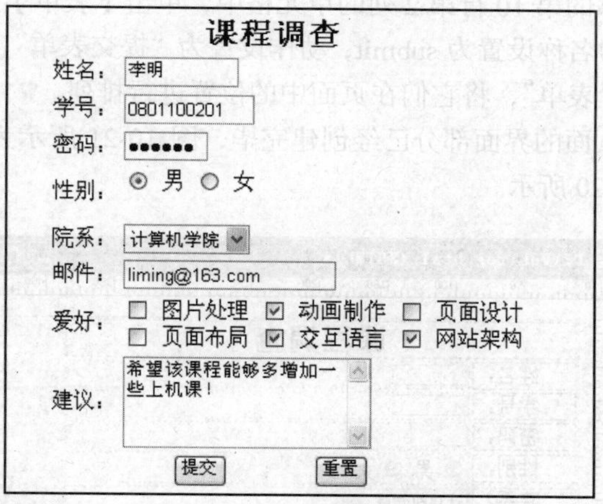

图 10-20 课程调查交互页面

1. 创建表单页面

为了能够将表单控件布局美观，一般情况下需要在表单内部设置一个无边框的表格，利用表格进行表单控件的布局。

① 在建立的本地站点 MyWeb 内，选中站点名字，单击鼠标右键，在弹出的快捷菜单中选择【新建文件】命令，将文件名改为 reg.html。

② 将【插入】面板切换到【表单】选项卡，单击按钮后，在页面 reg 左上角单击一下，即可插入一个有红色虚线表示的表单域。

③ 将光标定位在表单域内，执行工作区主菜单【插入记录】|【表格】，在弹出的表格设置对话框中，将表格设定为 10 行 2 列，边框宽度为 0。

④ 将表格第一行的两个单元格同时选中，单击【属性】面板中的单元格按钮，将这两个单元格合并，在合并后的单元格中输入“课程调查”。选中输入的文本，在【属性】面板中单击

按钮使文本居中，单击B按钮将文本加粗，设置字号大小为24。

⑤ 在第2至9行的第一列，分别输入页面中所示的对应姓名、学号等文本信息，将这8个单元格同时选中，单击【属性】面板中按钮，将这些文本设置为“左对齐”，设置字号大小为14。

⑥ 在表格的第2列中的第2、3、4行和第7行单元格中，通过单击【表单】选项卡中的按钮分别放置文本域，名称分别设置为stuname、stunum、password和email，将文本域stuname和stunum的长度设置为8和10，将password文本域的类型设置为“密码”。

⑦ 将光标定位在表格的第5行第2列的单元格中，单击【表单】选项卡中的按钮，加入一个单选按钮组，名称为sex，增加两个单选按钮“男”和“女”，为了操作方便，将它们对应的值也设置为“男”和“女”。

⑧ 将光标定位在表格的第6行第2列的单元格中，单击【表单】选项卡中的按钮，设置加入一个下拉菜单，将各个院系输入到菜单中，菜单命名为select。

⑨ 将光标定位在表格的第8行第2列的单元格中，通过单击【表单】选项卡中的按钮，加入6个复选框，如页面所示布局。为了方便获取复选框的值，将所有复选框名字设置为check，每个复选框所对应的值与其标签相同。

⑩ 在表格的第9行第2列的单元格中单击【表单】选项卡中的按钮放置文本域，将该文本域设置为多行类型，同时将行数设置为4行，命名为advice。

⑪将光标定位在表格的第10行第2列的单元格中，单击【表单】选项卡中的按钮，插入两个按钮，第一个按钮的名称设置为submit，动作设置为“提交表单”，第二个按钮的名称设置为reset，动作设置为“重置表单”，将它们在页面中的位置进行排列。

⑫至此，整个表单页面的界面部分已经创建完毕，图10-21所示为编辑状态下的表单页面，该页面预览效果如图10-20所示。

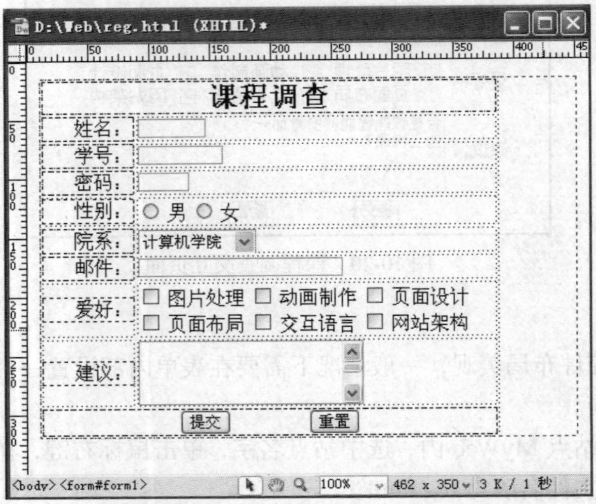

图 10-21 编辑状态下的表单页面

2. 验证表单

表单创建完毕后，在提交到服务器端以前需要进行验证，以确保表单中的数据格式和内容是合法的。如果错误的数据被发送到服务器端，浪费时间并且会对服务器端产生不必要的麻烦，因此在提交表单前都需要进行表单验证。

对表单的验证可以通过向表单附加“表单验证”行为来实现，具体可以采用如下做法。

选中表单，可以通过在页面左下角的 HTML 标记区中单击 form 标记实现选中，然后执行主菜单栏中的【窗口】|【行为】命令，打开【行为】面板，单击 +, 按钮，在弹出的下拉菜单中选择【检查表单】动作，将打开如图 10-22 所示的【检查表单】动作参数设置对话框。

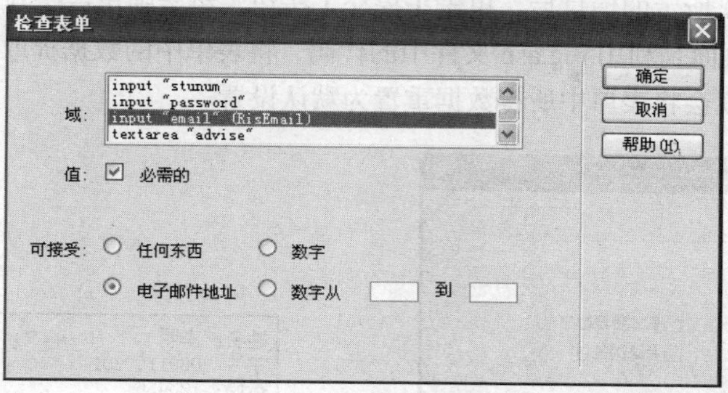

图 10-22 检查表单设置

可验证的表单对象域在【域】列表框中显示出来，验证信息主要包含两项，一项是该表单对象域是不是必须填写的，另一项是对表单对象域填写内容的约束。

通过勾选【必需的】复选框将当前选定的菜单域设置为必填项；通过设置【可接受】选项组来设置对象域填写内容验证类型，具体分为以下几类。

【任何东西】：除空字符串以外的任何数据类型。

【电子邮件地址】：用来检查该文本域是否为正确的电子邮件地址。

【数字】：用来检查该文本域是否仅包含数字。

【数字从】：用来检查该文本域内是否含有特定数列的数字。

上例中可以将 stuname、stunum、password 和 email 的【值】设置为【必需的】，在 email 的【可接受】选项组中单击【电子邮件地址】单选钮，其他 3 项都单击【任何东西】单选钮即可。在进行了上述验证约束后，如果在页面中输入的 E-mail 地址不合法，将会弹出提示对话框告知输入的 E-mail 是不合理的。

3. 添加动态交互程序

在完成上述界面创建和约束后，可以为按钮进行动态交互程序的添加，将图 10-23 所示的 HTML 文件，保存为 reg.asp，这里的.asp 是指包含有动态服务器语言 ASP 编写的代码的文件，该文件需要 IIS 服务器对其进行解析才能执行。

```
<html>
  <head>
    <title>课程调查</title>
  </head>
  <body>
      姓名：<%=request.form("stuname")%><br>
      学号：<%=request.form("stunum")%><br>
      密码：<%=request.form("password")%><br>
      性别：<%=request.form("sex")%><br>
      院系：<%=request.form("dep")%><br>
      E-mail：<%=request.form("email")%><br>
      爱好：<%=request.form("check")%><br>
      建议：<%=request.form("advice")%>
  </body>
</html>
```

图 10-23 交互代码

选中表单，在【属性】面板中的【动作】属性中，选择要执行的代码文件“reg.asp”（文件 reg.asp 保存在本地站点的根目录下），将提交方法改为“POST”，将目标设置为“_blank”，如图 10-24 所示。

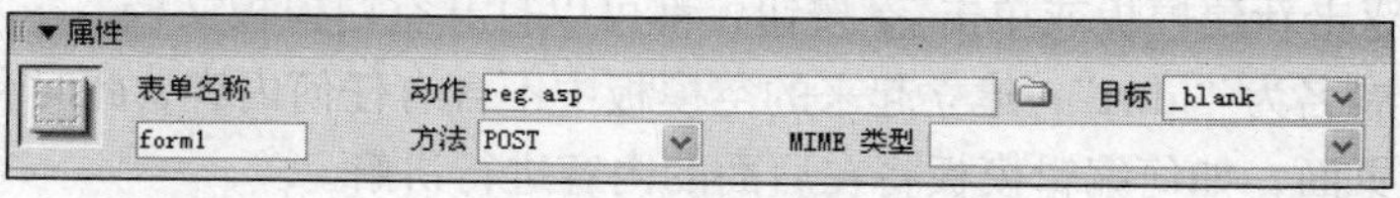

图 10-24 设置动态交互程序

完成上述设定后将页面保存，在确认本机安装了 IIS 服务器的情况下，选择本地站点根目录 D:\Web，在右键快捷菜单中选择【属性】|【Web 共享】|【共享文件夹】命令，将弹出如图 10-25 所示的对话框，单击【确定】按钮，这样就将本地站点根目录设置成为了虚拟目录。

打开 IE 浏览器，在浏览器的地址栏中输入地址 http://localhost/web/reg.html，此时会得到预览页面，输入如图 10-20 所示的信息后，单击【提交】按钮，将会弹出一个新窗口，窗口页面内容如图 10-26 所示，该页面是利用 reg.asp 文件中的代码，将表单中的数据提取出来进行展示，如果单击【重置】按钮，就会将表单中所有数据重置为默认设置。

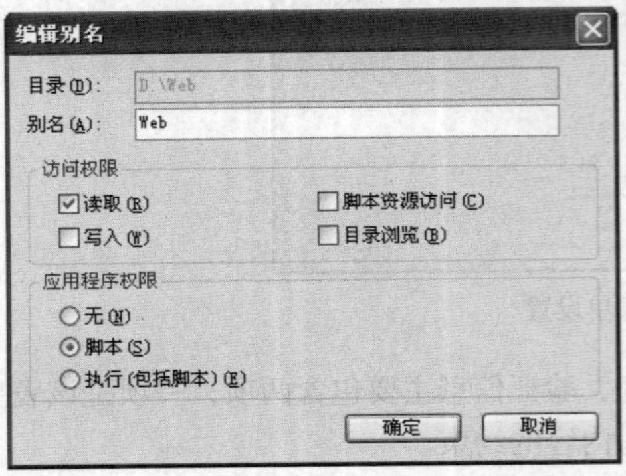

图 10-25　设置虚拟目录

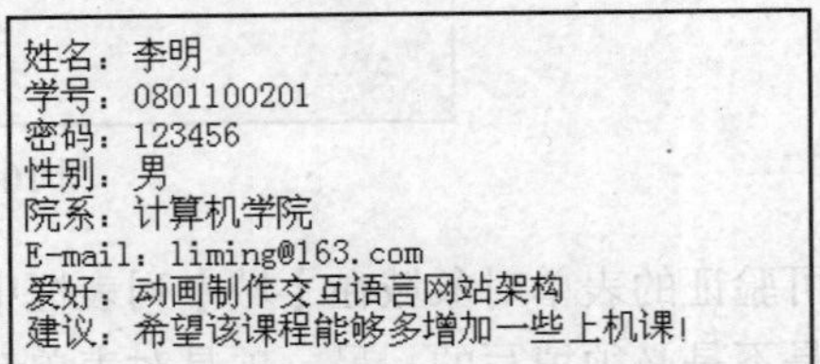

图 10-26　提交表单后生成的页面

10.2 模板

网页模板是一种预先定义好的页面样式，利用模板可以轻松地制作与模板本身具备相同布局版式的页面，这对批量制作风格相同的网页非常有用。另外，利用模板创建页面，实际上是创建了模板和新建页面之间的一种链接关系，这样在修改模板时，可以将改动立即更新到相应页面，因此，使用模板高效创建和修改大量的同一风格页面是非常方便的。

10.2.1 模板的创建

创建一个模板有以下两种方式：一种是直接新建空模板，然后对模板进行编辑；另一种就是将已经建立好的页面转化为模板。

1. 新建空白模板

通过以下两种方法可以创建空白模板。

① 选择主菜单【文件】|【新建】命令，在打开的【新建文档】对话框中选择【空模板】，在右侧【模板类型】列表中框中选择“HTML 模板”，单击 创建(R) 按钮来新建一个模板文档，如图 10-27 所示。

② 选择主菜单【窗口】|【资源】命令，打开【资源】面板，单击按钮，即可切换至【模板】分类，然后单击面板下方的按钮，可以新建一个空白模板，并可以为新建模板进行重命名，如图 10-28 所示。双击新建模板或单击按钮，都可以打开空白模板文档。

模板文件的扩展名为“.dwt”，建立起来的空模板中不含有任何内容，此时利用该模板创建的页面也是一张空白页面，如何编辑模板将在后面的内容进行讲解。

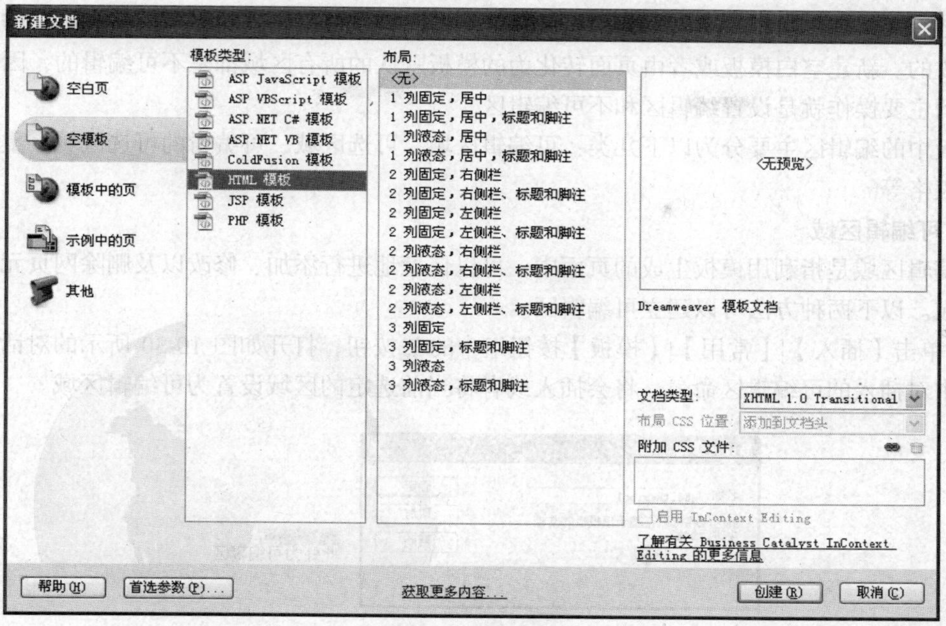

图 10-27　新建空白模板

2. 利用已有页面转化为模板

可以将一张已经制作好的页面转化为模板，通过主菜单【文件】|【打开】命令可以将一个页面打开到页面编辑区中，删除页面中对构建模板无用的信息后，执行主菜单【文件】|【另存为模板】命令，此时会弹出如图 10-29 所示的对话框。

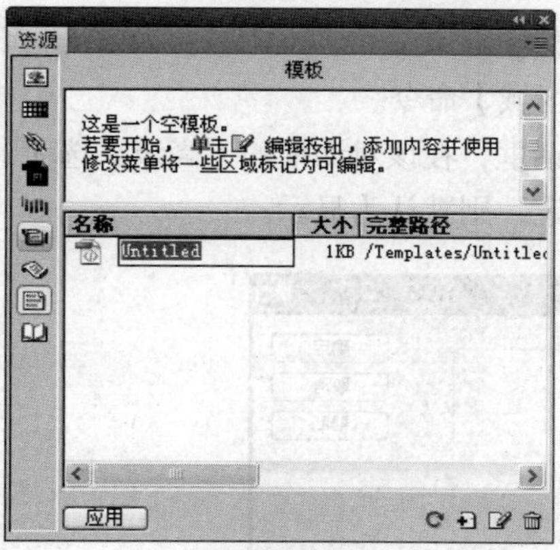

图 10-28　通过资源面板建立模板

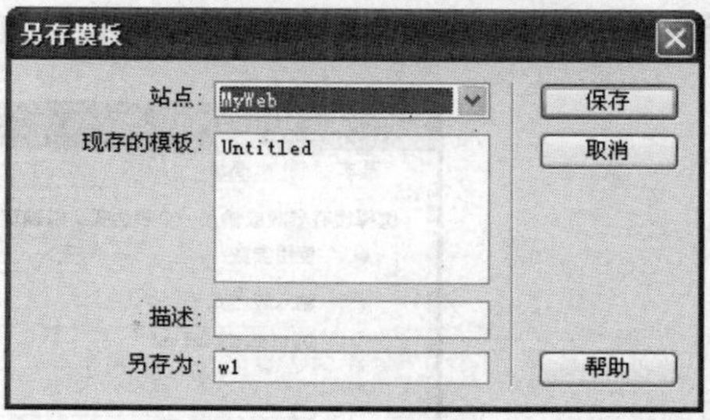

图 10-29　另存为模板

在该对话框中可以设定当前页面存放为模板的名字以及站点，默认为当前站点，需要说明的是所有的模板文件都存放在站点根目录下的 Templates 文件夹中。上述页面作为另存为形成的模板，模板对象中所有的区域都是被锁定的，不可编辑，因此每次只能生成和模板页面相同的页面，这种模板的意义不大，下面讲解如何对模板进行设定和编辑。

10.2.2　模板的构成

在对模板进行编辑以前，首先应该了解模板的构成。模板中的内容分为可编辑区和不可编辑区，顾名思义，利用模板生成的页面，可编辑区中的内容是可以修改的，不可编辑区中的内容是不能修改的。新建空白模板或者由页面转化为的模板默认的所有区域都是不可编辑的，因此对模板编辑的主要操作就是设置编辑区和不可编辑区。

模板中的编辑区主要分为以下几类：可编辑区域、可选区域、可编辑的可选区域、重复区域和重复表格等。

1. 可编辑区域

可编辑区域是指利用模板生成的页面中，可以任意地进行添加、修改以及删除网页元素等操作的区域。以下两种方法可以建立可编辑区。

① 单击【插入】|【常用】|【模板】按钮组中的按钮，打开如图 10-30 所示的对话框，在对话框中对插入的可编辑区命名，将会插入或者将当前选定的区域设置为可编辑区域。

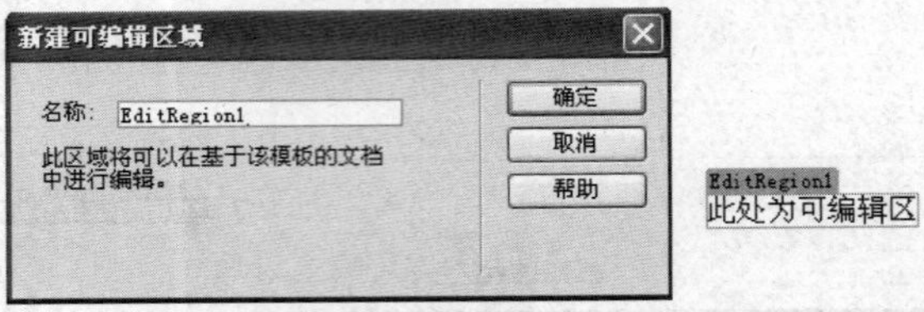

图 10-30 新建可编辑区

② 通过执行主菜单【插入】|【模板对象】|【可编辑区域】命令也可以插入或者将当前选定的区域设置为可编辑区域。

2. 可选区域

可选区域通过设置条件语句和表达式来决定该区域在基于模板生成的页面中是否显示或者隐藏的区域。通过以下两种方式可以设置可选区域。

① 单击【插入】|【常用】|【模板】按钮组中的按钮。

② 通过执行主菜单【插入】|【模板对象】|【可选区域】命令。

在进行设置的过程中，会弹出如图 10-31 所示的对话框，在该对话框的【高级】选项卡中可以进行条件设置，以决定该区域是否显示；如果不做设定，则默认为显示。

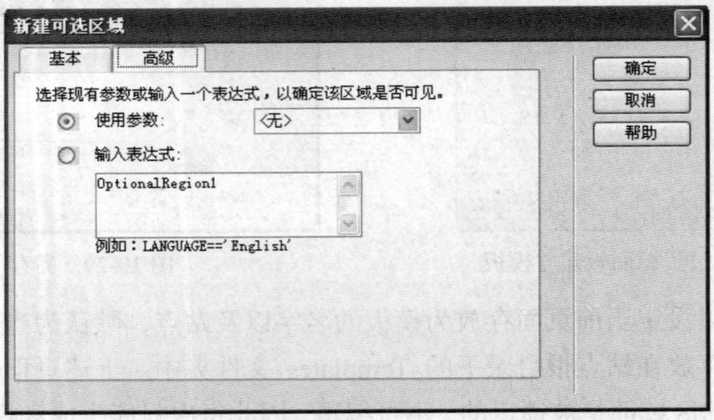

图 10-31 新建可选区域

3. 可编辑可选区域

可编辑可选区域是可选区域的一种，可以设置显示或隐藏所选区域，并且可以编辑该区域中的内容，常见的设置方法如下。

① 单击【插入】|【常用】|【模板】按钮组中的按钮。

② 通过执行主菜单【插入】|【模板对象】|【可编辑可选区域】命令。

4. 重复区域和重复表格

重复区域是指可以根据需要在模板生成的页面中复制任意次数的区域。重复区域可以使用【重复区域】和【重复表格】两种方法构建，以下两种方法可以构建这两种对象。

① 【插入】|【常用】|【模板】按钮组中的按钮用来创建重复区域，按钮用来创建重复表格。

② 执行主菜单【插入】|【模板对象】|【重复区域】或者【重复表格】命令。

在创建重复区域表格时，会弹出如图 10-32 所示的对话框。

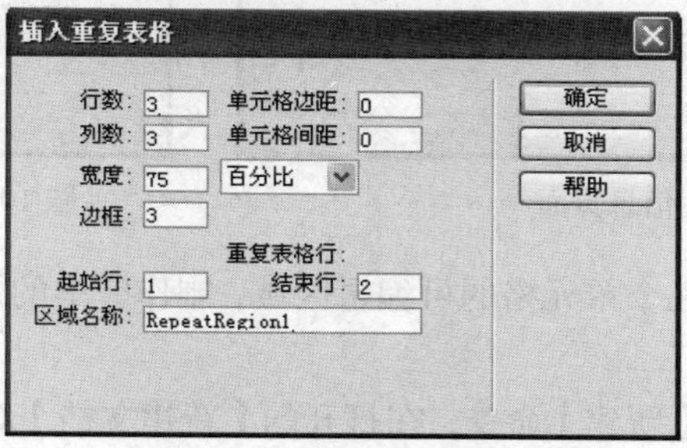

图 10-32 重复表格设置

该对话框主要是设定重复表格的行列数目、大小和边框等信息，其中的【重复表格行】指定表格中的哪些行包括在重复区域中，主要通过【起始行】和【结束行】两个属性进行设定，【区域名称】是该重复表格的名称。

10.2.3 模板的应用

可以利用制作好的模板来新建网页页面，也可以将模板应用于已经建立好的页面，但是将模板应用于已经建立好的页面容易引发模板编辑区域和页面已有布局之间的冲突，因此建议尽量用模板来创建新页面。

1. 基于模板创建页面

利用模板创建新页面，可以选择主菜单【文件】|【新建】命令，在打开的【新建文档】对话框中选择【模板中的页】，在右侧【站点】列表中选择模板所在的站点，然后就可以看到该站点内部的所有模板，选择需要的模板，单击【确定】按钮即可。

在基于模板创建新页面的对话框右下角，存在一个【当模板改变时更新页面】选项，如果选中该选项，当模板被改变时，所有利用该模板创建的页面都会自动被更新为与改动后的模板样式一样。

【例 10.2】创建一个利用表格存放学生信息的页面，假设该页面只含有一个表格，页面如图 10-33 所示，将该页面转化为模板，利用模板生成新的页面。

① 选中学生信息页面，执行主菜单【文件】|【另存为模板】命令，将该页面保存为模板，命名为 stu.dwt。

② 为页面添加可编辑区，对页面表格来说，表格的标题在生成新的页面时需要原样保留的，因此需要修改的就是每个人的信息。

选中“李明”所在单元格，单击鼠标右键，在弹出的快捷菜单中选择【模板】|【新建可编辑区】命令，此时会弹出如图 10-34 所示的对话框，将该可编辑区的名称改为“name”，单击【确定】按钮则可形成如图 10-35 所示的编辑区。

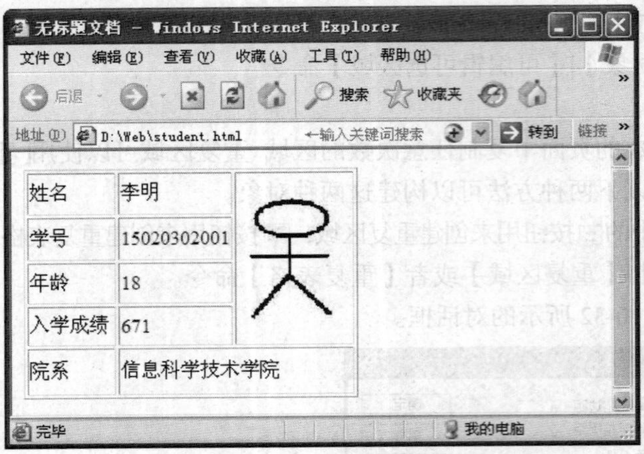

图 10-33 学生信息页面

图 10-34 更改可编辑区名称

③ 同样的方法制作其他几个单元格的可编辑区域，制作完毕的效果如图 10-35 所示，将模板文件进行保存。

④ 选择主菜单【文件】|【新建】命令，在打开的【新建文档】对话框中选择【模板中的页】，选择刚刚制作完毕的模板“stu”，新建一个页面，该页面和图 10-35 中所示页面完全相同，其中标示为可编辑区域的地方可以修改，其他地方则不允许修改。

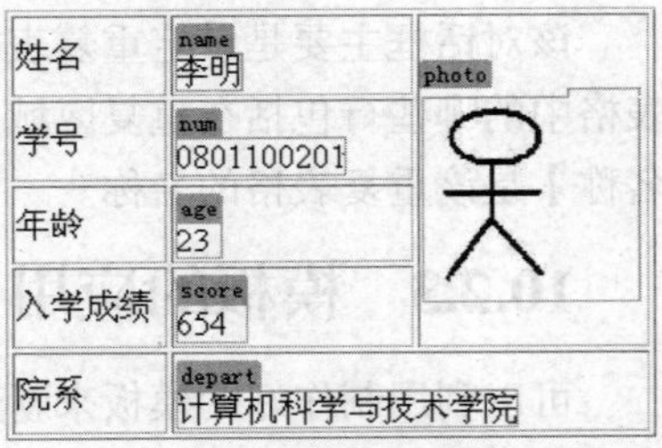

图 10-35 添加编辑区

2. 模板的编辑与页面更新

可以通过【资源】面板修改一个制作好的模板，通过主菜单【窗口】|【资源】命令可以打开如图 10-36 所示的【资源】面板。在资源面板中，单击按钮，本站点中所有的模板将以列表的形式进行展示。选中一个模板，单击按钮可以对选中模板进行修改，单击按钮可以删除选中的模板，单击按钮可以实现模板的更新。

对于处于编辑状态的模板，其相关操作均可以通过鼠标右键【模板】快捷菜单的级联菜单来完成，如果需要将某个区域设置为可编辑区，只需要将该区域选中，在快捷菜单中选择【新建可剪辑区域】命令即可。图 10-37 所示为在【库】面板中右键单击 stu 模板而弹出的一个快捷菜单，同样如果删除已经建立好的标记区域，只需要将光标定位在该区域内部，执行【删除模板标记】命令即可。

图 10-36 资源面板

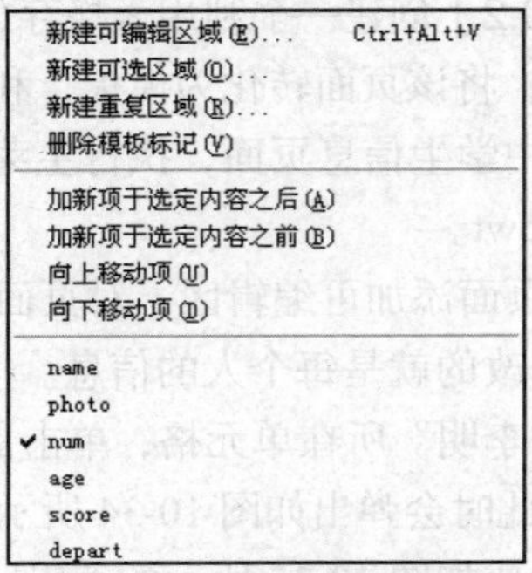

图 10-37 模板快捷菜单

如果在利用模板新建页面时，选中了【当模板改变时更新页面】选项，则在模板修改后会自动更新页面，如果没有选中该选项，也可以手动更新页面。

单击【资源】面板右上角的控制菜单，在弹出的菜单中选择【更新站点】命令，弹出如图 10-38 所示的对话框，在该对话框中的【查看】下拉菜单中可以选择更新的范围，即将整个站点还是某个文件中的页面更新。同时，也可以设置更新的项目是【模板】还是【库项目】。

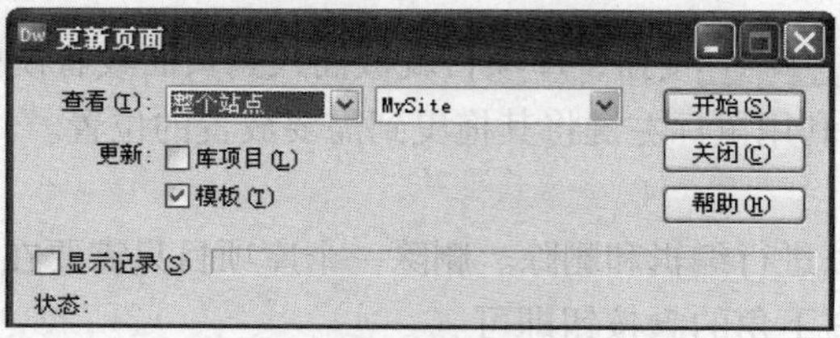

图 10-38 更新站点

10.3 库

在 Dreamweaver CS5 中提供了库，在页面设计中可以将经常用到的文本、图片、表格或者导航条等页面对象元素加入到库中，这些存放在库中的元素称为库项目，在使用的时候，只需要从库中选取相应的库项目，便会在页面中生成库项目的一个实例。

当对库项目修改时，应用了该库项目的所有页面中的对应库项目实例都会自动更新，库项目是在页面内部对象元素级别的一种复用，模板则是页面级别的复用。

10.3.1 库项目的创建

和创建模板一样，创建库项目也有两种方式：一种是直接新建库项目，然后对其进行编辑；另一种就是将已经建立好的页面对象元素转化为库项目。

1. 新建库项目

可以通过【库】面板进行库项目的新建，执行主菜单【窗口】|【资源】命令，可以打开【资源】面板，然后单击按钮即可切换至【库】分类，此时通过以下两种方法可以建立起库项目。

① 单击面板右下角的按钮，新建一个库项目。

② 单击面板右上角的控制菜单，在弹出的菜单中选择【新建库项】命令。

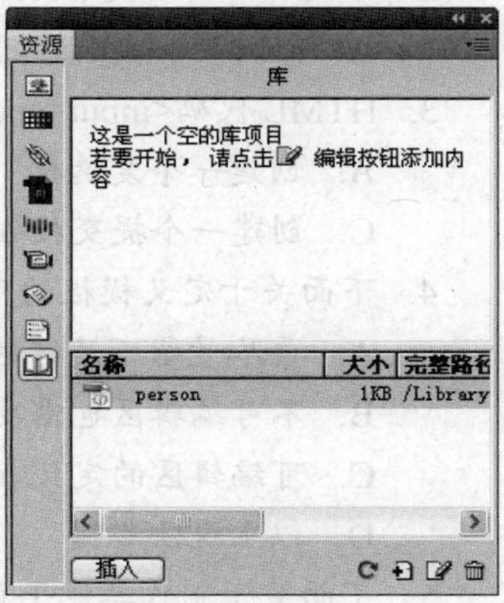

图 10-39 库面板

上述两种方法都可以建立如图 10-39 所示的库项目，此时根据需要可以修改库项目的名称。选中一个库项目，单击【库】面板右下角的按钮或者直接双击新建的库项目，可在页面编辑窗口中将库项目打开，编辑库项目即可，编辑完成后需要将库项目保存。

2. 利用已有页面对象转化为库项目

将已有页面对象转化为库项目时，只需要利用鼠标左键选中该页面对象元素，直接将其拖曳到【库】面板中即可。

建立好的库项目保存在本地站点的 Library 文件夹中，库项目文件的扩展名为“.lbi”。

10.3.2 库项目的应用和修改

1. 库项目的应用

如果需要应用创建好的库项目，将光标放置于要插入库项目的位置，在库面板中执行以下两种操作均可以实现。

① 选定库项目，单击 插入 按钮，库项目就被插入到页面或者模板中。

② 选定库项目，直接利用鼠标左键将其拖曳到需要放置的位置。

2. 库项目的修改

对建立好的库项目可以进行编辑和删除。删除一个库项目只需要在【库】面板中将该库项目选中，单击【库】面板中右下角的按钮即可。

编辑一个库项目可以分为两种情况，一种是通过【库】面板进行修改，在库面面板中选中库项目，单击【库】面板右下角的按钮，将库项目打开进行修改，这种修改是对库项目本身进行的修改，修改完毕进行保存，此时所有通过该库项目建立起来的实例都会进行相应的更新。

另外一种情况是对加入以后的库项目实例进行单独的修改,选中加入到页面中的库项目实例，单击图 10-40 所示属性面板上的【从源文件中分离】按钮，这样页面中的库项目实例和库中的库项目之间就断开了关联，单独修改其中的任意一个，均不会影响到另外一个。

图 10-40 加入页面的库项目属性

习 题

一、选择题

1. 下列（ ）是 Dreamweaver CS5 中库文件的扩展名。

   A. .dwt B. .htm C. .lbi D. .cop

2. 下列（ ）是 Dreamweaver CS5 中模板文件的扩展名。

   A. .dwt B. .htm C. .lbi D. .cop

3. HTML 代码<input type=text name="address" size=30>表示（ ）。

   A. 创建一个复选框 B. 创建一个单行文本输入区域

   C. 创建一个提交按钮 D. 创建一个使用图像的提交按钮

4. 下面关于定义模板的可编辑区和不可编辑区的说法，正确的是（ ）。

   A. 要尽量留下足够的可编辑区

   B. 不可编辑区也需要定义

   C. 可编辑区的定义在数量上有一定的限制

   D. 以上说法都错

5. 下面关于制作其他子页面的说法，错误的是（ ）。

   A. 各页面的风格保持一致很重要

B. 我们可以使用模板来保持网页的风格一致

C. 在 Dreamweaver 中，没有模板的功能，需要安装插件

D. 使用模板可以制作不同内容却风格一致的网页

二、填空题

1. ________是进行动态页面开发所必需的页面对象元素，是浏览者和服务器之间进行信息交换的载体。

2. ________是对整个页面的抽象，是页面模具，利用其可以轻松生成布局风格统一的页面。

三、简答题

1. 简述表单向服务器提交数据的两种方式及其区别。

2. 模板和库在网页制作过程中的作用是什么？

第 11 章 Flash CS5 基础

Flash 是一款优秀的图形绘制和动画制作软件，也可以用于网站与网页的制作。利用 Flash 制作的动画占用空间较小并且可以边下载边播放，特别适用于网络播放，因此 Flash 是一种应用极为广泛的网络动画制作工具。本章主要讲述 Flash CS5 的基础知识，主要包括工作区的组成与功能、文档与素材的管理、图形绘制以及动画的导出发布等内容。

11.1 工作区介绍

Flash CS5 秉承了 Flash CS 系列版本中简洁易用的用户界面，提供了丰富的图形对象以及动画制作工具，使用 Flash CS5 用户可以便捷地制作出各种绚丽的图形对象及动画。本节主要介绍 Flash CS5 工作区界面。

11.1.1 工作区的构成

在安装有 Flash CS5 程序的计算机中，通过单击菜单【开始】|【所有程序】|【Adobe Flash CS5】可以启动 Flash CS5，Flash CS5 提供了 7 种工作区，以面向不同类型用户的需要，包括用于动画设计人员的【动画】工作区。

当 Flash CS5 启动完毕后会弹出如图 11-1 所示的启动界面。在该界面下，单击标题栏中 基本功能 ▾ 的下三角形可以选择不同的工作区，图 11-1 中选择的为【传统】工作区界面。用户可以利用【新建】区域中的命令项，建立各种类型的文档，也可以利用【从模板创建】区域中的命令项，建立 Flash CS5 软件提供的各种类型的模板文档，在文档模板的基础上进一步加工，形成所需的文档。在最右侧的【学习】区域中提供了 Flash CS5 联网帮助资料以供用户学习和使用。

用户可以选择【ActionScript 3.0】选项进入 Flash CS5 的主操作界面，如图 11-2 所示。该界面为 Flash CS5 的【基本功能】工作区，时间轴和动画编辑器位于整个工作区的下侧，当选择【传统】工作区时，时间轴和动画编辑器部分将位于整个工作区的上部。Flash 的工作区界面由一系列浮动的可组合面板构成,用户可以按照自己的需要及习惯来调整界面的布局结构,如可以将图 11-2 中所示的工具箱从界面的右侧拖动至左侧。

Flash CS5 的主操作界面主要包括标题栏、菜单栏、工具栏、舞台、时间轴、动画编辑器、工具箱以及面板等，下面对各部分的功能进行简要介绍。

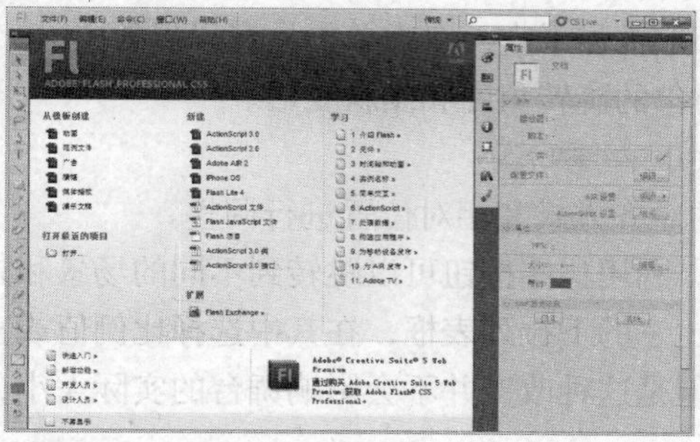

图 11-1 Flash CS5 的启动界面

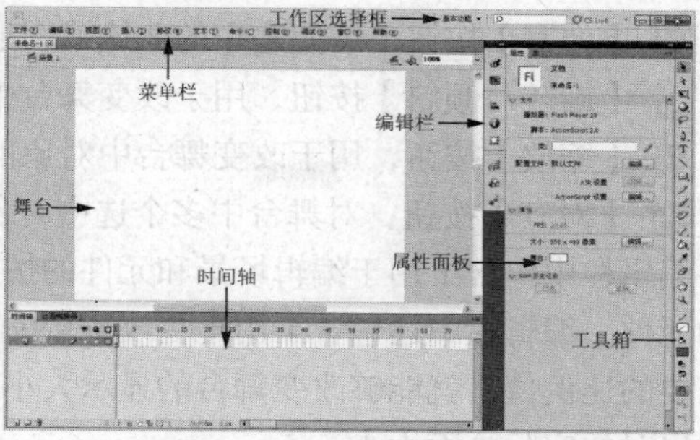

图 11-2 Flash CS5 的工作区组成

11.1.2 工作区的功能

1. 标题栏

Flash 的标题栏由 4 个部分组成，包括应用程序图标、工作区切换器、在线帮助和窗口管理按钮。

（1）应用程序图标

Flash CS5 应用程序图标为，单击该图标可以打开快捷菜单，可对 Flash 窗口进行【还原】、【移动】、【调整大小】、【最小化】、【最大化】和【关闭】等操作。

（2）工作区切换器

工作区切换器允许用户切换多种工作区，以适应面向不同方向的用户需求。在默认状态下，Flash 将显示名为【基本功能】的工作区。

（3）在线帮助

单击 CS Live 按钮后，用户可以登录 Adobe 在线网络，使用各种在线服务，包括在线教程、在线软件商店等功能。

（4）窗口管理按钮

Flash 的窗口管理按钮主要包括 4 个，即【最小化】、【最大化】、【向下还原】以及【关闭】。当 Flash 窗口为最大化状态时，【最大化】按钮将处于隐藏状态。同理，当 Flash 窗口为普通状态时，【向下还原】按钮将被隐藏。

2. 工具栏与编辑栏

利用菜单【窗口】|【工具栏】命令项可以打开 Flash CS5 的工具栏，如图 11-3 所示。Flash CS5 的工具栏分为【主工具栏】、【编辑栏】和【控制器】3 部分。其中，【编辑栏】用于场景、元件的选择以及视图显示比例的设定；【控制器】提供了动画播放控制按钮；【主工具栏】提供了文件操作和动画对象编辑过程常用的一些命令按钮，除了【新建】、【打开】、【保存】等常用编辑操作外，还包含以下功能按钮。

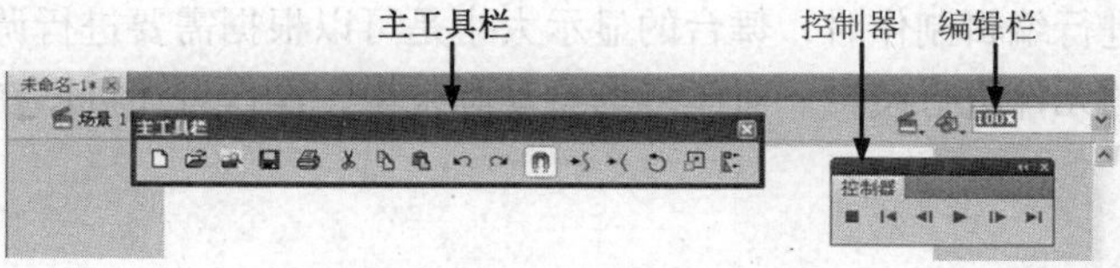

图 11-3 Flash CS5 的工具栏

：【贴紧至对象】按钮，可将两个选中的对象贴紧。

：【平滑】按钮，可使选中的曲线或图形外形更加光滑，多次单击具有累积效应。

：【伸直】按钮，可使选中的曲线或图形外形更加平直，多次单击具有累积效应。

：【旋转与倾斜】按钮，用于改变舞台中对象的旋转角度和倾斜变形。

：【缩放】按钮，用于改变舞台中对象的大小。

：【对齐】按钮，对舞台中多个选中对象的对齐方式和相对位置进行调整。

编辑栏中包含了用于编辑场景和元件的按钮，利用这些按钮可以跳转到不同的场景和打开选中的元件。编辑栏中还包含了用于更改舞台缩放比率的下拉列表框，在其中选择比例值或直接输入需要的比例值，就能够改变舞台的显示大小。但是这种改变并不会影响舞台的实际大小，即动画输出时的实际画面大小。

3. 场景和舞台

如图 11-4 所示，在 Flash CS5 窗口中，对动画内容进行编辑的整个区域称为场景，用户可以在整个区域内对对象进行编辑绘制。在场景中，舞台用于显示动画文件的内容，供用户对对象进行浏览、绘制和编辑，舞台上显示的内容始终是当前帧的内容。

在默认情况下，舞台显示为白色，当在舞台区域放置了覆盖整个区域的图形，则该图形将作为 Flash 动画的背景。在舞台的周围存在着灰色区域（后台区域），放在该区域中的对象可以进行编辑修改，但不会在导出的 SWF 影片中显示出来。因此，所有需要在最终动画文件中显示的元素必须放置在舞台中。

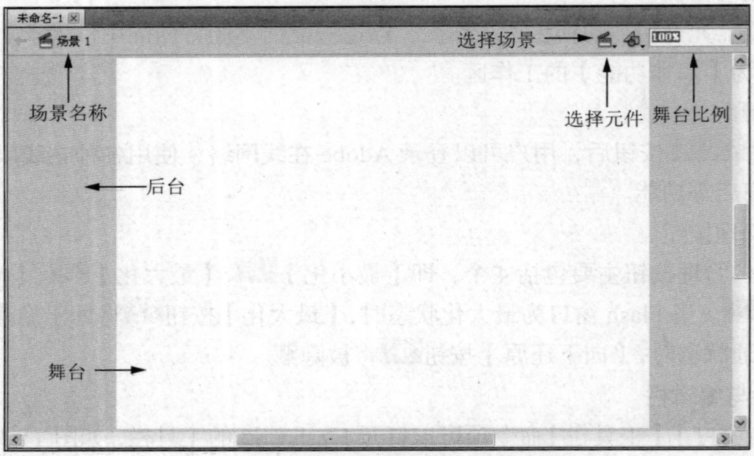

图 11-4 Flash CS5 的舞台与场景

为了方便图形在编辑和绘制时定位，有时需要在舞台上显示网格和标尺。选择【视图】|【标尺】命令，将可以在场景中显示垂直标尺和水平标尺。选择【视图】|【网格】|【显示网格】命令，在舞台上将显示出网格。

在对图形对象进行编辑制作时，舞台的显示大小是可以根据需要进行调整的。同时，操作者也可以选择舞台上的元件进行编辑。对于多场景动画来说，操作者还可以在当前舞台直接选择需要编辑的场景。

4. 时间轴面板

【时间轴】面板主要包括图层、帧、播放头以及信息控制器，如图 11-5 所示。【时间轴】面板可以伸缩，一般位于动画文档窗口内，可以通过鼠标拖动使它独立出来。按其功能来看，【时间轴】面板可以分为左右两个部分：图层控制区和帧控制区。

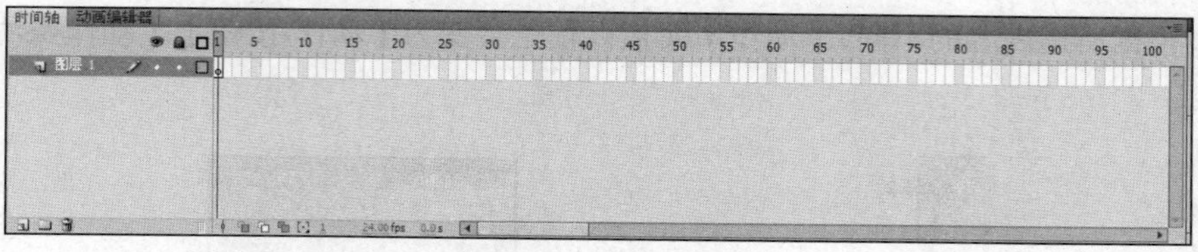

图 11-5　时间轴面板

与传统的电影胶片类似，Flash 动画利用帧代替胶片中的一个窗格，将一组连续动作进行画面分解后，每个画面放置在一个帧中，然后利用一个播放头依次播放连续的帧中画面便形成了动画。图层则像悬挂于舞台上的一层层纸，每张纸中都有不同的动画对象，我们所看到的动画则是各个图层中动画叠加的效果。

【时间轴】面板的左侧为“图层控制区”，右侧为“帧控制区”，图层控制区中可以实现图层的编辑，其中3 个按钮分别实现“新建图层”、“新建文件夹”和“删除选中图层”功能，3 个按钮分别用于设置图层是否可见、是否可以编辑以及显示图层动画对象的轮廓，双击新建好的图层，可以修改图层的名称。

在帧控制区中，位于时间轴顶部的数字显示的是帧格的编号，红色的标记线为播放头，播放头可以在时间轴上任意移动，显示出在舞台上的当前帧，单击时间轴上的帧格可以定位时间轴上的某一帧。在帧控制区的下侧，称为洋葱头工具，1　24.00 fps　0.0 s 中的 3 个数字分别显示了当前帧格的编号、帧频以及播放时间。

5. 工具箱

【工具箱】又称为绘图工具栏，如图 11-6 所示，其中包含了用于图形绘制和编辑的各种工具，利用这些工具可以绘制图形、创建文字、选择对象、填充颜色、创建 3D 动画等。单击【工具】面板上的按钮，可以将面板折叠为图标。在面板中某些工具的右下角有一个三角形符号，表示这里存在一个工作组，单击该按钮后按住鼠标不放，则会显示工具组中的工具。将鼠标移到打开的工具组中，单击需要的工具，即可使用该工具。

在【工具箱】中单击某个工具按钮选择该工具，此时在【属性】面板中将显示工具设置选项，使用【属性】栏，可以对工具的属性参数进行设置。

6. 面板

Flash 利用面板的方式对常用工具进行组织，以方便用户查看、组织和更改文档中的元素。对于一些不能在【属性】面板中显示的功能面板，Flash CS5 将它们组合到一起并置于操作界面的右侧。用户可以同时打开多个面板，也可以将暂时不用的面板关闭或缩小为图标。

（1）【属性】面板

使用【属性】面板可以很方便地查看舞台或时间轴上当前选定的文档、文本、元件、位图、帧或工具等的信息和设置。【属性】面板会根据用户选择对象的不同而变化，以反映当前对象的各种属性。图 11-7 所示为选中舞台中的一个矩形形状后的属性面板。

（2）【库】面板

【库】面板用于存储和组织在 Flash 中创建的各种元件以及导入的文件，包括位图图形、声音文件、视频剪辑等。【库】面板可以组织文件夹中的库项目，查看项目在文档中使用的频率，并按类型对项目排序。

（3）【动作】面板

【动作】面板用于创建和编辑对象或帧的动作脚本。选择帧、按钮或影片剪辑实例可以激活【动作】面板。根据所选内容的不同，【动作】面板标题也会变为【动作-按钮】、【动作-影片剪辑】或【动作-帧】。

图 11-6　工具箱

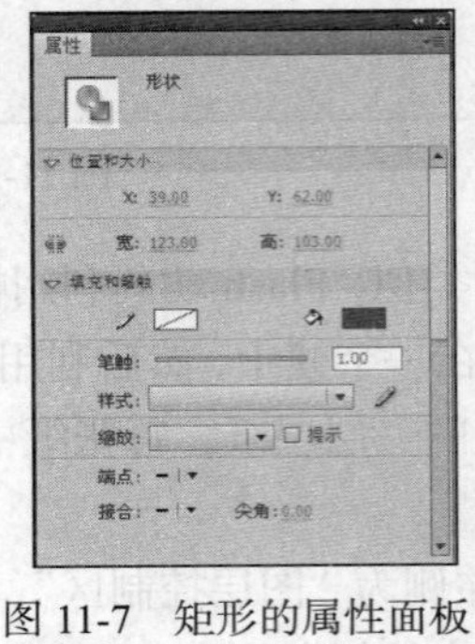

图 11-7　矩形的属性面板

（4）【历史记录】面板

【历史记录】面板显示自文档创建或打开某个文档以来在该活动文档中执行的操作，按步骤的执行顺序来记录操作步骤。可以使用【历史记录】面板撤销或重做多个操作步骤。

Flash CS5 中还有许多其他面板，这些面板都可以通过【窗口】菜单中的子菜单来打开和关闭。面板可以根据用户的需要进行拖动和组合，一般拖动到另一面板的临近位置，它们就会自动停靠在一起；若拖动到靠近右侧的边界，面板就会折叠为相应的图标。

11.2　文档、素材与视图

11.2.1　文档操作

Flash 为用户提供了多种类型的动画文档，以及一些辅助工具帮助用户设计动画，同时还提供了场景工具，用于动画场景管理和分镜头设计。Flash 文档操作包括新建、保存、打开、关闭文档，以及对文档属性的设置等操作。文档操作是 Flash 动画制作的基础，下面分别介绍各项操作。

1. 创建 Flash 文档

Flash CS5 提供了两种方式来实现 Flash 文档的建立，即利用【欢迎屏幕】和【新建文档】对话框。

（1）使用【欢迎屏幕】

【欢迎屏幕】是指 Flash CS5 启动时的第一个界面（见图 11-1），在该界面下用户可以创建两种类型的 Flash 文档：基于模板的 Flash 文档和新建一个空白的 Flash 文档。单击【从模板创建】下的列表项目，即可创建各种模板类型的 Flash 文档。如用户需要创建各种空白的 Flash 文档，则可直接单击【新建】下的列表项目，此时，Flash CS5 会根据用户所选的类型创建 Flash 文档。

（2）使用【新建文档】对话框

在 Flash CS5 中执行【文件】|【新建】命令，将弹出的【新建文档】对话框，选择【常规】选项卡可以创建各类空白的 Flash 文档，也可以选择【模板】选项卡，创建基于模板的 Flash 文档。

2. 打开 Flash 文档

在 Flash CS5 中执行【文件】|【打开】命令，将弹出【打开】对话框，利用【打开】对话框

选择所需的 Flash 文档，单击【打开】按钮，即可将选中文档打开于 Flash CS5 中。

3. 保存 Flash 文档

在 Flash CS5 中执行【文件】|【保存】命令，若 Flash 文档是第一次保存，则弹出【另存为】对话框，利用【另存为】对话框选择 Flash 文档的保存位置，输入文档的名称，单击【保存】按钮，即可将 Flash 文档进行保存；否则直接按照第一次保存时的文件名称和路径将 Flash 文档保存。

4.关闭 Flash 文档

在 Flash CS5 中执行【文件】|【关闭】命令，可以关闭当前文档；执行【文件】|【全部关闭】命令，可以关闭所有打开的文档。

5. 文档属性设置

在默认情况下，新建文档的舞台大小是 550 像素×400 像素，舞台背景色为白色，在使用过程中，用户可以根据需要对文档的属性进行设置。执行【修改】|【文档】命令，将打开【文档设置】对话框，如图 11-8 所示。对话框中各个属性的含义如下。

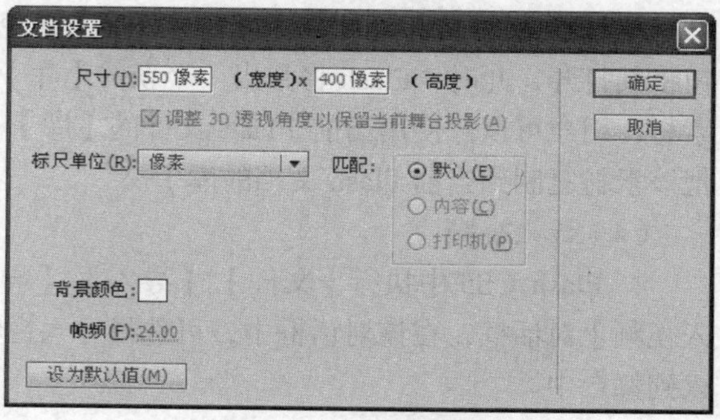

图 11-8 文档的属性设置

【尺寸】：设置舞台的宽度和高度。

【调整 3D 透视角度】：选中可为 3D 透视角度保留当前投影。

【标尺单位】：设置文档的标尺单位，包含英寸、点、厘米、毫米和像素等。

【匹配】：为文档设置显示方式，以匹配打印机或屏幕。

【背景颜色】：设置文档的背景颜色。

【帧频】：设置 Flash 影片的播放速度。

【设为默认值】：将已进行的设置项目保存为新建文档的默认值。

11.2.2 素材管理

为了制作含有特殊效果的图形或 Flash 动画，在 Flash 文档建立完毕后需要建立各类图形、图像、音频、视频或 SWF 动画等素材元素，这些素材元素可以利用 Flash 工具箱中的工具建立，也可以将外部已有的素材导入后进行编辑和使用。

1. 素材的导入

在素材导入时，Flash CS5 提供了 4 种导入方式：导入到库、导入到舞台、打开外部库和导入视频。

（1）导入到舞台

执行【文件】|【导入】|【导入到舞台】命令，在把素材对象添加到【库】的同时在舞台创建一个对象副本。

- 如果选择的文件名是以数字序号结尾的，则会弹出提示框，询问是否将同一个文件夹中的一系列文件全部导入。
- 如果一个导入的文件有多个图层，则 Flash 会自动创建新层以适应导入的图像。

（2）导入到库

库是 Flash 管理各种素材对象的工具。在 Flash CS5 中执行【文件】|【导入】|【导入到库】

命令，弹出【导入到库】对话框，选择需要导入的素材对象即可将其导入到库中。此时，通过【窗口】|【库】命令打开 Flash 的库即可看到导入的素材对象。图 11-9 所示为【库】面板中展示的导入的 jpg 图片 flower。

导入库中的素材对象可以多次使用，在创建动画对象时，只需要从【库】面板中选中相应素材，利用鼠标拖动到舞台中即可。利用该种方式创建多个相同的动画对象时，创建的相同动画对象共享【库】面板中的素材对象，动画文件占用的空间不会明显增加。

（3）打开外部库

外部库是指当前 Flash 文档以外的其他 Flash 源文件。在 Flash 中，允许用户将其他 Flash 源文件看作是一个库，通过【打开外部库】命令，可以将这些源文件中的素材添加到当前 Flash 文档中。

执行【文件】|【导入】|【打开外部库】命令，选择一个 Flash 源文件，然后单击【打开】按钮将其打开，此时，Flash 将弹出一个新的【库】面板，在其中显示该 Flash 源文件中包含的动画素材，用户可以像使用当前 Flash 文件的【库】一样，将外部库的素材拖动至舞台中，同时自动把该素材复制到当前 Flash 文档的库中。

（4）导入视频

在 Flash CS5 中执行【文件】|【导入】|【导入视频】命令，即可打开如图 11-10 所示的【导入视频】对话框，在该对话框中，可选择导入视频的类型和位置等信息，然后根据提示将视频插入到舞台中。

图 11-9　导入图片后的库

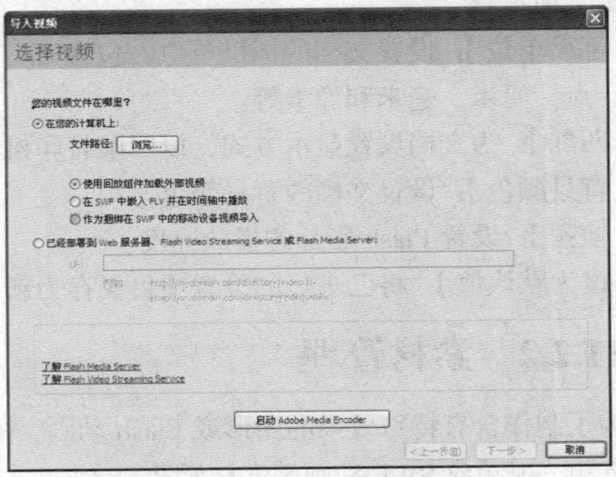

图 11-10　导入视频对话框

2. 素材变形

不论是用户自己创建的素材还是从外部导入到 Flash 文档中的素材，在使用过程中为了与其他素材对象进行协作或合成，都可能涉及缩放、角度调整等变形操作。Flash CS5 中提供了丰富的变形命令或工具，以供用户对素材对象进行调整。

（1）任意变形工具

【工具箱】中的【任意变形】工具可以实现素材对象的旋转、扭曲和封套等操作。当选中【工具箱】中的【任意变形】工具后，在【工具箱】的下侧会显示【贴紧至对象】、【旋转和倾斜】、【缩放】、【扭曲】和【封套】按钮。

利用【任意变形】工具对素材对象进行变形操作时，首先应该选中需要变形的对象，然后单击工具箱中的【任意变形】工具即可，此时在对象的四周会显示 8 个控制点■，在中心位置会显示 1 个变形点○，如图 11-11 所示。通过拖动控制点，可以实现如下变形操作。

图 11-11 使用【任意变形】工具选择对象

① 将光标移至 4 个角的控制点处，当鼠标指针变为↘形状时，按住鼠标左键进行拖动，可同时改变对象的宽度和高度。

② 将光标移至 4 个边的控制点处，当鼠标指针变为↔形状时，按住鼠标左键进行拖动，可改变对象的宽度；当鼠标指针变为↕形状时，按住鼠标左键进行拖动，可改变对象的高度。

③ 将光标移至 4 个角控制点的外侧，当鼠标指针变为↶形状时，按住鼠标左键进行拖动，可对对象进行旋转。

④ 将光标移至 4 个边，当鼠标指针变为⇌形状时，按住鼠标左键进行拖动，可对对象进行倾斜。

⑤ 将光标移至对象上，当鼠标指针变为↖形状时，按住鼠标左键进行拖动，可对对象进行移动。

⑥ 将光标移至中心点的旁边，当鼠标指针变为↖形状时，按住鼠标左键进行拖动，可改变对象中心点的位置。

【贴紧至对象】用于将一个素材对象贴紧至另外一个素材对象；【旋转和倾斜】和【缩放】工具的使用主要是通过拖动控制点实现，这两种工具可以对任意类型的素材对象生效；【扭曲】和【封套】则只能对矢量图形或者分离后的位图素材对象起作用。为了对素材图片应用【扭曲】和【封套】，需要首先将其分离，首先选中对象，然后执行【修改】|【分离】命令项。

相比【旋转和倾斜】和【缩放】，【扭曲】提供了更为灵活的素材对象变形方式，利用【扭曲】工具修改对象时，控制点可以向任意方向进行拖动，从而可以创造多种形状的素材对象。图 11-12 所示为利用【扭曲】工具对素材对象进行变形的示例。

封套工具可以实现素材对象的任意形状修改。选中对象，选择【工具箱】中的【任意变形】工具，单击【封套】按钮，在对象的四周会显示大量的控制点和切线手柄，拖动这些控制点及切线手柄，即可实现任意形状的改变，如图 11-13 所示。

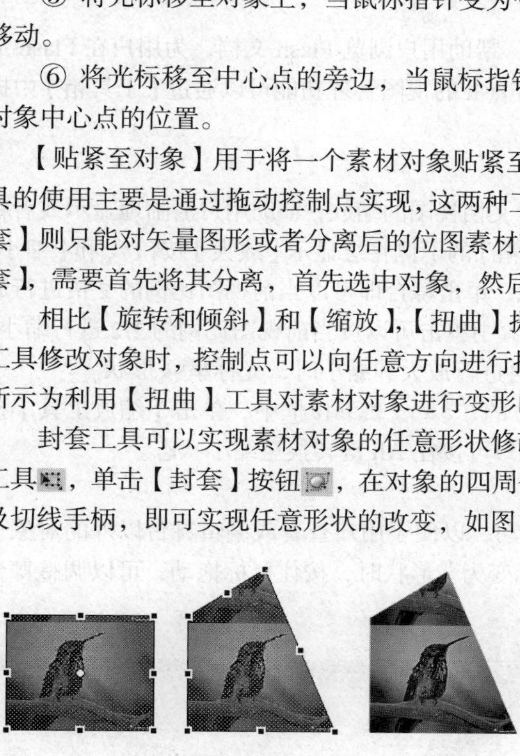

图 11-12 扭曲工具的使用

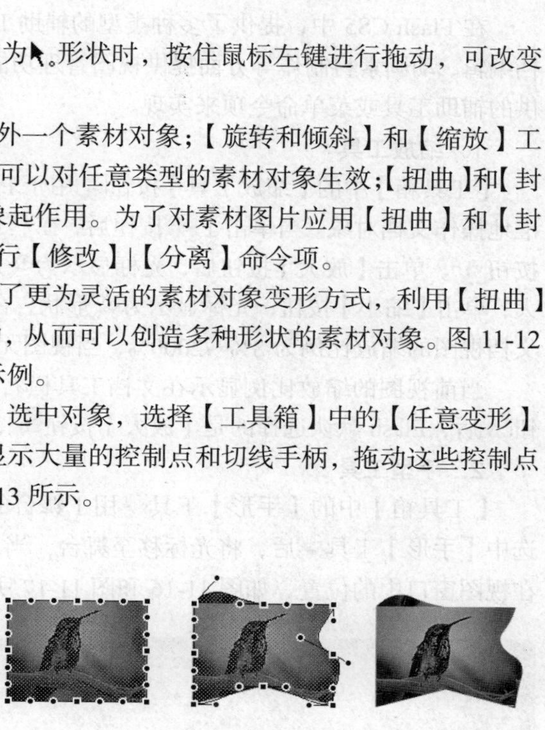

图 11-13 封套工具的使用

（2）变形面板

使用【工具箱】中的【任意变形】工具可以对素材对象进行缩放、倾斜和角度调整，但这些设置均是通过采用鼠标拖动来实现的，无法做到精准设置。在 Flash CS5 中可以利用【变形】面板来对素材对象进行精准的变形操作。

执行【窗口】|【变形】命令，可以打开【变形】面板，如图 11-14 所示。在该面板中通过输入数值，可以实现对象的放大与缩小、旋转以及倾斜等操作。在【变形】面板中设置了旋转或倾斜的角度后，单击【重制选区和变形】按钮就可以复制对象，从而制作出一些特殊图形效果。例如，如图 11-15 所示，首先创建一个黑色笔触且无内部填充色的矩形，选中该矩形，在【变形】面板中将【旋转】角度设置为 30°，然后连续单击【重制选区和变形】按钮后即可创建图 11-15 最右侧的图形。

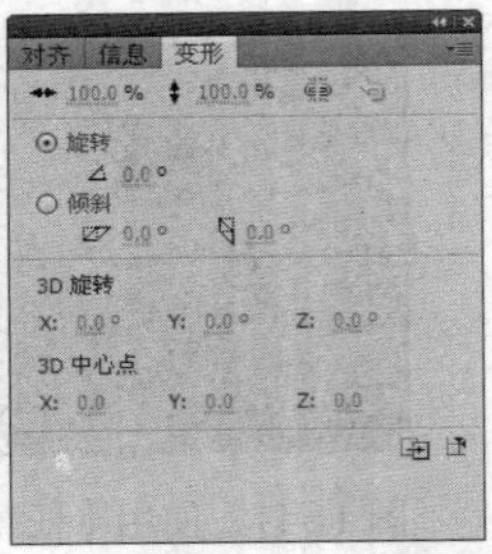

图 11-14　变形面板

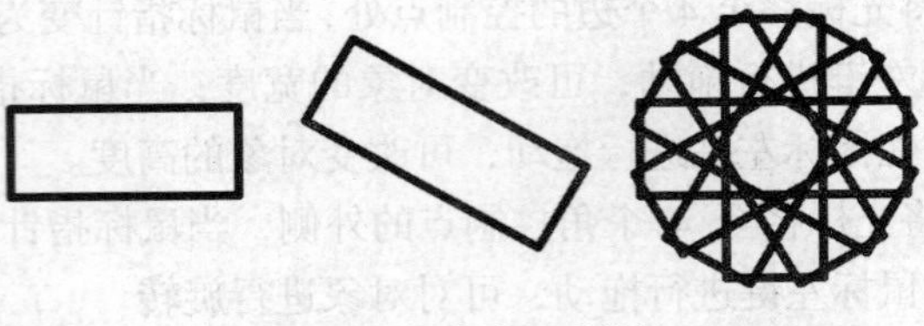

图 11-15　旋转矩形特效

11.2.3　视图管理

在 Flash CS5 中，提供了多种类型的辅助工具，帮助用户浏览 Flash 文档，为用户在 Flash 文档编辑、动画素材制作等方面提供视图管理功能。Flash 的视图管理功能可以通过【工具箱】中提供的辅助工具或菜单命令项来实现。

1. 缩放工具

【工具箱】中的【缩放工具】按钮用于 Flash 文档视图的缩放，辅助用户清晰地显示或者精准地操作文档对象。当单击了按钮后，在【工具箱】的下侧将会显示【放大】按钮和【缩小】按钮。单击【放大】按钮后，光标显示为形状，单击舞台即可以当前视图比例的 2 倍进行放大；单击【缩小】按钮，光标显示为形状，在舞台中单击可以按当前视图比例的 1/2 进行缩小。文档视图的缩放比例为 8%～2000%，当视图无法再进行放大和缩小时，光标呈形状。

当前视图的缩放比例显示在文档工具栏右上方的 222% 下拉框中，单击【缩放工具】按钮后，Flash 默认选择的是【放大】按钮，用户可按住 Alt 键转换至缩小状态。

2. 手型工具

【工具箱】中的【手形】工具用于舞台的移动，以便于用户查看或编辑舞台以外的对象。选中【手形】工具后，将光标移至舞台，当光标变为形状时，按住鼠标拖动，可以调整舞台在视图窗口中的位置，如图 11-16 和图 11-17 所示。

图 11-16　位于视图中心的舞台

图 11-17　利用【手形】工具调整后的舞台

3. 标尺与网格

标尺和网格主要用于素材对象的精确定位和辅助对齐。在 Flash CS5 中执行【视图】|【标尺】命令，可以打开或禁用标尺工具；执行【视图】|【网格】|【显示网格】命令，可以显示默认设置的网格。图 11-18 所示为一幅带有标尺和网格线的舞台视图。

执行【视图】|【网格】|【编辑网格】命令，弹出如图 11-19 所示的【网格】对话框，可以设

置网格的颜色、间距以及贴准精度等属性。对话框中各属性项的含义如下。

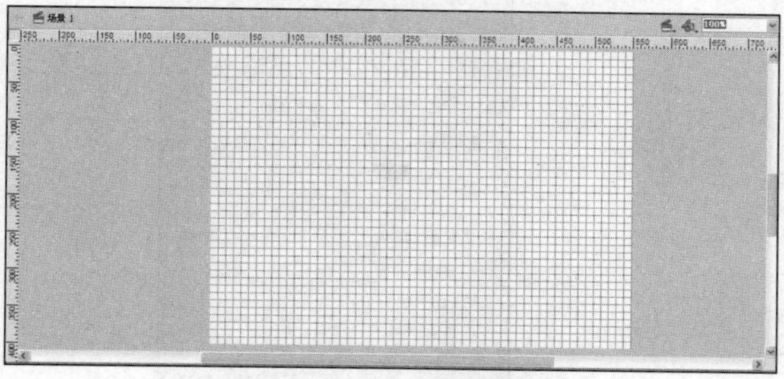

图 11-18　显示网格的舞台

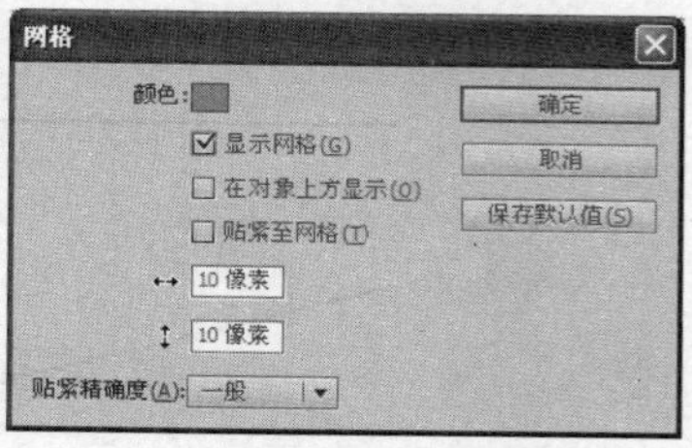

图 11-19　网格属性设置对话框

【颜色】：设置网格线的颜色。

【显示网格】：将网格线设置为显示状态。

【在对象上方显示】：将网格线设置为显示于所有对象上方，否则网格线将显示于所有对象之下。

【贴紧至网格】：强制动画元素贴紧距离最近的网格线。

【↔】：设置网格线之间的水平距离，默认单位为像素。

【↕】：设置网格线之间的垂直距离，默认单位为像素。

【贴紧精确度】：分为"必须接近"（强制移动动画元素时必须接近网格线）、"一般"（默认值，以一般状态接近网格线）、"可以远离"（允许用户在移动动画元素时远离网格线）以及"总是贴紧"（强制移动动画元素时必须贴紧网格线）4 大类。

11.3　图形绘制

在制作 Flash 动画时需要使用到大量的图形，一些复杂的图形可以由简单图形组合而成，因此为了制作效果满意的 Flash 动画，必须熟练掌握 Flash CS5 中各种绘图工具的使用。本节主要介绍 Flash CS5 工具箱中有关图形绘制的工具按钮。

11.3.1　简单图形绘制

1. 直线工具

在 Flash CS5 中，【直线】工具用于绘制不同角度的矢量直线。在【工具箱】中选择【直线】工具╲，将光标移动定位在舞台上，此时光标会显示为"十"形状，按住鼠标左键向任意方向拖动，即可绘制出一条直线。

在绘制直线时，如果按住 Shift 键后进行拖动，则可以绘制以 45° 为角度增量倍数的直线，在绘制直线时，可以根据鼠标的光标形状来确认所绘制的线条是否倾斜，如果在绘制过程中，光标显示为一个较大的圆圈则绘制的是一条垂直或水平直线，如果光标中显示为一个较小的圆圈则绘制的是一条斜线，如图 11-20 所示。

选中在舞台中绘制的直线线条，则【属性】面板如图 11-21 所示。在【属性】面板中可以设置线条的位置、大小以及线条的笔触等参数选项，各项属性的具体含义如下。

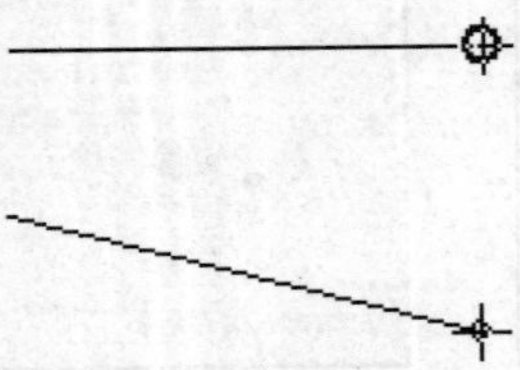

图 11-20　直线的绘制

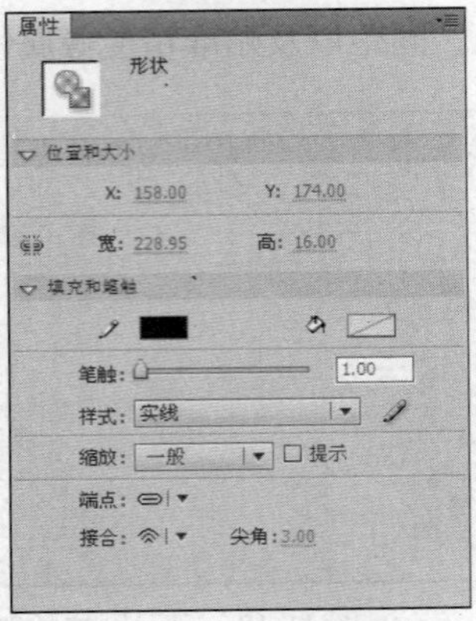

图 11-21　直线的属性设置

【位置和大小】：显示和设置所绘制直线在 x 轴和 y 轴上的位置以及相对于 x 轴和 y 轴的宽度和高度。

【按钮】：显示和设置直线的笔触颜色。

【笔触】：显示和设置直线的宽度。

【样式】：显示和设置直线的样式，如虚线、点状线或锯齿线等。单击右侧的按钮，可以打开【笔触样式】对话框对笔触样式进行编辑，如图 11-22 所示。

【端点】：设置线条的端点样式，有“无”、“圆角”或“方型”3 种端点样式。

【接合】：设置两条直线相接处的拐角端点样式，有“尖角”、“圆角”或“斜角”3 种样式。

2. 椭圆工具

选择【工具箱】中的 椭圆工具(O)，在舞台中按住鼠标拖动便可以绘制出椭圆，在绘制过程中如果同时按住 Shift 键，则可以绘制一个标准圆形。选中绘制的椭圆后，【属性】面板如图 11-23 所示。

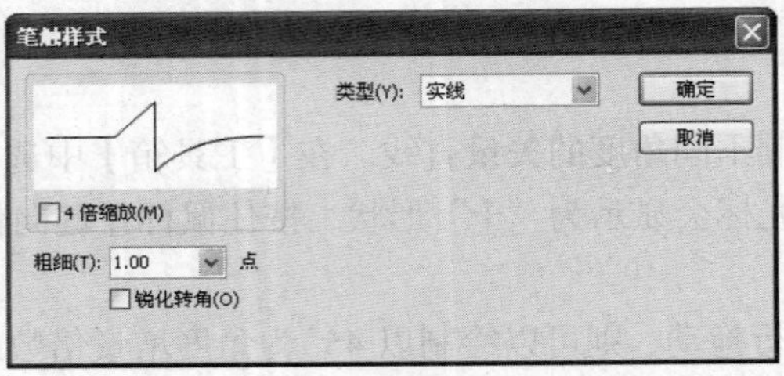

图 11-22　【笔触样式】对话框

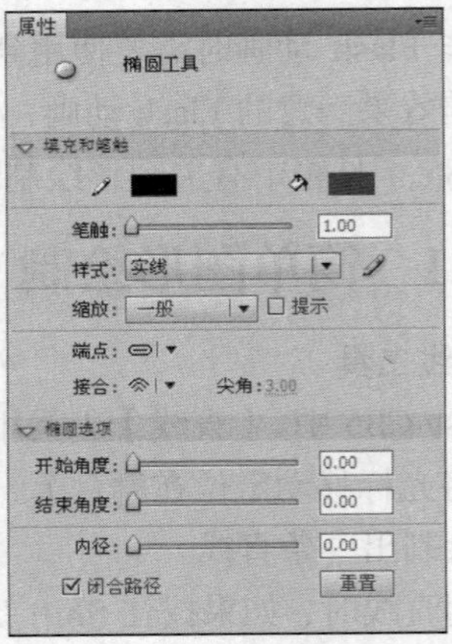

图 11-23　椭圆的属性面板

【椭圆】工具的【属性】面板中有一些与【直线】属性面板属性相同，下面介绍【椭圆】工具属性面板中的主要属性选项的含义。

【笔触颜色】：显示和设置椭圆的笔触（边框线）颜色。

【填充颜色】：显示和设置椭圆的内部填充颜色。

【笔触】：显示和设置椭圆的笔触大小。

【开始角度】：显示和设置椭圆绘制的起始角度，默认情况下绘制椭圆是从 0°开始绘制的。

【结束角度】：显示和设置椭圆绘制的结束角度，默认情况下绘制椭圆的结束角度为 0°，为一个封闭的椭圆。

【内径】：显示和设置内侧椭圆所占整个椭圆的比例，内径大小范围为 0～99，显示效果上 0 是为一个圆饼，99 为一个圆圈。

【闭合路径】：设置椭圆的路径是否闭合，该选项可以与【基本椭圆】工具结合使用创建一些特效图形。

【重置】：恢复【属性】面板中所有选项默认设置。

在 Flash CS5 中，单击 基本椭圆工具(O) 可以绘制【基本椭圆】，该工具在【椭圆】工具绘制的椭圆上增加了两个椭圆节点。对应绘制的基本椭圆，选择【工具】面板中的【选择】工具，拖动基本椭圆边上的控制点，可以调整椭圆的完整性；拖动圆心处的控制点可以将椭圆调整为圆环。图 11-24 所示分别展示了调整边和圆心控制点后形成的椭圆图形。

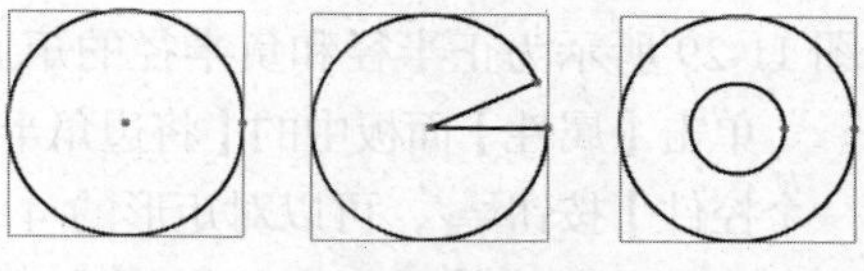

图 11-24　椭圆的控制点调整

下面以绘制如图 11-25 所示奥运五环为例，说明椭圆工具的使用方法。

① 在 Flash CS5 中执行【文件】|【新建】命令项，建立一个空白 Flash 文档。

② 选中工具箱中的【基本椭圆】工具，在其【属性】面板中设置【笔触颜色】为【透明】，【填充颜色】为【蓝色】，笔触为 2，在【内径】文本框中输入 85。

③ 按住 Shift 键在舞台中按住鼠标左键，拖动鼠标绘制一个正圆圆环，如图 11-26 所示，选中绘制的圆环，在【属性】面板中将【宽】和【高】均设置为 80。

④ 利用工具箱中的【选择】工具，选中舞台中的圆环形状，按住 Alt 键将其拖动离开已有圆环，此过程会复制一个圆环，按照此方法复制 4 个圆环，如图 11-27 所示。

⑤ 双击第 2 个圆环内部，选中该圆环，在【属性】面板中将其【填充】设置为红色，依次修改其他 3 个圆环的【填充】色彩，得到如图 11-28 所示的圆环组合。

图 11-25　奥运五环

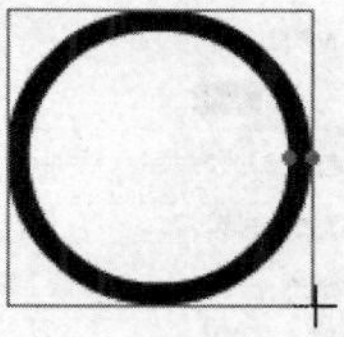

图 11-26　绘制正圆

图 11-27　复制圆环

图 11-28　调整颜色后的圆环

⑥ 选中第一个圆环，单击鼠标右键，在快捷菜单中选择【转化为元件】命令，在弹出的对话

框中，将元件【类型】设置为【图形】，将该圆环转化为图形元件，按照相同的方法依次将其他几个圆环转化为图形元件。

⑦ 拖动 5 个圆环，使其排列为如图 11-25 所示的形状。

3. 矩形工具

在【工具箱】中的按钮组中有两个有关矩形绘制的工具：矩形工具(R)和基本矩形工具(R)。选择【矩形】工具，在设计区中按住鼠标左键拖动，即可开始绘制矩形。如果按住 Shift 键，可以绘制正方形图形。

选择【矩形】工具后，其【属性】面板中增加了【矩形选项】属性，该属性用来设置矩形的 4 个直角半径，其中正值为正半径，负值为反半径，图 11-29 所示为正半径和负半径的矩形效果图。

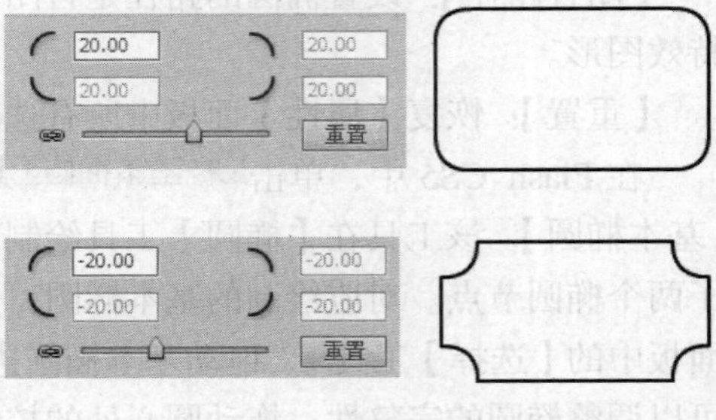

图 11-29　正半径和负半径的矩形

单击【属性】面板中的【将边角半径控件锁定为一个控件】按钮，可以对矩形的 4 个角设置不同的角度值。单击【重置】按钮将重置所有数值，即将角度值还原为默认值 0。基本矩形工具(R)可以绘制带有控制点的基本矩形。绘制完成后，利用【工具】面板中的【选择】工具可以将矩形的形状改变。

4. 多角星形工具

工具箱中的【多角星形】工具可以用来绘制多边形和多角星形。选择【多角星形】工具后，其【属性】面板如图 11-30 所示。【属性】面板中的【填充和笔触】属性与【直线】和【椭圆】的属性含义相同，在【属性】面板的最下方增加了【选项】属性，单击该按钮可以打开【工具设置】对话框，如图 11-31 所示。

【工具设置】对话框中可以设置如下参数属性。

【样式】：设置绘制的多角星形样式，包含“多边形”或“星形”选项。

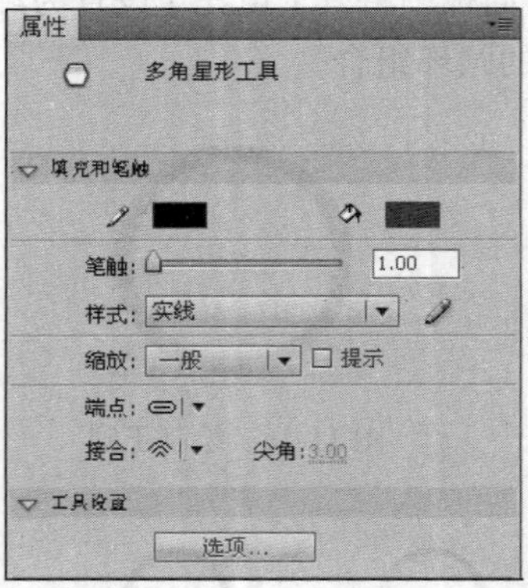

图 11-30　【多角星形】工具属性面板

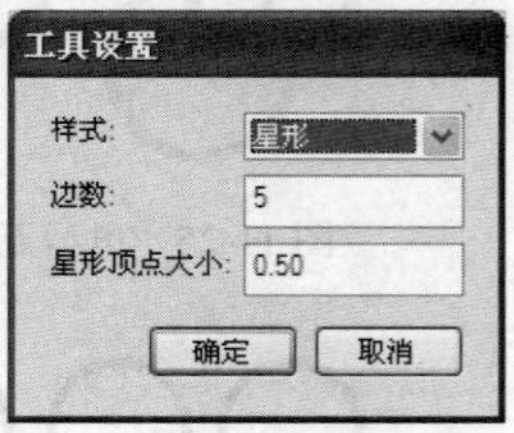

图 11-31　【工具设置】对话框

【边数】：设置绘制的图形边数，范围为 3～32。

【星形顶点大小】：设置绘制的图形顶点大小。

星形顶点大小对星形的形状有较大影响，图 11-32 中的 3 幅图从左到右分别展示了星形顶点大小为 0.1、0.5 以及 1 的红色五角星形。

图 11-32 不同顶点大小的五角星形

11.3.2 复杂图形绘制

上一小节中讲述的图形绘制工具主要用于规则图形的绘制，在动画制作过程中，经常使用大量的不规则动画图形对象，此时需要利用 Flash CS5 提供的【钢笔】工具和【铅笔】工具进行图形的绘制，并利用相应工具进行编辑和修改。

1. 钢笔工具

【钢笔】工具用于绘制比较复杂的曲线。Flash CS5 中的【钢笔】工具组包含【钢笔】、【添加锚点】、【删除锚点】和【转换锚点】工具。利用【钢笔】工具绘制曲线的方法如下。

① 选中工具箱中的【钢笔】工具，光标变为形状时在舞台中的某个位置单击，确定绘制曲线的起始锚点。

② 根据绘制需要，选择合适的位置单击确定第 2 个锚点，此时会在起始锚点和第 2 个锚点之间建立一条直线，如果需要在两个锚点直接建立曲线，只需要在创建第 2 个锚点时按下鼠标左键并拖动，从而改变连接两锚点直线的曲率即可。

③ 按照步骤②依次确定后续曲线的锚点，并根据所需绘制曲线的需要改变两个相邻锚点之间的曲线曲率。

④ 双击最后一个绘制的锚点或单击工具箱中的【钢笔】工具均可以结束曲线的绘制，如果需要绘制封闭曲线，只需要将光标移至起始锚点位置上，当光标显示为形状时在该位置单击即可。图 11-33 所示为利用【钢笔】工具绘制的曲线。

通常情况下，利用【钢笔】工具绘制曲线并不能一次性的满足需求，此时可以对已经绘制的曲线进行编辑和加工，如增加或删除曲线上的锚点。利用工具箱中的【添加锚点】工具，在曲线上单击即可增加一个锚点，通过拖动锚点可以修改曲线的形状。图 11-34 所示为在图 11-33 所示的曲线上增加锚点的效果图。

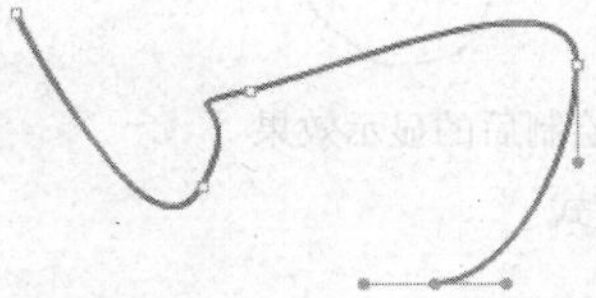

图 11-33 钢笔工具绘制的曲线

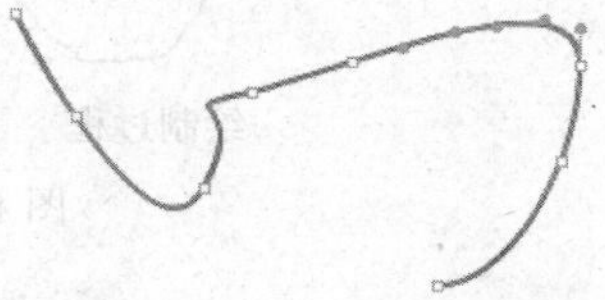

图 11-34 增加锚点的曲线

利用工具箱中的【删除锚点】工具，在需要删除的锚点上单击即可以删除相应的锚点。删除锚点会改变曲线的形状，图 11-35 中右图所示为删除左图方框中所示锚点后得到的曲线。若曲线只有两个锚点，在使用【删除锚点】工具删除了其中一个锚点后，整条曲线都将被删除。

利用【锚点转换】工具可以改变曲线上的锚点类型。在工具箱中选择【转换锚点】工具，当光标变为形状时，在曲线上单击锚点，则该锚点两侧的曲线将转换为直线。图 11-36 所示为利用【锚点转换】工具单击图 11-35 左侧图中方框所示的锚点后的效果图。

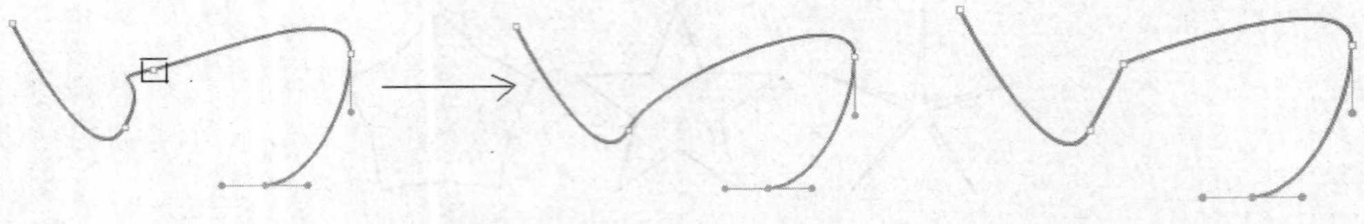

图 11-35　删除曲线锚点　　　　图 11-36　锚点转换工具的处理效果

2. 铅笔工具

【铅笔】工具用于绘制任意形状的线条。在工具箱中选中【铅笔】工具，将光标定位在所需位置后，按下鼠标左键拖动即可，当释放鼠标左键时完成一次线条的绘制。在利用【铅笔】工具绘制线条时，按住 Shift 键，可以在水平方向或垂直方向绘制线条。

用【铅笔】工具在绘制时可以利用【属性】面板对笔触和颜色等属性做设置，同时【铅笔】工具有 3 种绘图模式，当选择【铅笔】工具后，【工具箱】的下侧会显示【铅笔模式】按钮，单击该按钮将会打开【铅笔】工具的绘图模式选择菜单，分别是【伸直】、【平滑】和【墨水】，3 个选项的效果分别如下。

①【伸直】：使绘制的线条尽可能地规整为几何图形。图 11-37 所示为使用该模式绘制图形的效果。

图 11-37　【伸直】模式

②【平滑】：使绘制的线条尽可能地消除线条边缘的棱角，使绘制的线条更加光滑。图 11-38 所示为使用该模式绘制图形的效果。

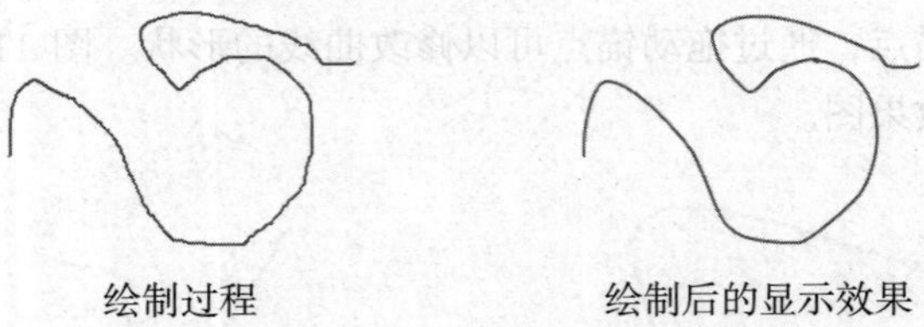

图 11-38　【平滑】模式

③【墨水】：使绘制的线条更接近手写的感觉。图 11-39 所示为使用该模式绘制图形的效果。

图 11-39　【墨水】模式

3. **橡皮工具**

在进行了矢量图形的创建后，如果图形不满足需要，可以利用【工具箱】中的【橡皮擦】工具擦除所绘制的图形对象。在选中了【橡皮擦】工具后，在【工具箱】的下侧会显示 3 个属性按钮组，其中为【橡皮擦模式】按钮，为【水龙头】按钮，可以用于删除选择的笔触和填充区域，为【橡皮擦形状】按钮，用于设置【橡皮擦】工具的擦头形状和大小。

单击【橡皮擦模式】按钮，可以打开如图 11-40 所示的【橡皮擦模式】菜单，其中提供了 5 种模式，每一种模式的具体擦除效果如图 11-40 所示。

图 11-40　橡皮擦模式菜单

- 【标准擦除】模式：可以擦除同一图层中擦除操作经过区域的笔触及填充。
- 【擦除填色】模式：只擦除对象的填充，不擦除笔触。
- 【擦除线条】模式：只擦除对象的笔触，不擦除填充。
- 【擦除所选填充】模式：只擦除当前对象中选定的填充部分，不擦除未选中的填充及笔触。
- 【内部擦除】模式：只擦除【橡皮擦】工具开始处的填充，如果从空白点处开始擦除，则不会擦除任何内容。

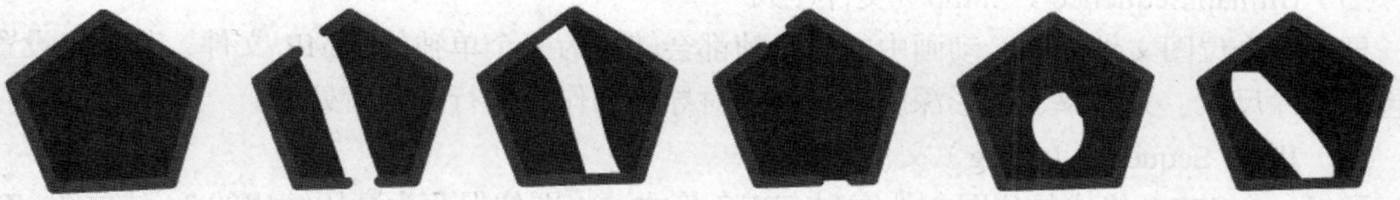

（a）原图　（b）标准擦除　（c）擦除填色　（d）擦除线条　（e）擦除所选填充　（f）内部擦除

图 11-41　【橡皮擦】工具不同模式的擦除效果

11.4　动画的导出与发布

在 Flash 中，将动画制作完毕后，需要将其进行导出和发布，形成不同格式的文件，以便于动画的播放与浏览。本节主要介绍动画的导出与发布方法。

11.4.1　动画的导出

利用 Flash CS5 的导出命令，可以将动画导出为影片或图像。例如，可以将整个动画导出为 Flash 影片、一系列位图图像、单一的帧或图像文件，以及不同格式的活动图像、静止图像等，包括 GIF、JPEG、PNG、BMP、PICT、QuickTime、AVI 等格式。

在一幅动画制作完毕后，执行【文件】|【导出】|【导出影片】菜单命令，打开【导出影片】对话框，如图 11-42 所示。在其中设置导出文件的名称、类型及保存位置，然后单击【保存】按钮即可。

Flash CS5 能够将作品导出为多种不同的格式，其中【导出影片】命令将作品导出为完整的动画，而【导出图像】命令将导出一个只包含当前帧内容的单个或序列图像文件。一般来说，利用

Flash CS5 的导出功能，可以导出以下类型的文件。

（1）SWF 影片（*.swf）文件

这是 Flash CS5 默认的作品导出格式，这种格式不但可以播放出所有在编辑时设计的动画效果和交互功能，而且文件容量小，还可以设置保护。

（2）Windows AVI（*.avi）文件

此格式会将影片导出为 Windows 视频，但是导出的这种格式会丢失所有的交互性。Windows AVI 是标准 Windows 影片格式，它是在视频编辑应用程序中打开 Flash 动画的非常好的格式。由于 AVI 是基于位图的格式，因此影片的数据量会非常大。

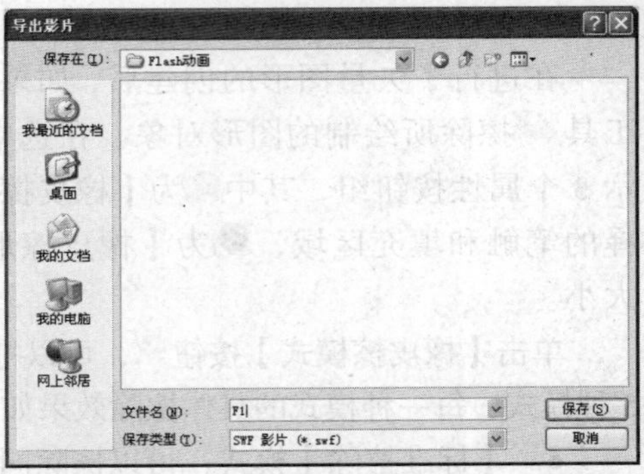

图 11-42 导出影片对话框

（3）Animated GIF（*.gif）文件

导出含有多个连续画面的 GIF 动画文件，在 Flash 动画时间轴上的每一帧都会变成 GIF 动画中的一幅图片。

（4）WAV Audio（*.wav）文件

将当前影片中的声音文件导出生成为一个独立的 WAV 文件。

（5）Bitmap Sequence（*.bmp）文件序列

导出一个位图文件序列，动画中的每一帧都会转变为一个单独的 BMP 文件，其导出设置主要包括图片尺寸、分辨率、色彩深度以及是否对导出的作品进行抗锯齿处理。

（6）JPEG Sequence（*.jpg）文件序列

导出一个 JPEG 格式的位图文件序列，JPEG 格式可将图像保存为高压缩比的 24 位位图。JPEG 更适合显示包含连续色调（如照片、渐变色或嵌入位图）的图像。动画中的每一帧都会转变为一个单独的 JPEG 文件。

11.4.2 动画的发布

在导出影片之前，执行【文件】|【发布】命令，弹出如图 11-43 所示的【发布设置】对话框，可以对需要发布的格式进行设置，然后只需要选择【文件】|【发布】命令即可按照设置直接将文件导出发布。

在【格式】选项卡的【类型】栏中，可以选择在发布时要导出的作品格式，被选中的作品格式会在对话框中出现相应的参数设置，可以根据需要选择其中的一种或几种格式。

文件发布的默认目录是当前文件所在的目录，也可以选择其他的目录，单击按钮，即可选择不同的目录和名称，也可以直接在文本框中输入目录和名称。下面简要介绍一下最常用和最基本的 Flash 动画格式中的属性，单击图 11-42 中的 Flash 选项卡，可以得到如图 11-43 所示的属性对话框，各项属性含义如下。

【播放器】：设置导出的 Flash 作品的版本。在 Flash CS5

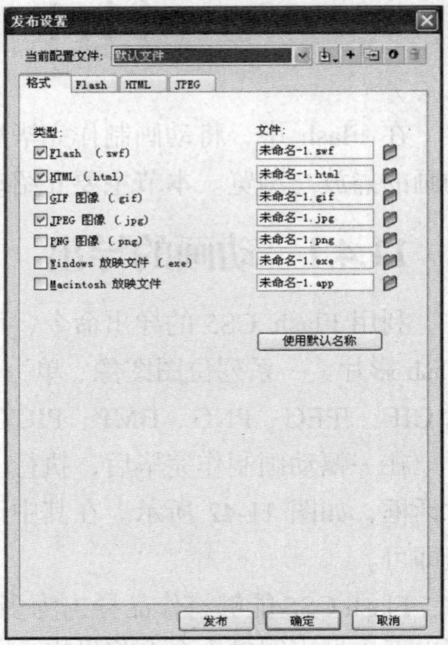

图 11-43 发布设置对话框

中，可以有选择地导出各版本的作品。如果设置版本较高，则该作品无法使用较低版本的 Flash Player 播放。

【脚本】：选择导出的影片所使用的动作脚本的版本号。ActionScript 不同版本的语法要求不完全相同，对于 Flash 8 及以前的版本，应选择 ActionScript 2.0；对于 Flash CS5，应选择 ActionScript 3.0。

【JPEG 品质】：若要控制位图压缩，可以调整【JPEG 品质】滑块或输入一个值。图像品质越低（高），生成的文件就越小（大）。可以尝试不同的设置，以便确定在文件大小和图像品质之间的最佳平衡点；值为 100 时图像品质最佳，压缩比最小。

【音频流】/【音频事件】：设定作品中音频素材的压缩格式和参数。在 Flash 中对于不同的音频引用可以指定不同的压缩方式。要为影片中的所有音频流或事件声音设置采样率和压缩，可以单击【音频流】或【音频事件】旁边的 设置 按钮，然后在【声音设置】对话框中选择【压缩】、【比特率】和【品质】选项。注意，只要下载的前几帧有足够的数据，音频流就会开始播放，它与时间轴同步。事件声音必须完全下载完毕才能开始播放，除非明确停止，它将一直连续播放。

【覆盖声音设置】：勾选此项，则本对话框中的音频压缩设置将对作品中所有的音频对象起作用。如果不勾选此项，则上面的设置只对在属性对话框中没有设置音频压缩（【压缩】项中选择“默认”）的音频素材起作用。勾选【覆盖声音设置】复选框将使用选定的设置来覆盖在【属性】面板的【声音】部分中为各个声音设置的参数。如果要创建一个较小的低保真度版本的影片，则需要选择此选项。

【压缩影片】：可以压缩 Flash 影片，从而减小文件大小，缩短下载时间。当文件有大量的文本或动作脚本时，默认情况下会启用此复选框。

【包括隐藏图层】：导出 Flash 文档中所有隐藏的图层。取消对该复选框的选择，将阻止把文档中标记为隐藏的图层（包括嵌套在影片剪辑内的图层）导出。

【导出 SWC】：导出.swc 文件，该文件用于分发组件。.swc 文件包含一个编译剪辑、组件的 ActionScript 类文件以及描述组件的其他文件。

【生成大小报告】：在导出 Flash 作品的同时，将生成一个报告（文本文件），按文件列出最终的 Flash 影片的数据量。该文件与导出的作品文件同名。

【防止导入】：可防止其他人导入 Flash 影片并将它转换回 Flash 文档（.fla）。可使用密码来保护 Flash SWF 文件。

【省略 trace 动作】：使 Flash 忽略发布文件中的 trace 语句。选择该复选框，则“跟踪动作”的信息就不会显示在【输出】面板中。

【允许调试】：激活调试器并允许远程调试 Flash 影片。如果选择该复选框，可以选择用密码保护 Flash 影片。

在【发布设置】对话框中完成各项设置，并单击 确定 按钮进行保存后，单击 发布 按钮，Flash CS5 即可按照设定的文件类型进行发布作品，也可以关闭【发布设置】对话框，直接执行【文件】|【发布】命令项，将动画进行发布。

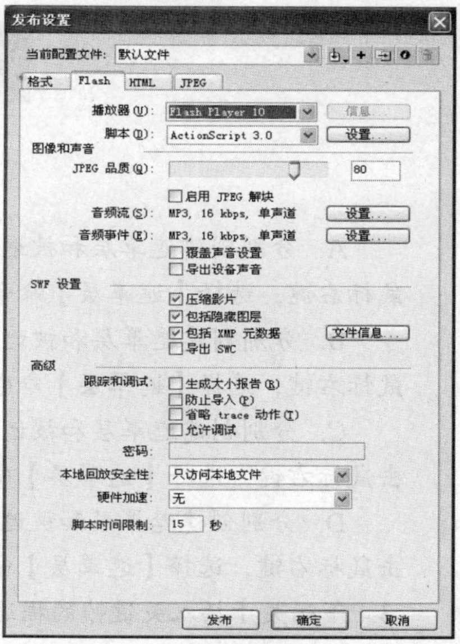

图 11-44 Flash 选项卡

习　题

一、选择题

1. 如下图所示，左半部的“背景”、“果树”和“狮子”分别放置于不同的图层，如需把“狮子”图层置于“果树”图层之后，应使用下列选项中的（　　）方法。

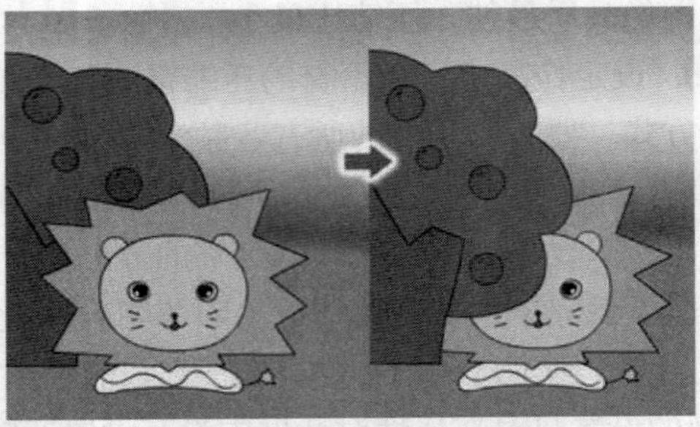

A. 选择“狮子”层，按下 Ctrl 键加“下箭头”的方向键

B. 选择“狮子”层，执行菜单【修改】|【排列】|【下移一层】命令

C. 直接把“狮子”图层拖至“果树”图层之下

D. 以上 3 种方法都可以实现

2. 如下图所示，如无需制作动画，那么创建遮罩效果的正确步骤是（　　）。

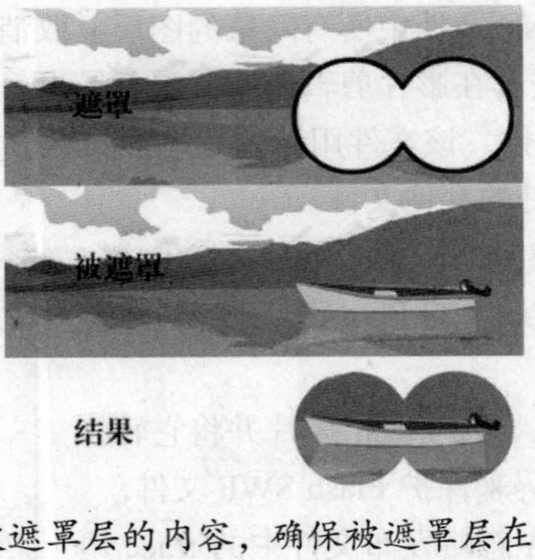

A. 分别创建遮罩层和被遮罩层的内容，确保被遮罩层在遮罩层之下，在遮罩层单击鼠标右键，选择【遮罩层】命令

B. 分别创建遮罩层和被遮罩层的内容，确保遮罩层在被遮罩层之下，在遮罩层单击鼠标右键，选择【遮罩层】命令

C. 分别创建遮罩层和被遮罩层的内容，确保被遮罩层在遮罩层之下，在被遮罩层单击鼠标右键，选择【遮罩层】命令

D. 分别创建遮罩层和被遮罩层的内容，确保遮罩层在被遮罩层之下，在被遮罩层单击鼠标右键，选择【遮罩层】命令

3. 下列关于插入关键帧的描述，正确的是（　　）。

A. 选择要插入关键帧的方格，在右键快捷菜单中执行【插入关键帧】命令

B. 从主菜单中执行【插入】|【时间轴】|【关键帧】命令

C. 按等效快捷键 F6

D. 以上描述均正确

4. 为了方便制作文字动画特效，把文字块单独放置在不同的图层中，使用以下（　　）方法更加准确和快捷。

A. 按下 Ctrl+B 组合键分离整行文字，然后插入层，拷贝并粘贴单个文字到新图层的当前位置

B. 执行菜单【修改】|【分离】命令使文字独立为个体，然后执行菜单【修改】|【时间轴】|【分散到图层】命令

C. 直接执行菜单【修改】|【时间轴】|【分散到图层】命令

D. 直接执行菜单【修改】|【分离】命令，或按下等效快捷键 Ctrl+B

5. 以下是发布影片为 Windows 可执行文件的方法，正确的是（　　）。

A. 执行【文件】|【发布设置】，在对话框中选择【Windows 放映文件】项，进入其选项卡进行细节设置，完成后单击【发布】按钮

B. 执行【文件】|【发布】发布为【Windows 放映文件】，进入其对话框进行细节设置

C. 执行【文件】|【发布设置】，在对话框中选择【Windows 放映文件】项，单击【发布】按钮

D. 执行"文件>发布"，在发布设置对话框中选择【Windows 放映文件】项，单击【发布】按钮

二、填空题

1. Flash CS5 制作和编辑的动画文件保存后得到的文件的扩展名为________。

2. 在互联网上播放的 Flash 动画最合适的帧频率应设置为________帧/秒，这也是 Flash 本身默认的帧频。

3. 修改图形中心点位置需要使用________工具。

4. 在 Flash CS5 中执行【视图】下的________命令，可以打开或禁用标尺工具。

5. 在 Flash CS5 中利用工具箱中的【直线】工具绘制直线时，如果按住________键后进行拖动，则可以绘制以 45° 为角度增量倍数的直线。

三、简答题

1. Flash 动画制作的一般流程是什么？

2. 若使舞台精确适应素材的尺寸，需要执行哪些操作？

第 12 章 Flash 动画制作

根据动画制作的复杂度可以将 Flash 动画分为简单动画、声音与元件动画以及交互动画 3 大类。本章结合具体的实例，讲述每一种动画的具体制作方法。

12.1 简单动画

简单动画是指在动画制作过程中没有使用到元件和声音的动画，并且动画中不涉及与外界环境的交互。从制作方法上看，简单动画又可以划分为逐帧动画、传统补间、补间形状、补间动画等种类。

12.1.1 逐帧动画

逐帧动画是在舞台中一帧一帧制作的动画，这种类型的动画制作过程的工作量较大，通常用于比较短小但需要对动画的画面做精确控制的动画制作。本节通过两个实例说明逐帧动画的制作过程。

【例 12.1】制作逐笔字动画，要求采用逐个书写字母的方式显示英文单词“FLASH”。

① 启动 Flash CS5，执行【文件】|【新建】命令，在弹出的【新建文档】对话框中选择【Action Script 3.0】，建立一个文档。单击文档空白区，选择快捷菜单【文档属性】命令，将弹出【文档设置】对话框，在该对话框中将文档的高度设置为 200 像素，宽度设置为 500 像素。

② 选择【工具箱】中的文本工具按钮T，然后在舞台空白区域单击，并在属性面板中按如图 12-1 所示的进行设置，即选择“Time New Roman”字体，样式为“Bold Italic”，大小为 140 像素，颜色为红色。

③ 采用大写字母输入单词“FLASH”，如图 12-2 中上方文字所示。将输入的单词调整至舞台的合适位置，选中单词后，执行两遍【修改】|【分离】命令，此时单词“FLASH”被打散，如图 12-2 中下方文字所示。

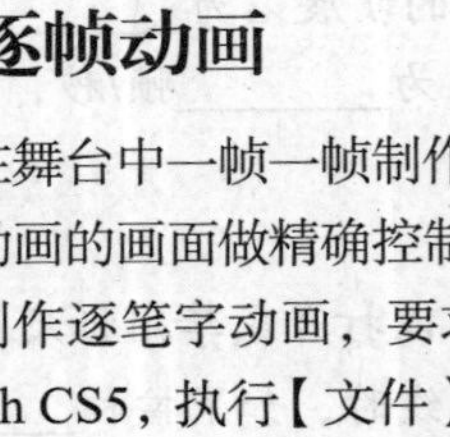

图 12-1 【字体】工具书写设置

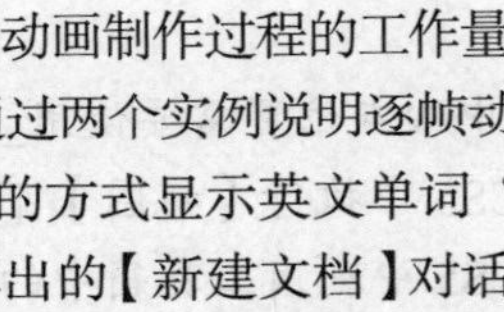

图 12-2 动画中的文本

④ 在时间轴的帧格窗口中选中第 2 帧，单击鼠标右键，在弹出的快捷菜单中选择【插入关键帧】命令，在第 2 帧处加入一个关键帧，按照此方法，依次为第 3～5 帧添加关键帧。添加关键帧后的第 2～5 帧具备了与第 1 关键帧相同的动画对象。

⑤ 选择第 1 关键帧，单击【工具箱】中的【橡皮】工具，将除大写字母 F 以外的其他字符全部擦除。选择第 2 关键帧，利用橡皮擦除 FL 以外的其他字符，按照单词书写顺序，依次处理第 3～5 关键帧。

⑥ 在时间轴面板的下方设置动画播放频率，将帧频设置为 1.00 fps。

至此，动画制作完毕，执行【控制】|【播放】命令可以播放制作的动画，然后执行【文件】|【保存】命令，对制作的动画选择存储位置和命名即可保存动画文件。

【例 12.2】制作一个带有燃烧火焰的蜡烛。

① 启动 Flash CS5，执行【文件】|【新建】命令，在弹出的【新建文档】对话框中选择【Action Script 3.0】，建立一个文档。单击文档空白区，选择快捷菜单【文档属性】命令，将弹出【文档设置】对话框，在该对话框中将文档的高度设置为 500 像素，宽度设置为 300 像素。

② 在第 1 关键帧，使用【工具箱】中的矩形工具，设置无轮廓线，填充色为绿色，在舞台工作区中绘制一个长条矩形。利用椭圆工具，设置无轮廓线，填充色为红色，在刚刚绘制的长条矩形上边。绘制一个椭圆形状，作为蜡烛的火苗初始图形，如图 12-3 中左侧图形所示。

③ 利用【工具箱】中的选择工具在红色火焰内部双击，选中红色火焰，单击【任意变形工具】，选择【封套】，蜡烛的火焰变为图 12-3 中的中间蜡烛图形所示，通过调整控制点改变火焰的形状，调整后的蜡烛如图 12-3 右侧图形所示。

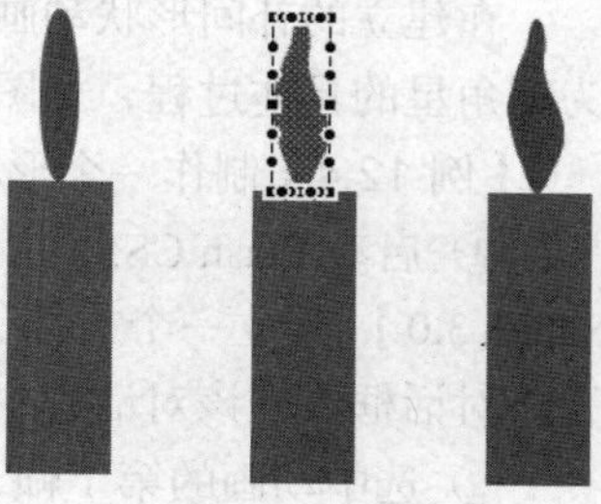
图 12-3 燃烧的蜡烛图形制作

④ 在时间轴的帧格面板中选中第 2 帧，单击鼠标右键，在弹出的快捷菜单中选择【插入关键帧】命令，在第 2 帧处加入一个关键帧，此时第 2 帧具备了与第 1 帧相同的动画对象，按照步骤③中的方法对第 2 帧中的蜡烛火焰进行处理。

⑤ 依次编辑动画的第 3～10 帧，在每一帧中采用相同的方法对蜡烛的火焰微调至不同形状即可。

至此，动画制作完毕，执行【控制】|【播放】命令可以播放制作的动画，然后执行【文件】|【保存】命令，对制作的动画选择存储位置和命名即可保存动画文件。

12.1.2 补间动画

补间动画是在制作动画的起始关键帧和终止关键帧的内容后，利用 Flash CS5 提供的补间功能在两个关键帧之间自动补充出动画的变化过程的一种动画制作方式。根据 Flash CS5 提供的动画补间功能，可以将补间动画的制作划分为传统补间、补间形状以及补间动画 3 种类型。其中，传统补间和补间形状在其他 Flash 版本中也提供了相应制作方法，补间动画是一种新增的动画制作方式，主要用来制作 3D 动画效果。下面分别举例说明不同类型的补间动画的制作方法。

1. 形状补间动画

形状补间动画在制作时，需要在起始和终止两个关键帧之间插入补间形状，关键帧内部的动画对象必须是形状或者分离的对象。起始关键帧和终止关键帧放置的动画对象可以相同，也可以不同。

【例 12.3】制作一个形状补间动画，要求从蓝色的正方形变为五角星型。

① 启动 Flash CS5，执行【文件】|【新建】命令，在弹出的【新建文档】对话框中选择【Action Script 3.0】，建立一个 Flash 文档。

② 选中动画的第 1 帧，单击【工具箱】中的【矩形】工具，在属性面板中将【笔触】设置为蓝色，填充设置为【无】，按住 Shift 键在舞台中心画出一个正方形。

③ 鼠标右键单击第 30 帧，在弹出的快捷菜单中选择【插入空白关键帧】命令，为第 30 帧处建立一个空白关键帧。

④ 单击【工具箱】中的【多边形】工具，在属性面板中将【笔触】设置为蓝色，填充设置为【无】，在【选项】中将其【样式】设置为【星型】，【边数】为 5，在舞台中心画出一个五角星形。

⑤ 选中第 1 关键帧，单击鼠标右键，在弹出的快捷菜单中选择【创建补间形状】命令，在第 1 关键帧和第 30 关键帧之间创建补间形状动画，建立补间形状动画后的帧区为绿色，并且在起始关键帧和终止关键帧之间有一条实现箭头。

⑥ 至此，动画制作完毕，执行【控制】|【播放】命令可以播放制作的动画，然后执行【文件】|【保存】命令，对制作的动画选择存储位置和命名即可保存动画文件。

在建立的补间形状动画的起始关键帧和终止关键帧之间任意选择一帧，可以看到由正方形变为五角星的具体过程，如图 12-4 所示。

【例 12.4】制作一个形状渐变动画，要求从文本“谁知盘中餐”变化为“粒粒皆辛苦”。

① 启动 Flash CS5，执行【文件】|【新建】命令，在弹出的【新建文档】对话框中选择【Action Script 3.0】，建立一个文档。单击文档空白区，选择快捷菜单【文档属性】命令，将弹出【文档设置】对话框，在该对话框中将文档的高度设置为 660 像素，宽度设置为 240 像素。

② 选中动画的第 1 帧，单击【工具箱】中的【字体】工具，在属性面板中设置【字体】为【隶书】，【大小】为 120，【颜色】为蓝色，如图 12-5 所示。在舞台中输入汉字“谁知盘中餐”，利用【选择】工具将输入的文本移动到舞台中央。

③ 用鼠标右键单击第 30 帧格，在弹出的快捷菜单中选择【插入空白关键帧】命令，为第 30 帧处建立一个空白关键帧，在舞台中心输入文本“粒粒皆辛苦”。

④ 分别单击第 1 关键帧和第 30 关键帧，在舞台中选中输入的文本，执行两遍【修改】|【分离】命令，将输入的文本打散。

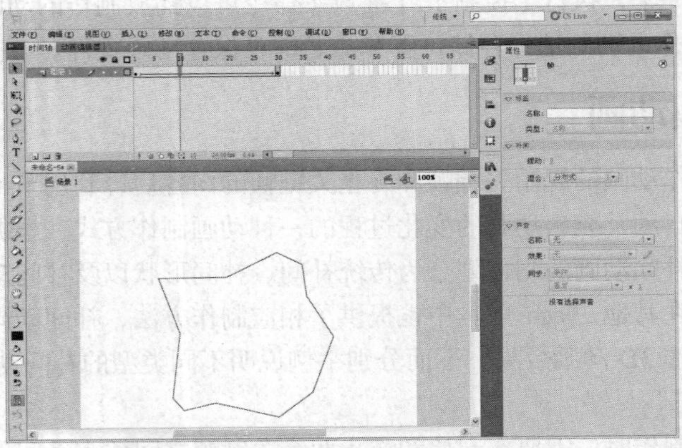

图 12-4 正方形形状渐变为五角星

⑤ 选中第 1 关键帧单击鼠标右键，在弹出的快捷菜单中选择【创建补间形状】命令，在第 1 关键帧和第 30 关键帧之间创建补间形状动画，如图 12-6 所示。

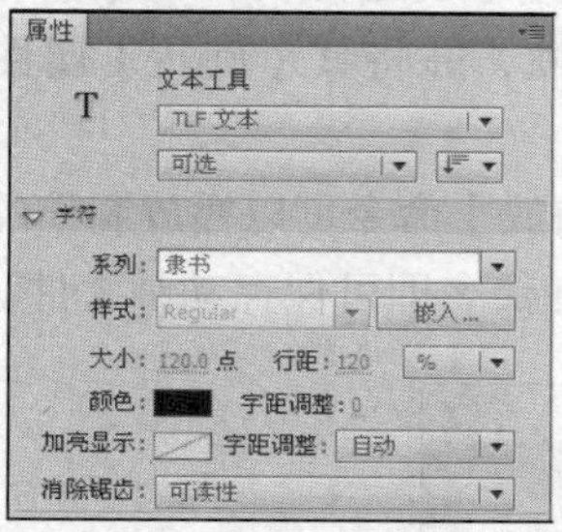

图 12-5 【字体】工具的属性设置

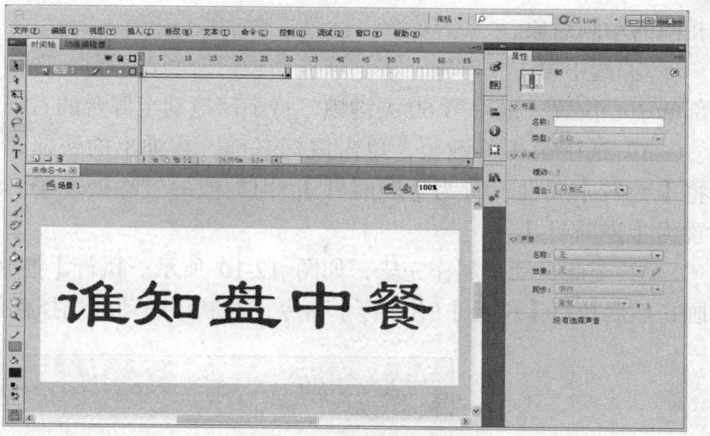

图 12-6 字体形状渐变动动画

至此，动画制作完毕，执行【控制】|【播放】命令可以播放制作的动画，然后执行【文件】|【保存】命令，对制作的动画选择存储位置和命名即可保存动画文件。

2. 传统补间

传统补间动画在制作时，需要在起始和终止两个关键帧之间插入传统补间，两个关键帧之间必须是同一个动画对象或元件，在终止关键帧中改变的只是同一个动画对象或元件的属性，如大小，位置、颜色等信息。

【例 12.5】制作一个彩色的小球，要求从舞台的左下角顺时针弹跳至舞台上部的中央位置，然后再逆时针反射至舞台的右下角。

① 启动 Flash CS5，执行【文件】|【新建】命令，在弹出的【新建文档】对话框中选择【Action Script 3.0】，建立一个文档。选择【工具箱】中的【椭圆】工具，在属性面板中将其【笔触】设置为无，【填充】选择线性渐变色，如图 12-7 所示。

② 在第 1 关键帧处，按住 Shift 键，在舞台中绘制一个正圆作为小球。选择【工具箱】中渐变变形工具(F)，单击所绘制的圆形，此时圆形上方会出现如图 12-8 所示的控制点，通过拖动控制点可以实现填充色的角度和线条宽度变化。

③ 选中绘制好的小球正圆形，单击鼠标右键，在弹出的快捷菜单中选择【转化为元件】命令，此时会弹出如图 12-9 所示的【转化为元件】对话框，将【类型】设置为【图形】。

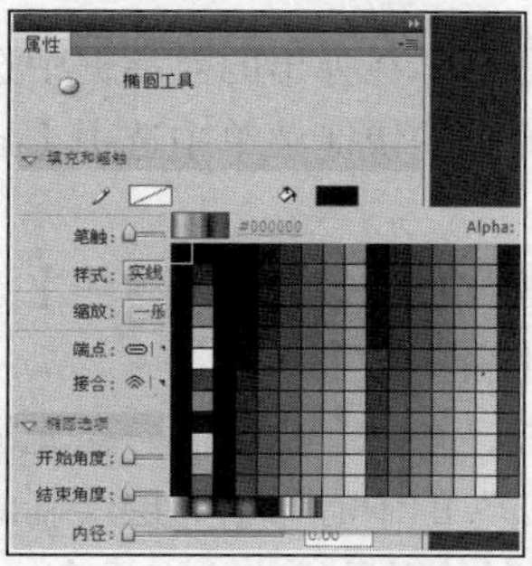

图 12-7 【椭圆】工具属性设置

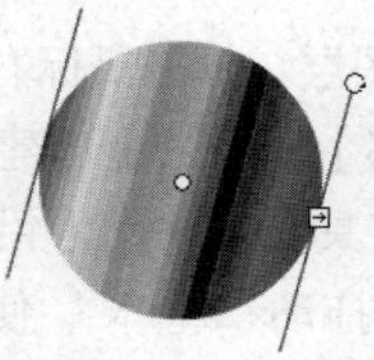

图 12-8 圆形的控制点

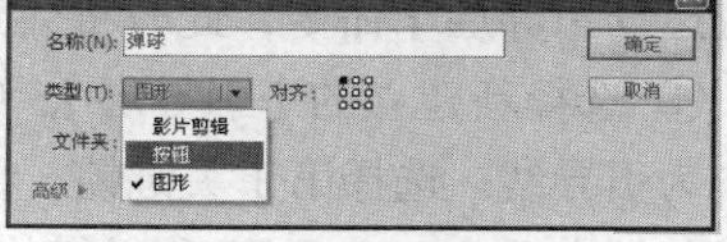

图 12-9 转化为元件设置

④ 选中时间轴窗口中的第 30 帧，单击鼠标右键，在弹出的快捷菜单中选择【插入关键帧】命令，同样在第 60 帧格处加入一个关键帧，此时第 30 关键帧和第 60 关键帧均具备和第 1 关键帧

相同的动画对象。

⑤ 选中第 1 关键帧，将小球推动至舞台的左下角；选中第 30 关键帧，将小球拖动至舞台顶部的中心位置；选中第 60 关键帧，将小球拖动至舞台的右下角。

⑥ 选中第 1 关键帧，单击鼠标右键，在弹出的快捷菜单中选择【创建传统补间】命令，将【旋转】属性设置为【顺时针】；用类似的方法处理第 30 关键帧，并将其【旋转】属性设置为【逆时针】。

⑦ 至此，动画制作完毕，如图 12-10 所示。执行【控制】|【播放】命令可以播放制作的动画，然后执行【文件】|【保存】命令，对制作的动画选择存储位置和命名即可保存动画文件。

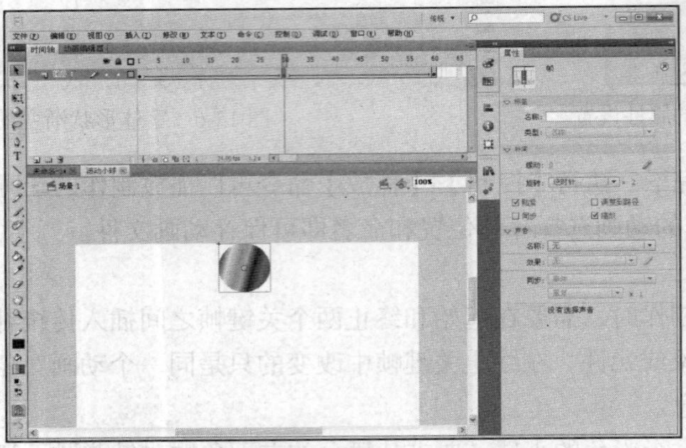

图 12-10　彩球弹跳传统补间动画

在例 5.1 制作的补间动画中，彩球在任一段动画中的起始关键帧和终止关键中的两个位置之间是按照直线运动的，然而很多动画中需要动画对象按照曲线或者特定的路径运动，此时可通过制作引导层动画来实现。

引导层动画是在普通的运动补间动画中设置一个引导图层，在图层中绘制一条路径（称为引导线），使得动画对象的运动路线与给定的引导线一致。下面通过一个实例说明引导层补间动画的制作。

【例 12.6】制作一个引导层动画，使得“螳螂”图片跟随引导层中的路径进行移动。

① 启动 Flash CS5，执行【文件】|【新建】命令，在弹出的【新建文档】对话框中选择【Action Script 3.0】，建立一个文档，将默认的【图层 1】重命名为【螳螂】。

② 在第 1 关键帧处，执行【文件】|【导入】|【导入到舞台】命令，在弹出的对话框中选中“螳螂.jpg”，并将其导入到舞台；在第 30 帧格处单击鼠标右键，在弹出的快捷菜单中选中【插入关键帧】命令，加入一个关键帧。

③ 在时间轴的图层区中选中【螳螂】图层，单击鼠标右键，在弹出的快捷菜单中选中【添加传统运动引导层】命令，此时将会为【螳螂】图层的上部建立一个【引导层】。

④ 选择新建立的【引导层】，单击【工具箱】中的【铅笔】工具，在舞台中绘制一条光滑曲线作为引导线。选择第 1 关键帧，利用鼠标拖动“螳螂”，使得“螳螂”的中心与引导层绘制的引导线起始点重合；选择第 30 关键，使得“螳螂”的中心与引导层绘制的引导线终止点重合。

⑤ 选中第 1 关键帧，单击鼠标右键，在弹出的快捷菜单中选择【创建传统补间】命令。

至此，动画制作完毕，如图 12-11 所示。执行【控制】|【播放】命令可以播放制作的动画，然后执行【文件】|【保存】命令，对制作的动画选择存储位置和命名即可保存动画文件。

在动画制作过程中，可以引入遮罩层制作遮罩动画，通过遮罩层中的对象观察动画效果，从而可以为动画引入一些显示特效。

【例 12.7】制作一个探照灯效果动画，要求探照出文本“Flash 动画制作”。

① 启动 Flash CS5，执行【文件】|【新建】命令，在弹出的【新建文档】对话框中选择【Action Script 3.0】，建立一个文档。单击文档空白区，选择快捷菜单【文档属性】命令，将弹出【文档设置】对话框，在该对话框中将文档的高度设置为 660 像素，宽度设置为 200 像素，如图 12-12 所示。

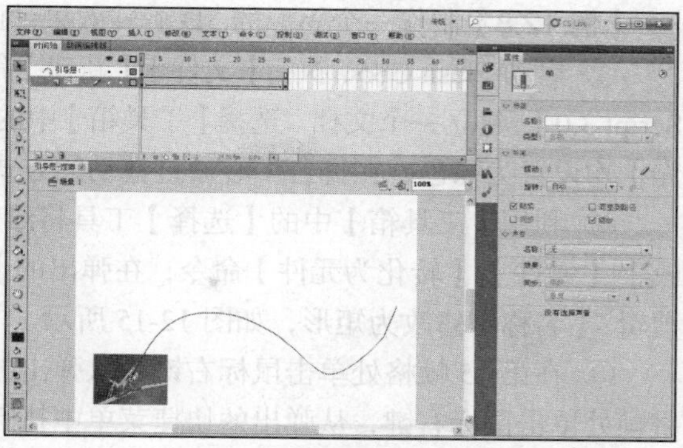

图 12-11　引导层动画的制作

② 将图层 1 重命名为文本层，选择第 1 关键帧，单击【工具箱】中的【文本】工具，在属性面板中设置文本颜色为黄色，大小为 100 像素，然后在舞台中输入文本“Flash 动画制作”，并将其调整至舞台合适的位置。

③ 单击时间轴图层区域中的【新建图层】按钮，建立一个新的图层，并将其重命名为遮罩层，在遮罩层间利用椭圆工具绘制一个 100 像素高度的黄色小球，将其转化为图形元件。

④ 在两个图层中，分别在第 50 帧处插入关键帧，然后在遮罩层的第 1 关键帧处，将小球拖动至覆盖文本的起始文字，如图 12-13 所示；在第 50 关键帧处将小球拖动至覆盖文本的终止文字。

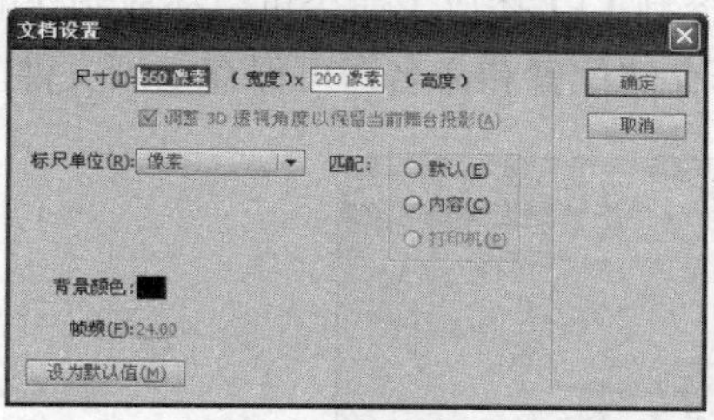

图 12-12　文档属性设置

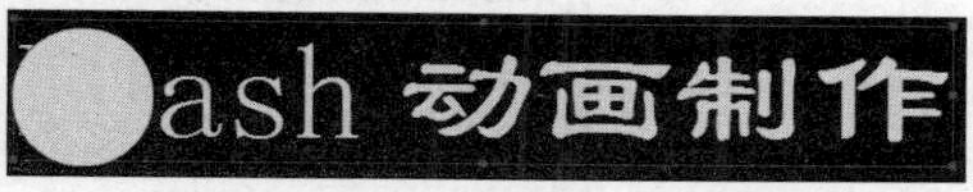

图 12-13　小球与文本的位置关系

⑤ 在遮罩图层的第 1 关键帧处创建传统补间动画，并在图层区中利用鼠标右键单击遮罩层，在弹出的快捷菜单中选择【遮罩层】命令，从而将其设置为文本层的遮罩层。

⑥ 至此，动画制作完毕，如图 12-14 所示。执行【控制】|【播放】命令可以播放制作的动画，然后执行【文件】|【保存】命令，对制作的动画选择存储位置和命名即可保存动画文件。

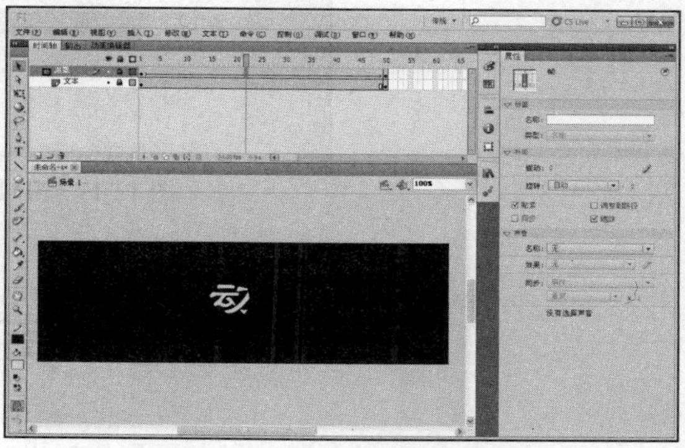

图 12-14　遮罩动画的制作

3. 补间动画

补间动画制作时只需要一个关键帧，在其后的普通帧中拖动其中的元件，即生成补间动画结点及相应移动路径，是一个对象的两个不同状态生成一个补间动画，主要用于制作带有 3D 效果的补间动画。

【例 12.8】制作一个矩形的 3D 旋转效果动画。

① 启动 Flash CS5，执行【文件】|【新建】命令，在弹出的【新建文档】对话框中选择【Action Script 3.0】，建立一个文档。选择【工具箱】中的【矩形】工具，在属性面板中将其【笔触】和【填充】均设置为绿色，在舞台中心通过拖动的方式绘制一个矩形。

② 利用【工具箱】中的【选择】工具将绘制的矩形全部选中（在矩形内部双击），执行【修改】|【元件】|【转化为元件】命令，在弹出的【转化为元件】对话框中将其【类型】设置为影片剪辑，【名称】修改为矩形，如图 12-15 所示。

③ 在第 35 帧格处单击鼠标右键，从弹出的快捷菜单中执行【插入帧】命令，再返回第 1 关键帧处单击鼠标右键，从弹出的快捷菜单中执行【创建补间动画】命令，建立补间动画。

④ 选中第 35 帧，在鼠标右键快捷菜单中执行【插入关键帧】|【旋转】命令，选择【工具箱】中的【3D 旋转工具】，在舞台的矩形实例上单击，此时矩形实例上显示双环标志，利用鼠标选中环内竖线，使其按顺时针或逆时针拖动一定的角度，此时矩形实例发生 3D 旋转，如图 12-16 所示。

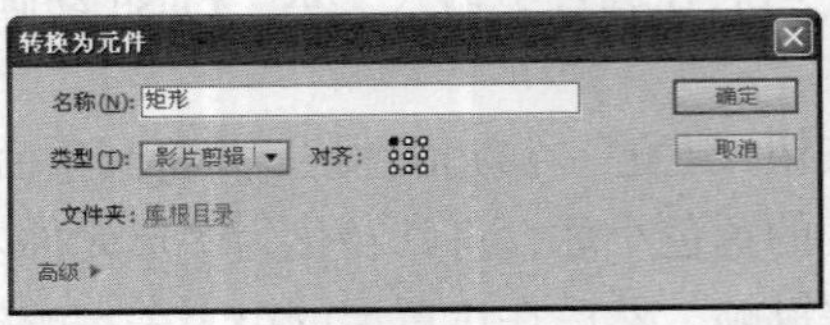

图 12-15 影片剪辑元件的建立

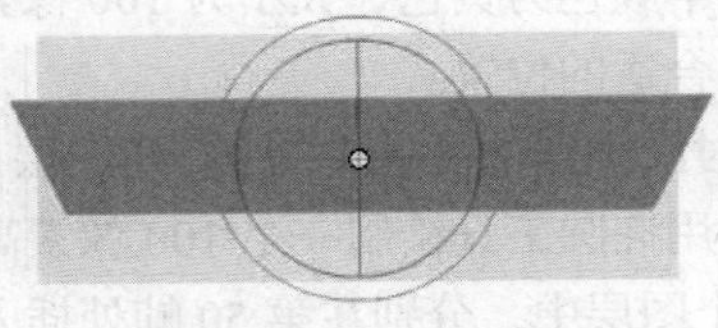

图 12-16 旋转矩形实例

至此，动画制作完毕，如图 12-17 所示。执行【控制】|【播放】命令可以播放制作的动画，然后执行【文件】|【保存】命令，对制作的动画选择存储位置和命名即可保存动画文件。

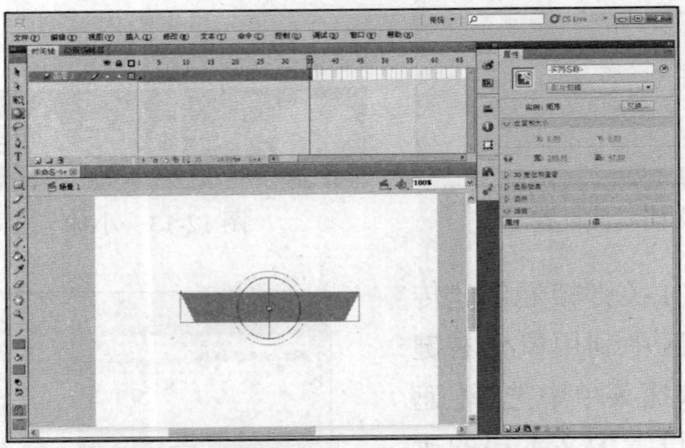

图 12-17 3D 旋转动画的制作

12.2 声音与元件

12.2.1 声音的使用

在 Flash 动画制作过程中，在动画中加入声音可以有效地增强动画的表现效果。在 Flash 动画中加入声音元素非常方便，可以像导入图片那样将声音导入到动画文件中，也可以使用【行为】面板或者脚本从外部导入音频文件，并能对导入的声音做简单的编辑处理，支持 WAV、AIF、

QuickTime 以及 MP3 等众多格式文件。

1. 声音的导入

执行【文件】|【导入】|【导入到库】命令，在弹出的【导入到库】对话框中选择一个声音文件，单击【确定】按钮后，即可将选择的声音文件导入到【库】中，通过【窗口】|【库】打开库面板，可以看到导入的声音文件。

导入到【库】中的声音文件和图片等其他素材一起存放在库中，图 12-18 所示为导入了一幅图片和一个声音文件“梦里水乡.mp3”后的【库】面板。

2. 声音的添加

在 Flash 动画制作过程中添加声音时，通常需要新建一个图层（声音层）专门存放声音文件，在需要加入声音的地方插入一个关键帧，然后打开【库】面板，用鼠标将需要插入的声音拖动至舞台，在声音层中就加入了该声音文件。对加入的声音可以利用【属性】面板的【声音】选区对其播放属性进行设置，如图 12-19 所示。

图 12-18　导入声音的库面板

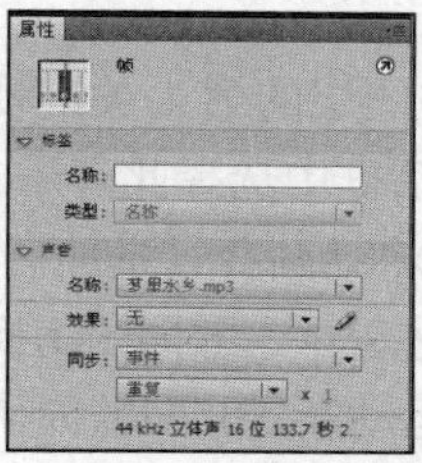

图 12-19　声音的属性面板

Flash 动画的声音效果可以通过【属性】面板中的【效果】选项来设置，主要包含以下效果选项：

① 无：不使用任何音效效果，如果想删除以前设置的效果，可以选择此项。

② 左声道：声音播放时只有左声道的声音。

③ 右声道：声音播放时只有右声道的声音。

④ 从左到右淡出：声音播放时采用从左声道到右声道的渐变效果。

⑤ 从右到左淡出：声音播放时采用从右声道到左声道的渐变效果。

⑥ 淡入：声音播放时由小慢慢变大。

⑦ 淡出：声音播放时由大慢慢变小。

⑧ 自定义：用户自定义声音效果，可以根据实际情况对声音进行随机调整，它的作用同【编辑】按钮。

【属性】面板中的【同步】选项用于设置声音的同步类型，即设置声音与动画是否进行同步播放，主要包含以下选项。

① 事件：默认选项，将声音和一个事件的发生过程同步起来，当动画播放到导入声音的帧时，声音开始播放，并独立于时间轴播放完整个声音，即使影片停止也继续播放，一般用于不需要控制声音播放的动画。

② 开始：“开始”与“事件”选项功能相似，若已经有一个声音在播放，新声音则会同时播放，两种声音混合。

③ 停止：停止指定声音的播放。

④ 数据流：声音与动画同步播放，随动画的停止而停止。与事件声音不同，声音的播放时间

不会比帧的播放时间长，如果要终止声音播放，只需要在终止的地方添加一个关键帧即可。

【属性】面板中的“重复”选项是对当前的声音文件设置循环播放方式，可以指定循环播放的次数。下面以制作一个配有歌词的“梦里水乡”音乐动画为例说明声音的使用方法。

【例 12.9】“梦里水乡”音乐动画，要求歌词随着音乐变化同步。

① 启动 Flash CS5，执行【文件】|【新建】命令，在弹出的【新建文档】对话框中选择【Action Script 3.0】，建立一个文档，并将【图层 1】重命名为【音乐】图层。在图层区单击【新建图层】按钮，建立【图层 2】，并将其命名为【背景层】。同样方法建立第 3 个图层，并将其命名为【歌词】图层。

② 执行【文件】|【导入】|【导入到库】命令，在弹出的【导入到库】对话框中选择“梦里水乡.mp3”，单击【确定】按钮后将选择的音乐文件导入到【库】中。

③ 选择【音乐】图层的第 1 关键帧，通过【窗口】|【库】命令打开库面板，利用鼠标将库中的“梦里水乡.mp3”拖动至舞台，此时“梦里水乡.mp3”声音文件已经加入动画。

④ “梦里水乡.mp3”的音乐时长为 4 分 53 秒，共计 7032 帧，在【音乐】图层的第 7032 帧处插入一个帧，此时可以看到音乐图层出现声音的波形，并在【属性】面板中将【同步】设置为【数据流】。

⑤ 选择【背景】图层的第 1 关键帧，执行【文件】|【导入】|【导入到舞台】命令，在弹出的【导入到舞台】对话框中选择此音乐文件的背景图片“水乡.jpg”，将其导入到舞台中，并在第 7032 帧格处插入帧，将动画背景延伸。

在音乐动画制作过程中，歌词的切换通常有两种方式：一种是形状渐变，即由一句歌词变化为另外一句；另一种是运动渐变，即歌词从舞台的某一位置移动到另外一个位置。由于该动画制作起来比较复杂，本例仅以其中的第一句歌词的制作为例说明具体制作方法，其他歌词的制作可以根据个人喜好来选择具体转化方式。

⑥ 在导入音乐文件后，在动画编辑区中按 Enter 键则音乐播放，等到唱出第一句歌词时再次按 Enter 键，在【歌词】层对应位置的帧格处插入一个空白关键帧，并利用【工具箱】中的【字体】工具输入歌词“春天的黄昏你陪我到梦里水乡”，并将该歌词文本移至舞台右侧的外部，如图 12-20 所示。

图 12-20　音乐 Flash 的制作编辑界面

⑦ 再次按 Enter 键继续播放音乐，在第一句歌词唱完时按 Enter 键，在【歌词】层对应位置的帧格处插入一个关键帧，并将第一句歌词文本移至舞台左侧的外部，并选中第一句歌词的起始关键帧位置，创建传统补间动画。

⑧ 按照步骤⑥和步骤⑦中的方法，将其他歌词动画制作完毕，在制作过程中综合使用运动渐变和形状渐变。

采用上述方法制作的动画，整个动画都是统一的背景，只有歌词在变化，为了增强动画表现效果，可以采用建立多场景动画，为每个场景中使用不同的背景；也可以另外再单独建立一个图层，专门放置与歌词相关的其他动画。

12.2.2 元件动画

在 Flash 中，可重复使用的图像、电影（影片）剪辑、按钮等通常被定义为元件。创建的元件存放在【库】中，在进行动画编辑时，直接可以将需要使用的元件对象拖动至舞台，此时会生成一个和元件相同的动画对象，称为实例。实例是库中元件的映射，一个元件可以对应多个实例，实例的属性可以修改。

使用元件制作动画的最大优点是可重复使用，在同一动画中多次使用同一元件的实例基本不影响文件的大小。Flash 中的元件分为 3 类：图形元件、按钮元件和电影剪辑元件。

① 图形元件：动画中多次使用的图像。

② 按钮元件：能够响应鼠标事件，能完成交互动作的一组对象。具有“弹起”、“指针经过”、“按下”和“单击”4 个状态。

③ 影片剪辑元件：一段小的独立的动画，包含动画的各种元素，具有独立的时间轴。

执行【插入】|【新建元件】命令可以打开【新建元件】对话框，在该对话框设置新建元件的名称和类型，即可进入元件编辑区对元件进行创作。下面通过两个例子说明元件动画。

【例 12.10】制作摆动小球动画，要求两个单摆小球来回摆动，如图 12-21 所示，最左边的单摆小球摆起再回到原处后，撞击其他 3 个单摆小球，使最右边的单摆小球摆起，最右边的单摆小球回到原处后，又撞击其他 3 个单摆小球，使最左边的单摆小球再摆起，周而复始，不断运动。

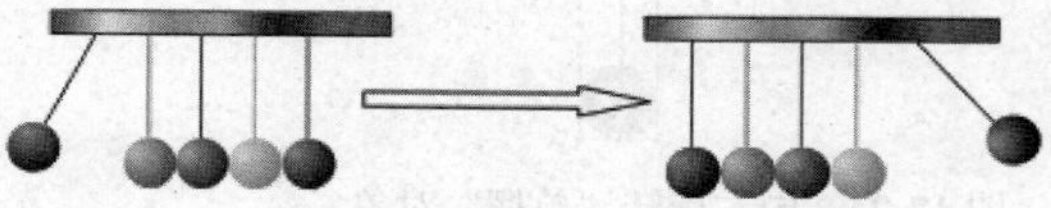

图 12-21 摆动小球动画效果

① 启动 Flash CS5，执行【文件】|【新建】命令，在弹出的【新建文档】对话框中选择【Action Script 3.0】，建立一个文档。单击文档空白区，选择快捷菜单【文档属性】命令，设置文档大小为 500 像素× 300 像素，背景色为白色。

② 选择【插入】|【新建元件】菜单命令，打开【创建新元件】对话框。在该对话框的【名称】文本框内输入元件的名字“单摆”，元件【类型】选择【影片剪辑】，再单击 确定 按钮退出该对话框，同时舞台工作区切换到元件编辑窗口。

③ 利用【椭圆】工具绘制一个绿色的立体球，然后绘制一条蓝色的垂直直线，并将它们组成制成单摆，如图 12-22 所示。单击元件编辑窗口中的场景名称 场景 1 或 按钮，回到舞台工作区的主场景。

④ 利用【矩形】工具在【图层 1】图层第 1 帧绘制一个长条的矩形，作为单摆的横梁。它的轮廓线为蓝色，填充色为七彩渐变色。单击选中第 60 帧，按 F5 键，使第 1 帧到第 60 帧中的动画内容一样。

⑤ 在【图层 1】图层之下增加一个【图层 2】图层。单击【图层 2】图层的第 1 帧，再将【库】面板中的【单摆】影片剪辑元件拖曳到横梁下边的偏左边处，形成【单摆】实例对象。使用工具箱内的任意变形工具 单击【单摆】对象，然后适当调整它的大小。再用鼠标拖曳【单摆】对象的圆形中心标记 ，使它移到单摆线的顶端。

⑥ 创建【图层 2】图层中的第 1～30 帧的动作动画。此时，第 1 帧与第 30 帧的画面均如图 12-23 所示。将【图层 2】图层中的第 15 帧设为关键帧，再将该帧的【单摆】对象的圆形中心标记移到单摆线的顶端，以确定单摆的旋转中心。再旋转调整【单摆】对象到如图 12-24 所示的位置。

图 12-22 “单摆”图形

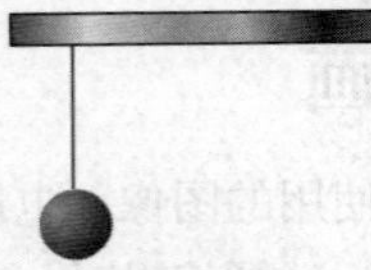

图 12-23 “单摆”对象和横梁图形

⑦ 单击【图层 2】图层的第 60 帧，按 F5 键，使【图层 2】图层的第 31～60 帧的内容与第 30 帧的内容一样。

⑧ 在【图层 2】图层之上增加一个【图层 3】图层。将【图层 2】图层第 1 帧的“单摆”对象复制到【图层 3】图层的第 1 帧。单击该图层的第 60 帧，按 F5 键，使【图层 3】图层第 1 至 60 帧的图像一样。

⑨ 单击【图层 3】图层第 1 帧的“单摆”对象，两次按 Ctrl+D 组合键，复制两个“单摆”对象。然后，使用对象的【属性】面板，精确调整它们的位置，使它们成为中间的 3 个“单摆”对象，如图 12-25 所示。然后利用【属性】面板调整这 3 个“单摆”对象的颜色。

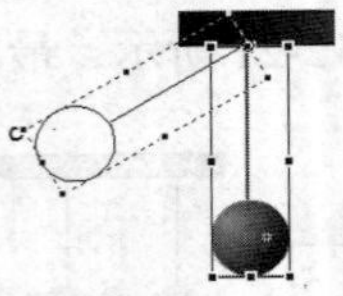

图 12-24 向左旋转“单摆”对象

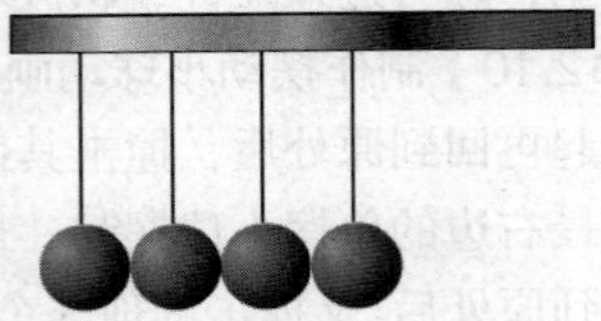

图 12-25 复制的“单摆”对象

⑩ 在【图层 3】图层之上增加一个【图层 4】图层。再将【图层 2】图层第 1 帧的【单摆】对象复制到【图层 4】图层的第 1 帧。然后调整该“单摆”对象的位置，使它成为最右边的“单摆”对象。

⑪ 单击【图层 4】图层的第 31 帧，按 F6 键，在第 31 帧处插入一个关键帧。再创建第 31～60 帧的动作动画，然后单击【图层 4】图层的第 45 帧，按 F6 键，在第 45 帧格处创建一个关键帧。

⑫ 调整所有关键帧中的【单摆】对象的圆形中心标记到摆线的顶端。单击【图层 4】图层的第 45 帧，再将该帧的“单摆”对象向右上方旋转，如图 12-26 所示。

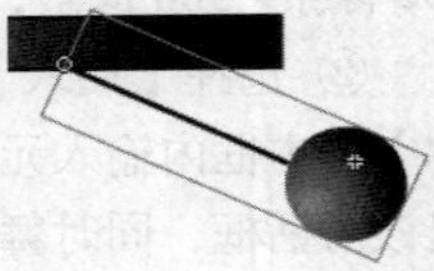

图 12-26 向右旋转“单摆”对象

至此，整个动画制作完毕，效果如图 12-27 所示。

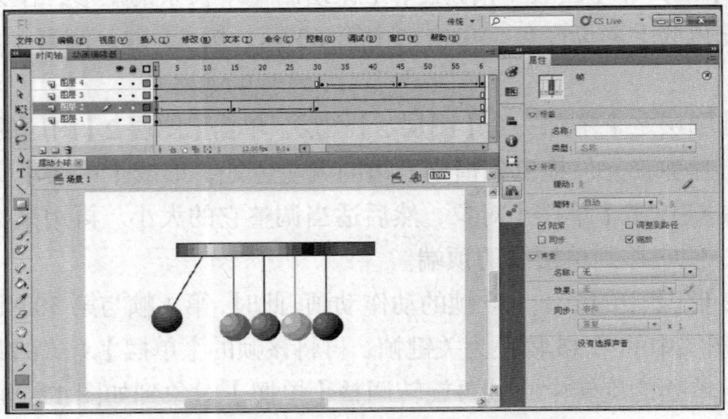

图 12-27 摆动小球的动画制作编辑

【例 12.11】制作大红灯笼动画，动画播放后屏幕显示如图 12-28 所示。两个大红灯笼挂在倒写的“福”字的两旁，同时还可以看到灯笼中的蜡烛在不停地闪烁。

图 12-28　大红灯笼效果图

（1）创建“蜡烛”影片剪辑元件

① 选择【插入】|【新建元件】菜单命令，打开【创建新元件】对话框，创建一个名为【蜡烛】的影片剪辑元件。单击 确定 按钮，进入“蜡烛”元件的编辑窗口。

② 单击【图层 1】图层的第 1 帧，使用工具箱中的矩形工具，设置无轮廓线，填充色为浅红色到深红色的线性渐变，在舞台工作区中绘制一个长条矩形，如图 12-29 所示。

③ 使用工具箱中的椭圆工具，设置无轮廓线，填充色为白色到浅黄色再到红色的放射状渐变。在刚刚绘制的长条矩形上边，绘制一个椭圆形状，作为蜡烛的火苗初始图形，如图 12-30 所示。

④ 利用前面补间形状动画例题中制作蜡烛的方法，为该蜡烛元件制作火焰，并且使其动画长度为 5 帧。

（2）制作“灯笼”影片剪辑元件

① 选择【插入】|【新建元件】菜单命令，打开【创建新元件】对话框，创建一个名为【灯笼】的影片剪辑元件。单击 确定 按钮，进入【灯笼】的编辑窗口。

② 单击【图层 1】图层的第 1 帧，绘制一个灯笼图形。灯笼图形的绘制主要是采用【椭圆】工具实现，首先绘制一个只有红色填充黄色笔触的椭圆形状，然后在绘制 4 个只有黄色笔触而没有填充的椭圆图形，通过调整后面绘制椭圆图形的形状，将上述椭圆组合成图 12-28 中所示的灯笼图形。

③ 在【图层 1】图层的下边新建一个图层【图层 2】，单击【图层 2】图层的第 1 帧，将“蜡烛”影片剪辑元件从【库】面板中拖曳到舞台工作区中成为实例对象，如图 12-31 所示，然后将“蜡烛”实例移到灯笼图形的中间偏下的位置处。

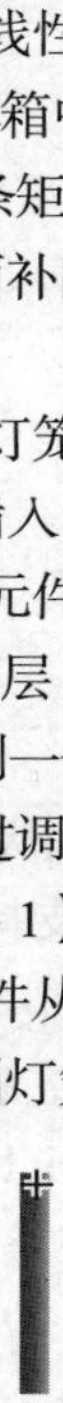

图 12-29　矩形

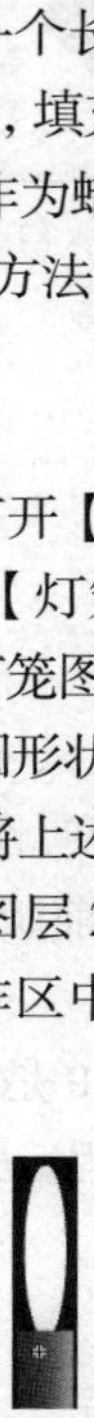

图 12-30　蜡烛火苗图形

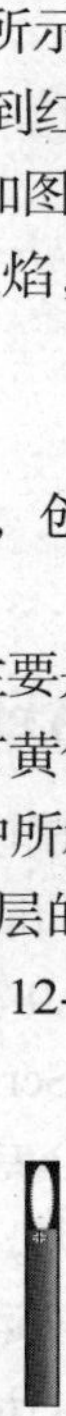

图 12-31　蜡烛实例

④ 单击元件编辑窗口中的场景名称 场景 1 或按钮，回到舞台工作区的主场景状态。

（3）制作主场景

① 使用工具箱中的矩形工具，设置黄色边线，填充红色到深红色。在舞台工作区中绘制一个正方形。使用工具箱中的任意变形工具，旋转该正方形，如图 12-32 左图所示。

② 使用工具箱中的文本工具，设置字体为“华文行楷”、大小为“96”、粗体，在适当位置输入一个“福”字，并将它垂直翻转，如图 12-32 右图所示。

图 12-32　旋转后的正方形和加入“福”字

③ 使用工具箱中的线条工具，设置线条颜色为黄色，在如图 12-28 所示的适当位置绘制一条长直线。

④ 将“灯笼”影片剪辑元件从【库】面板中拖曳到舞台工作区中成为实例对象，然后复制一个“灯笼”实例，将两个“灯笼”实例移动到适当位置。

至此，整个动画制作完成，最终效果如图 12-33 所示。

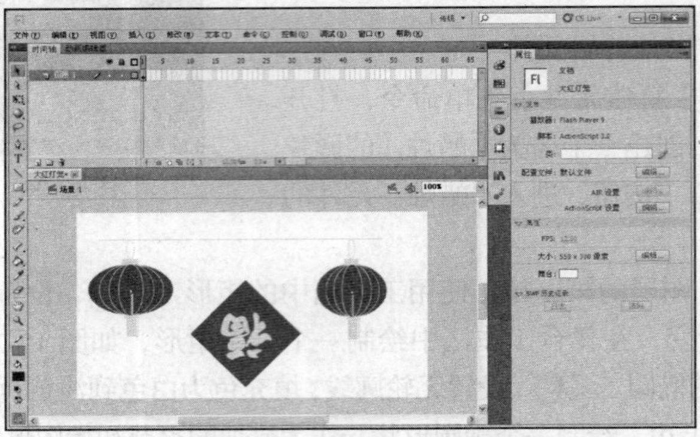

图 12-33　大红灯笼动画的制作编辑

12.3　交互动画

12.3.1　Action Script 简介

在 Flash 中制作交互动画需要使用一种叫作 Action Script 的脚本语言，利用脚本语言操控 Flash 中的动画对象。Action Script 脚本语言的当前版本为 3.0，在 Flash CS5 中同时支持 Action Script 3.0 和 Action Script 2.0 动画制作。

相比 Action Script 2.0，Action Script 3.0 是一种真正的面向对象编程语言，它将设计与程序控制彻底分开，适合专业级的程序员进行编程，虽然学习起来难度比 Action Script 2.0 大，但其所具备的功能更为强大，主要具备以下特征。

（1）增强处理运行错误的能力

应用 ActionScript 2.0 时，许多表面上“完美无暇”的运行错误无法得到记载。这使得 Flash Player 无法弹出提示错误的对话框，缺少错误报告使得用户不得不花更多的精力去调试 ActionScript 2.0 程序。

ActionScript 3.0 引入了在编译中容易出现的错误的情形，改进的调试方式能够健壮地处置应用项目中的错误。提示的运行错误提供足够的附注和以数字提示的时间线，帮助开发者迅速地定位产生错误的位置。

（2）对运行错误的处理方式

在 ActionScript 2.0 中，运行错误的注释主要提供给开发者一个帮助，所有的帮助方式都是动态的。而在 ActionScript 3.0 中，这些信息将记录下来用于监视变量在计算机中的运行情况，以使开发者能够让自己的应用项目得到改进以减少对内存的使用。

（3）密封的类

ActionScript 3.0 引入了密封的类的概念。在编译时间内的密封类拥有唯一固定的特征和方法，其他的特征和方法不可能被加入。这使得比较严密的编译时间检查成为可能，创造出健壮的项目。

（4）API 非常丰富，运行速度更快

ActionScript3.0 提供了众多的 API 接口函数用来处理 XML、正则表达式以及二进制 sockets 等，并且将性能提升了若干倍，可以使用户在舞台上同时控制更多的物体，获得更为流畅和炫目的动画效果。

有关 Action Script 内容的介绍，读者可以参考相关专业资料，此处不再叙述。下面利用两个实例说明交互动画的制作过程，为了简化制作过程和清晰展示交互动画的制作原理，在脚本语言版本上选择 Action Script 2.0。

12.3.2 交互动画制作实例

交互动画的制作过程可以划分为两个步骤，第一步是制作动画对象，第二步为动画对象添加脚本控制代码。脚本控制代码的添加是通过【动作】面板实现的。

【例 12.12】制作一个由矩形转化为圆形的形状渐变动画，要求为该动画添加一组按钮，利用按钮控制动画一步一步的变化。

① 启动 Flash CS5，执行【文件】|【新建】命令，在弹出的【新建文档】对话框中选择【Action Script 2.0】，建立一个文档。

② 在【时间轴】的图层区域中，重命名【图层 1】为【渐变动画层】，并单击图层区的【新建图层】按钮，建立两个图层，分别命名为【按钮层】和【代码层】。

③ 选择【渐变动画层】第 1 关键帧，利用【工具箱】中的【矩形】工具在舞台中央绘制一个矩形，选中第 30 帧，插入【空白关键帧】，利用【工具箱】中的【椭圆】工具在舞台中央绘制一个正圆形。

④ 再次选中第 1 关键帧，在鼠标右键快捷菜单中执行【创建补间形状】命令，此时已经完成形状渐变动画的制作，如果播放该动画，则循环播放由矩形变为圆形的动画。为了对动画进行控制，在【代码层】的第 30 帧插入【空白关键帧】，选中新插入的关键帧，执行【窗口】|【动作】命令，将弹出如图 12-34 所示的【动作】面板。

⑤ 在动作面板中输入脚本代码：stop();。此处必须是英文状态下输入，并且分号不能遗漏。该句脚本代码在动画播放到第 30 关键帧时，将停止动画的播放，从而使得动画不再循环播放。为了使得动画无法自动播放，在【代码层】的第 1 关键帧也插入相同的代码。

⑥ 选择【按钮层】的第 1 关键帧，执行【窗口】|【公用库】|【按钮】命令，打开如图 12-35 所示的【库-Buttons.fla】面板，切换至【Circle Buttons】分组，将【next】、【previous】、【to beginning】以及【to end】4 个按钮拖动至舞台。

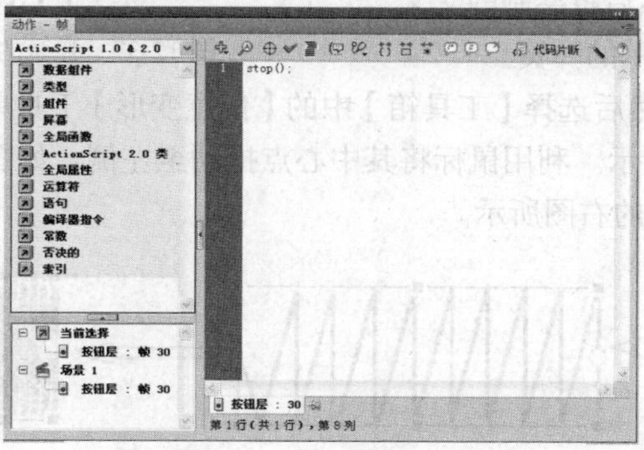

图 12-34 动作面板

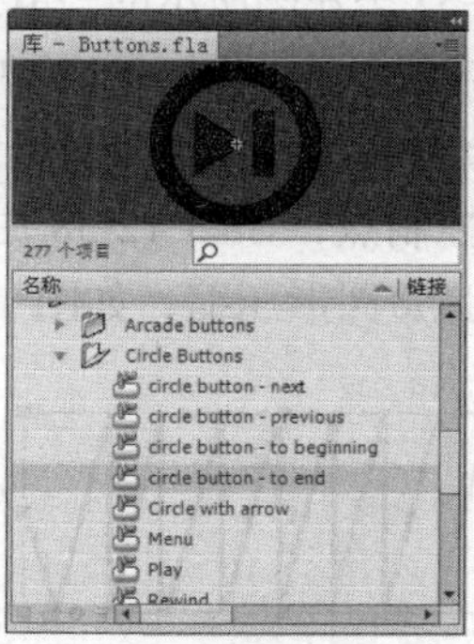

图 12-35 按钮库

⑦ 在【按钮层】的第 30 帧单击鼠标右键，执行快捷菜单中的【插入帧】命令加入 1 帧，从而将该图层动画延伸至第 30 帧。依次选择每一个按钮，然后在【动作】面板中为每个按钮添加代码如下：

：回到动画的第一帧

代码：on(press)

{gotoAndPlay(1);}

：展示动画变化的下一帧

代码：on(press)

{nextFrame();}

：展示动画变化的上一帧

代码：on(press)

{prevFrame();}

：展示动画变化的最后一帧

代码：on(press)

{gotoAndPlay(30);}

至此，动画制作完毕，如图 12-36 所示。执行【控制】|【播放】命令可以播放制作的动画，然后执行【文件】|【保存】命令，对制作的动画选择存储位置和命名即可保存动画文件。

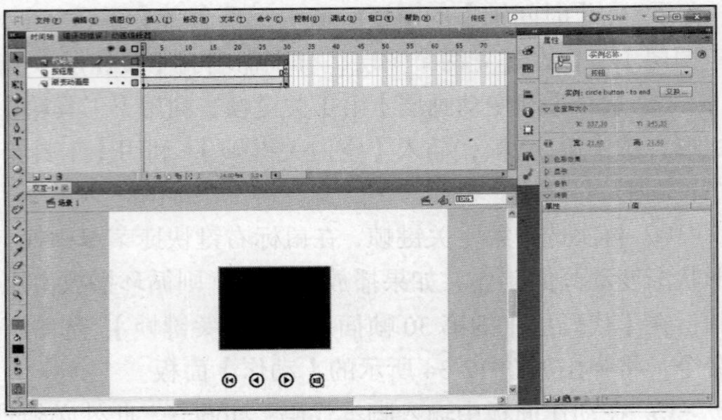

图 12-36　形状渐变交互动画制作

【例 12.13】制作一个左右横向运动的弹簧球，并在动画中添加按钮控制弹簧的运动和停止。

① 启动 Flash CS5，执行【文件】|【新建】命令，在弹出的【新建文档】对话框中选择【Action Script 2.0】，建立一个文档。在建立的文档中执行【插入】|【新建元件】命令，弹出【新建元件】对话框，将名称设置为“th”，类型选择为【影片剪辑】。

② 在 th 影片剪辑元件的编辑场景创建弹簧球。首先建立弹簧，利用【工具箱】中的【直线】工具绘制两条交叉线，制作如图 12-37 中左图所示的一节弹簧，然后将绘制的交叉线进行复制|粘贴，形成图 12-37 中右图所示的弹簧。

图 12-37　弹簧的制作

③ 将绘制的弹簧转化为图形元件，然后选择【工具箱】中的【任意变形】工具单击弹簧，则弹簧上出现控制点，如图 12-38 中左图所示。利用鼠标将其中心点拖动至左侧，如图 12-38 中间图示，并将弹簧图形压缩，如图 12-38 中的右图所示。

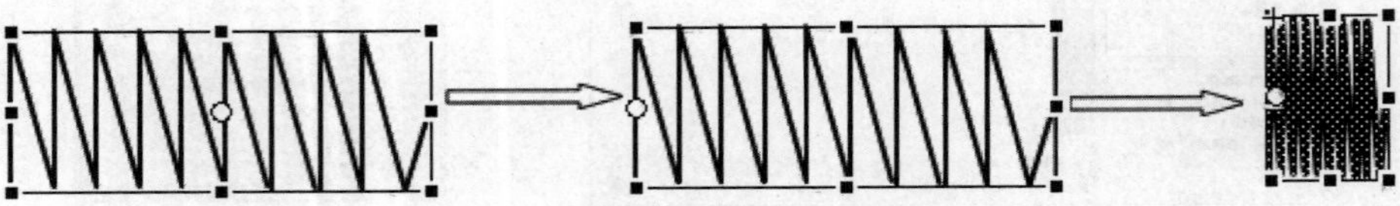

图 12-38　弹簧的变形

④ 在【图层 1】的第 20 和第 40 帧分别插入关键帧，选中第 20 关键帧，将压缩的弹簧恢复至原有状态。

⑤ 新建一个【图层 2】，在第 1 关键帧利用【工具箱】中的【椭圆】工具绘制一个蓝色的小球，并将其转化为图形元件。在第 20 帧和第 40 帧分别插入关键帧，并将第 1 帧、第 20 帧以及第 40 关键帧处的小球分别拖动至弹簧前侧并贴紧。

⑥ 在【图层 1】和【图层 2】的第 1 帧和第 20 关键帧处分别执行【创建传统补间】，形成两个图层的运动渐变动画，其中第 20 关键帧处的动画如图 12-39 所示。

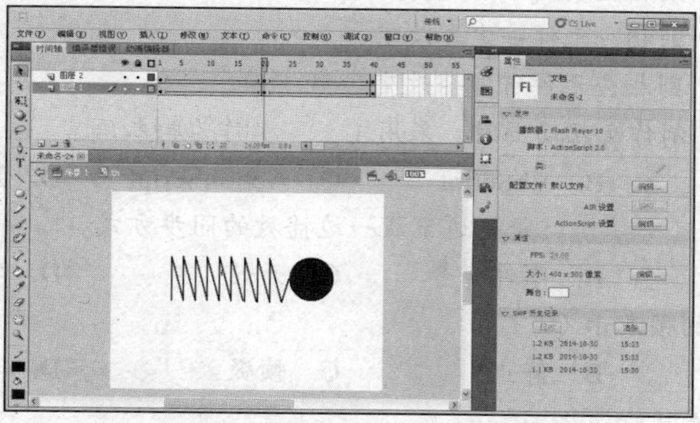

图 12-39　弹簧元件的建立

至此，th 影片剪辑元件制作完毕。

⑦ 单击按钮，退出影片剪辑元件的编辑，执行【窗口】|【库】命令，在打开的【库】面板中选中新建立的 th 元件，将其拖动至舞台形成一个实例，在右侧的【属性】面板中将实例的名称命名为“thq”。

⑧ 执行【窗口】|【公用库】|【按钮】命令，打开【库-Buttons.fla】面板，切换至【Ovals】分组，将【green】和【red】按钮拖动至舞台，如图 12-40 所示。

⑨ 依次选择每一个按钮，然后在【动作】面板中为每个按钮添加代码如下：

：停止弹簧球的摆动

代码：
```
on（release）
{tellTarget("/thq")
        {stop();}
}
```

：触发弹簧球的摆动

代码：
```
on（release）
{   tellTarget("/thq")
        {play();}
}
```

⑩ 至此，动画制作完毕，如图 12-40 所示。执行【控制】|【播放】命令可以播放制作的动画，然后执行【文件】|【保存】命令，对制作的动画选择存储位置和命名即可保存动画文件。

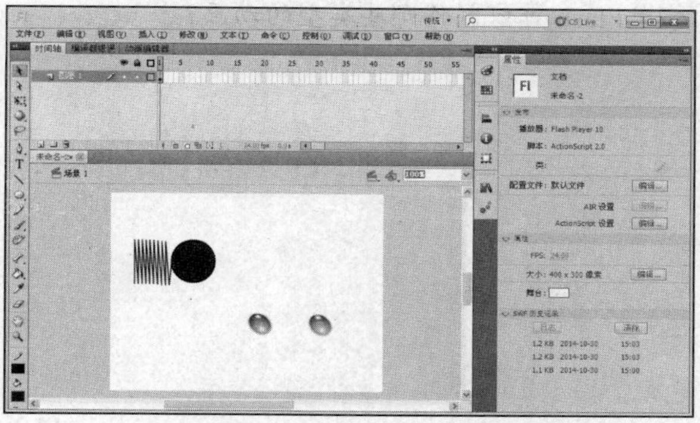

图 12-40　弹簧球交互动画的制作

习　题

一、选择题

1. 元件和与它相应的实例之间的关系是（　　）。
   A. 改变元件，则相应实例一定会改变
   B. 改变元件，则相应实例不一定会改变
   C. 改变实例，则相应元件一定会改变
   D. 改变实例，则相应元件可能会改变
2. 利用 Flash CS5 制作交互动画时，采用（　　）作为脚本语言。
   A. JavaScript　　B. VbScript　　C. ActionScript　　D. XmlScript
3. 在声音设置中，（　　）就是一边下载一边播放的同步方式。
   A. 流式声音　　B. 事件声音　　C. 开始　　D. 数据流
4. 时间线上绿色的帧表示（　　）。
   A. 形变渐变　　B. 静止　　C. 帧数　　D. 动画速率
5. 插入帧的作用是（　　）。
   A. 完整的复制前一个关键帧的所有内容
   B. 起延时作用
   C. 等于插入了一张白纸
   D. 以上都不对

二、填空题

1. 元件可以分为________、________和________3 类。
2. 形状补间动画的对象必须是________后的图形。
3. ________是指独立于主动画且自动反复运行的小动画。
4. ________是 Flash 动画播放的时间线，可对图层和帧中的内容进行控制。
5. ________是在舞台中一帧一帧制作的动画，这种类型的动画在制作过程工作量较大，通常用于比较短小但需要对动画的画面做精确控制的动画制作。

三、简答题

1. Flash 中使用元件进行动画设计的优点是什么？
2. Flash 可以制作哪些类型的动画？

第 13 章 Photoshop CS5 基础

Photoshop CS5 是 Adobe 公司推出的一款图形图像处理软件，可以方便地对图形图像进行编辑、修补、美化以及合成，是迄今为止图形图像处理软件中应用最为广泛和功能最为全面的工具。本章主要介绍 Photoshop CS5 工作区组成与功能、图像文件的操作以及图像选取等基础知识。

13.1 工作区介绍

Photoshop CS5 提供了丰富的图形图像处理工具，合理的布局界面，可以方便地实现图像扫描、编辑修改、图像制作、广告创意、图像输入与输出等功能。本节主要介绍 Photoshop CS5 的工作区及其功能构成。在介绍 Photoshop CS5 软件环境之前，首先介绍一些与图像处理相关的专业术语。

13.1.1 图像处理专业术语

1. 位图和矢量图

位图图像（bitmap）又称为点阵图像或像素图像，它是由具有不同排列和颜色的像素点组成的。位图文件的质量和大小与图像中像素点的多少和密度有密切关系，因此在位图放大时会存在失真现象，如图 13-1 和图 13-2 所示。

图 13-1 小鸟原始位图

图 13-2 放大后的小鸟位图

矢量图由点、线、圆和多边形构成并根据图形的几何特性进行绘制产生，适用于图形设计、文字设计、标志设计、版式设计等。矢量图文件所占用空间较小，在放大后图像不会失真，因此显示效果和分辨率无关，如图 13-3 和图 13-4 所示。

图 13-3　花原始矢量图

图 13-4　放大后的花矢量图

像素是构成数码影像的基本单元，是组成图像的一个个点。像素是显示颜色的最小单位，一个图像的像素越高，其色彩越丰富，图像表达也越细腻和真实。分辨率是指单位长度上像素的多少，单位长度上的像素点越多，图像就越清晰。

2. 与色彩相关的概念

（1）色相

色相指的是色彩的外相，即各类色彩的相貌称谓，是在不同波长的光照射下，人眼所感觉不同的颜色，如红色、黄色、蓝色等。

色相是色彩的首要特征，是区别各种不同色彩的最准确的标准，决定于光源的光谱组成以及有色物体表面反射的各波长辐射的比值对人眼所产生的感觉。事实上任何黑白灰以外的颜色都有色相的属性，而色相也就是由原色、间色和复色来构成的。

（2）饱和度

饱和度指的是色彩的鲜艳程度，也称色彩的纯度。饱和度取决于该色中含色成分和消色成分（灰色）的比例。含色成分越大，饱和度越大，图像越鲜艳；消色成分越大，饱和度越小，图像越黯淡。

（3）对比度

对比度是一幅图像中明暗区域最亮的白和最暗的黑之间不同亮度层级的测量，差异范围越大代表对比越大，差异范围越小代表对比越小，好的对比率（如 120：1）可以容易地显示生动、丰富的色彩，当对比率高达 300：1 时，便可支持各色阶的颜色。

（4）色阶

色阶是表示图像亮度强弱的指数标准，是指各种图像色彩模式下图形原色（如 RGB 模式下的原色为 R、G、B）的明暗度，色阶的调整也就是明暗度的调整。色阶的范围为 0～255，也就是说，总共包含 256 种色阶。例如，对于灰度模式，其中的 256 个色阶为从白到灰，再由灰到黑。图像的色彩丰满度和精细度是由色阶决定的。

（5）色调

色调指的是一幅画中画面色彩的总体倾向，是大的色彩效果。图像通常被划分为多个色调（如绿色、红色），其中包含一个主色调。色调调整就是指将图像颜色在各种颜色之间进行调整，用户可分别调整各色调。

（6）色域

色域是对一种颜色进行编码的方法，是指某种设备所能表达的颜色数量所构成的范围区域，即各种屏幕显示设备、打印机或印刷设备所能表现的颜色范围。常见的色域空间有 RGB、CMYK、LAB 等。

13.1.2 工作区的构成与功能

Photoshop CS5 启动后，屏幕上会打开一个如图 13-5 所示的工作区窗口，该窗口主要由应用程序栏、菜单栏、工具箱、选项栏、文档窗口、状态栏、面板等构成。如果打开的工作区界面与图 13-5 不同，则可以执行【窗口】|【工作区】|【基本功能（默认）】命令，将工作区恢复为 Photoshop CS5 默认的配置。

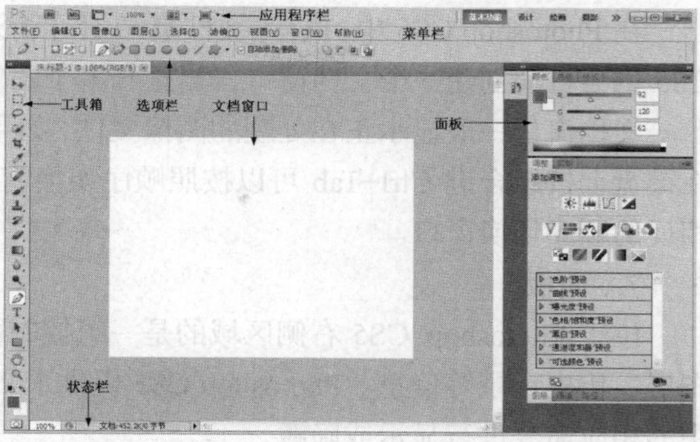

图 13-5 Photoshop CS5 工作区的组成

1. 应用程序栏

应用程序栏位于工作区的最上方，应用程序栏中显示了 Photoshop CS5 的程序图标和一组命令按钮图标，包含【启动 Bridge】按钮、【查看额外内容】按钮、【缩放级别】按钮、【排列文档】按钮、【屏幕模式】按钮、工作区按钮等，单击某一按钮，即可打开相关选项，可选择其中的命令和功能。

2. 菜单栏

菜单栏中包括【文件】、【编辑】、【图像】、【图层】、【选择】、【滤镜】、【视图】、【窗口】和【帮助】9 个菜单。单击任意一个菜单，将会弹出相应的下拉菜单，其中又包含若干个子命令，选取任意一个子命令即可实现相应的操作。

3. 工具箱

工具箱中包含有各种图形绘制和图像处理工具，如对图像进行选择、移动、绘制、编辑和查看的工具，在图像中输入文字的工具，更改前景色和背景色的工具等。用鼠标单击工具箱中的工具按钮图标，即可使用该工具。

如果工具按钮右下方有一个三角形符号，则代表该工具还有弹出式的工具，点按住工具按钮则会出现一个工具组，将鼠标移动到工具图标上，即可切换不同的工具。工具箱中每个工具组中设置的命令功能如图 13-6 所示。

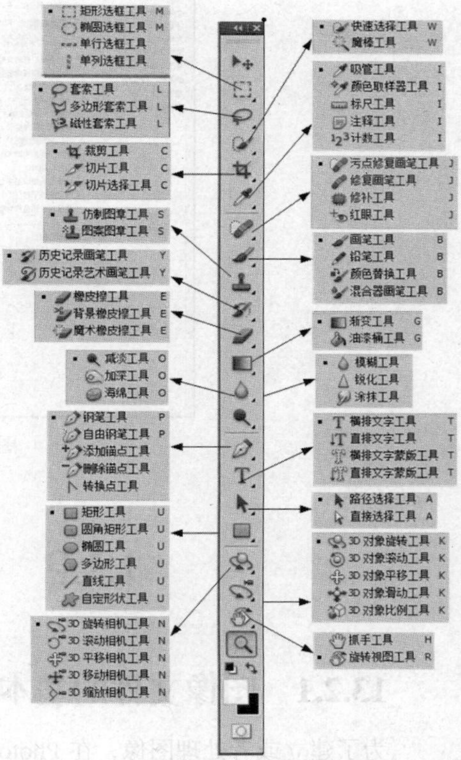

图 13-6 工具箱中的工具命令项

4. 选项栏

选项栏位于菜单栏的下方，当选中【工具】面板中的任意工具时，选项栏就会改变成相应工具的属性设置选项，用户可以很方便地利用它来设置工具的各种属性，其外观也会随着选取工具的不同而改变。

5. 状态栏

状态栏位于图像窗口的底部，用于显示文档的窗口缩放比例、大小、文档尺寸、当前工具等信息，单击状态栏中的【向右箭头】按钮，在弹出的下拉菜单中选择【显示】命令，在弹出的子菜单中可以设置文档大小、文档配置文件、文档尺寸、测量比例、32 位曝光等子命令。

6. 文档窗口

在 Photoshop CS5 中，执行【文件】|【新建】命令可以建立一个文档，当打开一个图像，Photoshop CS5 也会自动创建一个文档窗口，当打开多个图像时，文档窗口将以选项卡的形式进行显示。

文档窗口一般显示正在处理的图像文件，如果准备切换文档窗口，可以选择相应的标题名称，在键盘上按组合键 Ctrl+Tab 可以按照顺序切换窗口，在键盘上按组合键 Ctrl+Shift+Tab 可以按照相反的顺序切换窗口。

7. 面板

位于 Photoshop CS5 右侧区域的是一组控制面板，可以用来设置图像的颜色、色板、样式、图层、历史记录等信息。Photoshop CS5 提供了 20 多个面板，这些面板可以通过【窗口】主菜单中的相应命令进行显示或隐藏。

Photoshop CS5 提供了设置首选项的功能，通过首选项的设置可以有效地提高 Photoshop 的运行效率，使其更加符合用户的操作习惯。执行【编辑】|【首选项】|【常规】命令可以打开如图 13-7 所示的【首选项】设置对话框，在该对话框中，用户可以根据图像编辑时的需要和个人习惯对 Photoshop CS5 进行设置。

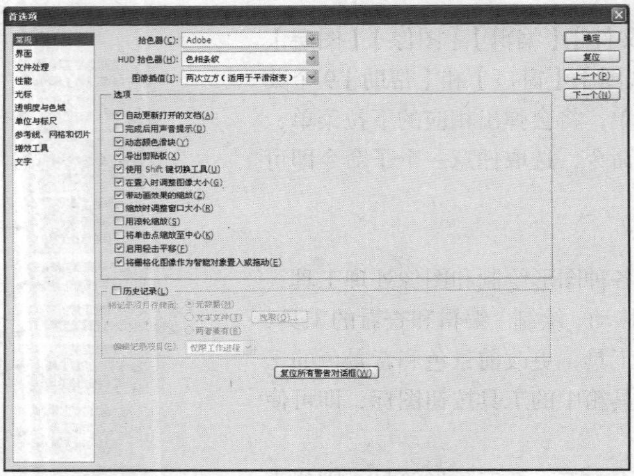

图 13-7　首选项设置对话框

13.2　图像文件的操作

13.2.1　图像文件的基本操作

为了建立或者处理图像，在 Photoshop CS5 应用程序启动后，需要新建一个空白文档或者将图像打开至 Photoshop CS5 的工作区界面中，在处理完毕后需要对图像进行保存等操作，本小节主要讲述图像文件的基本操作。

1. 新建图像文件

在 Photoshop CS5 的工作区中，执行【文件】|【新建】命令或按快捷键 Ctrl+N，可打开如

图 13-8 所示的【新建】对话框。在对话框中设置文件的名称、尺寸、分辨率、颜色模式、背景内容等选项，单击【确定】按钮，即可创建一个空白图像。

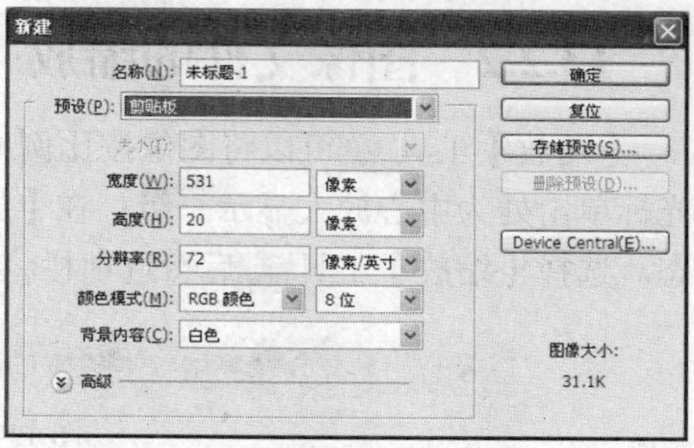

图 13-8　新建文档对话框

2. 打开图像文件

在处理图像文件时，经常需要打开保存的素材图像进行编辑。在 Photoshop CS5 中可以打开和导入不同格式的图像文件，执行【文件】|【打开】命令或按快捷键 Ctrl+O，可以弹出【打开】对话框，利用此对话框可以打开计算机中存储的 PSD、BMP、TIFF、JPEG、TGA、PNG 等多种格式的图像文件。

在【打开】对话框的文件列表框中按住 Shift 键选择连续排列的多个图像文件，可以同时将多个图像文件打开，如果按住 Ctrl 键，可以选择多个不连续排列的图像文件，将文件在文档窗口中打开。

3. 置入图像文件

在 Photoshop CS5 中，通过执行【文件】|【置入】命令，可以打开【置入】对话框。在对话框中可以选择 AI、EPS、PDF 或 PDP 文件格式的图像文件，然后单击【置入】按钮，即可将选择的图像文件导入至 Photoshop CS5 的当前图像文件窗口中。

例如，在 Photoshop CS5 中打开图像文件“草地.jpg”，执行【文件】|【置入】命令，在弹出的对话框中选择图像文件“小狗.jpg”，调整该图像文件至合适位置和大小，如图 13-9 所示，此时按 Enter 键置入图像，然后在【图层】面板中设置【图层混合模式】为【正片叠底】，其效果如图 13-10 所示。

图 13-9　置入图片

图 13-10　图层混合后的图片

4. 存储和关闭图像文件

打开的图像文件在编辑完毕后需要存储和关闭，一些复杂的图像处理，在操作过程中也需要及时对图像文件进行保存，文件存储时可以执行【文件】|【存储】命令，在打开的【存储为】对话框中指定保存位置、保存文件名和文件类型。文件在第一次存储时，会弹出【存储为】对话框，否则在存储过程中会按照已有的文件路径和格式进行保存，在对文件存储时，也可以使用快捷键 Ctrl+S。

同时打开多个图像文件时，可以将不再需要进行编辑和处理的文件进行关闭，以下方法均可以关闭图像文件。

① 选择【文件】|【关闭】命令。

② 单击图像窗口标题栏中最右侧的【关闭】按钮。

③ 单击图像窗口标题栏最左侧的 Ps 按钮，从打开的菜单中选择【关闭】命令。

④ 双击图像窗口标题栏最左侧的 Ps 按钮。

⑤ 使用快捷键 Ctrl+W 或 Ctrl+F4 快捷键。

13.2.2 图像文件的缩放

【缩放】工具可以将图像按比例地放大或缩小显示。使用【缩放】工具时，图像将以鼠标光标单击处为中心放大显示一级；在【放大】状态下按住 Alt 键单击图像可以切换至【缩小】状态。选择【缩放】工具后，选项栏将变为如图 13-11 所示，选项栏中各选项的含义如下。

图 13-11　【缩放】工具选项栏

按钮：单击该按钮后，在图像中单击可以放大图像的显示比例。

按钮：单击该按钮后，在图像中单击可以缩小图像的显示比例。

【调整窗口大小以满屏显示】：在缩放窗口的同时自动调整窗口的大小以使得显示的对象充满屏幕。

【缩放所有窗口】：可以同时缩放所有打开的图像的窗口。

【实际像素】：图像以实际像素即以 100%的比例显示。

【适合屏幕】：可以在窗口中最大化显示完整的图像。

【打印尺寸】：按照实际的打印尺寸显示图像。

图像文件的缩放除了可以利用【工具箱】中的【缩放】工具以外，也可以采用菜单命令的形式实现。在【视图】菜单中，可以选择【放大】、【缩小】、【按屏幕大小缩放】、【实际像素】和【打印尺寸】命令完成文件的缩放。

图像放大显示后，如果图像无法在窗口中完全显示出来时，可以利用【抓手】工具在图像中按下鼠标左键拖曳，从而在不影响图像在图层中相对位置的前提下平移图像在窗口中的显示位置，以观察图像窗口中无法显示的图像。

13.2.3 尺寸调整与裁剪

1. 图像大小调整

图像文件的大小是由文件尺寸（宽度、高度）和分辨率决定的。图像文件的宽度、高度或分辨率数值越大，图像文件也就越大。当图像的宽度、高度和分辨率无法符合设计要求时，可以通过改变图像的宽度、高度或分辨率来重新设置图像的大小。

在 Photoshop CS5 中，执行【图像】|【图像大小】命令，可以打开如图 13-12 所示的【图像大小】对话框。若在【像素大小】选项组中输入新的【宽度】和【高度】像素值，此时图像新文件的大小会显示在【图像大小】对话框顶部，旧文件大小在括号内显示。修改图像的像素大小不仅会影响图像在屏幕上的大小，还会影响图像的质量和显示效果。

若将【分辨率】参数设置为一个新的数值，可以发现在【图像大小】对话框中【文档大小】下面的【宽度】和【高度】并不没有发生变化，只是在【像素大小】中发生改变，因此，调整图像的分辨率不会影响图像的输出尺寸，但会影响图像的输出效果和品质。

2. 画布大小调整

在图像的设计和处理过程中，有时候需要增加或减小画布的尺寸来得到合适的版面，利用 Photoshop CS5 提供的【画布大小】命令，即可根据需要来改变作品的版面尺寸。

利用【画布大小】命令可在当前图像文件的版面中增加或减小画布区域。此命令与【图像大小】命令不同，【画布大小】命令改变图像文件的尺寸后，原图像中每个像素的尺寸不发生变化，只是图像文件的版面增大或缩小了。而【图像大小】命令改变图像文件的尺寸后，原图像会被拉长或缩短，即图像中每个像素的尺寸都发生了变化。

执行【图像】|【画布大小】命令，可以弹出如图 13-13 所示的【画布大小】对话框。在该对话框中可以修改画布的【高度】和【宽度】，单位默认为【像素】，同时可以设置画布在扩展时所采用的颜色，默认为画布的背景色。

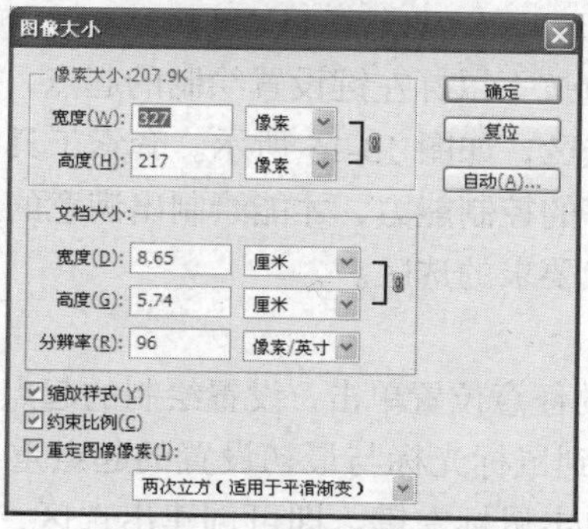

图 13-12　图像大小设置

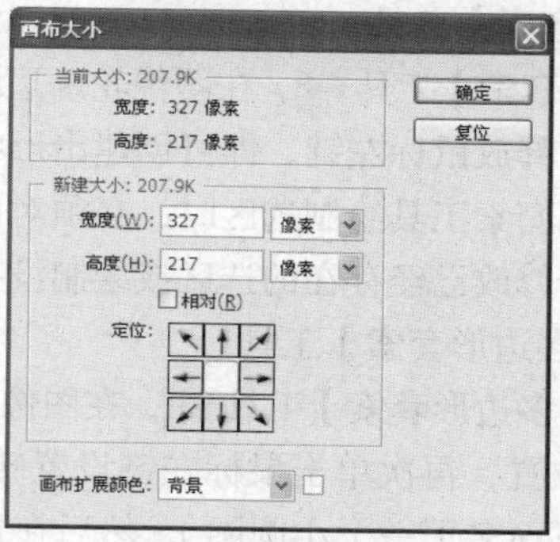

图 13-13　画布大小设置

【画布大小】对话框【定位】属性用于设置画布在增大或缩小时的基点。如图 13-14 所示，在 Photoshop CS5 中打开一幅图片“螳螂.jpg”，该图片默认的画布大小高度为 217 像素，宽度为 327 像素，现将该图像所占用的画布扩展为宽度 500 像素，并且在定位按钮中选择右上角，则扩充后的画布效果如图 13-14 所示，在画布的左侧补充了空白区域，该空白区域即新增加的画布区域。

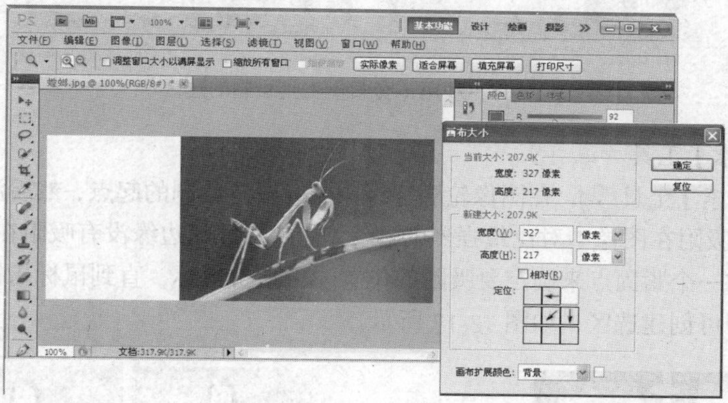

图 13-14　画布的增大

13.3　图像选取

把目标图像从背景中选取出来，是图像处理工作者及网页美工设计人员经常完成的工作，灵活掌握一些图像选取技巧，可以节省图像处理的时间，提高工作效率。

在处理图像和绘制图形时，首先应该根据图像需要处理的位置和绘制图形的形状创建有效的可编辑选区。当创建了选区后，所有的操作只能对选区内的图像起作用，选区外的图像将不受任何影响。

13.3.1 套索与魔棒工具

1. 套索工具

【套索】工具是一种使用灵活且形状自由的绘制选区的工具，该工具组包括【套索】工具、【多边形套索】工具和【磁性套索】工具，下面介绍这 3 种工具的使用方法。

（1）【套索】工具

选择【套索】工具，在图像轮廓边缘任意位置按下鼠标左键设置绘制的起点，拖曳鼠标到任意位置后释放鼠标左键，即可创建出形状自由的选区，如图 13-15 所示。套索工具的自由性很大，在利用套索工具绘制选区时，必须对鼠标有良好的控制能力，才能绘制出满意的选区。此工具一般用于修改已经存在的选区或绘制没有具体形状要求的选区。

（2）【多边形套索】工具

选择【多边形套索】工具，在图像轮廓边缘的任意位置单击，设置绘制的起点，拖曳鼠标到合适的位置，再次单击鼠标左键设置转折点，直到鼠标光标与最初设置的起点重合（此时鼠标光标的下面多了一个小圆圈），然后在重合点上单击鼠标左键，即可创建出选区，如图 13-16 所示。

图 13-15 利用【套索】工具绘制的选区

（3）【磁性套索】工具

选择【磁性套索】工具，在图像轮廓边缘单击，设置绘制的起点，然后沿图像的边缘拖曳鼠标，选区会自动吸附在图像中对比最强烈的边缘，如果选区的边缘没有吸附在需要的图像边缘，可以通过单击添加一个紧固点来确定要吸附的位置，再拖曳鼠标，直到鼠标指针与最初设置的起点重合时，单击即可创建选区，如图 13-17 所示。

图 13-16 【多边形套索】工具绘制的选

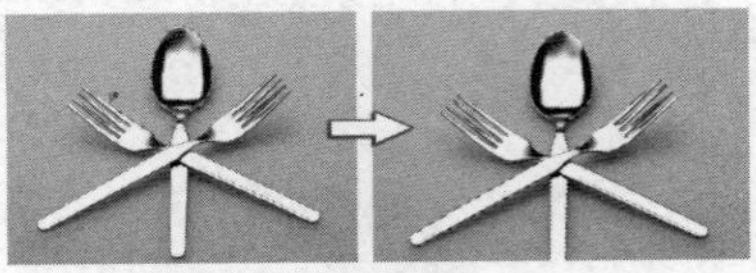

图 13-17 利用【磁性套索】工具绘制的选区

2. 魔棒工具

【魔棒】工具组包括【魔棒】工具和【快速选择】工具，下面通过实例来介绍这两种工具的使用方法。

（1）利用【魔棒】工具抠图

① 打开素材名为“童裤.jpg”的文件。

② 将鼠标指针移动到【图层】面板中的“背景”层上双击鼠标左键，然后在弹出的【新建图层】对话框中单击 确定 按钮，将“背景”层转换为“图层 0”层。

③ 选择工具，激活属性栏中的按钮，设置容差:30参数为“30”，勾选【连续】复选框，在画面中的背景上单击添加如图 13-18 所示的选区。

④ 继续在背景中单击，将背景全部选取，如图 13-19 所示。

⑤ 选择【选择】|【修改】|【羽化】菜单命令，弹出【羽化选区】对话框，将【羽化半径】选项设置为“2px”，单击 确定 按钮。

⑥ 按 Delete 键删除背景，得到如图 13-20 所示的效果。

⑦ 按 Ctrl+D 组合键去除选区，然后选择【橡皮擦】工具，单击属性栏中的图标，在弹出的【画笔】参数设置面板中设置参数如图 13-21 所示。

图 13-18　添加的选区

图 13-19　选取背景

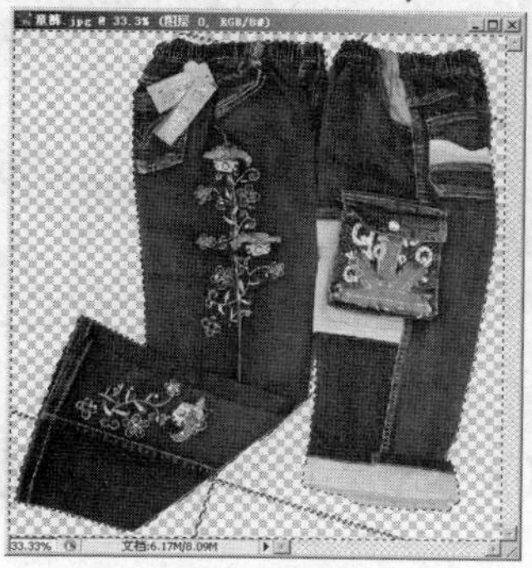

图 13-20　删除背景效果

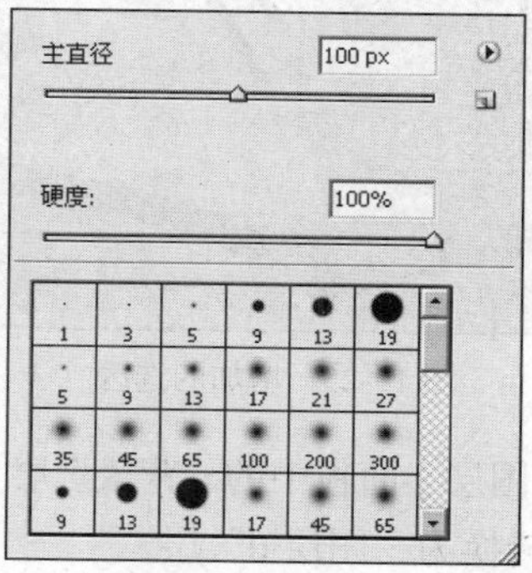

图 13-21　【画笔】面板

⑧ 利用【橡皮擦】工具将地板接缝擦除，擦除前后的形态如图 13-22 所示。

图 13-22　擦除地板接缝前后形态

⑨ 选择【图层】|【修边】|【去边】菜单命令，弹出【去边】对话框，设置【宽度】参数为“2px”，单击 确定 按钮，完成图像选取操作。

⑩ 按 Shift+Ctrl+S 组合键，将此文件另命名为“魔棒抠图.psd”保存。

（2）用【快速选择】工具抠图

① 打开素材名为“休闲毛衫.jpg”的文件。

② 选择工具，然后单击属性栏中【画笔】选项右侧的图标，在弹出的【笔头设置】面板中设置选项参数如图 13-23 所示。

③ 用工具在背景中按住鼠标左键拖曳，创建选区如图 13-24 所示。

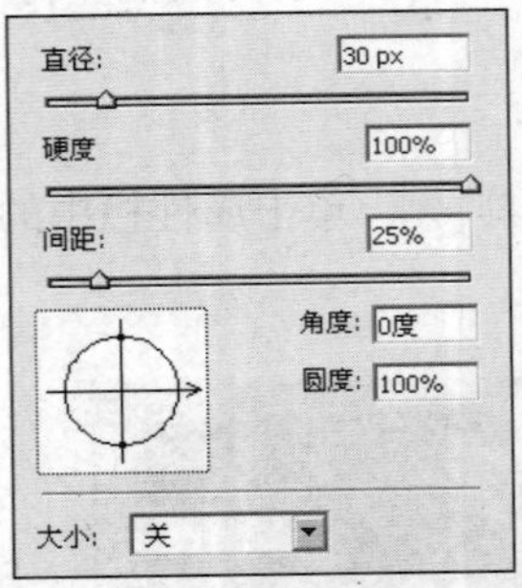

图 13-23 【画笔】面板

图 13-24 创建的选区

④ 继续在背景中拖曳鼠标，可以增加选择的范围，如图 13-25 所示。

⑤ 继续拖曳鼠标的位置，直至把背景全部选择，如图 13-26 所示。

图 13-25 增加的选区

图 13-26 选取的背景

⑥ 双击【图层】面板中的“背景”层，在弹出的【新建图层】对话框中单击 确定 按钮，将“背景”层转换为“图层 0”层。

⑦ 选择【选择】|【修改】|【羽化】菜单命令，弹出【羽化选区】对话框，将【羽化半径】设置为“1px”，单击 确定 按钮。

⑧ 按 Delete 键删除背景，得到如图 13-27 所示的效果，按 Ctrl+D 组合键去除选区。

⑨ 按 Shift+Ctrl+S 组合键，将此文件命名为“快速选择抠图.jpg”保存。

图 13-27 去除背景后效果

13.3.2　魔术橡皮擦工具

利用【魔术橡皮擦】工具可以迅速去除指定颜色的图像背景，下面以实例的形式来介绍该工具的使用方法。

① 打开素材名为“天空.jpg”和“人物 06.jpg”的文件，如图 13-28 所示。

图 13-28　打开的图片

② 将“人物 06.jpg”文件设置为工作状态，选择【魔术橡皮擦】工具，设置属性栏中各选项及参数如图 13-29 所示。

图 13-29　【魔术橡皮擦】工具属性栏设置

③ 在蓝色天空处单击鼠标左键将天空擦除，擦除后的效果如图 13-30 所示。

④ 利用【移动】工具，将“天空”图片移动复制到“人物 06.jpg”文件中生成“图层 1”，并将其调整到“图层 0”的下面，如图 13-31 所示。

图 13-30　擦除天空后效果

图 13-31　添加的天空

⑤ 利用【自由变换】命令将天空调整到铺满整个画面。

⑥ 将“图层 0”设置为工作层，选择【历史记录画笔】工具，将人物身上透明的区域修复出来。在身体轮廓边缘位置要仔细地修复，如果不小心修复出了边缘位置的背景色，还可以利用【橡皮擦】工具再擦掉，修复完成的效果如图 13-32 所示。

此时画面中人物的颜色感觉有点灰暗，下面通过复制和设置图层来增强亮度对比度。

⑦ 复制“图层 0”为“图层 0 副本”层，设置【图层混合模式】为“柔光”模式，设置【不透明度】参数为“60%”，此时画面中的人物就感觉漂亮多了，如图 13-33 所示。

图 13-32 修复后的效果

图 13-33 调整亮度后的效果

⑧ 按 Shift+Ctrl+S 组合键，将此文件命名为“更换背景.psd”保存。

13.3.3 路径工具

路径工具包括【钢笔】工具、【自由钢笔】工具、【添加锚点】工具、【删除锚点】工具、【转换点】工具、【路径选择】工具和【直接选择】工具，下面介绍各个工具的使用方法。

1. 钢笔工具

利用【钢笔】工具在图像中依次单击，可以创建直线路径；单击并拖曳鼠标可以创建平滑流畅的曲线路径。将鼠标指针移动到第一个锚点上，当笔尖旁出现小圆圈时单击可创建闭合路径。在未闭合路径之前按住 Ctrl 键在路径外单击，可完成开放路径的绘制。

在绘制直线路径时，按住 Shift 键，可以限制在 45° 角的倍数方向绘制路径。在绘制曲线路径时，确定锚点后，按住 Alt 键拖曳鼠标可以调整控制点。释放 Alt 键和鼠标左键，重新移动鼠标光标至合适的位置拖曳鼠标，可创建锐角曲线路径，如图 13-34 所示。

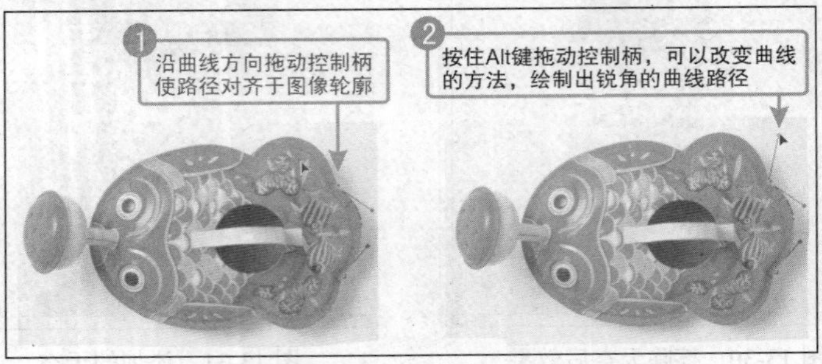

图 13-34 创建锐角曲线路径

2. 自由钢笔工具

选择【自由钢笔】工具后，在图像中按下鼠标左键拖曳，沿着鼠标光标的移动轨迹将自动添加锚点生成路径。当鼠标光标回到起始位置时，右下角会出现一个小圆圈，此时释放鼠标左键即可创建闭合钢笔路径，如图 13-35 所示。

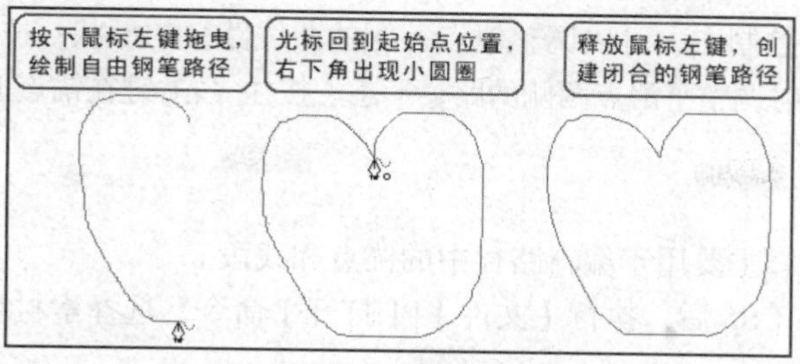

图 13-35　创建闭合钢笔路

鼠标指针回到起始位置之前，在任意位置释放鼠标左键可以绘制一条开放路径；按住 Ctrl 键释放鼠标左键，可以在当前位置和起点之间生成一段线段闭合路径。另外，在绘制路径的过程中，按住 Alt 键单击，可以绘制直线路径；拖曳鼠标可以绘制自由路径。

3. 添加锚点工具

选择【添加锚点】工具 后，将鼠标指针移动到要添加锚点的路径上，当鼠标指针显示为添加锚点符号时单击，即可在路径的单击处添加锚点，此时不会更改路径的形状。如果在单击的同时拖曳鼠标，可在路径的单击处添加锚点，并可以更改路径的形状。添加锚点操作示意图如图 13-36 所示。

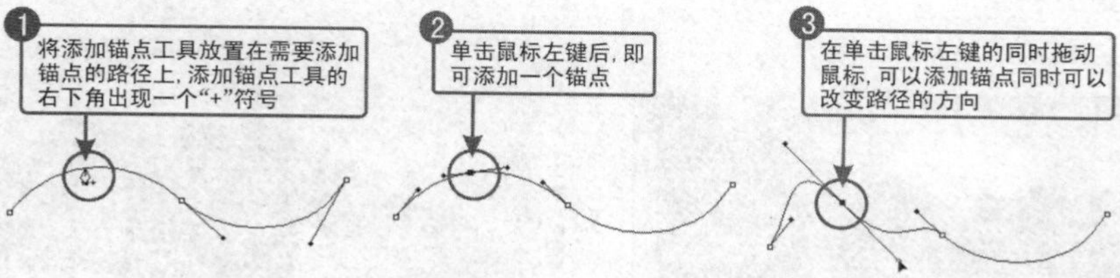

图 13-36　添加锚点操作示意图

4. 删除锚点工具

选择【删除锚点】工具 后，将鼠标光标移动到要删除的锚点上，当鼠标指针显示为删除锚点符号时单击，即可将路径上单击的锚点删除，此时路径的形状将重新调整，以适合其余的锚点。在路径的锚点上单击并拖曳鼠标，可重新调整路径的形状。删除锚点操作示意图如图 13-37 所示。

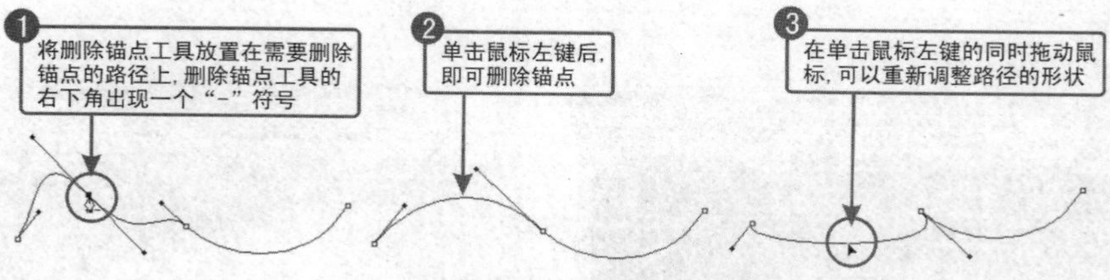

图 13-37　删除锚点操作示意图

5. 转换点工具

利用【转换点】工具 在平滑点上单击，可以将平滑点转换为没有调节柄的角点；当平滑点两侧显示调节柄时，拖曳鼠标调整调节柄的方向，使调节柄断开，可以将平滑点转换为带有调节柄的角点；在路径的角点上向外拖曳鼠标，可在锚点两侧出现两条调节柄，将角点转换为平滑点。按住 Alt 键在角点上拖曳鼠标，可以调整路径一侧的形状。利用【转换点】工具 调整带调节柄的角点或平滑点一侧的控制点，可以调整锚点一侧的曲线路径的形状；按住 Ctrl 键调整平滑锚点一侧的控制点，可以同时调整平滑点两侧的路径形态。按住 Ctrl 键在锚点上拖曳鼠标，可以移动该锚点的位置。

6. 直接选择工具

【直接选择】工具主要用于编辑路径中的锚点和线段。

① 启动 Photoshop CS5 后，执行【文件】|【打开】命令，选择素材名为“羽绒服.jpg”的文件将其打开，如图 13-38 所示。

下面利用【路径】工具选取羽绒服。为了使操作更加便捷、选取的羽绒服更加精确，在选取操作之前可以先将图像窗口设置为满画布显示。

② 连续按 3 次 F 键，将窗口切换成全屏模式显示，如图 13-39 所示。

注：按 Tab 键，可以将工具箱、控制面板和属性栏显示或隐藏；按 Shift+Tab 组合键，可以将控制面板显示或隐藏；连续按 F 键，窗口可以在标准模式、带菜单栏的全屏模式和全屏模式 3 种显示模式之间切换。

图 13-38 打开羽绒服图片素材

图 13-39 全屏模式显示

③ 连续按 3 次 Ctrl++组合键，将画面放大显示，如图 13-40 所示。

④ 按住空格键，鼠标指针变为抓手形态，拖动鼠标，此时可以平移图像窗口的显示位置，如图 13-41 所示。

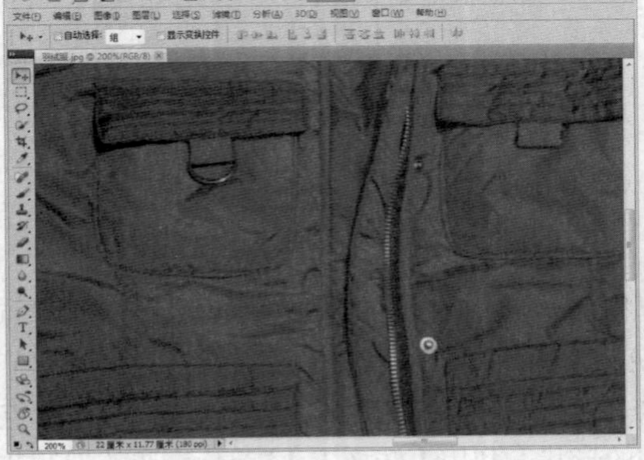

图 13-40 画面放大显示

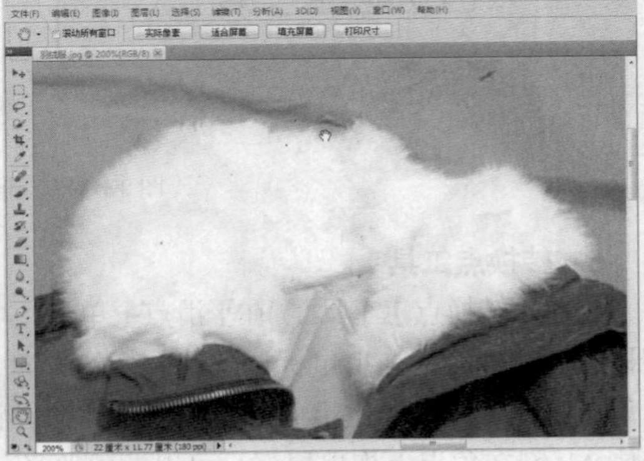

图 13-41 平移图像窗口的显示位置

⑤ 选择工具，激活属性栏中的按钮，然后将鼠标指针放置在羽绒服的边缘位置，单击鼠标左键添加第 1 个控制点，如图 13-42 所示。

⑥ 移动鼠标指针的位置，在图像结构转折处单击鼠标左键，添加第 2 个控制点，如图 13-43 所示。

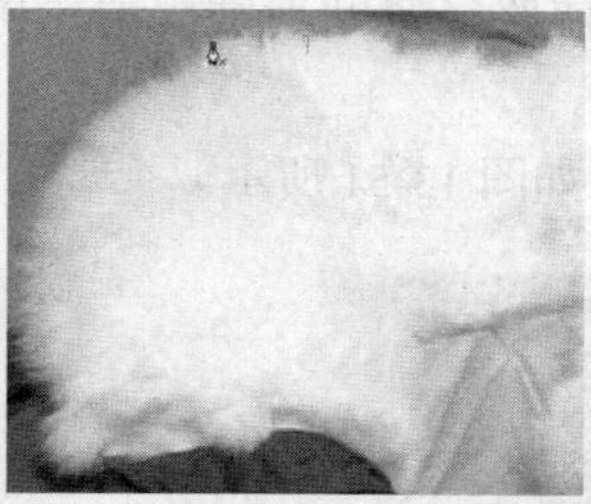

图 13-42　添加第一个控制点

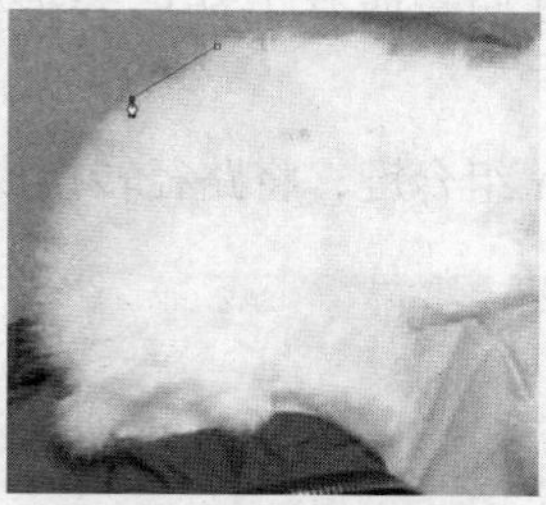

图 13-43　添加第二个控制

⑦ 用相同的操作方法，沿着服装的轮廓边缘依次添加控制点。

由于画面放大显示了，所以只能看到图像的局部，在添加路径控制点时，当绘制到窗口的边缘位置后就无法再继续添加了。此时可以按住空格键，平移图像窗口的显示位置后，再绘制路径即可。

⑧ 按住空格键，此时鼠标指针变为抓手形状。按住鼠标左键拖曳平移图像窗口的显示位置，如图 13-44 所示。

图 13-44　平移图像窗口的显示位置

⑨ 继续绘制路径，当路径的终点与起点重合时，在鼠标指针的右下角将出现一个圆形标志，如图 13-45 所示，此时单击鼠标左键即可将路径闭合。

⑩ 接下来利用【转换点】工具对路径进行圆滑调整。选取工具，将鼠标指针放置在路径的控制点上，按住鼠标左键拖曳，此时出现两条控制柄，如图 13-46 所示。

图 13-45　路径闭合状态

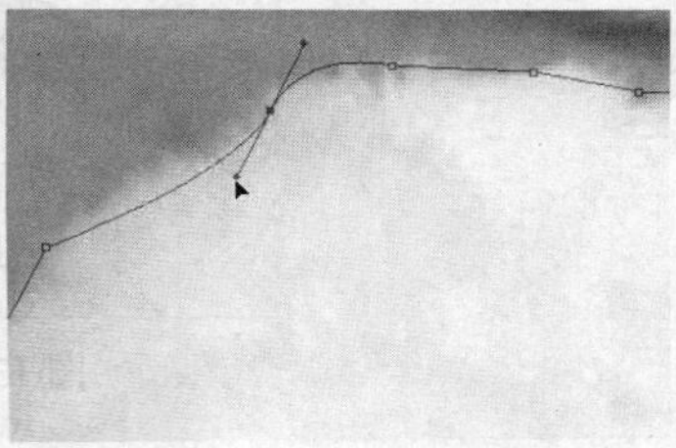

图 13-46　出现两条控制柄

⑪ 拖曳鼠标调整控制柄，将路径调整平滑后释放鼠标左键。如果路径控制点添加的位置没有紧贴图像轮廓边缘，可以按住 Ctrl 键，将鼠标指针放置在控制点上拖曳，调整其位置，如图 13-47 所示。

⑫ 利用工具继续调整控制点，如图 13-48 所示，释放鼠标左键后再继续调整，此时另外的一个控制柄被锁定，如图 13-49 所示。

⑬ 利用工具调整路径上的所有控制点，使路径紧贴羽绒服的轮廓边缘，如图 13-50 所示。

⑭ 按 Ctrl+Enter 组合键，将路径转换成选区，如图 13-51 所示。

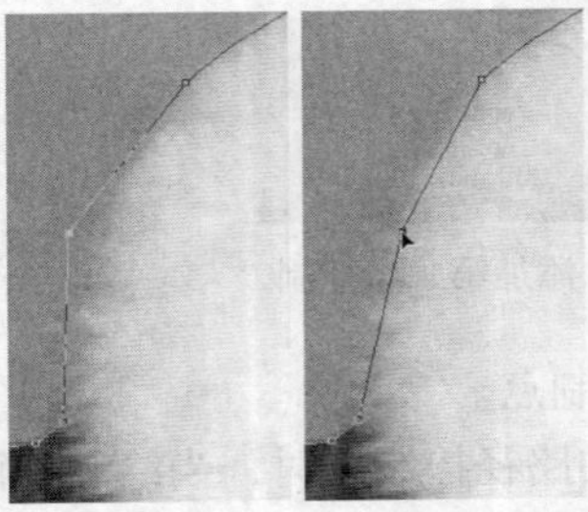
图 13-47　移动控制点

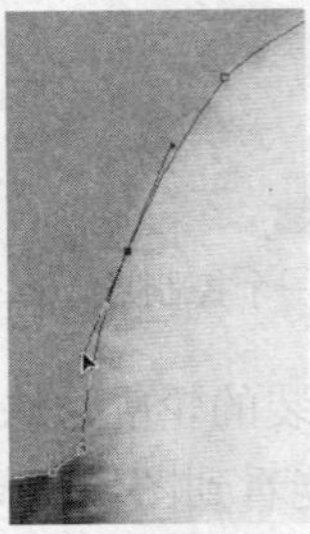
图 13-48　调整控制点

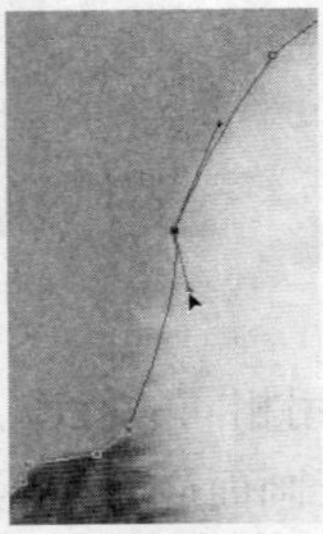
图 13-49　被锁定的控制柄

图 13-50　调整完成的路径

图 13-51　转换成选区

⑮ 按 F 键，将窗口切换为默认的标准显示状态，然后选择【视图】|【按屏幕大小缩放】菜单命令，使画面适合屏幕大小显示。

⑯ 选择【图层】|【新建】|【通过拷贝的图层】菜单命令，把选取的羽绒服通过拷贝生成“图层 1”。

⑰ 选择工具，单击“背景”层将其设置为工作层，然后按 Delete 键，将“背景”层删除，得到如图 13-52 所示的透明背景效果。

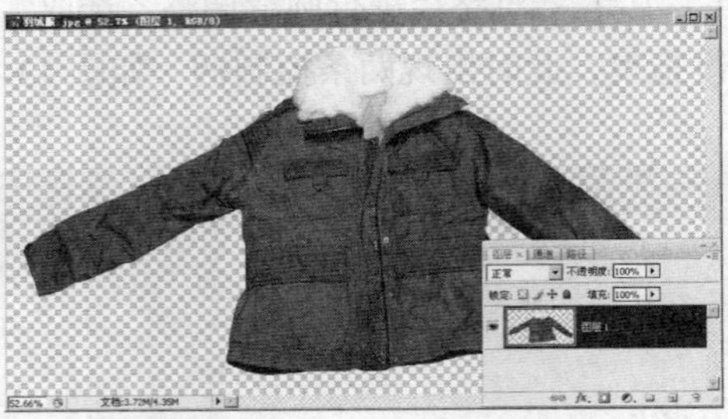
图 13-52　去除背景后效果

⑱ 按 Shift+Ctrl+S 组合键，将此文件命名为“路径抠图.psd”保存。

习　题

一、选择题

1. 位图的大小与质量取决于图像中像素点的（　　）。

A. 大小　　B. 排列方向　　C. 形状　　D. 数量

2. 在 Photoshop 中，如果想使用画笔工具绘制一条直线，应该按住（　　）键。

A. Ctrl　　B. Shift　　C. Alt　　D. Alt+Shift

3. 当启动 Photoshop 软件后，根据内设情况，下列（　　）内容不会在操作界面上显示。

A. 工具选项栏　　B. 工具箱　　C. 各种浮动调板　　D. 预设管理器

4. 在 Photoshop CS5 中建立选区之后，为了优化选区的范围，可以单击工具栏中的“调整边缘”按钮进行选区的优化，下列不属于“调整边缘”对话框中的可以调整的选项的是（　　）。

A. 平滑　　B. 智能半径　　C. 滤镜　　D. 羽化

5. 如下图所示，使用魔术棒工具对图像进行选择，在下图显示的选区增加过程中，应该使用图中（　　）按钮辅助选择。

A. A　　B. B　　C. C　　D. D

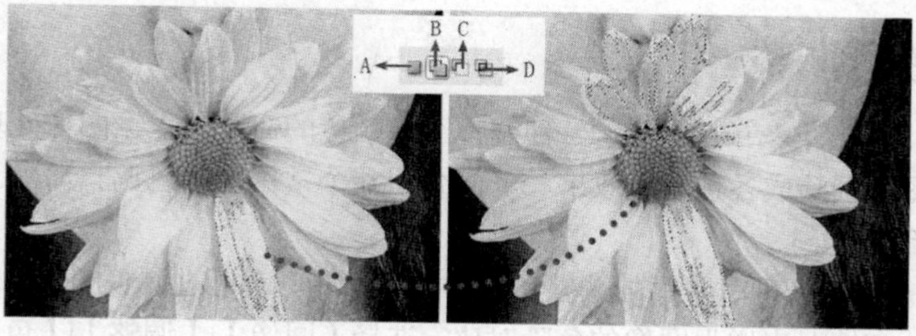

二、填空题

1. ________指的是色彩的外相，即各类色彩的相貌称谓，是在不同波长的光照射下，人眼所感觉不同的颜色，如红色、黄色、蓝色等。

2. Photoshop 处理的图像属于________，而 Flash 处理的图片是属于矢量图。

3. ________是对一种颜色进行编码的方法，是指某种设备所能表达的颜色数量所构成的范围区域。

4. 在 Photoshop 中进行图像的选取，可以使用________和________两类工具。

5. ________是表示图像亮度强弱的指数标准，是指各种图像色彩模式下图形原色（如 RGB 模式下的原色为 R、G、B）的明暗度。

三、简答题

1. 什么是矢量图和位图？二者的主要区别是什么？

2. 简述缩放图像窗口的基本方法。

第14章 图像调整与合成

调整图像颜色、利用图层以及蒙版合成图像是 Photoshop 最强大的功能，无论是平面设计还是网页美编工作，都会遇到调整图像颜色及合成图像的问题，本章主要针对这 3 方面内容来介绍相关的知识。

14.1 色彩调整与图像修饰

14.1.1 色彩调整

在【图像】|【调整】菜单中包括 22 种调整图像颜色的命令，根据图像处理的需要，利用这些命令，可以把图像调整成各种颜色效果。下面介绍几个常用的颜色调整命令。

1.【色阶】命令

【色阶】命令是图像处理时常用的调整色阶对比的命令，它通过调整图像中的暗调、中间调和高光区域的色阶分布情况来增强图像的色阶对比。选择【图像】|【调整】|【色阶】菜单命令，将打开【色阶】对话框。

对于光线较暗的图像，用鼠标将右侧的白色滑块向左拖曳，可增大图像中高光区域的范围，使图像变亮，如图 14-1 所示。对于高亮度的图像，用鼠标将左侧的黑色滑块向右拖曳，可以增大图像中暗调的范围，使图像变暗。用鼠标将中间的灰色滑块向右拖曳，可以减少图像中的中间色调的范围，从而增大图像的对比度；同理，若将此滑块向左拖曳，可以增加中间色调的范围，从而减小图像的对比度。

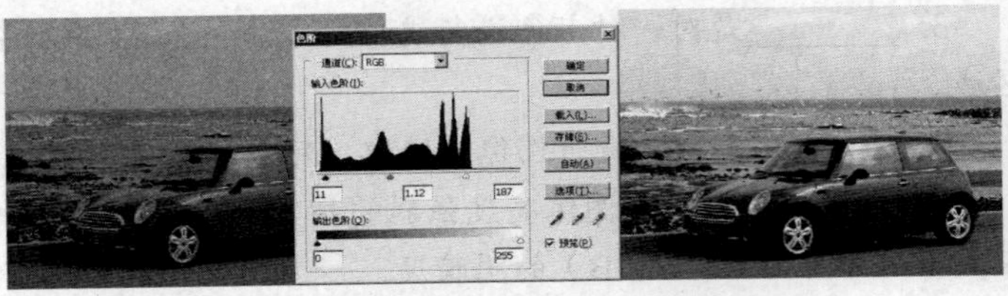

图 14-1　利用【色阶】命令调整图像对比度

2.【曲线】命令

利用【曲线】命令可以调整图像各个通道的明暗程度，从而更加精确地改变图像的颜色。选择【图像】|【调整】|【曲线】菜单命令，将打开【曲线】对话框。对于因曝光不足而色调偏暗的 RGB 颜色图像，可以将曲线调整至上凸的形态，使图像变亮，如图 14-2 所示。

对于因曝光过度而色调高亮的 RGB 颜色图像，可以将曲线调整至向下凹的形态，使图像的各色调区按比例减暗，从而使图像的色调变得更加饱和，如图 14-3 所示。

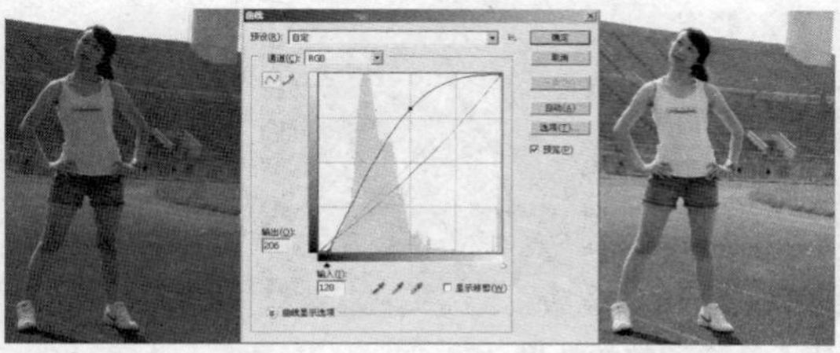

图 14-2 利用【曲线】命令调整图像亮度

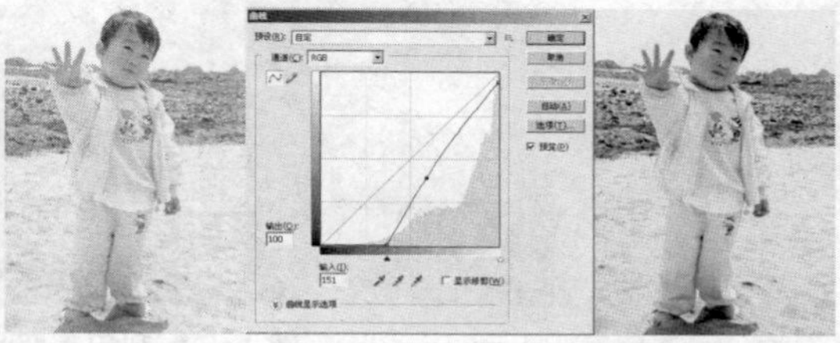

图 14-3 利用【曲线】命令调整曝光过度的图像

3.【色彩平衡】命令

【色彩平衡】命令是通过调整图像中各种颜色的混合量来改变整体色彩的。选择【图像】|【调整】|【色彩平衡】菜单命令，将打开【色彩平衡】对话框。在【色彩平衡】对话框中调整滑块的位置，可以控制图像中互补颜色的混合量；下方的【色调平衡】选项用于选择需要调整的色调范围；勾选【保持明度】选项，在调整图像色彩时可以保持画面亮度不变。

4.【亮度|对比度】命令

利用【亮度|对比度】命令可以增加偏灰图像的亮度和对比度。选择【图像】|【调整】|【亮度|对比度】菜单命令，将打开【亮度|对比度】对话框。与【色阶】和【曲线】命令不同，它只能对图像的整体亮度和对比度进行调整，对单个颜色通道不起作用。图 14-4 所示为利用【亮度|对比度】命令调整的效果。

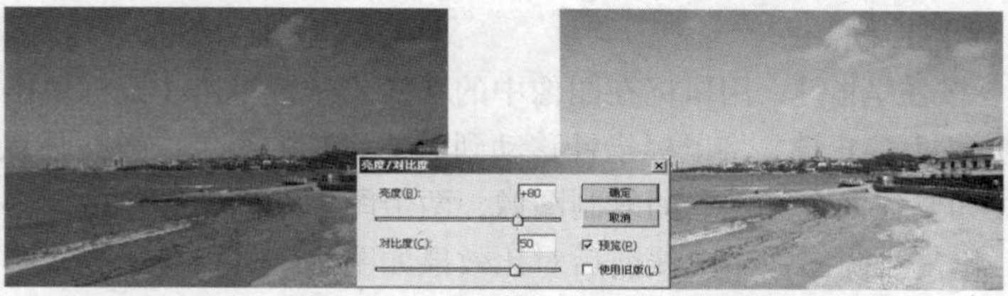

图 14-4 利用【亮度|对比度】命令调整图像对比度

5.【色相|饱和度】命令

利用【色相|饱和度】命令可以调整图像的色相、饱和度和亮度，它既可以作用于整个图像，也可以对指定的颜色单独调整。选择【图像】|【调整】|【色相|饱和度】菜单命令，将打开【色相|饱和度】对话框。当勾选【色相|饱和度】对话框中的【着色】复选框时，可以为图像重新上色，从而使图像产生单色调效果，如图 14-5 所示。

图 14-5 利用【色相|饱和度】命令调整的图像颜色

6.【照片滤镜】命令

【照片滤镜】命令类似于摄像机或照相机的滤色镜片，它可以对图像颜色进行过滤，使图像产生不同的滤色效果。选择【图像】|【调整】|【照片滤镜】菜单命令，将打开【照片滤镜】对话框。图 14-6 所示为利用【照片滤镜】命令调整的效果。

图 14-6　利用【照片滤镜】命令调整的效果

14.1.2　图像修饰

利用修复图像工具可以轻松修复破损或有缺陷的图像，如果想去除照片中多余的区域或修补不完整的区域，利用相应的修复工具也可以轻松地完成。修饰工具则是为照片处理各种特效比较快捷的工具，包括模糊、锐化、减淡、加深处理等。

1. 图章工具

图章工具包括【仿制图章】工具和【图案图章】工具。【仿制图章】工具的功能是复制和修复图像，它通过在图像中按照设定的取样点来覆盖原图像或应用到其他图像中来完成图像的复制操作。【图案图章】工具的功能是快速地复制图案，使用的图案素材可以从属性栏中的【图案】选项面板中选择，也可以将自己喜欢的图像利用【编辑】|【定义图案】命令将其定义为图案后使用。下面介绍这两个工具的使用方法。

（1）【仿制图章】工具

选择工具，按住 Alt 键，用鼠标在图像中的取样点位置单击（鼠标单击处的位置为复制图像的取样点），然后松开 Alt 键，将鼠标指针移动到需要修复的图像位置按住鼠标左键拖曳，即可对图像进行修复。如要在两个文件之间复制图像，两个图像文件的颜色模式必须相同，否则将不能执行复制操作。修复去除图像中电线前后对比效果如图 14-7 所示。

图 14-7　去除图像中电线前后对比效果

（2）【图案图章】工具

选择工具后，在属性栏中根据需要设置相应的选项和参数，在图像中拖曳鼠标即可复制图案。如果想复制自定义图案，在准备的图像素材中利用【矩形选框】工具绘制要作为图案的选区，再选择【编辑】|【定义图案】菜单命令，即可把图像定义为图案，然后就可以利用该工具复制图案了。图 14-8 所示为使用此工具复制的图案效果。

图 14-8　复制的图案效果

2. 修复工具

修复工具包括【污点修复画笔】工具、【修复画笔】工具、【修补】工具和【红眼】工具，这 4 种工具都可用来修复有缺陷的图像。

（1）【污点修复画笔】工具

图 14-9　去除红痘前后的对比效果

利用【污点修复画笔】工具可以快速去除照片中的污点，尤其是对人物面部的疤痕、雀斑等小面积范围内的缺陷修复最为有效，其修复原理是在所修饰图像位置的周围自动取样，然后将其与所修复位置的图像融合，得到理想的颜色匹配效果。其使用方法非常简单，选择工具，在属性栏中设置合适的画笔大小和选项后，在图像的污点位置单击一下即可去除污点。图 14-9 所示为图像去除红痘前后的对比效果。

（2）【修复画笔】工具

【修复画笔】工具与【污点修复画笔】工具的修复原理基本相似，都是将目标位置没有缺陷的图像与被修复位置的图像进行融合后得到理想的匹配效果。但使用【修复画笔】工具时需要先设置取样点，即按住 Alt 键，用鼠标在取样点位置单击（鼠标单击处的位置为复制图像的取样点），松开 Alt 键，然后在需要修复的图像位置按住鼠标左键拖曳，即可对图像中的缺陷进行修复，并使修复后的图像与取样点位置图像的纹理、光照、阴影和透明度相匹配，从而使修复后的图像不留痕迹地融入图像中，此工具对于较大面积的图像缺陷修复也非常有效。利用此工具去除图像上面的日期前后的对比效果如图 14-10 所示。

图 14-10　去除图像上面的日期前后的对比效果

（3）【修补】工具

利用【修补】工具可以用图像中相似的区域或图案来修复有缺陷的部位或制作合成效果，与【修复画笔】工具一样，【修补】工具会将设定的样本纹理、光照和阴影与被修复图像区域进行混合后得到理想的效果。利用此工具去除照片中多余人物的前后对比效果如图 14-11 所示。

图 14-11　去除照片中多余人物的前后对比效果

（4）【红眼】工具

在夜晚或光线较暗的房间里拍摄人物照片时，由于视网膜的反光作用，往往会出现红眼效果。利用【红眼】工具可以迅速地修复这种红眼效果。其使用方法非常简单，选择工具，在属性栏中设置合适的【瞳孔大小】和【变暗量】选项后，在人物的红眼位置单击一下即可校正红眼。图 14-12 所示为去除红眼前后的对比效果。

图 14-12　去除红眼前后的对比效果

14.2　图层

图层是 Photoshop 中非常重要的内容，几乎所有图像的合成操作及图形的绘制都离不开图层的应用。本节将介绍有关图层的知识，包括图层的概念、图层面板、图层类型、图层样式、图层的基本操作、应用技巧等。

14.2.1　图层的概念

图层就像一张透明的纸，透过图层透明区域可以清晰地看到下面图层中的图像。下面以一个简单的比喻来具体说明，这样对读者深入理解图层的概念会有帮助。例如，要在纸上绘制一幅儿童画，首先绘制出背景（这个背景是不透明的），然后在纸的上方添加一张完全透明的纸绘制草地，绘制完成后，在纸的上方再添加一张完全透明的纸绘制其余图形……依此类推，在绘制儿童画的每一部分之前，都要在纸的上方添加一张完全透明的纸，然后在添加的透明纸上绘制新的图形。绘制完成后，通过纸的透明区域可以看到下面的图形，从而得到一幅完整的作品。在这个绘制过程中，添加的每一张纸就是一个图层。图层原理说明如图 14-13 所示。

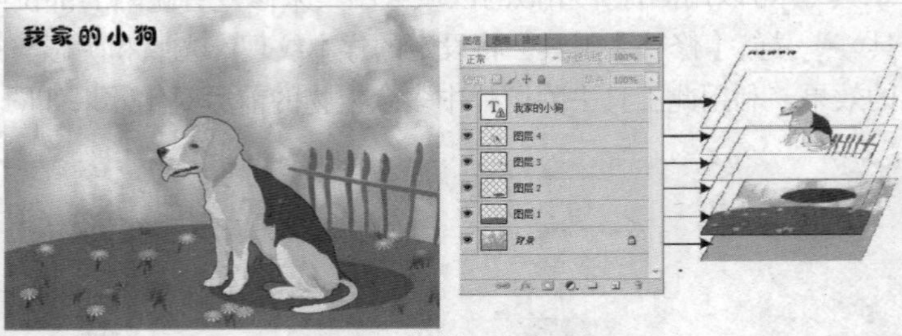

图 14-13　图层原理说明

上面介绍了图层的概念，那么在绘制图形时为什么要建立图层呢？仍以上面的例子来说明。如果在一张纸上绘制儿童画，当全部绘制完成后，突然发现草地效果不太合适。这时候只能选择重新绘制这幅作品，因为对在一张纸上绘制的画面进行修改非常麻烦。而如果是分层绘制的，遇到这种情况就不必重新绘制了，只需找到绘制草地的透明纸（图层），将其删除，然后重新添加一张新纸（图层），绘制合适的草地放到刚才删除的纸（图层）的位置即可，这样可以大大节省绘图时间。另外，图层除了具有易修改的优点外，还可以在一个图层中随意拖动、复制和粘贴图形，并能对图层中的图形制作各种特效，而这些操作都不会影响其他图层中的图形。

14.2.2 图层面板

【图层】面板主要用来管理图像文件中的图层、图层组和图层效果，方便图像处理操作以及显示或隐藏当前文件中的图像，还可以进行图像不透明度、模式设置以及图层创建、锁定、复制、删除等操作。灵活掌握好【图层】面板的使用可以使设计者对图像的合成一目了然，并非常容易地来编辑和修改图像。

打开素材名为“图层面板说明图.psd”的文件，其画面效果及【图层】面板如图 14-14 所示。

图 14-14 【图层】面板说明图

下面简要介绍一下【图层】面板中各个选项和按钮的功能。

【图层面板菜单】按钮：单击此按钮，可弹出【图层】面板的下拉菜单。

【图层混合模式】选项：设置当前图层中的图像与下面图层中的图像以何种模式进行混合。

【不透明度】选项：设置当前图层中图像的不透明程度。数值越小，图像越透明；数值越大，图像越不透明。

【锁定透明像素】按钮：可以使当前图层中的透明区域保持透明。

【锁定图像像素】按钮：在当前图层中不能进行图形绘制以及其他命令操作。

【锁定位置】按钮：可以将当前图层中的图像锁定不被移动。

【锁定全部】按钮：在当前图层中不能进行任何编辑修改操作。

【填充】选项：设置图层中图形填充颜色的不透明度。

【显示|隐藏图层】图标：表示此图层处于可见状态。如果单击此图标，图标中的眼睛被隐藏，表示此图层处于不可见状态。

图层缩览图：用于显示本图层的缩略图，它随着该图层中图像的变化而随时更新，以便用户在进行图像处理时参考。

图层名称：显示各图层的名称。

图层组：图层组是图层的组合，它的作用相当于 Windows 系统管理器中的文件夹，主要用于组织和管理图层。移动或复制图层，图层组中的内容可以同时被移动或复制。单击面板底部的按钮或选择【图层】|【新建】|【图层组】菜单命令，即可在【图层】面板中创建序列图层组。

【剪贴蒙版】图标：选择【图层】|【创建剪贴蒙版】菜单命令，当前图层将与下面的图层相结合建立剪贴蒙版，当前图层的前面出现剪贴蒙版图标，其下的图层即为剪贴蒙版图层。

在【图层】面板底部有 7 个按钮，其功能分别如下。

【链接图层】按钮：通过链接两个或多个图层，可以一起移动链接图层中的内容，也可以对链接图层执行对齐与分布以及合并图层等操作。

【添加图层样式】按钮 *fx*.：可以对当前图层中的图像添加各种样式效果。

【添加图层蒙版】按钮：可以给图层添加蒙版。如果先在图像中创建适当的选区，再单击此按钮，可以根据选区范围在当前图层上创建图层蒙版。

【创建新的填充或调整图层】按钮 ◐.：可在当前图层上添加一个调整图层，对当前图层下边的图层进行色调、明暗等颜色效果调整。

【创建新组】按钮 ▭：可以在【图层】面板中创建一个新的序列。序列类似于文件夹，以便图层的管理和查询。

【创建新的图层】按钮 ◲：可在当前图层上创建新图层。

【删除图层】按钮 🗑：可将当前图层删除。

在【图层】面板中包含多种图层类型，每种类型的图层都有不同的功能和用途，利用不同的类型可以创建不同的效果，它们在【图层】面板中的显示状态也不同。下面介绍常用图层类型的功能。

① 背景图层：背景图层相当于绘画中最下方不透明的纸。在 Photoshop 中，一个图像文件中只有一个背景图层，它可以与普通图层进行相互转换，但无法交换堆叠次序。如果当前图层为背景图层，选择【图层】|【新建】|【背景图层】菜单命令，或在【图层】面板的背景图层上双击鼠标，便可以将背景图层转换为普通图层。

② 普通图层：普通图层相当于一张完全透明的纸，是 Photoshop 中最基本的图层类型。单击【图层】面板底部的 ◲ 按钮，或选择【图层】|【新建】|【图层】菜单命令，即可在【图层】面板中新建一个普通图层。

③ 填充图层和调整图层：用来控制图像颜色、色调、亮度、饱和度等的辅助图层。单击【图层】面板底部的 ◐. 按钮，在弹出的下拉列表中选择任意一个选项，即可创建填充或调整图层。

④ 效果图层：【图层】面板中的图层应用图层效果（如阴影、投影、发光、斜面和浮雕以及描边等）后，右侧会出现一个 fx（效果层）图标，此时，这一图层就是效果图层。注意，背景图层不能转换为效果图层。单击【图层】面板底部的 fx. 按钮，在弹出的下拉列表中选择任意一个选项，即可创建效果图层。

⑤ 形状图层：使用工具箱中的矢量图形工具在文件中创建图形后，【图层】面板会自动生成形状图层。当选择【图层】|【栅格化】|【形状】菜单命令后，形状图层将被转换为普通图层。

⑥ 蒙版图层：在图像中，图层蒙版中颜色的变化使其所在图层的相应位置产生透明效果。其中，该图层中与蒙版的白色部分相对应的图像不产生透明效果，与蒙版的黑色部分相对应的图像完全透明，与蒙版的灰色部分相对应的图像根据其灰度产生相应程度的透明。

⑦ 文本图层：在文件中创建文字后，【图层】面板会自动生成文本层，其缩览图显示为 T 图标。当对输入的文字进行变形后，文本图层将显示为变形文本图层，其缩览图显示为 I 图标。

14.2.3 图层操作

在图像处理过程中，任何操作都是基于图层进行的，通过对图层添加图层样式、设置混合模式等可以制作出丰富多彩的图像效果，本节将介绍图层的基本操作命令。

1. 新建图层

新建图层的方法有如下两种。

① 选择【图层】|【新建】菜单命令。

② 单击【图层】面板底部的 ◲ 按钮。

2. 复制图层

复制图层的方法有如下 3 种。

① 选择【图层】|【复制图层】命令可以复制当前选择的图层。

② 在【图层】面板中将鼠标指针放置在要复制的图层上，按下鼠标左键向下拖曳至 按钮上释放，也可将图层复制并生成一个“副本”层。

③ 按 Ctrl+ j 组合键可快速复制当前图层。

3. 删除图层

删除图层的方法有如下 3 种。

① 选择【图层】|【删除】|【图层】菜单命令，可以将当前选择的图层删除。

② 拖曳要删除的图层至 按钮上或选择图层后单击 按钮，可将图层删除。

③ 如果选取 工具并直接按 Delete 键，可以快速地把工作层删除。

4. 图层的叠放顺序

图层的叠放顺序对作品的效果有着直接的影响，因此，在作品绘制过程中，必须准确调整各图层在画面中的叠放顺序，其调整方法有以下两种。

① 菜单法：选择【图层】|【排列】菜单命令，将弹出【排列】子菜单。执行其中的相应命令，可以调整图层的位置。

② 手动法：在【图层】面板中要调整叠放顺序的图层上按下鼠标左键，然后向上或向下拖曳鼠标，此时【图层】面板中会有一线框跟随鼠标移动，当线框调整至要移动的位置后释放鼠标，当前图层即会调整至释放鼠标的图层位置。

5. 对齐和分布图层

使用图层的对齐和分布命令，可以以当前工作图层中的图像为依据，对【图层】面板中所有与当前工作图层同时选取或链接的图层进行对齐与分布操作。

① 图层的对齐：当【图层】面板中至少有两个同时被选取或链接的图层，且背景图层不处于链接状态时，图层的对齐命令才可用。选择【图层】|【对齐】菜单命令，在弹出的子菜单中执行相应的命令，可以将图层中的图像对齐。

② 图层的分布：在【图层】面板中至少有 3 个同时被选取或链接的图层，且背景图层不处于链接状态时，图层的分布命令才可用。选择【图层】|【分布链接图层】菜单命令，在弹出的子菜单中执行相应的命令，可以将图层中的图像分布。

6. 链接图层

在【图层】面板中选择要链接的多个图层，然后选择【图层】|【链接图层】菜单命令，或单击面板底部的 按钮，可以将选择的图层创建为链接图层，每个链接图层右侧都显示一个 图标。此时若用【移动】工具移动或变换图像，就可以对所有链接图层中的图像一起调整。

在【图层】面板中选择一个链接图层，然后选择【图层】|【选择链接图层】菜单命令，可以将所有与之链接的图层全部选择；再选择【图层】|【取消图层链接】菜单命令或单击【图层】面板底部的 按钮，可以解除它们的链接关系。

7. 合并图层

在存储图像文件时，图层太多将会增加图像文件所占的磁盘空间，所以当图形绘制完成后，可以将一些不必单独存在的图层合并，以减少图像文件的大小。合并图层的常用命令有【向下合并】、【合并可见图层】和【拼合图像】，各命令的功能分别如下。

① 选择【图层】|【向下合并】菜单命令，可以将当前工作图层与其下面的图层合并。在【图层】面板中，如果有与当前图层链接的图层，此命令将显示为【合并链接图层】，执行此命令可以将所有链接的图层合并到当前工作图层中。如果当前图层是序列图层，执行此命令可以将当前序列中的所有图层合并。

② 选择【图层】|【合并可见图层】菜单命令，可以将【图层】面板中所有的可见图层合并，并生成背景图层。

③ 选择【图层】|【拼合图像】菜单命令，可以将【图层】面板中的所有图层拼合，拼合后的图层生成为背景图层。

8. 栅格化图层

对于包含矢量数据和生成的数据图层，如文字图层、形状图层、矢量蒙版、填充图层等，不能使用绘画工具或滤镜命令等直接在这种类型的图层中进行编辑操作，只有将其栅格化才能使用。对于栅格化命令操作方法，有以下两种。

① 在【图层】面板中选择要栅格化的图层，然后选择【图层】|【栅格化】菜单命令中的任一命令，或在此图层上单击鼠标右键，在弹出的快捷菜单中选择相应的【栅格化】命令，即可将选择的图层栅格化。

② 选择【图层】|【栅格化】|【所有图层】菜单命令，可将【图层】面板中所有包含矢量数据或生成数据的图层栅格化。

14.2.4 图层样式

Photoshop 中提供了多种图层样式，利用这些样式可以给图形或图像添加类似投影、发光、渐变颜色、描边等各种类型的效果，尤其是在网页按钮的制作中利用图层样式更能发挥出其强大的功能。下面分别介绍【图层样式】对话框及其在网页按钮制作中的使用方法。

1. 图层样式

选择【图层】|【图层样式】|【混合选项】菜单命令，弹出【图层样式】对话框，如图 14-15 所示。在此对话框中，可以为图层添加投影、内阴影、外发光、内发光以及斜面和浮雕等多种效果。

【图层样式】对话框的左侧是【样式】选项区，用于选择要添加的样式类型；右侧是参数设置区，用于设置各种样式的参数及选项，现将各种图层样式介绍如下。

（1）【投影】

通过【投影】选项的设置可以为工作层中的图像添加投影效果，并可以在右侧的参数设置区中设置投影的颜色、与下层图像的混合模式、不透明度、是否使用全局光、光线的投射角度、投影与图像的距离、投影的扩散程度、投影大小等，并可以设置投影的等高线样式和杂色数量。利用此选项添加的效果对比如图 14-16 所示。

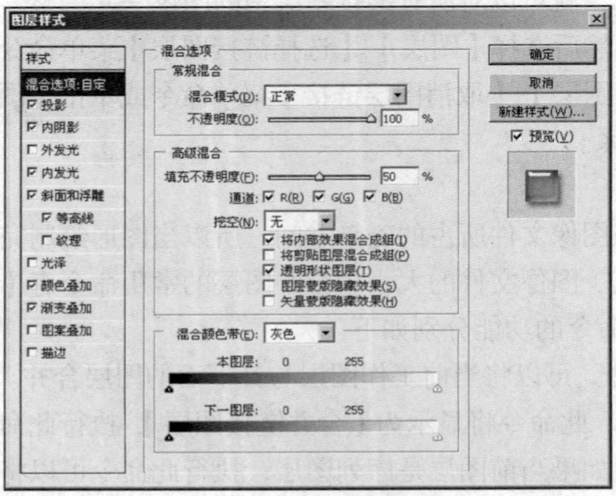

图 14-15 【图层样式】对话框

图 14-16 投影效果

（2）【内阴影】

通过【内阴影】选项的设置可以在工作层中的图像边缘向内添加阴影，从而使图像产生凹陷效果。在右侧的参数设置区中可以设置阴影的颜色、混合模式、不透明度、光源照射的角度、阴影的距离和大小等参数。利用此选项添加的效果对比如图 14-17 所示。

（3）【外发光】

通过【外发光】选项的设置可以在工作层中图像的外边缘添加发光效果。在右侧的参数设置区中可以设置外发光的混合模式、不透明度、添加的杂色数量、发光颜色（或渐变色）、外发光的扩展程度、大小和品质等参数。利用此选项添加的效果对比如图 14-18 所示。

（4）【内发光】

此选项的功能与【外发光】选项的相似，只是此选项可以在图像边缘的内部产生发光效果。利用此选项添加的效果对比如图 14-19 所示。

图 14-17　内阴影效果

图 14-18　外发光效果

图 14-19　内发光效果

（5）【斜面和浮雕】

通过【斜面和浮雕】选项的设置可以使工作层中的图像或文字产生各种样式的斜面浮雕效果。同时选择【纹理】选项，然后在【图案】选项面板中选择应用于浮雕效果的图案，还可以使图形产生各种纹理效果。利用此选项添加的效果对比如图 14-20 所示。

（6）【光泽】

通过【光泽】选项的设置可以根据工作层中图像的形状应用各种光影效果，从而使图像产生平滑过渡的光泽效果。选择此项后，可以在右侧的参数设置区中设置光泽的颜色、混合模式、不透明度、光线角度、距离和大小等参数。利用此选项添加的效果对比如图 14-21 所示。

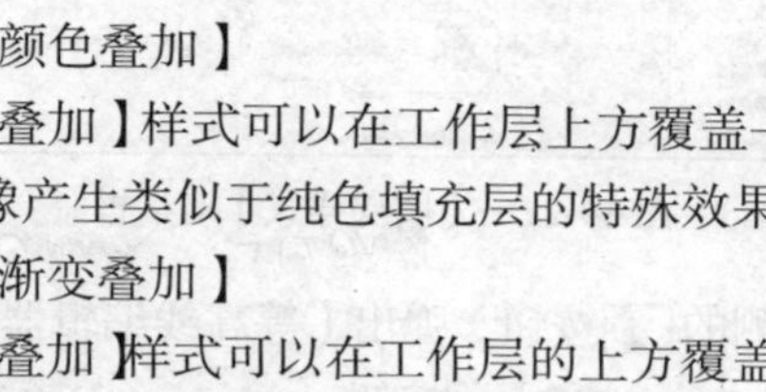

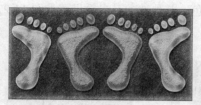

图 14-20　斜面和浮雕效果

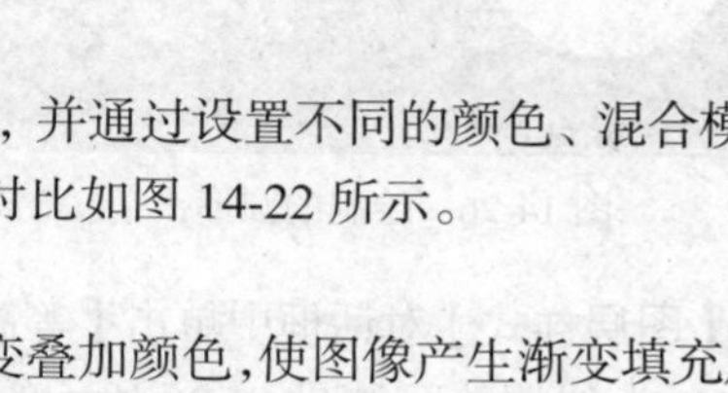

图 14-21　光泽效果

（7）【颜色叠加】

【颜色叠加】样式可以在工作层上方覆盖一种颜色，并通过设置不同的颜色、混合模式和不透明度使图像产生类似于纯色填充层的特殊效果，效果对比如图 14-22 所示。

（8）【渐变叠加】

【渐变叠加】样式可以在工作层的上方覆盖一种渐变叠加颜色，使图像产生渐变填充层的效果，效果对比如图 14-23 所示。

图 14-22　颜色叠加效果

图 14-23　渐变叠加效果

（9）【图案叠加】

【图案叠加】样式可以在工作层的上方覆盖不同的图案效果，从而使工作层中的图像产生图案填充层的特殊效果，效果对比如图 14-24 所示。

（10）【描边】

通过【描边】选项的设置可以为工作层中的内容添加描边效果，描绘的边缘可以是一种颜色、渐变色或图案，效果对比如图 14-25 所示。

图 14-24　图案叠加效果

图 14-25　描边效果

2. 网页按钮的制作

网页中各页面之间的链接通常是通过单击按钮来实现的，下面利用【图层样式】命令来学习简单的圆形按钮的制作。

① 按 Ctrl+O 组合键，将素材名为“蓝布.jpg”的图片打开。

② 在【图层】面板中单击 按钮新建“图层 1”，将工具箱中的前景色设置为白色，选取【椭圆】工具 ，激活属性栏中的 按钮，按住 Shift 键绘制一个白色的圆形，如图 14-26 所示。

③ 选择【图层】|【图层样式】|【投影】菜单命令，弹出【图层样式】对话框，设置【投影】颜色为黑色，其他选项及参数设置如图 14-27 所示。

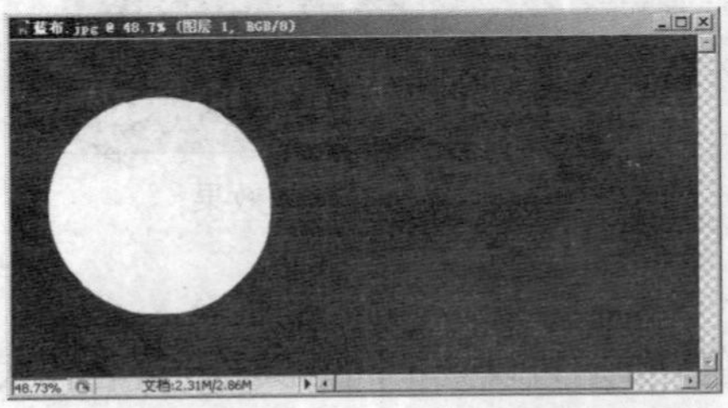

图 14-26　绘制的圆形

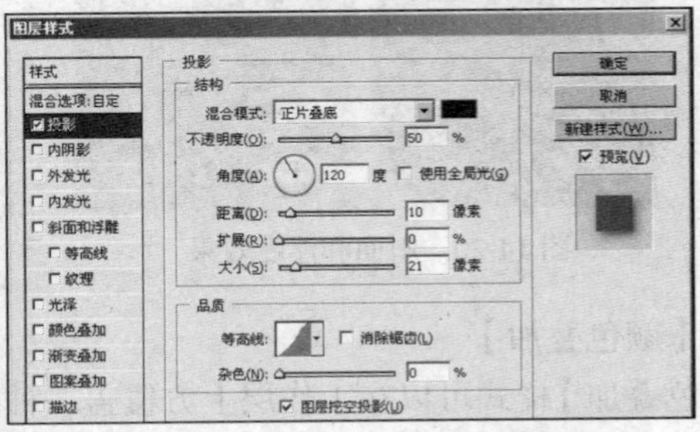

图 14-27　【图层样式】对话框

④ 在【图层样式】对话框中单击【等高线】右侧的 按钮，弹出【等高线编辑器】对话框，将对话框中的直线调整至如图 14-28 所示的形态，单击 确定 按钮。

⑤ 勾选【内发光】复选框，并设置选项和参数如图 14-29 所示。

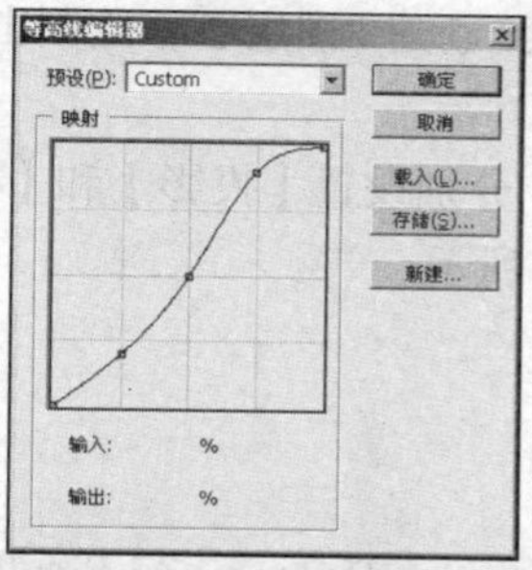

图 14-28　【等高线编辑器】对话框

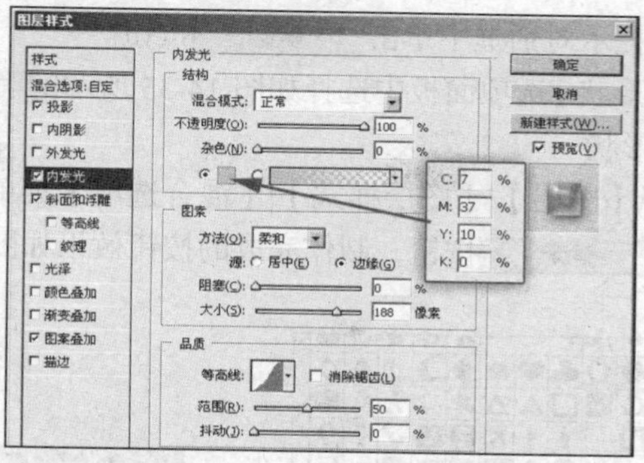

图 14-29　【内发光】选项设置

⑥ 在【图层样式】对话框中再分别设置其他选项和参数如图 14-30 所示。

⑦ 单击 确定 按钮，添加图层样式后的图形效果如图 14-31 所示。

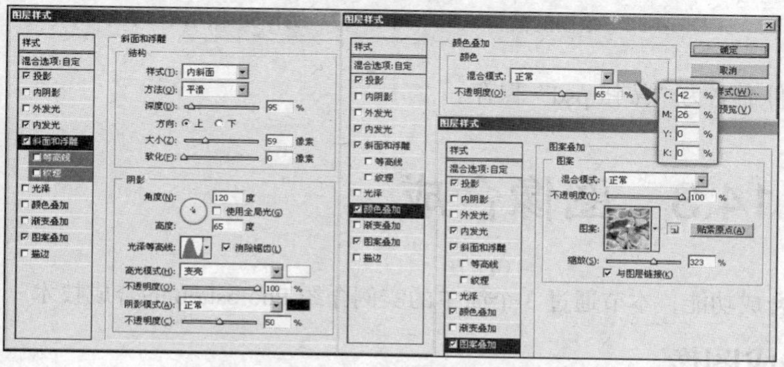

图 14-30　【图层样式】对话框

图 14-31　添加图层样式后的形效果

⑧ 在【图层】面板中复制"图层 1"为"图层 1 副本"，然后将复制的图形水平向右移动位置。

⑨ 在【图层】面板中"图层 1 副本"层下方的"内发光"样式层上双击鼠标左键，在弹出的【图层样式】对话框中将【内发光】的颜色设置为浅绿色（C:44，M:6，Y:36，K:0）。

⑩ 在【图层样式】对话框左侧的窗口中单击【颜色叠加】选项，在右侧的窗口中将其颜色设置为黄色（C:8，M:0 Y:50 K:0），其他选项及参数保持不变，然后单击 确定 按钮，修改图层样式后的图形效果如图 14-32 所示。

⑪ 在【图层】面板中复制"图层 1 副本"为"图层 1 副本 2"，使用相同的颜色修改方法，修改按钮的颜色为紫红色，如图 14-33 所示。

⑫ 利用 T 工具分别在按钮中输入如图 14-34 所示的文字，在【图层】面板中，将文字层的【不透明度】参数设置为"70%"。

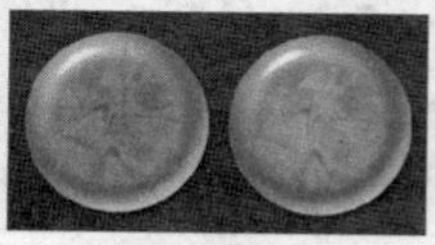

图 14-32　修改图层样式后的图形效果

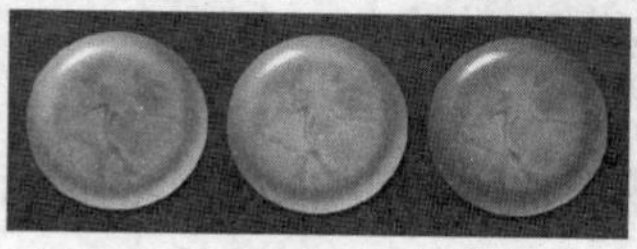

图 14-33　修改颜色后的效果

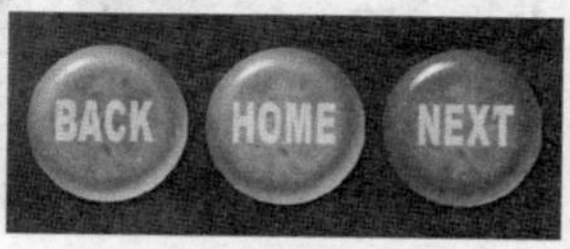

图 14-34　输入的文字

⑬ 选取工具，激活属性栏中的按钮，单击【形状】选项右侧的按钮，在弹出的【形状】选项面板中单击右上角的按钮。在弹出的下拉菜单中选择【全部】命令，然后在弹出的【Adobe

Photoshop】提示对话框中单击 确定 按钮。

⑭ 在【形状】选项面板中选择如图 14-35 所示的箭头形状，新建“图层 3”，绘制出如图 14-36 所示的箭头形状。

⑮ 选择【图层】|【图层样式】|【混合选项】菜单命令，分别设置【投影】和【描边】图层样式，单击 确定 按钮，制作完成的按钮效果如图 14-37 所示。

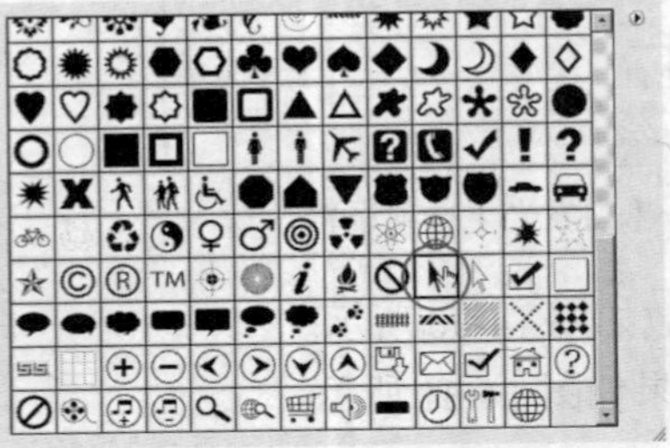

图 14-35 【形状】选项面板

图 14-36 绘制的箭头

图 14-37 制作完成的按钮效果

⑯ 按 Ctrl+S 组合键将此文件命名为“按钮.psd”保存。

14.3 图像合成

Photoshop 具有强大的图像合成功能，本节通过 3 个简单的实例介绍 Photoshop 的合成技术。

14.3.1 利用蒙版合成图像

蒙版是 Photoshop 合成图像的一大利器，运用好蒙版可以将两张或两张以上的图像进行各种移花接木效果的合成。

① 打开素材名为“照片 10.jpg”、“照片 11.jpg” 和 “相册.psd” 的文件。

② 将“照片 10.jpg” 和 “照片 11.jpg” 图片移动复制到“相册.psd” 文件中，如图 14-38 所示。

③ 按住 Ctrl 键，单击“图层 2” 的图层缩览图将其载入选区，如图 14-39 所示。

图 14-38 复制到“相册.psd” 文件中图像

图 14-39 载入选区状态

④ 选择【图层】|【图层蒙版】|【显示选区】菜单命令，为“图层 5” 添加蒙版，如图 14-40 所示。

⑤ 单击“图层 5” 图层缩览图与蒙版之间的图标，将蒙版与图层的链接解除。

⑥ 单击“图层 5”的图层缩览图，将其设置为工作状态，选择【编辑】|【自由变换】菜单命令，将图片按照蒙版区域稍微缩小一下，如图 14-41 所示。

图 14-40 添加的蒙版

图 14-41 缩小图片

⑦ 按 Enter 键确定大小调整，然后将“图层 4”设置为工作层。

⑧ 按住 Ctrl 键，单击“图层 1”的图层缩览图将其载入选区。

⑨ 选择【图层】|【图层蒙版】|【显示选区】菜单命令，为“图层 4”添加蒙版，得到如图 14-42 所示的效果。

⑩ 在【图层】面板中，将“图层 3”拖曳到顶层，然后将“图层 1”和“图层 2”删除。

⑪ 将“图层 5”设置为工作层，选择【图层】|【图层样式】|【描边】菜单命令，在弹出的【图层样式】对话框中设置【大小】参数为“7”，【颜色】为白色，然后单击 确定 按钮，描边后的图片效果如图 14-43 所示。

图 14-42 添加蒙版后的效果

图 14-43 描边后的图片效果

⑫ 按 Shift+Ctrl+S 组合键，将此文件命名为“蒙版合成图像.psd”保存。

14.3.2 无缝拼接全景风景画

摄影爱好者面对美好的风景而没有一个长镜头的话，就很难拍下全景风景，如果能掌握 Photoshop 中的【文件】|【自动】|【Photomerge】命令的应用，就可以分块来拍摄美好的风景，然后再利用【Photomerge】命令将多幅照片合并到一起，得到无缝拼合的全景风景画。

下面介绍利用该命令拼合全景风景画的方法。

① 打开素材名为“八大关_01.jpg”～“八大关_05.jpg”的图片。

② 选择【文件】|【自动】|【Photomerge】菜单命令，弹出【照片合并】对话框，单击 添加打开的文件(E) 按钮，将打开的图片添加至对话框中，如图 14-44 所示。

③ 单击 确定 按钮，稍等片刻，系统将按照照片的景物状况自动合成，合成后的效果如图 14-45 所示。

④ 利用 工具将画面裁剪一下，得到如图 14-46 所示的效果。

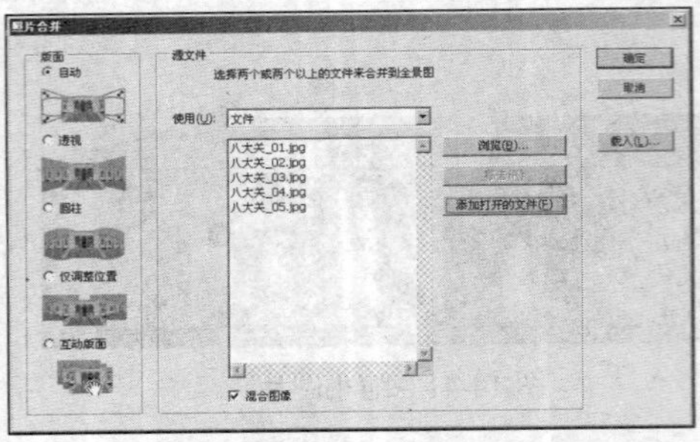

图 14-44 【照片合并】对话框

图 14-45 合成后的效果

图 14-46 裁剪后的画面

⑤ 按 Ctrl+S 组合键，将此文件命名为“全景.jpg”保存。

14.3.3 利用图层制作线纹效果

在网页中经常会看到一些很细的底纹线，这种线如果利用直线工具绘制无法保持线的清晰度，如果利用图层特殊的中性色性质就可以做到，下面来学习其制作方法。

① 打开素材名为“照片 06-7.jpg”的文件，如图 14-47 所示。

② 选择【文件】|【新建】菜单命令，在【新建】对话框中设置参数如图 14-48 所示，单击 确定 按钮新建文件。

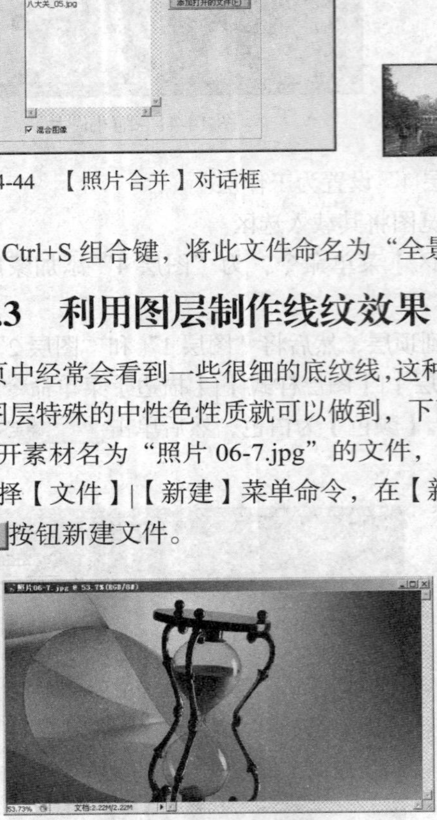

图 14-47 打开的图片

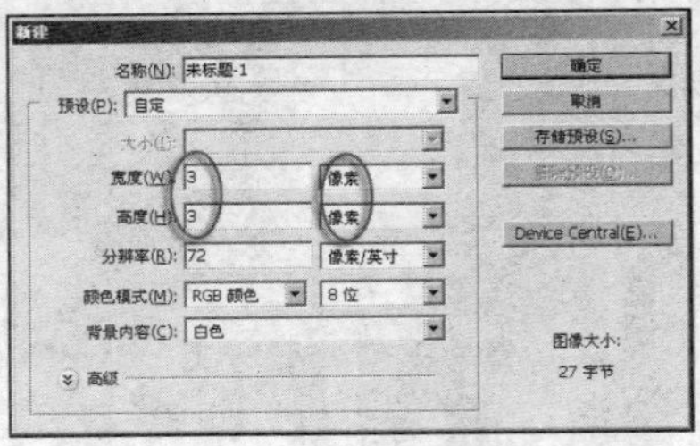

图 14-48 【新建】对话框

③ 按 Ctrl+O 组合键，将新建的小文件按照屏幕大小显示。

④ 按 D 键，将前景色设置为黑色，选择【铅笔】工具，设置主直径大小为“1px”的笔头，然后在新建文件中绘制如图 14-49 所示的黑色方点。

⑤ 选择【编辑】|【定义图案】菜单命令，在弹出的【图案名称】对话框中直接单击 确定 按钮，将黑色方点定义为图案，然后将“未标题-1”文件关闭。

⑥ 确认“照片 06-7”为工作文件，选择【图层】|【新建】|【图层】菜单命令，在弹出的【新建图层】对话框中设置选项如图 14-50 所示。单击 确定 按钮，创建中性色图层。

⑦ 选择【编辑】|【填充】菜单命令，弹出【填充】对话框，设置刚才定义的图案，如图 14-51 所示。

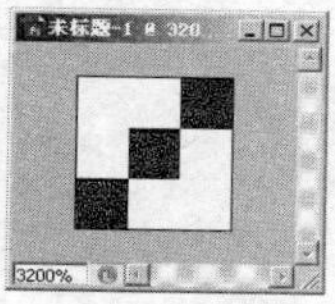

图 14-49　绘制的黑色方点

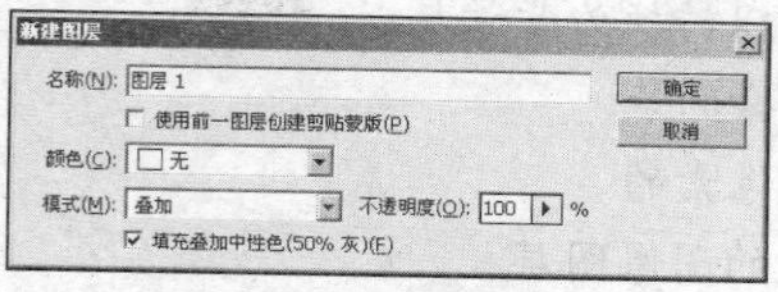

图 14-50　【新建图层】对话框

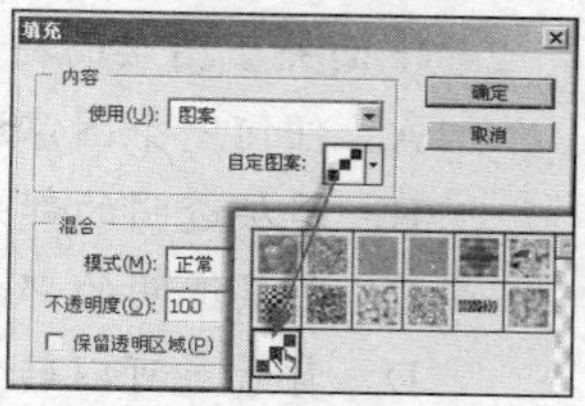

图 14-51　设置图案

⑧ 单击 确定 按钮，在中性色图层中填充得到的线纹理效果如图 14-52 所示。填充纹理线后，若无法看到正常显示效果，则可以通过放大或缩小一下图像窗口的显示比例，就可看到线的效果。

⑨ 单击【图层】面板下面的按钮，为中性色图层添加蒙版。

⑩ 选择工具，利用黑色就可以编辑蒙版控制中性色图层的作用范围，编辑后的效果如图 14-53 所示。

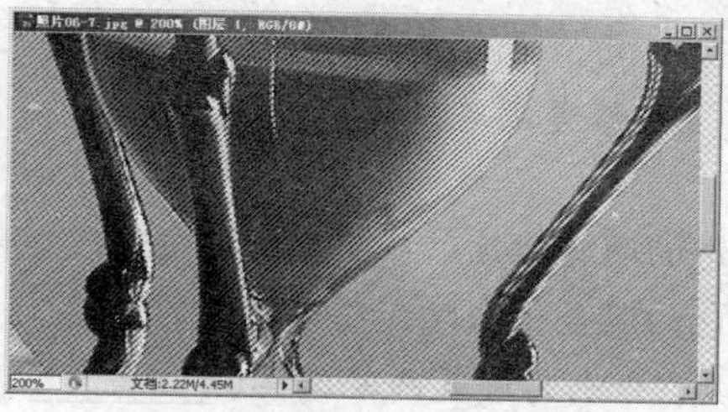

图 14-52　填充的线效果

图 14-53　通过编辑蒙版后的线效果

⑪ 按 Shift+Ctrl+S 组合键，将此文件命名为“线效果.psd”保存。

习　题

一、选择题

1. 如下图所示，图层栏右侧出现实心锁图标，下列描述不正确的是（　　）。

   A. 该图层上不能建立选区　　B. 该图层图像不能移动

   C. 该图层图像不能被填色　　D. 该图层图像不能添加图层样式

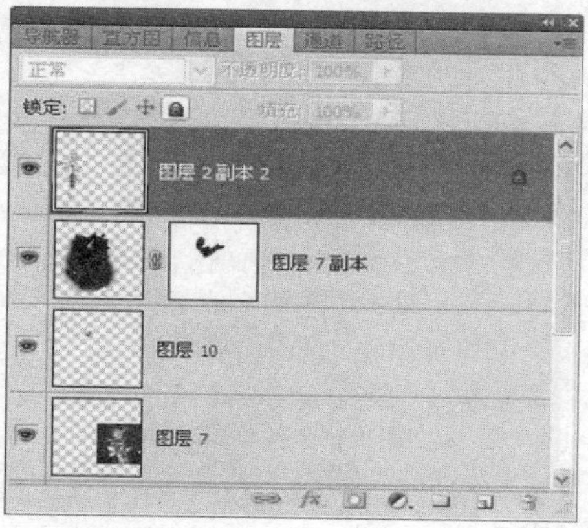

2. 下面关于图层的描述中，错误的是（　　）。

A. 任何一个图像图层都可以转换为背景层

B. 图层透明的部分是有像素的

C. 图层透明的部分是没有像素的

D. 背景层可以转化为普通的图像图层

3. 下列方法不能建立新图层的是（　　）。

A. 双击图层调板的空白处

B. 单击图层面板下方的新建按钮

C. 使用鼠标将当前图像拖动到另一张图像上

D. 使用文字工具在图像中添加文字

4. 下面的命令中，（　　）可以进行图像色彩调整。

A. 色阶命令　　B. 曲线命令　　C. 色彩平衡命令　　D. 模糊命令

5. 下面不属于图像修复工具的是（　　）。

A. 油漆桶工具　　B. 污点修复工具

C. 红眼工具　　D. 修复画笔工具

二、填空题

1. 利用________命令可以调整图像各个通道的明暗程度，从而更加精确地改变图像的颜色。

2. ________命令是通过调整图像中各种颜色的混合量来改变整体色彩的。

3. 修复工具组包括 4 种用于修复图像的工具，分别为修复画笔工具、________工具、修补工具和________工具。

4. ________命令类似于摄像机或照相机的滤色镜片，它可以对图像颜色进行过滤，使图像产生不同的滤色效果。

5. Photoshop 处理图像得到的文件默认扩展名为________。

三、简答题

1. 修补照片常用的工具有哪些？它们各有哪些特点？

2. 简述合并图层的几种方式，以及合并图层的意义。